中国海洋大学教材建设基金资助

HAIYANGSHIPIN MEIGONGCHENG

海洋食品酶工程

毛相朝　主编

化学工业出版社

·北京·

本书除了涵盖酶的生产、酶的分子修饰技术、酶的固定化技术等酶的基本应用理论知识之外，重点归纳了现阶段酶工程在水产品保鲜、海藻加工、ω-3 型多不饱和脂肪酸制备、水产调味料加工、甲壳素加工、水产蛋白加工和水产食品分析检测等领域的应用情况，全面系统地介绍了海洋食品的酶工程加工技术，并对海洋水产加工专用酶的研究进展和应用前景进行了展望，力求保证本书的专业性、科学性和实用性，使之更适宜于教学和科研的需要。

本书适用于高等院校食品科学与工程、水产品加工与贮藏工程、生物工程等专业的学生使用，也可作为从事海洋食品加工的科技人员及相关研究人员的参考书。

图书在版编目（CIP）数据

海洋食品酶工程/毛相朝主编. —北京：化学工业出版社，2019.8
ISBN 978-7-122-34441-0

Ⅰ.①海… Ⅱ.①毛… Ⅲ.①水产食品-酶工程-研究 Ⅳ.①TS254

中国版本图书馆 CIP 数据核字（2019）第 085569 号

责任编辑：赵玉清
责任校对：边　涛　　　　　　　　　　装帧设计：韩　飞

出版发行：化学工业出版社（北京市东城区青年湖南街 13 号　邮政编码 100011）
印　　装：三河市延风印装有限公司
710mm×1000mm　1/16　印张 18½　字数 427 千字　2019 年 8 月北京第 1 版第 1 次印刷

购书咨询：010-64518888　　售后服务：010-64518899
网　　址：http://www.cip.com.cn
凡购买本书，如有缺损质量问题，本社销售中心负责调换。

定　　价：78.00 元

本书编委会

主　编：毛相朝

副主编（以姓名笔画为序）：

孙建安　倪　辉　董　平　解万翠

编　委（以姓名笔画为序）：

马　磊（中国海洋大学）

毛相朝（中国海洋大学）

朱艳冰（集美大学）

刘　振（中国海洋大学）

刘炳杰（中国海洋大学）

孙建安（中国海洋大学）

孙慧慧（中国水产科学研究院黄海水产研究所）

李银平（青岛科技大学）

侯　虎（中国海洋大学）

倪　辉（集美大学）

黄文灿（中国海洋大学）

董　平（中国海洋大学）

解万翠（青岛科技大学）

前　言

　　海洋面积辽阔、生物资源丰富，为人类提供了大量的鱼、虾、贝、藻等食物，海洋食品已逐渐成为人们赖以生存的重要食物来源，国内外都将开发利用海洋资源作为经济发展的重要内容。我国海洋经济近年来蓬勃发展，2017 年我国海洋水产品产量已达 3300余万吨，占全国渔业总产量的 51.5%。2017 年全国海洋经济生产总值 7.76 万亿元，占国内生产总值的 9.4%，已成为国民经济中的一个崭新亮点。

　　近年来，我国海洋食品加工技术水平有了长足的发展，但海洋食品加工业的发展空间依然较大。酶工程技术因其高效可控、反应温和、绿色节能等优点，在食品、医药、化工和能源等产业发挥着越来越重要的作用，加速了传统产业向绿色生物制造产业的变革。然而，海洋生物资源中的多糖、脂质和蛋白质等营养成分的结构特殊、组分复杂，现有酶工程技术应用到海洋生物资源的加工过程仍然面临着较多的困难和挑战。因此，针对海洋食品资源的结构和组分特点，开发适用于海洋食品加工的酶工程技术，是解决这些问题的关键。

　　为此，我们编写了《海洋食品酶工程》一书，以满足科研、教学和生产的需要。本书除了涵盖酶的生产、酶的分子修饰技术、酶的固定化技术等酶的基本应用理论知识之外，重点归纳了现阶段酶工程在水产品保鲜、海藻加工、ω-3 型多不饱和脂肪酸制备、水产调味料加工、甲壳素加工、水产蛋白加工和水产食品分析检测等领域的应用情况。全面系统地介绍了海洋食品的酶工程加工技术，并对海洋水产加工专用酶的研究进展和应用前景进行了展望，力求保证本书的专业性、科学性和实用性，使之更适宜于教学和科研的需要。

　　本书编写分工如下：第一～三章由毛相朝和孙建安编写；第四章与第八章由解万翠、李银平和刘振编写；第五章由董平编写；第六章与第十一章由倪辉、朱艳冰和黄文灿编写；第七章由马磊编写；第九章由刘炳杰编写；第十章由侯虎编写；第十二章由孙慧慧编写。全书由毛相朝负责统稿。

本书在编写过程中得到了中国海洋大学教材建设基金和重点教材建设项目的资助，作者在此表示衷心的感谢。

本书适用于高等院校食品科学与工程、水产品加工与贮藏工程、生物工程等专业的学生使用，也可作为从事海洋食品加工的科技人员及相关研究人员的参考书。

本书涉及内容较广，加之编者水平与能力有限，书中难免存在不足和疏漏之处，敬请广大读者批评指正。

毛相朝
中国海洋大学
2019 年 4 月

目　录

第一章

绪　论

　　酶（enzyme）是活细胞产生的一类具有专一性生物催化作用的生物大分子。本书主要从酶的基本性质开始入手，包括分类与命名、结构与性质、催化反应动力学、酶活测定、分离纯化、表达与发酵等，并综合了分子修饰技术和固定化技术，介绍了酶在水产品加工中的应用。

第一节　酶的分类与命名

　　国际酶学委员会（International Enzyme Commission，IEC）经历多次修改、补充，规定按照酶促反应的性质，将酶分为六大类。每个酶的命名用四个圆点隔开的数字编号，编号前冠以酶学委员会的缩写符号（EC）。

一、酶的分类

　　根据编号的第一个数字代表，酶的六大类分别如下。

1. 氧化还原酶

　　氧化还原酶（oxido-reductases）是催化底物进行氧化还原反应的一类酶。如乳酸脱氢酶、琥珀酸脱氢酶、细胞色素氧化酶、过氧化氢酶、过氧化物酶等。

2. 转移酶

　　转移酶（transferases）是催化底物之间某些基团的转移或交换的一类酶。如甲基转移酶、氨基转移酶、磷酸化酶等，基团包括乙酰基、甲基、氨基等。

3. 水解酶

　　水解酶（hydrolases）是催化底物发生水解反应的一类酶。如淀粉酶、蛋白酶、核酸酶、脂肪酶等。

4. 裂解酶

　　裂解酶（lyases）是催化底物（非水解）裂解或移去基团（形成双键的反应或其逆反应）的一类酶。如碳酸酐酶、醛缩酶、柠檬酸合成酶等。

5. 异构酶

异构酶（isomerases）是催化各种同分异构体之间相互转化的一类酶。如磷酸丙糖异构酶、消旋酶、表构酶等。

6. 合成酶

合成酶（ligases）是催化两分子底物合成一分子化合物的一类酶，同时偶联有 ATP 的断裂释能的一类酶。如谷氨酰胺合成酶、氨基酸-tRNA 连接酶等。

二、酶的命名

系统编号中的第一位数字代表酶的六大类型。第二位数字代表亚类（作用的基团或键的特点），对于氧化还原酶，第二位数字表示氧化反应供体基团的类型；对于转移酶，表示被转移基团的性质；对于水解酶，表示被水解键的类型；对于裂解酶，表示被裂解键的类型；对于异构酶，表示异构作用的类型；对于合成酶，表示生成键的类型。第三位数字代表亚亚类（精确表示底物/产物的性质）。第四位数字表示在亚亚类中的序号。

1. 氧化还原酶

第二位数字	供体基团
1	醇
2	醛或酮
3	CHCH
4	伯胺
5	仲胺
6	NADH 或 NADPH

第三位数字	氢或电子受体
1	NAD^+ 或 $NADP^+$
2	Fe^{3+}（例如细胞色素）
3	O_2
99	其他未分类的受体

2. 转移酶

第二位数字	转移的基团
1	含一个碳原子的基团
2	醛基或酮基
3	酰基
4	糖基
7	含磷基团

第三位数字则对转移基团和相应受体进行进一步分类，如：

第二位数字	第三位数字	转移基团或受体
1	1	转移甲基
	2	转移羟甲基
	3	转移羟基或氨甲酰基
4	1	转移己糖基
	4	转移戊糖基
7	1	以醇基为受体
	2	以羟基为受体
	3	以含氮基团为受体

3. 水解酶

第二位数字	水解的键
1	酯键
2	(糖基化合物)糖苷键
3	酰基
4	肽键
5	肽键以外的C-N键

第三位数字将水解键进一步细分，例如当第二位数字为1时：

第三位数字	水解键
1	水解羧酸酯
2	水解硫代酯
3	水解磷酸单酯
4	水解磷酸二酯

4. 裂解酶

第二位数字	裂解的键
1	C-C
2	C-O
3	C-N
4	C-S

第三位数字表示移去基团的类型，以裂解 C-C 键的裂解酶为例：

第三位数字	移去基团
1	羧基
2	醛基
3	酮酸基

5. 异构酶

第二位数字	反应类型
1	消旋和差向异构
2	顺式-反式异构
3	分子内氧化还原酶类
4	分子内的转移反应

第三位数字	底物
1	氨基酸
2	羟基羧酸
3	糖类

6. 合成酶

第二位数字	合成的键
1	C-O
2	C-S
3	C-N
4	C-C

第三位数字对合成的键进行进一步说明，例：

第二位数字	第三位数字	合成的键
3	1	羧酸-氨（胺）
	2	羧酸-氨基酸

除了上述的系统命名法，还有一种常见的方法——习惯命名法：①根据酶作用的底物命名，如蛋白酶、脂肪酶；②根据酶催化的反应命名，如脱氢酶、转氨酶；③在底物、反应基础上加上酶的来源或其他性质命名，如胰蛋白酶、碱性磷酸酶。

例如参与催化反应：α-酮戊二酸＋丙氨酸$\longrightarrow$谷氨酸＋丙酮酸

按系统命名法：丙氨酸：α-酮戊二酸氨基转移酶；

按习惯命名法：谷丙转氨酶。

第二节 酶的结构与性质

按照化学组成可将酶分为单纯酶和结合酶两类。单纯酶分子中只含有氨基酸残基组成的肽链，结合酶分子中除多肽链组成的蛋白质，还有非蛋白质成分（如金属离子、铁卟啉或含 B 族维生素的小分子有机物）。结合酶又分为两部分，蛋白质部分称为酶蛋白（apoenzyme），非蛋白质部分统称为辅助因子（cofactor），两部分组合称全酶（holoenzyme）。仅全酶有催化活性，如果两者分开则酶活力消失。非蛋白质部分如铁卟啉或含 B 族维生素的化合物若与酶蛋白以共价键相连为辅基（prosthetic group），用透析或超滤等方法皆不能使之与酶蛋白分开；反之两者以非共价键相连的称为辅酶（coenzyme），用上述方法可把两者分开。

酶为生物大分子，分子量大的可达百万。酶的催化作用有赖于酶分子的一级结构及空间结构的完整，酶分子变性或亚基解聚均可导致酶活性丧失。酶的活性中心（active center）只是酶分子中很小一部分，酶蛋白中大部分氨基酸残基并不与底物接触。组成酶活性中心的氨基酸残基侧链存在不同的功能基团，如—NH_2、—COOH、—SH、—OH 和咪唑基等。某些基团在与底物结合时起结合基团（binding group）的作用；某些在催化反应中起催化基团（catalytic group）的作用；某些基团既在结合中起作用，又在催化中起作用，因此常将活性部位的功能基团统称为必需基团（essential group）。必需基团通过多肽链的盘曲折叠，组成一个在酶分子表面且具有三维空间结构的孔穴或裂隙，以容纳进入的底物与之结合并催化底物转变为产物，这个区域即为酶的活性中心。酶活性中心以外的功能基团在形成并维持酶空间构象上也是必需的，故称为活性中心以外的必需基团。对需要辅助因子的酶来说，辅助因子也是活性中心的组成部分。酶催化反应的特异性实际上决定于酶活性中心的结合基团、催化基团及其空间结构。酶分子结构的基础是其氨基酸的序列，它决定着酶的空间结构和活性中心的形成以及酶催化的专一性。

酶主要有以下特性：①具有高效催化能力，效率是一般无机催化剂的 $10^7 \sim 10^{13}$ 倍。非酶催化反应速率和在相同 pH 值及温度条件下的酶催化反应速率可直接比较的例子较少，因为非酶催化速率过低，不易观察，对比之下，酶催化反应速率明显增大。酶的最适催化条件一般为温和的温度和非极端的 pH 值，某些时候需要金属离子参与催化。②大部分酶具有绝对的专一性（每一种酶只能催化一种或一类化学反应），此外酶的另一个专一性为催化反应的立体专一性。③每一次反应后，酶本身的性质和数量不会发生改变（与催化剂相似）。④酶的作用条件较温和。

第三节　酶催化反应动力学

酶催化反应动力学也称酶促反应动力学（kinetics of enzyme-catalyzed reactions），是研究酶促反应速率及其影响因素的科学。在研究酶结构与功能的关系以及酶的作用机制时，需要酶催化反应动力学提供相关的实验证据。

酶催化反应动力学通过对酶促反应速率的测定来讨论底物浓度、抑制剂、温度、pH 和激活剂等因素对酶促反应速率的影响。酶促反应不但需要最适温度和最适 pH，还要选择合适的激活剂，即研究酶促反应速率及测定酶活力时，皆应选择相关酶的最适反应条件。

一、Michaelis-Menten 方程

1913 年，Michaelis 和 Menten 两位科学家在前人研究基础上，根据酶促反应的中间络合物学说，推导出相关的数学方程式，用来表示底物浓度与酶反应速率之间的量化关系，这个数学方程式称为米氏方程，即

$$v = \frac{v_{\max}[S]}{K_x + [S]} \tag{1-1}$$

式中，v 表示反应初速率；$v_{\max}$ 表示酶完全被底物饱和时的最大反应速率；$[S]$ 表示底物浓度；K_x 表示 ES 的解离常数（底物常数）。

该数学方程式是推导得出的，当只有一个底物结合位点的单底物酶催化反应时，最简单的反应方程式为：

$$E+S \underset{k_{-1}}{\overset{k_1}{\rightleftharpoons}} ES \xrightarrow{k_2} E+P \qquad (1-2)$$

其中，根据式(1-2)可得 $K_x = \dfrac{[E][S]}{[ES]} = \dfrac{k_{-1}}{k_1}$。

当酶、底物、酶-底物复合物之间达到平衡态，底物浓度很高且远远高于酶浓度，即方程式的前部分迅速建立平衡，此时酶-底物复合物 ES 分解产生的产物 P 浓度极低，对前半部分的平衡影响较小；底物浓度很高时，所有的酶都以酶-底物复合物形式存在，初速率 v 便达到 v_{max}。

应注意的是，米氏方程具有局限性，可以解释一些实验现象，但不具有普遍适用性，因为存在酶促反应速率极快的情况，这破坏了米氏方程假定的平衡条件。

二、Briggs-Haldane 修饰 Michaelis-Menten 方程

Briggs 和 Haldane 对米氏方程做出的修正在于他们指出了酶-底物复合物 ES 量不仅与形成 ES 复合物的平衡有关，除此之外还与 ES 复合物分解的平衡有关，用稳态代替平衡态。而稳态是指反应进行一段时间后，酶-底物复合物 ES 的浓度由零级逐渐增加到一定数值，即除底物浓度和产物浓度不断发生变化之外，酶-底物复合物 ES 也在不断生成和分解，当酶-底物复合物 ES 的生成速率与分解速率相等时，即酶-底物复合物 ES 浓度保持不变，这种反应状态称为稳态。酶促反应过程中各种物质浓度与时间关系如图 1-1（虚线之间为稳态）。

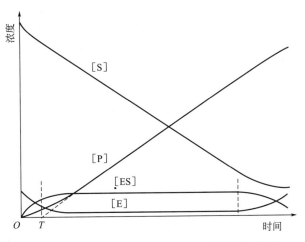

图 1-1 酶促反应过程中各种物质浓度与时间关系

在方程(1-2)中，取 $K_m = \dfrac{k_{-1} + k_2}{k_1}$，则最终方程变为

$$v = \frac{v_{max}[S]}{K_m + [S]} \qquad (1-3)$$

K_m 定义为米氏常数，当 $k_{-1} \gg k_2$ 时，$K_m = K_x$。其中，v 对 [S] 作图所得曲线与很多酶促反应结果一致（图1-2）。

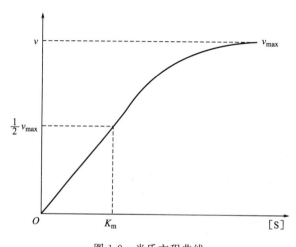

图 1-2　米氏方程曲线

三、米氏方程中 K_m、v_{max} 的测定

在实际酶促反应过程中，即使底物浓度达到很高，也只能得到趋近于 v_{max} 的酶促反应速率，却不能真实达到 v_{max}，即不能得到真实的 K_m 与 v_{max} 值。因此为了简便计算出近乎准确的 K_m 与 v_{max} 值，可以将米氏方程曲线变为直线，转变为直线方程，用图解法求出 K_m 与 v_{max} 值。

1. Lineweaver-Burk 双倒数图

1924 年，Lineweaver 和 Burk 对米氏方程进行两侧取倒数，化为以下形式：

$$\frac{1}{v} = \frac{K_m}{v_{max}} \times \frac{1}{[S]} + \frac{1}{v_{max}} \qquad (1-4)$$

以 $1/v$ 对 $1/[S]$ 作图，得一直线，斜率为 K_m/v_{max}，纵轴截距为 $1/v_{max}$，横轴截距为 $1/K_m$，根据直线可得 K_m、v_{max}，如图1-3。

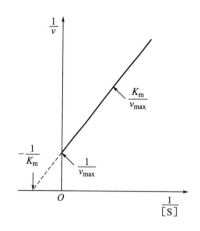

图 1-3　Lineweaver-Burk 双倒数图

此方法虽然根据数据作图可得最终 K_m、

v_{max} 值，但实验点往往在直线的左下方呈现过度集中的趋势，而低浓度底物的实验点因取倒数后而误差较大，往往偏离直线较远，因此选择底物浓度应从低到高皆有覆盖。除此之外，此种作图方法与其他方法相比很少有线性偏离，因此不适合用来观察酶的作用机制。

2. Hanes-Woolfs 作图

将方程（1-4）两侧同时乘以［S］，得到以下方程：

$$\frac{[S]}{v}=\frac{1}{v_{max}}\times[S]+\frac{K_m}{v_{max}} \tag{1-5}$$

以［S］/v 对［S］作图，得一直线，直线斜率为 $1/v_{max}$，横轴截距为 $-K_m$，如图 1-4。

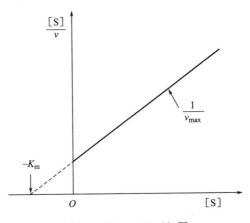

图 1-4　Hanes-Woolfs 图

3. Eadie-Hofstee 作图

将方程（1-4）两侧同时乘以（$v\times v_{max}$），得到以下方程：

$$v=-K_m\frac{v}{[S]}+v_{max} \tag{1-6}$$

以 v 对 $v/$［S］作图，得一直线，直线斜率为 $-K_m$，纵轴截距为 v_{max}，如图 1-5。

4. Eisenthal 和 Cornish-Bowden 直接线性作图

以上几种方法较为常见，但根据上述方法可知，即使有软件处理，对于正确的 K_m、v_{max} 值也较难得到。因此 Eisenthal 和 Cornish-Bowden 基于米氏方程提出了另一种作图

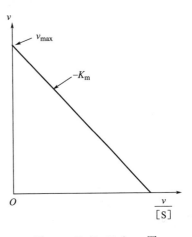

图 1-5　Eadie-Hofstee 图

法，将方程改为以下形式：

$$\frac{1}{v}=\frac{K_m+[S]}{v_{max}[S]} \tag{1-7}$$

以 v_{max} 对 K_m 作图，每一组相应的 v 标记在纵轴，$[S]$ 标记在横轴，连接作图（图 1-6），得不同直线，这些直线会相交于一点，该点横坐标为 K_m，纵坐标为 v_{max}。

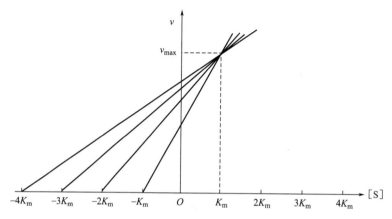

图 1-6　Eisenthal 和 Cornish-Bowden 直接线性作图

该方法不需要计算便可直观得出 K_m、v_{max} 值，同时还可以识别出不正确的观测结果；不过由于实验误差，图像中的直线并不能完全交于同一点，因此在没有偏离线性关系的前提下，对 K_m、v_{max} 值取其平均值。

第四节　酶活力及其测定

酶活力（enzyme activity）又称为酶活性，是指酶催化一定化学反应的能力。酶活力的大小可在一定条件下，酶催化某一化学反应的速率来表示。酶催化反应速率愈大，酶活力愈高，反之活力愈低。换言之，测定酶活力实际就是测定酶促反应的速率。酶促反应速率可用单位时间内、单位体积中底物的减少量或产物的增加量来表示。在一般的酶促反应体系中，底物往往是过量的，测定初速率时，底物减少量占总量的极少部分，不易准确检测，而产物则是从无到有，只要测定方法灵敏，就可准确测定。

以产物生成量对反应时间作图，可得到图 1-7。曲线斜率表示单位时间内产物生成量的变化，从而间接表示该时间点上的反应速率，用来表示酶活力。用于测定酶活力时，可以看出在反应最开始的一段时间，曲线斜率几乎保持不变，随

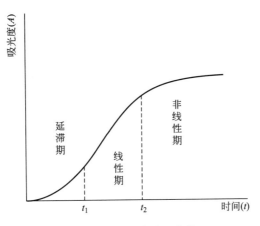

图 1-7　酶促反应进程曲线

着时间增长，曲线趋于平坦，斜率减小，即反应速率降低，此时所测的反应速率便不能代表真实酶活力。导致其速率降低的原因可能是产物浓度增加、底物浓度降低导致逆反应的加速进行，长时间的反应导致酶自身发生失活等。因此为避免以上影响因素，在测定酶活力时，应测定酶促反应的初速率（以底物浓度的变化在起始浓度的 5% 之内的速率定为初速率），以此来判定酶活。除此之外，还要保证底物浓度足够大（一般在 $10K_m$ 以上），使整个酶促反应对底物而言是零级反应，对酶来说是一级反应。测定酶活时，需用到酶活力单位，即酶单位（U）。酶单位是衡量酶活力的大小即酶含量多少的指标，1961 年，国际生物化学协会酶学委员会及国际纯粹化学和应用化学联合会临床化学委员会提出采用统一的"国际单位"（IU）来表示酶活力，其定义为：在最适反应条件（温度 25℃）下，每分钟内催化 1 微摩尔（1μmol）的底物转化为产物所需的酶量，即 $1IU=1μmol/min$。1972 年，又有一种新的酶活力国际单位，即 Katal（简称 Kat）单位，其定义为：在最适反应条件下，每秒钟能催化 1 摩尔（1mol）底物转化为产物所需的酶量，定为 1Kat 单位，即 $1Kat=1mol/s$。Kat 单位和 IU 单位之间的换算关系为：

$$1Kat=60×10^6 IU$$
$$1IU=16.67×10^{-9} Kat$$

测定酶活力的方法本质即测定底物减少量或是产物增加量，常用方法如下。

一、分光光度法

分光光度法（spectrophotometry）可以连续读出反应过程中光吸收的变化，动态监测反应进行情况，是目前测定酶活力的重要方法。几乎所有的氧化还原酶的活力都可以用这种方法检测，例如脱氢酶的辅酶 NAD（P）H 在 340nm 处有吸收高峰，而氧化型没有，所以 340nm 处光吸收变化可以作为检测酶活力的标志之一。

对于没有光吸收变化的情况，可以借助分光光度法的优点通过酶偶联分析法（enzyme combing assay）进行酶活力检测，即通过与能引起光吸收变化的酶反应偶联，使第一个酶反应的产物，转变成第二个酶中具有光吸收变化的产物，以此进行测量。

二、荧光法

荧光法（fluorometry）的主要原理是根据酶促反应的底物或产物的荧光性质的差别进行酶活力测定。该法灵敏度比分光光度法高出若干数量级，且荧光强度受激光灯的光源影响，因此通常被选择用来快速简便检测酶活力。不过荧光法容易受其他物质干扰，例如蛋白质在紫外区对荧光的吸收与发射极为明显，因此在检测时最好选择在可见光范围。

三、同位素法

同位素法（isotope method）是放射性同位素的底物在经酶作用后所得的产物，经适当的方法分离，只需测定产物的脉冲数便可换算出酶活力单位。相比于其他方法，灵敏度高是其最大优点，可达飞摩尔（fmol）甚至更高水平，因此适用范围也极广，目前已知的六大类酶皆可用这种方法进行酶活测定。通常用于标记底物的同位素主要有：^3H、^{14}C、^{32}P、^{35}S、^{131}I。

四、电化学方法

电化学方法（electrochemical method）中以 pH 法最为常见，主要是通过常见玻璃电极配合一台高灵敏度的 pH 计，跟踪监测反应过程中 H^+ 浓度变化的情况，用 pH 的变化来测定整个酶促反应的速率，从而达到测定相关酶活力的目的。

pH 法中有恒定 pH 测定法，即在整个酶促反应过程中，通过不断加入酸或碱来保持 pH 恒定，而加入酸或碱的速率就可间接来表示反应速率，这种方法适用于许多酯酶活力的测定。除此之外，还可使用离子选择电极法测定酶活力，例如用氧电极便可以很方便地测定耗氧酶所催化的酶促反应速率，从而达到检测目的。

五、其他方法

有一些其他方法，如旋光法、量气法、量热法和层析法等，不太常用，使用范围有限，灵敏度也不及上述几种，只适用于个别酶活力的测定。

参考文献

［1］袁勤生，赵健.酶与酶工程.上海：华东理工大学出版社，2005.

［2］郑宝东.食品酶学.南京：东南大学出版社，2006.

［3］郭勇，郑穗平.酶学.广州：华南理工大学出版社，2000.

［4］孙君社.酶与酶工程及其应用.北京：化学工业出版社，2006.

第二章

酶的生产

酶的生产是指通过人工操作获得所需酶的过程，包括酶的生物合成、分离、纯化等多个技术环节。酶的生产方法可以分为提取分离法、生物合成法和化学合成法三种。其中，提取分离法是最早采用而沿用至今的方法，生物合成法是 20 世纪 50 年代以来酶生产的主要方法，而化学合成法至今仍然停留在实验室阶段。

一、提取分离法

提取分离法是采用各种提取、分离、纯化技术，从动物、植物的组织、器官、细胞或微生物细胞中将酶提取分离出来，再进行分离纯化的技术过程。主要的提取方法有盐溶液提取、酸溶液提取、碱溶液提取和有机溶剂提取等。在酶的提取时，首先应当根据酶的结构和性质，选择适当的溶剂。一般说来，亲水性的酶要采用水溶液提取，疏水性的酶或者被疏水物质包裹的酶要采用有机溶剂提取；等电点偏于碱性的酶应采用酸性溶液提取，等电点偏于酸性的酶应采用碱性溶液提取。在提取过程中，应当控制好温度、pH 值、离子强度等各种提取条件，以提高提取率并防止酶的变性失活。

提取分离法设备较简单，操作较方便，但是受到生物资源、地理环境、气候条件等的影响，产量低，成本高。因此，20 世纪 50 年代以后，随着发酵技术的发展，许多酶都采用生物合成法进行生产。

二、生物合成法

生物合成法是利用微生物细胞、植物细胞或动物细胞的生命活动而获得人们所需酶的技术过程。生物合成法产酶首先要经过筛选、诱变、细胞融合、基因重组等方法获得优良的产酶细胞，然后在人工控制条件的生物反应器中进行细胞培养，通过细胞内物质的新陈代谢作用，生成各种代谢产物，再经过分离纯化得到人们所需的酶。根据所使用的细胞种类不同，生物合成法可以分为微生物发酵产酶、植物细胞培养产酶和动物细胞培养产酶。

生物合成法与提取分离法比较，具有生产周期较短，酶的产率较高，不受生物资源、地理环境和气候条件等影响的显著特点。但是它对发酵设备和工艺条件的要求较高，在生产过程中必须进行严格的控制。

三、化学合成法

化学合成法是 20 世纪 60 年代中期出现的新技术。1965 年，我国人工合成胰岛素的成功，开创了蛋白质化学合成的先河。1969 年，采用化学合成法得到含有 124 个氨基酸的核糖核酸酶。其后，RNA 的化学合成也取得成功，可以采用化学合成法进行核酸类酶的人工合成和改造。现在已可以采用合成仪进行酶的化学合成。然而由于酶的化学合成要求单体达到很高的纯度，化学合成的成本高；而且只能合成那些化学结构已经研究清楚的酶，这就使化学合成法受到限制，难以工业化生产。利用化学合成法进行酶的人工模拟和化学修饰，对认识和阐明生物体的行为和规律，以及在设计和合成具有酶的催化特点又克服酶的弱点的高效非酶催化剂等方面具有重要的理论意义和发展前景。

第一节　酶　的　发　现

一、传统的自然分离筛分

尽管生物技术发展较快，但利用自然界长久积累的生物多样性仍然是寻找特殊酶的非常重要的手段，而且是其他发展方法不能简单代替的。在火山、温泉、深海、高浓度盐湖和极地等地方分离到具有独特性质的极端酶，可在高 pH、低 pH 或高温下仍起催化作用。从自然界的极端嗜热菌中分离纯化的酶的基因，直接或在此基础上进行进一步改造，然后在其他生产菌系统中表达而进行工业化生产。实际成功的例子包括洗涤剂中使用的蛋白酶、淀粉酶和纤维素酶等。

二、分子筛选

如果已经确定某一物种产生某种酶，就可从相关的物种中寻找同源酶。这个过程要应用反向基因学。酶是氨基酸以一定序列结合的聚合物，而这个序列可以用 N 端序列分析来得到。因为遗传密码是通用的，因此可以从一定基因中核苷酸碱基的顺序来推断某种酶的结构。用这些信息可以作为探针构建 15～20 个核苷酸（引物对）。通过应用引物对相关有机体中的染色体 DNA 进行 PCR 扩增，同源基因就被扩增，然后转化至宿主中，从而表达了同源体酶，打开了进化中隐藏的基因。这种方法可以得到具有功能性相同但氨基酸序列大大不同的酶。因此在实际应用中，这些酶的性质如温度、pH 的稳定性可能很不同。通过这种方法可以完成相关的全部物种的筛选。这种方法的缺点是只能和已经存在的数据进行比较。但实际上，自然中只有少于 1% 的微生物被分离出来，被表征和描述的更是少之又少。

三、环境基因组筛选技术

由于从环境中得到的微生物只有低于 25% 的可以在实验室培养，环境基因组筛选技术则可通过从环境样品中直接提取 DNA，回收 16S rDNA 序列，根据其序列来分析样品中是否包含新的细菌，也包括古细菌；对于真菌，则测定 18S rDNA 序列。这对于那些（实验室）不可培养微生物中的酶种发现有着重要意义。

四、基因组筛选技术

宏基因组技术的发展极大地扩展了微生物资源的利用空间，提高了获得新酶或新基因的效率。一些特殊或极端环境宏基因组文库已经构建，大部分文库为公共资源，对许多公用数据库如 GeneBank 和 Swissport 等进行搜索，是获取基因序列、基因功能以及各类酶的结构和功能信息的最重要手段之一。文库的构建结合特定的筛选方法可以高效批量地获得新编码基因。

第二节　酶的分离纯化

酶的分离纯化是将酶从生物组织或细胞等含酶原料中提取出来，再与杂质分开，从而获得能够满足使用需求的一定纯度的酶制品的过程。酶的分离纯化主要包括 4 个阶段：细胞破碎、粗分级分离（酶的提取）、细分级分离（酶的纯化）、成品加工（酶的浓缩、干燥与结晶）。

一、细胞破碎

酶分为胞内酶和胞外酶，胞外酶透过细胞膜分泌到细胞外介质中，可直接从体液或发酵液中提取，而胞内酶必须进行破壁处理，使细胞的外层结构破坏，酶才能得以释放，进一步进行提取。

对于不同的生物体，或同一生物体的不同组织的细胞，由于其细胞外层结构差异显著，采用的细胞破碎方法和条件亦有所不同。实际操作中，必须根据具体情况选择适当的方法进行细胞破碎，以达到预期的效果。细胞破碎方法可以分为机械破碎法、物理破碎法、化学破碎法和酶促破碎法等（表 2-1）。

表 2-1 细胞破碎方法

分类	破碎方法	原理及特点
机械破碎法	捣碎法	剪切力
	研磨法	压缩力或撞击力和剪切力
	匀浆法	剪切力
物理破碎法	温度差法	热胀冷缩原理(温度的突然变化)
	压力差法	压力的突然变化
	超声波法	空穴的震动
化学破碎法	添加有机溶剂	破坏磷脂双分子层,改变细胞膜的通透性
	添加表面活性剂	与细胞膜的脂蛋白形成微泡,改变细胞膜的通透性
酶促破碎法	自溶法	酶催化细胞外层结构溶解
	外加酶制剂法	
微波破碎法	微波破碎法	不同部位物质对微波吸收能力强弱的差异

二、酶的提取

酶的提取又称酶的抽提,指在一定条件下,用适当的溶剂或溶液处理含酶原料,使酶充分溶解到溶剂或溶液中的过程。酶提取时,首先应根据酶的结构和溶解性质,选择合适的溶剂。一般说来,酶遵循"相似相溶"的原则,极性物质易溶于极性溶剂中,非极性物质易溶于非极性的有机溶剂中,酸性物质易溶于碱性溶剂中,碱性物质易溶于酸性溶剂中。根据酶提取时所采用的溶剂或溶液的不同,酶的提取方法主要有盐溶液提取法、酸溶液提取法、碱溶液提取法、有机溶剂提取法等。一般说来,提高温度、降低溶液黏度、增加扩散面积、缩短扩散距离,增大浓度差等都有利于提高酶分子的扩散速度,从而增大提取效率。需要注意的是,在酶提取过程中要防止酶的变性失活,注意控制好温度、pH、搅拌、盐浓度等条件,防止微生物对酶的破坏和污染。

三、酶的纯化

酶的纯化通常包括两方面的工作:一是除杂,将酶提取液中的杂蛋白及其他大分子物质除去;二是浓缩,提高目的酶的浓度。酶的种类繁多且使用目的不同,需根据实际情况选择合适的纯化方法。一般工业用酶对纯度的要求不高,过度纯化反而会提高成本并且降低回收率;而临床医学用酶纯度要求较高,一些理论研究用酶甚至需达到结晶纯。

酶的纯化手段通常是根据酶分子的大小、形状、电荷性质、溶解度、亲和专一性等性质建立起来的,表 2-2 列出了常用的纯化方法。将多种方法联合使用,可得到纯度较高的酶。

表 2-2　常用的酶提纯方法

依据性质	方法
溶解度	盐析、等电点沉淀、有机溶剂沉淀、溶剂萃取
电荷极性	电泳、离子交换层析、等电聚焦、色谱聚焦
分子大小	离心、透析、凝胶过滤、超滤
亲和专一性	共价亲和层析、免疫亲和层析、金属离子亲和层析、染料亲和层析、凝聚素亲和层析

主要的分离方法介绍如下。

1. 沉淀分离

沉淀分离是通过改变某些条件或添加某种物质，使酶的溶解度降低，从溶液中沉淀析出，从而与其他溶质分离的过程。沉淀分离成本低、设备简单、收率高，但分辨率不高，一般适用于初级分离。沉淀分离的方法主要有盐析沉淀法、等电点沉淀法、有机溶剂沉淀法、选择性变性沉淀法等。

（1）盐析沉淀法

盐析沉淀法简称盐析法，是利用不同蛋白质在不同的盐浓度条件下溶解度不同的特性，通过在酶液中添加达到一定浓度的中性盐，使酶或杂质从溶液中沉淀析出，从而使酶与杂质分离的过程。在某一浓度的盐溶液中，不同蛋白质的溶解度各不相同，由此可达到彼此分离的目的。其原理是盐在溶液中离解为正离子和负离子，反离子作用改变了蛋白质分子表面的电荷，同时由于离子的存在改变了溶液中水的活度，使分子表面的水化膜改变。可见酶在溶液中的溶解度与溶液的离子强度关系密切。

对于特定的蛋白质，影响其盐析沉淀的主要因素有无机盐的种类、浓度、温度、pH 等。在选择盐析方法进行酶的沉淀分离时，要结合酶的自身特点和无机盐的性质选择合适的盐析剂，并控制好其他操作条件，以获得较好的分离效果。在蛋白质的盐析中，通常采用的中性盐有硫酸铵、硫酸钠、硫酸钾、硫酸镁、氯化钠和磷酸钠等，其中以硫酸铵最为常用。盐析时，温度一般维持在室温左右，对于温度敏感的酶，则应在低温条件下进行。溶液的 pH 值应调节到欲分离的酶的等电点附近。经过盐析得到的酶沉淀，含有大量盐分，一般可以采用透析、超滤或层析等方法进行脱盐处理，使酶进一步纯化。

（2）等电点沉淀法

通过调节溶液的 pH 值，使酶或杂质沉淀析出，从而使酶与杂质分离的方法称为等电点沉淀法。两性电解质在等电点时溶解度最低，且不同的两性电解质有不同的等电点。酶蛋白在等电点时，净电荷为零，分子间的静电斥力消除，使分子能聚集在一起而沉淀下来。

等电点沉淀法操作简便，无需后续除盐。在加酸或加碱调节 pH 的过程中，要一边缓慢加入一边搅拌，以防止局部过酸或过碱引起酶变性失活。由于在等电点时两性电解质分子表面的水化膜仍然存在，酶等大分子物质仍有一定的溶解性，而使沉淀不完全。因此等电点沉淀法，主要是用于从粗酶液中除去某些等电点相距较大的杂蛋白。在实际使用时，可将等电点沉淀法与其他方法（盐析沉淀法、有机溶剂沉淀法）一起使用。

（3）有机溶剂沉淀法

酶与其他杂质在有机溶剂中的溶解度不同，通过添加一定量的某种有机溶剂（如乙醇、丙酮、异丙醇、甲醇等），使酶或杂质沉淀析出，从而使酶与杂质分离的方法称为有机溶剂沉淀法。有机溶剂之所以能使酶沉淀析出，主要是由于水的介电常数高，有机溶剂的介电常数低，有机溶剂的存在会降低溶液的介电常数。根据库仑定律，溶液的介电常数降低，就使溶质分子间的作用力增大，互相吸引而易于凝集。同时，对于具有水膜的分子来说，有机溶剂与水互相作用，使溶质分子表面的水膜破坏，也使其溶解度降低而沉淀析出。有机溶剂沉淀法析出的酶沉淀，一般比盐析法析出的沉淀易于分离；不含无机盐，后续操作无需除盐；但是有机溶剂沉淀法容易引起酶的变性失活，因此需在低温条件下进行操作，且沉淀析出后要尽快分离，尽量减少有机溶剂对酶活力的影响。

（4）选择性变性沉淀法

选择一定的条件使酶液中存在的杂蛋白等杂质变性沉淀，而不影响目的酶蛋白，这种分离方法称为选择性变性沉淀法。选择性变性沉淀法在应用前，必须对目的酶以及酶液中的杂蛋白等杂质的种类、含量及其物理、化学性质有比较全面的了解。

选择性变性主要有 3 种方式：热变性、pH 变性、有机溶剂变性。例如，对于热稳定性好的酶，如 α-淀粉酶等，可以通过加热进行热处理，使大多数杂蛋白受热变性沉淀而被除去。还可以根据酶和所含杂质的特性，通过改变 pH 值或加进某些金属离子等使杂蛋白变性沉淀而除去。

2. 离心分离

离心分离是借助于离心机旋转所产生的离心力，使不同大小、不同密度的物质分离的过程。在离心分离时，要根据待分离物质以及杂质的颗粒大小、密度和特性的不同，选择适当的离心机、离心方法和离心条件。

（1）离心机的选择

离心机种类繁多，通常按照离心机的最大转速进行分类，可以分为常速（低速）离心机、高速离心机和超速离心机 3 种。

常速离心机又称为低速离心机，其转速在 8000r/min 以内，相对离心力（RCF）在 $10^4 g$ 以下，在酶的分离纯化过程中，主要用于细胞、细胞碎片和培养基残渣等固形物的分离，也用于酶的结晶等较大颗粒的分离。

高速离心机的转速为 $(1 \sim 2.5) \times 10^4$ r/min，相对离心力达到 $1 \times 10^4 \sim 1 \times 10^5 g$，在酶的分离中主要用于细胞碎片和细胞器等的分离。为了防止高速离心过程中温度升高造成酶的变性失活，有些高速离心机设有冷冻装置，称为高速冷冻离心机。

超速离心机转速达 $(2.5 \sim 12) \times 10^4$ r/min，相对离心力可以高达 $5 \times 10^5 g$ 甚至更高。超速离心主要用于 DNA、RNA、蛋白质等生物大分子以及细胞器、病毒等的分离，样品纯度的检测，沉降系数和分子量的测定等。

（2）离心方法的选用

对于颗粒大小和密度相差较大的物质，只要在常速或高速条件下，选择好离心速度和离心时间，就能达到分离效果；如果样品液中存在两种以上大小和密度不同的颗粒，则需要采用超速离心方法。对于超速离心，则可以根据需要采用差速离心、密度梯度离心或等密度梯度离心等方法。

差速离心（differential centrifugation）是指采用不同的离心速度和离心时间，使不同沉降系数的颗粒先后沉淀，实现分批分离的方法。差速离心主要用于分离那些大小和密度相差较大的颗粒，操作简单、方便，但分离效果较差，分离的沉淀物中含有较多的杂质，离心后颗粒沉降在离心管底部，并使沉降的颗粒受到挤压。

密度梯度离心（density gradient centrifugation）是将样品在密度梯度介质中进行离心，使沉降系数比较接近的物质分离的一种区带分离方法。为了使沉降系数比较接近的颗粒得以分离，必须配制好适宜的密度梯度系统。密度梯度系统是在溶剂中加入一定的溶质制成的，这种溶质称为梯度介质。梯度介质应具有足够大的溶解度，以形成所需的密度梯度范围；不会与样品中的组分发生反应；也不会引起样品中组分的凝集、变性或失活。常用的梯度介质有蔗糖、甘油等。密度梯度一般采用密度梯度混合器进行制备。离心前，将样品小心地铺放在预先制备好的密度梯度溶液的表面，经过离心，不同大小不同形状、具有一定沉降系数差异的颗粒在密度梯度溶液中形成若干条界面清楚的不连续区带。再通过虹吸、穿刺或切割离心管的方法将不同区带中的颗粒分开收集，得到所需的物质。在密度梯度离心过程中，区带的位置和宽度随离心时间的不同而改变。若离心时间过长，由于颗粒的扩散作用，会使区带越来越宽。为此，适当增大离心力、缩短离心时间，可以减少由于扩散而导致的区带扩宽现象。

等密度梯度离心又称平衡沉降离心，当待分离的不同颗粒的密度范围处于离心介质的密度范围时，在离心力的作用下，不同浮力密度的颗粒或向下沉降，或向上漂浮，只要时间足够长，就可以一直移动到与它们各自的浮力密度恰好相等的位置（等密度点），形成区带。密度梯度离心，由于受到离心介质的影响，待分离的颗粒并未达到其等密度位置，而等密度梯度离心则要求待分离的颗粒处于密度梯度中的等密度点。因此，两种梯度离心所采用的离心介质和密度梯度范围有所不同。等密度梯度离心常用的离心介质是铯盐，如氯化铯、硫酸铯、溴化铯等，有时也可以采用三碘苯的衍生物作为离心介质。必须注意的是在采用铯盐作为离心介质时，它们对铝合金的转子有很强的腐蚀作用，要防止铯盐溶液溅到转子上，使用后要将转子仔细清洗和干燥，有条件的最好采用钛合金转子。

3. 过滤与膜分离

过滤是借助于过滤介质将不同大小、不同形状的物质分离的技术过程。过滤介质多种多样，常用的有滤纸、滤布、纤维、多孔陶瓷、烧结金属和各种高分子膜等。根据过滤介质的不同，过滤可以分为膜过滤和非膜过滤两大类。其中粗滤和部分微滤采用高分子膜以外的物质作为过滤介质，称为非膜过滤；而大部分微滤以及超滤、反渗透、透析、电渗析等采用各种高分子膜为过滤介质，称为膜过滤，又称为膜分离技术。

根据过滤介质截留的物质颗粒大小不同，过滤可以分为粗滤、微滤、超滤和透析等 4 大类。它们的主要特性如表 2-3 所示。

表 2-3　过滤的类别及特性

类别	截留颗粒大小	截留的主要物质	过滤介质	应用举例
粗滤	$>2\mu m$	酵母、霉菌、动植物细胞、固形物等	滤纸、滤布、纤维、多孔陶瓷、烧结金属等	去除发酵残渣、菌体回收
微滤	$0.05\sim2\mu m$	细菌、灰尘等	微滤膜、微孔陶瓷	菌体、细胞和病毒的分离
超滤	$0.002\sim0.05\mu m$	病毒、生物大分子等	超滤膜	蛋白质、多肽、多糖的回收和浓缩
透析	分子质量$>1kDa$	分子质量大于 1kDa 的溶质	半透膜	脱盐、除变性剂

4. 萃取分离

萃取（extraction）分离是利用物质在两相中的溶解度或分配比不同而使其分离的技术。根据两相的状态，萃取可分为液液萃取、液固萃取、液气萃取和超临界流体萃取等，其中液液萃取是最常见的萃取技术之一，包括有机溶剂萃取、双水相萃取、超临界萃取、反胶束萃取等，分离过程中涉及的两相一般为互不相溶或部分相溶的两种液相。

（1）有机溶剂萃取

有机溶剂萃取（organic solvent extraction）的两相分别为水相和有机溶剂相，利用溶质在水和有机溶剂中的溶解度不同而达到分离。用于萃取的有机溶剂主要有乙醇、丙酮、丁醇、苯酚等。例如，用丁醇萃取微粒体或线粒体中的酶；用苯酚萃取 RNA 等。由于有机溶剂容易引起酶蛋白和酶 RNA 的变性失活，所以在酶的萃取过程中，应在 0～10℃ 的低温条件下进行，并要尽量缩短酶与有机溶剂接触的时间。

（2）双水相萃取

双水相萃取（aqueous two-phase extraction，ATPE）的两相分别为互不相溶的两个水相。利用溶质在两个互不相溶的水相中的溶解度不同而达到分离。双水相是指某些高聚物之间或高聚物与无机盐之间在水中以一定的浓度混合而形成互不相溶的两相。双水相体系的形成主要是由于聚合物的空间位阻作用，相互间无法渗透，而具有强烈的相分离倾向，在一定条件下即可分为两相，一般认为聚合物水溶液的疏水性差异是产生相分离的主要推动力。只要两个聚合物的疏水程度有所差异，混合时就可发生相分离，且疏水程度相差越大，相应地相分离倾向也就越大，但要注意的是，必须要满足体系的分相条件，否则只能是得到均一的单相溶液，而不能获得期望的双相体系。

（3）超临界萃取

超临界萃取（supercritical fluid extraction，SFE）又称为超临界流体萃取，是利用欲分离物质与杂质在超临界流体中的溶解度不同而达到分离的一种萃取技术。

物质在不同的温度和压力条件下，可以以不同的形态存在，如固体（S）、液体（L）、气体（G）、超临界流体（SCF）等。如图 2-1 所示，在温度和压力超过某物质的超临界点时，该物质成为超临界流体。

超临界流体的物理特性和传质特性通常介于液体和气体之间，适于作为萃取溶剂。超临界流体的密度比气体大得多，与液体较为接近，因此超临界流体萃取具有很高的萃取速度。其扩散系数接近于气体，黏度大大低于液体的黏度，接近气体的黏度，有利于物质的扩散。随着温度和压力的变化，超临界流体对物质的萃取具有选择性。在超临界流体中，不同的物质有不同的溶解度，溶解度大的物质溶解在超临界流体中，与不溶解或溶解度小的物质分开。然后，通过升高温度或降低压力，使超临界流体变为气态，而得到所需的物质。

作为萃取剂的超临界流体必须具有以下条件：具有良好的化学稳定性，对设备没有腐蚀性；临界温度不能太高或太低，最好在室温附近或操作温度附近；操

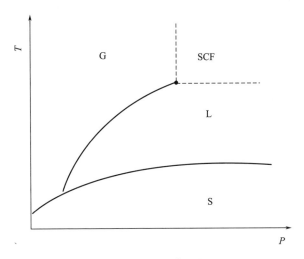

图 2-1　超临界体系相

作温度应低于被萃取溶质的分解温度或变质温度；临界压力不能太高，可节约压缩动力费用；选择性要好，容易制得高纯度的制品；溶解度要高，可以减少溶剂的循环量；萃取剂要容易获得，价格要便宜。

（4）反胶束萃取

反胶束萃取（reversed micelles extraction）是利用反胶束将酶或其他蛋白质从混合液中萃取出来的一种分离纯化技术。反胶束，又称为反胶团，是表面活性剂分散于连续有机相中形成的纳米尺度的一种聚集体。表面活性剂极性头朝着胶束内的水滴，而把非极性尾向着周围的有机溶剂，在搅拌情况下，使水相中的酶通过形成反胶束的方式进入微胶束而不与胶束外的有机溶剂相接触，反胶束溶液是透明的、热力学稳定的系统。它具有成本低、萃取效率高、条件温和、不会引起生物活性物质变性、适用范围广等特点。

5. 层析分离

层析（chromatography）又称色谱，层析分离是利用混合样品中各组分的物理化学性质（分子的大小和形状、分子极性、吸附力、分子亲和力、分配系数等）的不同，使各组分以不同比例分布在两相中，先后被洗脱出来而得以分离的技术。其中一个相是固定的，称为固定相；另一个相是流动的，称为流动相。当流动相流经固定相时，各组分以不同的速度移动，从而使不同的组分分离纯化。

酶可以采用不同的层析方法进行分离纯化，常用的有吸附层析、分配层析、离子交换层析、凝胶层析和亲和层析等。按照不同的分离依据，可将层析分为以下几类（表 2-4）。

表 2-4　层析分离方法

层析方法	分离依据
凝胶层析	分子量与形状
吸附层析	吸附力
分配层析	分配系数
离子交换层析	离子交换
亲和层析	亲和力
层析聚焦	等电点
疏水层析	疏水作用

（1）凝胶层析

凝胶层析（gel chromatography）又称为凝胶过滤、分子排阻层析、分子筛层析等。它是指以各种多孔凝胶为固定相，利用流动相中所含各种组分的分子量不同而达到物质分离的一种层析技术。其操作简单、方便，不需要再生处理即可反复使用，适用于不同分子量的各种物质的分离。

凝胶层析柱中装有多孔凝胶，当含有各种组分的混合溶液流经凝胶层析柱时，各组分在凝胶颗粒内的微孔和颗粒间隙进行不同程度的分子扩散运动。大分子物质由于分子直径大，不能进入凝胶的微孔，只能分布于凝胶颗粒的间隙中，以较快的速度流过凝胶柱。较小的分子能进入凝胶的微孔内，不断地进出于一个个颗粒的微孔内外，这就使小分子物质向下移动的速度比大分子的速度慢，从而使混合溶液中各组分按照分子量由大到小的顺序先后流出层析柱，而达到分离的目的。在凝胶层析中，分子量也并不是唯一的分离依据，有些物质的分子量相同，但由于分子的形状不同，再加上各种物质与凝胶之间存在着非特异性的吸附作用，故仍然可以分离。

为了定量地衡量混合液中各组分的流出顺序，常常采用分配系数 K_a 来量度：

$$K_a = \frac{V_e - V_0}{V_i}$$

式中，V_e 为洗脱体积，表示某一组分从加进层析柱到最高峰出现时，所需的洗脱液体积；V_0 为外体积，即为层析柱内凝胶颗粒空隙之间的体积；V_i 为内体积，即为层析柱内凝胶颗粒内部微孔的体积。

若某组分的分配系数 $K_a = 0$，则 $V_e = V_0$，说明该组分完全不能进入凝胶微孔，洗脱时最先流出；若某组分的分配系数 $K_a = 1$，则 $V_e = V_0 + V_i$，说明该组分可以自由地扩散进入到凝胶颗粒内部的所有微孔，洗脱时最后流出；如果某组分的分配系数 K_a 在 $0 \sim 1$，说明该组分分子大小介乎大分子和小分子之间，可以进入凝胶的微孔，但是扩散速度较慢，洗脱时按照 K_a 值由小到大的顺序先后流出。

对于同一类型的化合物，凝胶层析的洗脱特性与组分的分子量成函数关系，洗脱时组分按分子量由大到小的顺序先后流出。组分的洗脱体积 V_e 与分子量（M）的关系可以用下式表示：

$$V_e = K_1 - K_2 \lg M$$

式中，K_1、K_2 为常数。

在应用中，以标准组分的相对洗脱体积 K_{av}（$K_a = V_e/V_t$）对组分的分子量的对数（$\lg M$）做出曲线，可以通过测定某一组分的相对洗脱体积，从曲线中查出该组分的分子量。

凝胶的种类很多，其共同特点是凝胶内部具有微细的多孔网状结构，其孔径的大小决定其用于分离的组分颗粒的大小。凝胶材料主要有葡聚糖、琼脂糖、聚丙烯酰胺等。层析用的微孔凝胶是由凝胶材料与交联剂交联聚合而成，交联剂加得越多，载体颗粒的孔径就越小。所使用的交联剂有环氧氯丙烷等。

（2）吸附层析

吸附层析（adsorption chromatography）是利用吸附剂对不同物质的吸附力不同而使混合物中各组分分离的方法。凡是能够将其他物质聚集到自己表面上的物质称为吸附剂。由于吸附剂来源丰富、价格低廉、可以再生，吸附设备简单，至今仍在实验室和工业生产中广泛使用。

在吸附层析过程中，要取得良好的分离效果，首先要选择好适当的吸附剂和洗脱剂，否则难以达到分离目的。吸附力的强弱与吸附剂以及被吸附物质的性质有密切关系，同时也受到吸附条件、吸附剂的处理方法等的影响。吸附剂可以分为无机吸附剂和有机吸附剂。常用吸附剂包括硅胶、活性炭、磷酸钙、碳酸盐、氧化铝、硅藻土、泡沸石、陶土、聚丙烯酰胺凝胶、葡聚糖、琼脂糖、菊糖、纤维素等。选择洗脱剂一般根据极性相似原则。常用的洗脱剂按其极性的增大排列如下：石油醚、环己烷、四氯化碳、三氯己烷、甲苯、苯、二氯甲烷、乙醚、氯仿、乙酸乙酯、丙酮、正丙醇、乙醇、甲醇、水、吡啶乙酸等。

（3）分配层析

分配层析（partition chromatography）是利用各组分在两相中的分配系数不同，而使各组分分离的方法。分配系数是指一种溶质在两种互不相溶的溶剂中溶解达到平衡时，该溶质在两项溶剂中的浓度的比值，以 K 表示。分配系数与溶剂和溶质的性质有关，同时受温度、压力等条件的影响。因此，不同的物质在不同的条件下，其分配系数各不相同。在层析条件确定后，某溶质在确定的层析系统中的分配系数是一个常数。由于同一层析系统中不同的溶质有不同的分配系数，导致移动速度不同，从而达到分离。分配层析主要有纸层析、分配薄层层析、分配气相层析等方法。

（4）离子交换层析

离子交换层析（ion exchange chromatography，IEC）是利用离子交换剂上的可解离基团（活性基团）与流动相中各种离子化物质发生不同程度的可逆性离子交换反应，而使不同离子型化合物达到分离目的的一种层析分离方法。

离子交换剂是含有若干活性基团的不溶性高分子物质，通过在不溶性高分子物质（母体）上引入若干可解离基团（活性基团）而制成。按母体物质种类的不同，离子交换剂有离子交换树脂、离子交换纤维素、离子交换凝胶等。其中某些大孔径的离子交换树脂、离子交换纤维素和离子交换凝胶可用于酶的分离纯化。按活性基团的性质不同，离子交换剂可以分为阳离子交换剂和阴离子交换剂。由于酶分子具有两性性质，所以可用阳离子交换剂，也可用阴离子交换剂进行酶的分离纯化。在溶液的 pH 值大于酶的等电点时，酶分子带负电荷，可用阴离子交换剂进行层析分离；而当溶液 pH 值小于酶的等电点时，酶分子带正电荷，则要采用阳离子交换剂进行分离。

在一定条件下，某种组分离子在离子交换剂上的浓度与在溶液中的浓度达到平衡时，两者浓度的比值 K 称为平衡常数（也叫分配系数）。平衡常数 K 是离子交换剂上的活性基团与组分离子之间亲和力大小的指标。平衡常数 K 的值越大，离子交换剂上的活性基团对某组分离子的亲和力就越大，表明该组分离子越容易被离子交换剂交换吸附。K 值的大小决定组分离子在离子交换柱内的保留时间。K 值越大，保留时间就越长。如果待分离的溶液中各种组分离子的 K 值有较大的差别，通过离子交换层析就可以使这些组分离子得以分离。

（5）亲和层析

亲和层析（affinity chromatography，AC）是利用生物分子与配基之间所具有的专一而又可逆的亲和力使生物分子分离纯化的技术。它具有容量大、效率高、选择性高、对目标产物的生物活性有一定保护作用等优点。生物大分子之间存在广泛的相互作用，如酶与底物、酶与竞争性抑制剂、抗原与抗体、生物素与亲和素、激素与受体、多糖与蛋白复合体、互补的 DNA 片段与 RNA 片段等，且这些相互作用也是特异并可逆的。因此，亲和层析在酶等生物大分子以及某些含量少又不稳定的生物活性物质的分离纯化中有重要的应用。亲和层析中作为固定相的是配体（ligand），又称配基，它必须与不溶于水的载体（matrix）相偶联，共同填充于层析柱中。配体一般为小分子物质，如金属离子等无机辅助离子或有机辅助离子。载体多为高分子物质，如葡聚糖凝胶、琼脂糖凝胶、聚丙烯酰胺凝胶和纤维素等。载体须通过环氧化法、溴化氰法、重氮法、叠氮法、甲苯酰氯法、硅化法和双功能试剂法等反应活化，引入活性基团后，才可以与配体共价偶联。

亲和层析的选择性虽然很高，可通过一次纯化分离步骤得到纯度很高的产品，但是亲和介质一般价格昂贵，处理量不大，大规模应用较少，在实验室制备时，一般只是在纯化的后期使用。另外亲和结合专一性强，洗脱要求高。

（6）层析聚焦

层析聚焦（focus chromatography）是将酶等两性物质的等电点特性与离子交换层析的特性结合在一起，实现组分分离的技术。

层析聚焦过程与两种物质密切相关：多缓冲离子交换剂和多缓冲溶液。在层析系统中，柱内装上多缓冲离子交换剂，当加入两性电解质载体的多缓冲溶液流过层析柱时，在层析柱内形成稳定的 pH 梯度。欲分离酶液中的各个组分在此系统中会移动到（聚焦于）与其等电点相当的 pH 位置上，从而使不同等电点的组分得以分离。多缓冲离子交换剂和多缓冲溶液的选择主要依据欲分离组分的等电点。

6. 电泳分离

带电粒子在电场中向着与其本身所带电荷相反的电极移动的过程称为电泳（electrophoresis）。不同的物质由于其带电性质及其颗粒大小和形状不同，在一定的电场中移动方向和移动速度也不同，故此可使它们分离。物质颗粒在电场中的移动方向，取决于它们所带电荷的种类。颗粒在电场中的移动速度主要决定于其本身所带的净电荷量，同时受颗粒形状和颗粒大小的影响。此外，还受到电场强度、溶液 pH 值、离子强度及支持体的特性等外界条件的影响。

在酶学研究中，电泳技术主要用于酶的纯度鉴定、酶分子质量测定、酶等电点测定以及少量酶的分离纯化。电泳方法按其使用的支持体的不同，可以分为纸电泳、薄层电泳、薄膜电泳、凝胶电泳和等电点聚焦电泳等。

（1）纸电泳

纸电泳（paper electrophoresis）是以滤纸为支持体的电泳技术。在纸电泳的过程中，首先要选择纸质均匀、吸附力小的滤纸作为支持物，再根据欲分离物质的物理化学性质，从提高电泳速度和分辨率出发，选择一定的 pH 值和一定离子强度的缓冲液。然后，在滤纸的适当位置点好样品，点样量随滤纸厚度、原点宽度、样品溶解度、显色方法的灵敏度以及各组分电泳速度的差别而有所不同。点样量要适当，过多易引起拖尾和扩散现象，过少则难于检测。点好样的滤纸平置于电泳槽的适当位置，接通电源，在一定的电压条件下进行电泳。电泳过程中，电泳槽应放平，阴极槽和阳极槽的液面应当保持在同一水平，以免虹吸现象发生。经过适宜的时间后，取出滤纸，烘干或吹干后，进行显色或采用其他方法进行分析鉴定。

（2）薄层电泳

薄层电泳（thin-layer electrophoresis）是将支持体与缓冲液调制成适当厚度

的薄层进行电泳的技术。常用的支持体有淀粉、纤维素、硅胶、琼脂等，其中以淀粉最常用。这是由于淀粉易于成型，对蛋白质等的吸附少，样品易洗脱，电渗作用低，分离效果好。因此，淀粉板薄层电泳广泛应用于蛋白质、核酸、酶等的分离。

（3）薄膜电泳

薄膜电泳（film electrophoresis）是以醋酸纤维等高分子物质制成的薄膜为支持体的电泳技术。薄膜电泳的分辨率虽然比不上凝胶电泳和薄层电泳，但是由于薄膜电泳具有简单、快速、区带清晰、灵敏度高、易于定量和便于保存的特点，故广泛用于各种酶的分离。

（4）凝胶电泳

凝胶电泳（gel electrophoresis）是以各种具有网状结构的多孔凝胶作为支持体的电泳技术。凝胶电泳与其他电泳的主要区别在于凝胶电泳同时具有电泳和分子筛的双重作用，具有很高的分辨力。

凝胶电泳的支持体主要有聚丙烯酰胺凝胶和琼脂糖凝胶等。常用的是聚丙烯酰胺凝胶。聚丙烯酰胺凝胶电泳按其凝胶形状和电泳装置的不同，可以分为垂直管型盘状凝胶电泳和垂直板型片状凝胶电泳；按其凝胶组成系统的不同，可以分为连续凝胶电泳、不连续凝胶电泳、浓度梯度凝胶电泳、SDS-聚丙烯酰胺凝胶电泳和二维电泳。

1）连续凝胶电泳（continuous gel electrophoresis）：连续凝胶电泳所采用的凝胶是相同的，即采用相同浓度的单体和交联剂，用相同 pH 和相同浓度的缓冲液制备成连续均匀的凝胶，然后在同一条件下进行电泳。此法配制凝胶时较为简便，但是分离效果稍差，一般用于组分较少的样品的分离。

2）不连续凝胶电泳（discontinuous gel electrophoresis）：采用 2 层或 3 层不同孔径、不同 pH 的凝胶（样品胶、浓缩胶和分离胶）重叠起来使用，采用两种不同的 pH 值和不同的缓冲液，能使浓度较低的各种组分在电泳过程中浓缩成层，从而提高分辨率。不连续凝胶电泳由上而下分为以下 3 层。

① 样品胶：处于凝胶系统最上层的大孔径凝胶，丙烯酰胺浓度为 2%～5%，在 pH 6.7～6.8 的 Tris-HCl 缓冲液中聚合而成，含有待分离的样品。有时可以不用这层样品胶，直接将样品与 10%的甘油或 5%～20%的蔗糖混合后加到浓缩胶的表面，取代样品胶。

② 浓缩胶：在 pH 6.7～6.8 的 Tris-HCl 缓冲液中聚合而成的大孔凝胶。除了不含样品外，其他与样品胶相同。样品中的各组分在浓缩胶中浓缩，按照迁移率的不同，在浓缩胶和分离胶的界面上压缩成层。

③ 分离胶：在 pH 8.8～8.9 的 Tris-HCl 缓冲液聚合而成的小孔径凝胶，丙烯酰胺的浓度根据待分离组分的相对分子质量大小而决定，样品中各组分在分离

胶中进行分离。上述连续凝胶电泳所使用的一层凝胶就是分离胶，其制备方法与此相同。

3）浓度梯度凝胶电泳（concentration gradient gel electrophoresis）：采用由上而下聚丙烯酰胺浓度逐渐升高、孔径逐渐减小的梯度凝胶进行电泳。梯度凝胶用梯度混合装置制成，电泳后不同分子质量的颗粒停留在与其大小相对应的位置上，主要用于测定球蛋白类组分的分子质量。

4）SDS-聚丙烯酰胺凝胶电泳（sodium dodecyl sulphate-polyacrylamide gel electrophoresis，SDS-PAGE）：采用 SDS-PAGE 进行电泳，主要用于蛋白质分子量的测定。Shapiro 等人发现，在聚丙烯酰胺凝胶中加入一定量的十二烷基硫酸钠（sodium dodecyl sulfate，SDS），电泳时蛋白质组分的电泳迁移率主要取决于分子量，而与其形状及所带电核无关。因此，要测定某一种蛋白质的分子量，只要比较该蛋白质与其他已知分子量的蛋白质在 SDS-聚丙烯酰胺凝胶电泳上的迁移率即可。

5）二维电泳（two-dimensional electrophoresis，2-DE）：该法是将等电聚焦电泳和 SDS-PAGE 联合使用的技术，由于具有高分辨率和高灵敏度已成为分析复杂蛋白质混合物的基本工具。

（5）等电点聚焦电泳

等电点聚焦电泳（isoelectric focusing electrophoresis，IEF）又称为等电点聚焦或电聚焦。在电泳系统中加入两性电解质载体，通以直流电后，载体两性电解质即在电场中形成一个由阳极到阴极连续增高的 pH 梯度。当酶进入这个体系时，不同的酶即聚焦于与其等电点相当的 pH 位置上，从而使不同等电点的酶得以分离。这种技术称为等电聚焦电泳。该方法已成功地用于酶的分离纯化及其等电点的测定。

等电聚焦的关键条件之一是具有稳定的 pH 梯度，以防止对流，避免已分离的物质组分再度混合。根据稳定 pH 梯度的方法不同，等电聚焦电泳可分为密度梯度等电聚焦电泳、凝胶等电聚焦电泳、自由溶液等电聚焦电泳和毛细管等电聚焦电泳等。

四、酶的浓缩、干燥与结晶

经纯化得到的酶，需经浓缩或结晶以及其他处理，使酶得到精制，以便于保存。精制的方法主要包括浓缩、干燥和结晶等。

酶的浓缩是指通过除去部分水或其他溶剂，使酶液中的酶浓度提高的过程。一般酶提取液中的酶浓度很低，需要进一步浓缩才能进行提纯。浓缩有两方面的作用：一是可以提高酶液中的酶浓度，减少盐析剂、酸碱溶液和有机溶剂等提取剂的用量；二是可以减少提取后产生的废液量，从而减少对环境的污染。常用的浓缩方法有蒸发浓缩、超滤浓缩、胶过滤浓缩、反复冻融浓缩和聚乙二醇浓缩及利用氮吹仪浓缩等。

干燥是指将酶液中的水或其他溶剂去除一部分，以获得含水量较少的粉末状或颗粒状等固态酶的过程。干燥是酶的提纯过程的最后一步，当获得纯度较高的酶浓缩液后，为了利于酶的保存、运输和使用，可以通过干燥获得酶的粉剂等固态制剂。干燥过程中，物料表面的溶剂首先蒸发，随后物料内部的溶剂分子扩散到表面继续蒸发。因此，干燥速率与蒸发面积成正比，增大蒸发面积，有利于干燥。另外在不影响物料稳定性的前提下，可通过适当提高干燥温度、加快空气流通等方式来提高干燥速率，但干燥速率不宜过快，以避免因物料表面水分迅速蒸发而黏结成壳，妨碍内部溶剂分子向表面扩散，致使干燥效果受到影响。常用的干燥方法有真空干燥、喷雾干燥、冷冻干燥、气流干燥和吸附干燥等，实际应用中注意选择合适的干燥方式，以防止酶的变性失活。

结晶是指酶以晶体的形态从酶溶液中析出，溶质分子通过氢键、离子键或其他分子间的作用力周期性地排列成一种有规则的固体形式的过程，形成的晶体可呈片状、针状、棒状。由于不同分子间形成结晶的条件各不相同，而且酶变性后不能形成结晶，因而，结晶既是酶是否纯净的标志，又是种酶和杂蛋白分离的方法。它不仅为进一步的研究提供了合适的样品，且为较高纯度酶的获得和应用创造了条件。酶结晶常用的方法主要有盐析结晶法、有机溶剂结晶法、等电点结晶法、透析平衡结晶法、微量蒸发扩散法等。

第三节　酶 的 表 达

到目前为止，已经发现的酶有几千种，按照其组成的不同，可以分为蛋白质类酶和核酸类酶两大类别。因此，酶的生物合成主要是指细胞内 RNA 和蛋白质的合成过程。

生物体的所有遗传信息，除了一部分 RNA、病毒外，都储存在遗传信息载体 DNA 分子中。1958 年，Crick 提出中心法则，他认为在通常的细胞中，DNA 分子可以通过复制，生成与原有 DNA 具有相同遗传信息的新的 DNA 分子，再通过转录把遗传信息传递给 RNA，然后通过翻译成为多肽链。生成的 RNA 或多肽链经过加工、组装而成为具有完整空间结构的酶分子。

一、RNA 的生物合成——转录

转录是以 DNA 为模板，以核苷三磷酸为底物，在依赖 DNA 的 RNA 聚合酶（转录酶）的作用下，生成 RNA 的过程。DNA 分子转录生成的 RNA，按其分子结构和功能的不同，可以分为转移核糖核酸（tRNA）、信使核糖核酸（mRNA）和核糖体核糖核酸（rRNA）。

转录酶是以 DNA 为模板的一类 RNA 聚合酶，在原核生物和真核生物中，转录酶有所不同。原核生物的转录酶比较简单，由一种 RNA 聚合酶催化所有 RNA 的转录过程。在真核生物中，RNA 聚合酶有三种，分别为 RNA 聚合酶 Ⅰ、RNA 聚合酶Ⅱ和 RNA 聚合酶Ⅲ。RNA 的转录过程主要包括三个步骤，即转录的起始、RNA 链的延伸和 RNA 链合成的终止。

1. 转录的起始

RNA 生物合成的起始位点是在 DNA 的特定位点（启动基因）上，转录的起点是指合成的 RNA 中第一个核苷酸所对应的 DNA 模板上的位点，通过 RNA 与 DNA 模板杂交可以确定转录起点的位置，一般将 mRNA 开始转录的第一个核苷酸定为 0 点（即＋1），由此向左称为上游，其核苷酸顺序向左依次以负号表示，紧接起始点左侧的核苷酸为－1，起始点右侧称为下游，其核苷酸依次编为正序号。

转录时，RNA 聚合酶首先结合到 DNA 的启动基因上，DNA 的双螺旋链部分解开，以其中一条链为模板，通过碱基互补方式结合第一个核苷三磷酸。

2. RNA 链的延伸

随着第一个核苷三磷酸的结合，起始阶段结束而进入 RNA 链的延伸阶段。随着 RNA 聚合酶沿着模板 DNA 的移动，DNA 双螺旋逐渐解开，按照模板上的碱基顺序逐个加入与其互补的核苷三磷酸，并通过 3′,5′-磷酸二酯键聚合而生成多聚核苷酸链，同时释放出焦磷酸。在 RNA 聚合酶后面生成的多聚核苷酸链立即与模板分开，DNA 分子原来解开的两条链又重新缠绕形成双螺旋（图 2-2）。

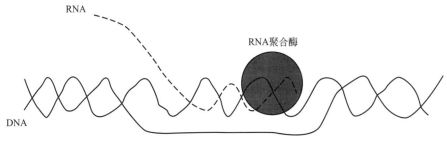

图 2-2　RNA 链延伸示意图

3. RNA 链合成的终止

模板 DNA 分子上每一个基因或每一个操纵子都含有一个终止信号——终止子，当 RNA 聚合酶转录到达这个信号时，合成的 RNA 分子以及 RNA 聚合酶与模板 DNA 分离，RNA 链的合成便被终止。

4. RNA 前体的加工

经过转录获得的产物并非成熟的 RNA 分子，而是 RNA 前体。RNA 前体一般比成熟的 RNA 分子大，而且缺少成熟 RNA 所必需的一些要素，如稀有碱基、$5'$ 端及 $3'$ 端的某些基团等，在真核生物的 RNA 前体中往往还含有内含子。因此，细胞内所有新合成的 RNA（tRNA、mRNA 和 rRNA）前体都必须经过加工，才能变成成熟的 RNA 分子。

RNA 前体的加工包括一系列酶的催化反应，这些酶反应主要包括剪切反应、剪接反应、末端连接反应和核苷修饰反应等。

二、蛋白质的生物合成——翻译

以 mRNA 为模板，以各种氨基酸为底物，在核糖体上通过各种 tRNA、酶和辅助因子的作用而合成多肽链的过程，称为翻译。

翻译是将 mRNA 分子上的碱基排列次序转变为多肽链上氨基酸排列次序的过程。不同的生物，其翻译过程虽然有些差别，但是基本过程均包括氨基酸活化、肽链合成的起始、肽链的延伸、肽链合成的终止及蛋白质前体的加工等五个阶段。

1. 氨基酸活化——生成氨酰-tRNA

氨基酸在氨酰-tRNA 合成酶的作用下，由 ATP 提供能量，与特定的 tRNA 结合成氨酰-tRNA，其反应如下：

$$aa+tRNA+ATP \xrightarrow{\text{氨酰-tRNA 合成酶}} aa\text{-}tRNA+AMP+PPi$$

对于真核生物来说，肽链合成时的第一个氨基酸都是甲硫氨酸，起始 tRNA 是 $Met\text{-}tRNA^{Met}$。而对于大肠杆菌等原核生物而言，肽链合成时的第一个氨基酸都是甲酰甲硫氨酸，起始 tRNA 是 $fMet\text{-}tRNA^{F}$，它是在甲硫氨酸与 $tRNA^{F}$ 结合后再经甲酰化而生成的。即：

$$Met+tRNA^{F}+ATP \longrightarrow Met\text{-}tRNA^{F}+AMP+PPi$$

$$Met\text{-}tRNA^{F} \xrightarrow{\text{甲酰转移酶}} fMet\text{-}tRNA^{F}$$

2. 肽链合成的起始

在原核生物和真核生物中，肽链合成的起始阶段有所差别。现以大肠杆菌为例加以说明。

原核生物肽链合成的起始阶段是在 GTP 和起始因子（initiation factor）的参与下，核糖体 30S 亚基、$fMet\text{-}tRNA^{F}$、mRNA 和 50S 亚基结合，组成起始复合物的过程。这一阶段共包括以下五个步骤。

（1）30S 亚基与起始因子 IF_3 结合。

（2）30S 亚基与 mRNA 结合，形成 30S-IF_3-mRNA 复合物。

（3）fMet-$tRNA^F$ 与起始因子 IF_2 以及 GTP 结合。

（4）在起始因子 IF_1 的参与下，fMet-$tRNA^F$-IF_2-GTP 与 30S-IF_3-mRNA 结合生成 30S 起始复合物，在此 30S 起始复合物中，fMet-$tRNA^F$ 上的反密码子正好与 mRNA 上的起始密码子 AUG 结合。

（5）50S 亚基与上述 30S 起始复合物结合，形成具有完整结构的 70S 核糖体。在此过程中，同时放出 IF_1、IF_2、IF_3，并使 GTP 水解生成 GDP 和 Pi。在此 70S 核糖体形成时，fMet-$tRNA^F$ 位于 70S 核糖体的 P 位（肽酰基位），而它的 A 位（氨酰基位）则是空位。

原核生物肽链合成的起始阶段如图 2-3 所示。

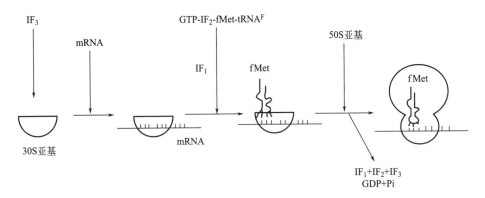

图 2-3　原核生物肽链合成的起始阶段

真核生物和原核生物的核糖体亚基组成，肽链合成的起始因子，起始 tRNA 以及亚基的结合次序等均有所不同。

3. 肽链的延伸

在延伸因子（elongation factor）的参与下，与 mRNA 上密码子对应的氨酰-tRNA 进入 70S 核糖体之中的 A 位。通过肽基转移酶的作用，P 位上 fMet-$tRNA^F$ 的甲酰甲硫氨酰基（fMet）与 A 位上的氨酰-tRNA（aa_1-$tRNA_1$）以肽键（peptide bond）结合，形成肽酰-tRNA。接着，mRNA 和核糖体相对移动一个密码子（3 个碱基）的距离，A 位上的肽酰-tRNA 转至 P 位，而原在 P 位上的 $tRNA^F$ 游离出去。然后，根据 mRNA 上的密码顺序，下一个氨酰-tRNA 进入 A 位，再重复上述过程，使肽链不断延伸，直至遇到终止密码子为止。

肽链延伸的主要过程如下。

（1）延伸因子 EF-T 与氨酰-tRNA（aa₁-tRNA）以及 GTP 结合。

（2）aa₁-tRNA 进入 70S 起始复合物的 A 位，同时放出 EF-T、GDP 和 Pi。

（3）肽合成酶催化 P 位上的 fMet 脱离 tRNA^F，而与 A 位上的 aa₁-tRNA₁ 通过肽键结合，形成肽酰-tRNA（fMet-aa₁-tRNA₁）。

（4）在延伸因子 EF-G 和 GTP 的参与下，mRNA 与 70S 核糖体相对移动一个密码子距离，使原在 A 位上的 fMet-aa₁-tRNA₁ 位移至 P 位，A 位又成为空位，同时放出 EF-G、GDP、Pi 以及 tRNA^F。然后下一个氨酰-tRNA（aa₂-tRNA₂）进入 A 位，重复上述（3）、（4）步骤，如此往复，使肽链不断延伸。

原核生物肽链延伸的过程如图 2-4 所示。

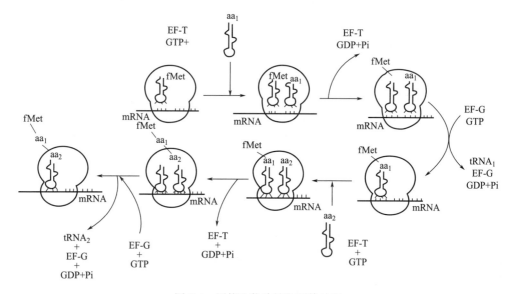

图 2-4 原核生物肽链的延伸过程

4. 肽链合成的终止

随着肽链的延伸，mRNA 与 70S 核糖体不断地做相对移动。当 mRNA 分子中的终止密码子（UAA、UAG、UGA）移动到核糖体的 A 位时，由于没有相应的氨酰-tRNA 进入，此时释放因子（release factor）进入 A 位，并与终止密码子结合。研究表明，释放因子有两种，其中 RF-1 可与 UAA 和 UAG 结合，而 RF-2 可与 UAA 和 UGA 结合。在释放因子进入核糖体 A 位后，已合成的完整肽链从 P 位转至 A 位时，就被释放出来。随后 70S 核糖体解离成为 30S 亚基和 50S 亚基，可重新用于下一次肽链的合成。

5. 蛋白质前体的加工

新合成的肽链释放出来后，还必须经过加工修饰才能形成具有完整空间结构的有功能的酶或蛋白质。蛋白质前体的加工过程主要包括：N 端甲酰甲硫氨酸或甲硫氨酸的切除、二硫键的形成与重排、肽链的剪切、氨基酸侧链的修饰、肽链的折叠、亚基的聚合等。

第四节　酶 的 发 酵

经过预先设计，通过人工操作控制，利用细胞（包括微生物细胞、植物细胞和动物细胞）的生命活动，产生人们所需要的酶的过程，称为酶的发酵生产。酶的发酵生产是现在酶生产的主要方法。

所有的生物体在一定的条件下都能产生多种多样的酶。酶在生物体内产生的过程称为酶的生物合成。人们可以通过微生物细胞发酵或植物和动物细胞的培养来生产酶。在酶制剂发展的早期，都是从动植物原料中提取酶，但是由于它们的生长周期长，又受地理、气候和季节等因素的影响，来源受到限制，所以不适于大规模的工业生产。而微生物具有种类多、繁殖快、容易培养、代谢能力强等特点，因此目前一般都是以微生物作为生产酶的酶源，产酶微生物的发酵技术在酶生产中是极为重要的。本节主要介绍酶的微生物发酵生产。

一、产酶微生物

酶发酵生产的前提之一，是根据产酶的需要，选育得到性能优良的微生物。一般来说，优良的产酶微生物应当具有下列条件：①酶的产量高；②产酶稳定性好；③容易培养和管理；④利于酶的分离和纯化；⑤安全可靠，无毒性等。

一些常用菌种及产酶见表 2-5。

表 2-5　一些常用菌种及产酶

菌种	主要特性	产酶种类
枯草芽孢杆菌（Bacillus subtilis）	细胞成杆状，大小为 $(0.7 \sim 0.8)\mu m \times (2 \sim 3)\mu m$，单个，无荚膜，周生鞭毛，运动，革兰氏染色呈阳性。菌落粗糙，不透明，微白色或微带黄色	α-淀粉酶、蛋白酶、β-葡聚糖酶、碱性磷酸酶
大肠杆菌（Escherichia coli）	细胞呈杆状，大小为 $0.5\mu m \times (1.0 \sim 3.0)\mu m$，革兰氏染色呈阴性，无芽孢，菌落从白色到黄白色，光滑闪光，扩展	谷氨酸脱羧酶、天冬氨酸酶、青霉素酰化酶、β-半乳糖苷酶、限制性核酸内切酶、DNA 聚合酶、DNA 连接酶、核酸外切酶等

续表

菌种	主要特性	产酶种类
黑曲霉（Aspergil-lus niger）	菌丝体由具横隔的分枝菌丝构成,菌丛黑褐色,顶囊球形,小梗双层,分生孢子球形,平滑或粗糙	糖化酶、α-淀粉酶、酸性蛋白酶、果胶酶、葡萄糖氧化酶、过氧化氢酶、核糖核酸酶、脂肪酶、纤维素酶、橙皮苷酶、柚苷酶
米曲霉（Aspergil-lus orgeat）	菌丛一般为黄绿色,后变为黄褐色,分生孢子头呈放射形,顶囊球形或瓶形,小梗一般为单层,分生孢子球形,平滑,少数有刺,分生孢子梗长 2mm 左右,粗糙	氨基酰化酶、磷酸二酯酶、核酸酶P₁、果胶酶
青霉（Penicilli-um）	菌丝无色或淡色,有横隔,分生孢子梗亦有横隔,顶端形成扫帚状的分枝,小梗顶端串生分生孢子,分生孢子球形、椭圆形或短柱形,光滑或粗糙,大部分在生长时呈蓝绿色	葡萄糖氧化酶、苯氧甲基青霉素酰化酶、果胶酶、纤维素酶 Cx、5′-磷酸二酯酶、脂肪酶、葡萄糖氧化酶、凝乳蛋白酶
木霉（Trichoder-ma）	菌落呈棉絮状或致密丛束状,菌落表面呈不同程度的绿色。菌丝透明,有分隔,分枝繁复,分枝末端为小梗,瓶状、束生、对生、互生或单生,分生孢子由小梗相继生出,靠黏液把它们聚集成球形或近球形的孢子头。分生孢子近球形或椭圆形,透明或亮黄绿色	纤维素酶中的 C1 酶、Cx 酶和纤二糖酶、羟化酶
根霉（Rhizopus）	营养菌丝产生匍匐枝,有假根,生有成群的孢子囊梗,梗的顶端膨大形成孢子囊,囊内生孢子囊孢子,孢子呈球形、卵形或不规则形状	糖化酶、α-淀粉酶、转化酶、酸性蛋白酶、核糖核酸酶、脂肪酶、果胶酶、半纤维素酶
毛霉（Mucor）	菌丝体在基质上或基质内广泛蔓延,菌丝体上直接生出孢子囊梗,分枝较小或单生,孢子囊梗顶端有膨大成球形的孢子囊,囊壁上常带有针状的草酸钙结晶	蛋白酶、糖化酶、α-淀粉酶、脂肪酶、果胶酶、凝乳酶
链霉菌（Strepto-myces）	菌丝体形成分枝,有气生菌丝和基内菌丝之分,基内菌丝体不断裂,气生菌丝体形成孢子链	青霉素酰化酶、纤维素酶、碱性蛋白酶、中性蛋白酶、几丁质酶
啤酒酵母（Saccha-romyces cerevisiae）	细胞呈圆形、卵形、椭圆形到腊肠形。在麦芽汁琼脂培养基上菌落为白色,有光泽平滑,边缘整齐,营养细胞可以直接变为子囊,每个子囊含有 1～4 个圆形光亮的子囊	转化酶、丙酮酸脱羧酶、醇脱氢酶
假丝酵母（Candi-da）	细胞圆形、卵形或长形,无性繁殖为多边芽殖,形成假菌丝,可生成厚垣孢子、无节孢子、子囊孢子,不产生色素。在麦芽汁琼脂培养基上菌落呈乳白色或奶油色	脂肪酶、尿酸酶、尿囊素酶、转化酶、醇脱氢酶

二、发酵方法

酶的发酵生产根据微生物培养方式的不同可分为固体培养发酵、液体深层发酵、固定化微生物细胞发酵和固定化微生物原生质体发酵等。

固体培养发酵的培养基，以麸皮、米糠等为主要原料，加入其他必要的营养成分，制成固体或者半固体培养基，经过灭菌、冷却后，接种产酶微生物菌株，在一定条件下进行发酵，以获得所需的酶。我国传统的各种酒曲、酱油曲等都是采用这种方式进行生产。固体培养发酵的优点是设备简单，操作方便，麸曲中酶的浓度较高，特别适用于各种霉菌的培养和发酵产酶。其缺点是劳动强度较大，原料利用率较低，生产周期较长。

液体深层发酵是采用液体培养基，置于生物反应器中，经过灭菌、冷却后，接种产酶细胞，在一定的条件下，进行发酵，生产得到所需的酶。液体深层发酵不仅适合于微生物细胞的发酵生产，也可以用于植物细胞和动物细胞的培养。液体深层发酵的机械化程度较高，技术管理较严格，酶的产率较高，质量较稳定，产品回收率较高，是目前酶发酵生产的主要方式。

固定化微生物细胞发酵是20世纪70年代后期，在固定化酶的基础上发展起来的发酵技术。固定化细胞是指固定在水不溶性的载体上，在一定的空间范围内进行生命活动（生长、繁殖和新陈代谢等）的细胞。固定化细胞发酵具有如下特点：①细胞密度大，可提高产酶能力；②发酵稳定性好，可以反复使用或连续使用较长的时间；③细胞固定在载体上，流失较少，可以在高稀释率的条件下连续发酵，利于连续化、自动化生产；④发酵液中含菌体较少，利于产品分离纯化，提高产品质量等。

固定化原生质体技术是20世纪80年代中期发展起来的技术。固定化原生质体是指固定在载体上、在一定的空间范围内进行生命活动的原生质体。固定化微生物原生质体发酵具有下列特点：①固定化原生质体由于除去了细胞壁这一扩散屏障，有利于胞内物质透过细胞膜分泌到细胞外；②采用固定化原生质体发酵，使原来存在于细胞间质中的物质，如碱性磷酸酶等，能游离到细胞外，变为胞外产物；③固定化原生质体由于有载体的保护作用，稳定性较好，可以连续或重复使用较长的一段时间。

三、发酵条件

1. 培养基

培养基的营养成分是微生物生长和发酵产酶的基础，主要是碳源、氮源，其次是无机盐、生长因子和产酶促进剂等。培养基各种营养物质的比例要适当，应注意到有些微生物生长繁殖的培养基不一定有利于酶的合成，也就是说生长繁殖与产酶可能需要不同组分的培养基，应创造一个适于微生物生长和产酶的条件。

（1）碳源

碳源是构成菌体成分的主要元素，也是细胞储藏物质和生产各种代谢产物的骨架，还是菌体生命活动能量的主要来源。当前酶制剂生产上使用的菌种大都是只能利用有机碳的异养型微生物。有机碳的主要来源有：一是农副产品中如甘薯、麸皮、玉米、米糠等淀粉质原料；二是野生的如土茯苓、橡子、石蒜等淀粉质原料。因为不同的细胞对各种碳源的利用差异很大，所以在配制培养基时应根据不同细胞的不同要求而选择合适的碳源。另外，选择碳源除考虑营养要求外，还要考虑酶生物合成的诱导作用和是否存在分解代谢物阻遏作用。尽量选用具有诱导作用的碳源，尽量不用或少用有分解代谢物阻遏作用的碳源。例如，α-淀粉酶的发酵生产中，应该选用有诱导作用的淀粉作为碳源，而不用对该酶有分解代谢物阻遏作用的果糖作为碳源。

（2）氮源

氮是生物体内各种含氮物质（如氨基酸、蛋白质、核苷酸、核酸等）的组成成分，酶制剂生产中的氮源主要有有机氮源和无机氮源两种，常用的有机氮源有豆饼、花生饼、菜籽饼、鱼粉、蛋白胨、牛肉膏、酵母膏、多肽、氨基酸等；无机氮源有 $(NH_4)_2SO_4$、NH_4Cl、NH_4NO_3、$(NH_4)_3PO_4$ 等。

（3）碳氮比

在微生物酶生产培养基中碳源与氮源的比例是随生产的酶类、生产菌株的性质和培养阶段的不同而改变的。一般蛋白酶（包括酸性、中性和碱性蛋白酶）生产采用碳氮比低的培养基比较有利，例如黑曲霉 3.350 酸性蛋白酶生产采用由豆饼粉 3.75%、玉米粉 0.625%、鱼粉 0.625%、NH_4Cl 1%、$CaCl_2$ 0.5%、Na_2HPO_4 0.2%、豆饼石灰水解液 10%组成的培养基。

（4）无机盐

微生物酶生产和其他微生物产品生产一样，培养基中需要有磷酸盐及硫、钾、钠、钙、镁等元素存在。在酶生产中常以磷酸二氢钾、磷酸氢二钾等磷酸盐作为磷源，以硫酸镁为硫源和镁源，钙离子对淀粉酶、蛋白酶、脂肪酶等多种酶的活性有十分重要的稳定作用，例如在无 Ca^{2+} 存在时灰色链霉菌中性蛋白酶只在 pH 7.0～7.5 的很小范围内稳定，当有 Ca^{2+} 存在时稳定 pH 范围可以扩大到 pH 5.0～7.0。钠离子有控制细胞渗透压使酶产量增加的作用，酶生产的培养基中有时以磷酸氢二钠及硝酸钠等形式加入，例如米曲霉 α-淀粉酶生产，添加适量的硝酸钠以促进酶生产。

（5）生长因子

微生物还需一些微量的如维生素之类的物质，才能正常生长发育，这类物质统称为生长因子（或生长素）。

（6）产酶促进剂

在培养基中添加某种少量物质，能显著提高酶的产率，这类物质称为产酶促进剂。产酶促进剂大体上分为两种：一是诱导物；二是表面活性剂。表面活性剂，如吐温 80 的浓度为 0.1% 时能增加许多酶的产量。表面活性剂能增加细胞的通透性，处在气液界面改善了氧的传递速率，还可以保护酶的活性。

2. 培养条件

微生物培养条件的控制主要包括对发酵温度、通风量、搅拌、泡沫、湿度等的控制。

（1）发酵温度

发酵温度主要随着微生物代谢反应、发酵中通风、搅拌速度的变化而变化。微生物在生长发育中，不断地吸收培养基营养成分来合成菌体的细胞物质和酶时的生化反应都是吸热反应；培养基中的营养物质被大量分解时的生化反应都是放热反应。发酵初期合成反应吸收的热量大于分解反应放出的热量，发酵液需要升温，当菌体繁殖旺盛时，情况则相反，发酵液温度会自行上升，加上通风搅拌所带来的热量，这时，发酵液必须降温，以保持微生物生长繁殖和产酶所需的适宜温度。微生物生长繁殖和产酶的最适温度随着菌种和酶的性质不同而异，生长繁殖和产酶的最适温度往往不一致。一般细菌为 37℃，霉菌和放线菌为 28～30℃，一些嗜热微生物需在 40～50℃ 温度下生长繁殖，如红曲霉生长温度 35～37℃，而生产糖化酶的最适温度为 37～40℃。

（2）通风量

其实通风量的多少应根据培养基中的溶解氧而定。一般来说，在发酵初期，虽然幼细胞呼吸强度大，耗氧多，但由于菌体少，所以相对通风量可以少些；菌体生长繁殖旺盛期时，耗氧多，要求通风量大些；产酶旺盛时的通风量因菌种和酶种不同而异，一般需要强烈通风；但也有例外，通风量过多反而抑制酶的生成，因此，菌种、酶种、培养时期、培养基和设备性能都能影响通风量，从而影响酶的产量。目前用于酶制剂生产的微生物主要为好气性微生物，生产普遍采用自动测定和记录溶解氧的仪表。

（3）搅拌

对于好氧微生物的深层发酵，除了需要通气外，还需要搅拌。搅拌有利于热交换、营养物质与菌体均匀接触，降低细胞周围的代谢产物，从而有利于新陈代谢。同时可打破空气气泡，使发酵液形成湍流，增加湍流速度，从而提高溶氧量，增加空气利用。但搅拌速度主要因菌体大小不同而异，由于搅拌产生剪切力，易使细胞受损。同时搅拌也带来一定机械产热，易使发酵液温度发生变化。

搅拌速度还与发酵液黏度有关。

（4）泡沫

发酵中往往产生较多的泡沫。泡沫的存在阻碍了 CO_2 的排除，影响溶氧量。同时泡沫过多影响补料，也易使发酵液溢出罐外造成跑料。因此，生产上必须采用消泡措施。除了机械消泡外，还可利用消泡剂。消泡剂主要是一些天然的矿物油类、醇类、脂肪酸、胺类、酰胺类、醚类、硫酸酯类、金属皂类、聚硅氧烷，其中以聚甲基硅氧烷最好。我国常用聚丙烯甘油醚或泡敌（聚环氧丙环氧乙烷甘油）。理想的消泡剂，其表面相互作用力应低，而且应难溶于水，还不能影响氧的传递速率和微生物的正常代谢。

（5）湿度

用固体培养基生产酶制剂时，一般前期湿度低些，培养后期湿度大些，有利于产酶。

四、提高产酶的措施

在酶的发酵生产过程中，为了提高酶的产量，除了考虑选育优良的产酶菌种、发酵培养基和培养条件优化、发酵设备的选型之外，酶高产还有特别措施，如添加诱导物、控制阻遏物浓度等。

1. 添加诱导物

对于诱导酶的发酵生产，在发酵培养基中添加诱导物能使酶的产量显著增加。诱导物一般可分为三类。

1）酶的作用底物，如青霉素是青霉素酰化酶的诱导物。

2）酶的反应产物，如纤维素二糖可诱导纤维素酶的产生。

3）酶的底物类似物，如异丙基-β-D-硫代半乳糖苷对 β-半乳糖苷酶的诱导效果比乳糖高几百倍。其中使用最广泛的诱导物是不参与代谢的底物类似物。

2. 降低阻遏物浓度

微生物酶的生产受到代谢末端产物的阻遏和分解代谢物阻遏的调节。为避免分解代谢物的阻遏作用，可采用难以利用的碳源，或采用分次添加碳源的方法使培养液中的碳源保持在不至于引起分解代谢物阻遏的浓度。例如，葡萄糖淀粉酶的生产，培养基可选用液化淀粉作碳源，或在发酵过程中连续补加葡萄糖，控制发酵液中的葡萄糖浓度。对于受到末端产物阻遏的酶，可通过控制末端产物的浓度使阻遏解除。

3. 添加表面活性剂

在发酵生产中，非离子型的表面活性剂常被用作产酶促进剂，但它的作用机制尚未完全研究清楚。推测可能是由于它的作用改变了细胞的通透性，使更多的酶从细胞内透过细胞膜泄漏出来，从而打破了胞内酶合成的反馈平衡，提高酶的产量。此外，有些表面活性剂对酶分子有一定的稳定作用，可以提高酶的活力。例如，利用霉菌发酵生产纤维素酶，添加1％的吐温80可使纤维素酶的产量提高几倍到几十倍。

4. 添加产酶促进剂

产酶促进剂是指那些非微生物生长所必需，能提高酶产量但作用机制尚未阐明的物质，它可能是酶的激活剂或稳定剂，也可能是产酶微生物的生长因子，或有害金属的螯合剂，也可以诱导酶的合成或者增强酶的稳定性。例如，添加植酸钙可使多种霉菌的蛋白酶和橘青霉的 $5'$-磷酸二酯酶的产量提高 $2\sim20$ 倍。

参考文献

[1] 袁勤生. 酶与酶工程. 上海：华东理工大学出版社，2012.

[2] 陈宁. 酶工程. 北京：中国轻工业出版社，2005.

[3] 陈守文. 酶工程. 第2版. 北京：科学出版社，2015.

[4] 郭勇. 酶工程. 第3版. 北京：科学出版社，2009.

[5] 胡爱军，郑捷. 食品工业酶技术. 北京：化学工业出版社，2014.

[6] 郭勇，郑穗平. 酶在食品工业中的应用. 北京：中国轻工业出版社，1996.

[7] 郭勇. 酶工程原理与技术. 北京：高等教育出版社，2010.

[8] 王金胜. 酶工程. 北京：中国农业出版社，2007.

第三章

酶的分子修饰技术

酶是一种具有高效催化活力的生物大分子，在反应时需要温和适宜的环境，这些条件极大地限制了酶制剂在工业化生产中的应用，也不能充分发挥它的催化效率。酶制剂在工业化生产中的应用所受限制主要有两个因素：一是酶需要一个稳定合适的环境才能发挥作用，一旦离开生物的生理环境往往变得不稳定，且工业用酶的反应条件与生理条件差别很大，给充分发挥酶的催化效率带来了极大的困难；二是自然酶的分离提纯技术通常较为繁琐、复杂，因而酶制剂生产成本高、价格贵。因此寻求各种办法来提高酶在工业生产中的各种性质引起了大家的广泛关注和深入的研究。

酶蛋白是一种由各种氨基酸通过肽键连接而成的高分子化合物，具有完整的化学结构和空间结构。这种具有高效、专一、作用条件温和的催化剂由于稳定性差、活力不够等缺点极大地限制了其在工业生产中的应用。酶的结构决定酶的性质，性质决定功能。因此人们进行了酶分子修饰方面的研究，使酶的结构发生某些精细的变化，就有可能改变酶的性质，其功能也随之改变。

酶分子修饰是指通过对酶主链的剪接切割和侧链的化学修饰对酶分子进行改造，改造的目的在于改变酶的一些性质，创造出天然酶不具备的某些优良性状，扩大酶的应用以达到较高的经济效益。

酶分子修饰的目的主要有：提高酶的活力；改进酶的稳定性；改变酶的最适温度和 pH，使其更适合反应条件；改变酶的特异性、扩大酶的底物谱；改变催化反应类型；提高催化反应速率。

酶分子修饰技术主要有：金属离子置换、大分子结合修饰、侧链基团修饰、肽链有限水解修饰、核苷酸链有限水解修饰、氨基酸置换修饰、核苷酸置换修饰和酶分子的物理修饰等。酶分子修饰成为酶工程中具有重要意义和应用前景的领域。随着基因工程和蛋白质工程的兴起和发展，酶分子修饰与基因工程技术结合在一起，使酶分子修饰展现出更广阔的前景。

第一节　酶的化学修饰

通过主链的"切割""剪接"和侧链基团的"化学修饰"对酶蛋白进行分子

改造，以改变其理化性质及生物活性，这种应用化学方法对酶分子施行种种"手术"的技术，称为酶分子的化学修饰。自然界本身就存在着酶分子改造修饰过程，如酶原激活、可逆共价调节等，这是自然界赋予酶分子的特异功能，提高酶活力的措施。从广义上说，凡涉及共价部分或部分共价键的形成或破坏的转变都可看做是酶的化学修饰；从狭义上说，酶的化学修饰则是指在较温和的条件下，以可控制的方式使一种蛋白质同某些化学试剂起特异反应，从而引起单个氨基酸残基或其功能基团发生共价的化学改变。

酶化学修饰的主要方法有：①通过一些可控制的方法在酶或蛋白质特殊的位点引入特定分子进行修饰，并结合定点突变引入一种非天然氨基酸侧链来进行化学修饰，从而得到一些新颖的酶制剂；②使用双功能基团试剂如戊二醛、PEG等将酶蛋白分子之间、亚基之间或分子内不同肽链部分进行共价交联，可使分子活性结构加固，并可提高其稳定性，扩大了酶在非水溶剂中的使用范围；③利用小分子化合物对酶活性部位或活性部位之外的侧链基团进行化学修饰；④单功能试剂的化学修饰可以使酶结合成具有特异功能的单位或聚合体。

酶化学修饰的目的在于人为地改变天然酶的一些性质，创造天然酶所不具备的某些优良特性甚至创造出新的活性，来扩大酶的应用领域，促进生物技术的发展。通常，酶经过改造后，会产生各种各样的变化，概括起来有：①提高生物活性，包括某些在修饰后对效应物反应性能的改变；②增强在不良环境（非生理条件）中的稳定性；③针对异体反应，降低生物识别能力。可以说酶化学修饰在理论上为生物大分子结构与功能关系的研究提供了实验依据和证明，是改善酶学性质和提高其应用价值的一种非常有效的措施。

一、被修饰酶的性质

开展酶工作前全面了解所修饰的酶的基本性质有利于合理高效地对酶进行改造。

1. 酶的稳定性

应了解被修饰酶对热、对酸碱的稳定性，作用温度、pH 范围以及最适温度、最适 pH 的情况，酶蛋白解离时的电学性质，酶蛋白水解部位，抑制剂的性质等。

2. 酶活性中心的状况

酶催化活性主要依赖于酶的活性中心。因此，对酶活性中心的组成，例如需要了解酶蛋白中哪些氨基酸残基或其侧链基团参与了酶的活性中心、是否需要辅因子、为何种辅因子等情况。此外，还需要了解酶的分子大小、形状、寡聚酶的亚基组成等。

3. 酶侧链基团的性质及反应性

选择性修饰试剂必须要与多肽链中某种特定的氨基酸残基侧链基团发生化学反应，并形成紧密共价结合。酶分子中经常被修饰的氨基酸残基侧链基团有巯基、氨基、羧基、咪唑基、羟基、酚基、胍基、吲哚基、硫醚基及二硫键等。

（1）巯基的化学修饰

巯基是蛋白质的一类重要的亲核基团，因此，常被进行修饰。修饰方法大体上有如下几种。

1）烷基化试剂　烷基化试剂中用得最多的是碘乙酸、碘乙酰胺、巯基乙醇、谷胱甘肽（GSH）。

$$ESH + ICH_2COOH（或 ICH_2CONH_2）\longrightarrow$$
$$E\!-\!S\!-\!CH_2COOH（或 E\!-\!S\!-\!CH_2CONH_2）+ HI$$

2）汞试剂　这类试剂如 $HgCl_2$、对氯汞苯甲酸（pCMB）和 2-氯汞硝基苯酚等。

$$E\!-\!SH + Cl\!-\!Hg\!-\!\!\!\bigcirc\!\!\!-COOH \xrightarrow{pH5} E\!-\!S\!-\!Hg\!-\!\!\!\bigcirc\!\!\!-COOH + HCl$$

3）Ellman 试剂　$5,5'$-二硫-二-2-硝基苯甲酸（DTNB）是目前最常用的巯基修饰试剂，又称 Ellman 试剂，还可用来测定酶蛋白巯基含量。

$$E\!-\!SH + O_2N\!-\!\!\!\bigcirc\!\!\!-S\!-\!S\!-\!\!\!\bigcirc\!\!\!-NO_2 \xrightleftharpoons{pH>6.8} E\!-\!S\!-\!S\!-\!\!\!\bigcirc\!\!\!-NO_2 + S\!-\!\!\!\bigcirc\!\!\!-NO_2$$

4）其他试剂　其他的一些巯基修饰试剂包括 N-乙基马来酰亚胺（NEM）及过氧化氢。

$$E\!-\!SH + （马来酰亚胺）N\!-\!CH_2CH_3 \xrightarrow{pH>5} E\!-\!S（琥珀酰亚胺）N\!-\!CH_2CH_3$$

$$E\!-\!SH \longrightarrow \begin{cases} E\!-\!S\!-\!S\!-\!E \xrightarrow{[O]} E\!-\!S\!-\!S\!-\!E \\ E\!-\!SOH \xrightarrow{[O]} E\!-\!SO_2H \end{cases} \xrightarrow{[O]} E\!-\!SO_3H$$

（2）氨基的化学修饰

1）乙酸酐修饰

$$E\!-\!NH_2 + CH_3COOCOCH_3 \longrightarrow E\!-\!NHCOCH_3 + CH_3COOH$$

2）2,4,6-三硝基苯磺酸修饰

$$E\!-\!NH_2 + HO_3S\!-\!\underset{NO_2}{\overset{NO_2}{\bigcirc}}\!-\!NO_2 \xrightarrow{pH>7} E\!-\!NH\!-\!\underset{NO_2}{\overset{NO_2}{\bigcirc}}\!-\!NO_2 + SO_3H^- + H^+$$

3）2,4-二硝基氟苯修饰（Sanger 反应）

$$E\!-\!NH_2 + F\!-\!\underset{NO_2}{\bigcirc}\!-\!NO_2 \xrightarrow{pH>8.5} E\!-\!NH\!-\!\underset{NO_2}{\bigcirc}\!-\!NO_2 + HF$$

4）氨基的烷基化（这类试剂包括卤代乙酸、芳香卤和芳香磺酸等）

$$E\!-\!NH_2 + ICH_2COOH \xrightarrow{pH>8.5} E\!-\!NHCH_2COOH + HI$$

$$E\!-\!NH_2 + RCOR' \underset{+H_2O}{\overset{-H_2O}{\rightleftharpoons}} E\!-\!N\!=\!CRR' \xrightarrow[NaBH_4]{pH9} E\!-\!NH\!-\!CHRR'$$

5）丹磺酰氯（DNS）修饰

$$E\!-\!NH_2 + \underset{SO_2Cl}{\overset{N(CH_3)_2}{\bigcirc\bigcirc}} \longrightarrow \underset{E\!-\!NH\!-\!SO_2}{\overset{N(CH_3)_2}{\bigcirc\bigcirc}} + HCl$$

6）苯异硫氰酸酯（PITC）修饰（Edman 反应）

$$E\!-\!NH_2 + \bigcirc\!-\!N\!=\!C\!=\!S \xrightarrow{pH>9} E\!-\!NH\!-\!\overset{S}{\overset{\|}{C}}\!-\!NH\!-\!\bigcirc$$

二、修饰反应的条件

修饰反应尽可能在酶稳定条件下进行，并尽量不破坏酶活性功能的必需基团，使修饰率高，同时酶的活力回收高。这样，谨慎选择修饰反应条件是很重要的。必须仔细控制反应体系中酶与修饰剂的分子比例、反应温度、反应时间、盐浓度、pH 等条件。当然，这些修饰条件随着修饰反应的不同而不同，因此，需要经过大量实验才能确定。

1. 修饰剂的要求

一般情况下，要求修饰剂具有较大的分子质量，良好的生物相容性和水溶性，修饰剂表面有较多的反应基团，修饰后酶的半衰期要较长。

2. pH 与离子强度

pH 决定了酶蛋白分子中反应基团的解离状态。由于它们的解离状态不同，反应性能也不同。例如，在 pH 2～5 时，碘乙酸可以选择性地与 Met 的侧链基团发生修饰反应，而在此 pH 条件下，可被碘乙酸修饰的基团，如硫基、咪唑基和氨基等，都处于非反应的状态。另外，有些修饰试剂在不同 pH 条件下与同一基团可形成不同产物。例如1,2-环己二酮在 pH 8～9 时，与 L-精氨酸生成 N^7，

N^8-(1,2-二羟基环己-1,2-烯)-L-精氨酸;但在 pH 11 时,其产物主要是 N-(1-羟基-5-氧代-2,4-二氮杂双环-4-菲-2-内翁烯)-L-鸟氨酸。

3. 修饰反应的温度与时间

严格控制温度和时间可以减少以至消除一些非专一性的修饰反应。例如,用聚乳糖作表面修饰酶(还原剂为氢硼化氰,BH_3CN)时,在 8℃时 10d 内几乎无反应;而当温度从 25℃ 上升到 37℃ 时反应速率加快了 3 倍,而且随 pH 的升高而加快。又如,甲酸氧化酶蛋白的反应,在低温(约 -10℃)下修饰反应仅限于 Cys、胱氨酸和 Met 残基上,而在较高温度下,甲酸可以与 Trp、Tyr、Ser 以及 Thr 残基发生反应。

4. 反应体系中酶与修饰剂的比例

例如,用聚乙二醇(PEG)修饰酶时,通过控制活化 PEG 的多少能控制酶分子的修饰程度。一般地说,当活化 PEG 与酶的反应配比为(15~50):1(物质的量之比)时,修饰后酶活力为 15%,最多达 40%。

三、酶蛋白修饰反应的主要类型

化学修饰剂与酶蛋白反应的类型归纳起来主要有以下几种。

1. 酯化及相关反应

此类反应主要的修饰试剂包括乙酰咪唑、二异丙基氟磷酸(DFPA)、酸酐磺酰氯、硫化三氟乙酸乙酯等。它们在 20~25℃、pH 4.5~9.0 条件下,主要与酶蛋白中的氨基、羟基、酚基及巯基等侧链基团发生酰基化反应。

2. 烷基化反应

这类修饰剂主要有 2,4-二硝基氟苯、碘乙酸、碘乙酰胺、碘甲烷、苯甲酰卤代物等,通常带有一个活泼的负电性的卤素原子,使烷基带有部分正电性,导致酶蛋白亲核基团烷基化。常被修饰的基团有氨基、巯基、羧基、咪唑基等。

3. 氧化还原反应

这类修饰试剂有 H_2O_2、N-溴代琥珀酰亚胺等；另外一类是光氧化试剂。它们都具有氧化性，能将侧链基团氧化。受氧化的侧链基团有巯基、甲硫基、吲哚基和酚基等。还原剂有 2-巯基乙醇、巯基乙酸、二硫苏糖醇（DTT）等，它们主要作用于二硫键。连四硫酸钠、连四硫酸钾作为氧化剂作用温和，同时，在修饰反应中用作巯基保护剂。例如：

$$E-SH \xrightarrow[\text{氧化}]{Na_2S_4O_6} E-S-S-E \xrightarrow{\text{还原(DTT)}} E-SH$$

4. 芳香环取代反应（四硝基甲烷反应）

由于蛋白质中氨基酸残基上的酚羟基在 3 位和 5 位上容易发生亲电取代的碘化和硝化反应，其中四硝基甲烷是这类修饰中的典型例子，它作用于 Tyr 残基的酚羟基后，形成 3-硝基酪氨酸衍生物，其产物具有特殊光谱。

5. 溴化氰（BrCN）裂解反应

BrCN 裂解 Met 反应可在自发诱导重排条件下导致肽链断裂：

第二节　酶的有限水解修饰

一、肽链有限水解修饰的定义

　　酶的催化功能主要取决于酶的活性中心的构象，活性中心部位的肽段对酶的催化作用是必不可少的，而活性中心以外的肽段起到维持酶的空间构象的作用。

　　酶蛋白的肽链被水解以后，将可能出现以下三种情况中的一种。

　　① 肽链水解后引起酶活性中心的破坏，酶将失去其催化功能。

　　② 若将链的一部分水解后，仍可维持其活性中心的完整构象，则酶的活力仍可保持或损失不多。

　　③ 肽链的一部分水解除去以后，有利于活性中心与底物的结合并且形成准确的催化部位，使酶可显示出其催化功能或使酶活力提高。

　　后两种情况下，肽链的水解在限定的肽键上，称为肽链有限水解，可用于酶修饰。利用肽链的有限水解，使酶的空间结构发生某些精细的改变，从而改变酶的特性和功能的方法，称为肽链的有限水解修饰。

二、肽链有限水解修饰的原理

　　酶分子是生物大分子，氨基酸通过肽键连接成肽链，肽链盘绕折叠，形成完整的空间结构，肽链就是蛋白类酶的主链。主链是酶分子结构的基础，主链一旦发生变化，酶的结构和功能特性也随之改变。肽链有限水解修饰也就是酶蛋白主链修饰，即采用适当的方法使酶分子的肽链在特定的位点断裂，除去一部分肽段或若干个氨基酸残基，减少其相对分子质量，在基本保存酶活力的同时使酶的抗原性降低或消失，或者激活酶原使其显示催化活性的修饰方法。肽链有限水解修饰通常使用端肽酶（氨肽酶、羧肽酶）切除 N 端或 C 端的片段，可以使用稀酸作控制性水解。

　　特别提示：有些生物体可通过生物合成得到不显示酶催化活性的酶原，这些酶原分子经过适当的肽链修饰之后，可以转化为具有酶催化活性的酶。有些酶在生物体内首先合成出来的是它的无活性前体，称为酶原。酶原必须在特定条件下经过适当物质的作用，被打断一个或几个特殊肽键，而使酶的构象发生一定变化才具有活性。酶原从无活性状态转变成有活性状态的过程是不可逆的。属于这种类型的酶有消化系统的酶：如胰蛋白酶、胰凝乳蛋白酶和胃蛋白酶等。例如，胰脏分泌的胰蛋白酶本身没有催化活性，进入小肠后，在 Ca^{2+} 存在下被肠液中的凝血酶等肠激酶或自身激活，第 6 位赖氨酸与第 7 位异亮氨酸残基之间的肽键被切断，从 N 端水解掉一个六肽（Val-Asp-Asp-Asp-Asp-Lys），分子构象发生改变，肽链重新折叠形成酶活性部位，从而成为有催化活性的胰蛋白酶。又如，胃蛋白酶原由胃黏膜细胞分泌，在胃液中的酸或已有活性的胃蛋白酶作用下发生肽链有限水解修饰，自 N 端切下 12 个多肽碎片，其中最大的多肽碎片对胃蛋白酶有抑制作用。pH 高的条件下，它与胃蛋白酶非共价结合，而使胃蛋白酶原不具活性；在 pH 1.5～2 时，它很容易从胃蛋白酶上解离下来，从而胃蛋白酶原转变成具有催化活性的胃蛋白酶。

三、肽链有限水解修饰的作用

有些酶蛋白原来不显示酶活性或酶活力不高，利用某些具有高度专一性的蛋白酶对它进行肽链的有限水解修饰，除去一部分肽段或若干个氨基酸残基，就可使其空间构象发生某些精细的改变，有利于活性中心与底物结合并形成准确的催化部位，从而显示出酶的催化活性或提高酶活力。例如，胰蛋白酶原不可显示酶活性，用蛋白酶进行修饰，使该酶原水解除去一个六肽，即可显示出胰蛋白酶的催化活性；天冬氨酸酶通过胰蛋白酶进行修饰，从其羧基末端水解切除 10 多个氨基酸残基的肽段，可使天冬氨酸酶的活力提高 4～5 倍以上。有些酶原来具有抗原性，这除了酶的结构特点以外，还因为酶是大分子。蛋白质的抗原性与其分子的大小有关，大分子的外源蛋白往往出现较强的抗原性；而小分子的蛋白质或肽段，其抗原性较低或者无抗原性。因此，若将酶分子经肽链有限水解，其相对分子质量减小，就会在保持其酶活力的前提下，使酶的抗原性显著降低，甚至消失。例如，将木瓜蛋白酶用亮氨酸氨肽酶进行有限水解，使其全部肽链的 2/3 被水解除去，该酶的酶活力保持不变，而其抗原性大大降低。又如，酵母的烯醇化酶经有限水解除去由 150 个氨基酸组成的肽段后，酶活力仍可保持，抗原性却显著降低。

对酶进行肽链有限水解，通常选择专一性较强的蛋白酶或肽酶为修饰剂。此外也可采用其他方法使肽链部分水解，达到修饰目的。例如，枯草杆菌中性蛋白酶，先用 EDTA 处理，再经纯水或低浓度盐缓冲液透析，可使该酶部分水解，得到仍有蛋白酶活性的小分子肽段，用作消炎剂使用时，不产生抗原性，表现出良好的治疗效果。

第三节　酶的氨基酸置换修饰技术

酶蛋白的基本组成单位是氨基酸。在特定位置上的各种氨基酸是酶的化学结构和空间结构的基础。肽链上某个氨基酸的改变将会引起酶的化学结构和空间构象的改变，从而改变酶的某些特性和功能。将酶分子肽链上的某一个氨基酸换成另一个氨基酸的修饰方法，称为氨基酸置换修饰。蛋白类酶分子经过氨基酸置换修饰后，可以提高酶活力、增加酶的稳定性或改变酶的催化专一性。

（1）通过修饰可以提高酶活力。例如，酪氨酸 RNA 合成酶可催化酪氨酸和与其相对应的 tRNA 反应生成酪氨酰-tRNA，若将该酶第 51 位的苏氨酸（Thr51）由脯氨酸（Pro）置换，修饰后的酶对 ATP 的亲和力提高了近 100 倍。

（2）通过修饰可以增强酶的稳定性。例如，T_4-溶菌酶分子中第 3 位的异亮氨酸（Ile3）置换成半胱氨酸（Cys）后，该半胱氨酸（Cys3）可以与第 97 位的半胱氨酸（Cys97）形成二硫键，修饰后的 T_4-溶菌酶，其活力保持不变，但该酶对热的稳定性却大大提高。

（3）通过修饰可以使酶的专一性发生改变。氨基酸置换修饰可以采用化学修饰进行，也可以采用定点突变的方法进行。例如，采用化学修饰法，将枯草杆菌蛋白酶活性中心上的丝氨酸（Ser）置换成半胱氨酸（Cys）后，酶对蛋白质和多肽的水解活性消失，而出现了催化硝基甲苯酯等底物进行水解反应的活性。定点突变技术为氨基酸或核苷酸的置换修饰提供了先进、可靠、行之有效的手段。利用定点突变技术进行酶分子修饰，突变基因中所需置换的碱基数目一般只有 1～2 个，就能达到修饰目的。例如，T_4-溶菌酶的修饰是将第 3 位的异亮氨酸（密码子为 AUU、AUC、AUA，对应基因上的碱基次序为 TAA、TAG、TAT）置换成半胱氨酸（密码子为 UGU、UGC，对应基因上的碱基次序为 ACA、ACG），只需在对应基因的位点上置换 2 个碱基，由 AC 置换 TA 即可。定点突变技术可以随心所欲地在已知 DNA 序列中取代、插入或敲除一定长度的核苷酸片段。该方法与使用化学因素、自然因素导致突变的方法相比，具有突变率高、简单易行、重复性好的特点。

第四节　酶的亲和标识修饰技术

酶蛋白分子的亲和修饰是基于酶和底物的亲和性。修饰剂不仅具有对被作用基团的专一性，而且具有对被作用部位的专一性，也将这类修饰剂称为位点专一性抑制剂，即修饰剂作用于被作用部位的某一基团，而不与被作用部位以外的同类基团发生作用。一般它们都具有与底物相类似的结构，对酶活性部位具有高度的亲和性，能对活性部位的氨基酸进行共价标记。因此，也将这类专一性化学修饰称为亲和标记或专一性的不可逆抑制。

一、亲和标记

虽然已开发出许多不同氨基酸残基侧链基团的特定修饰剂并用于酶的化学修饰中，但是这些亲和试剂即使对某一基团的反应是专一的，也仍然有多个同类残基可与之反应，因此对某个特定残基的选择性修饰比较困难。为了解决这个问题，人们开发了用于酶修饰的亲和标记试剂。对用于亲和标记的亲和试剂作为底物类似物有多方面的要求，一般应符合如下条件。

① 在使酶不可逆失活以前，亲和试剂要与酶形成可逆复合物；

② 亲和试剂的修饰程度是有限的；

③ 没有反应性的竞争性配体存在时，应减慢亲和试剂的反应速率；

④ 亲和试剂体积不能太大，否则会产生空间障碍；

⑤ 修饰产物应当稳定，便于表征和定量。

亲和试剂可以专一性地标记于酶的活性部位上，使酶不可逆失活，因此也称为专一性的不可逆抑制。

二、酶的不可逆抑制剂

酶的不可逆抑制是指酶抑制剂与酶的活性中心发生了化学反应，抑制剂共价连接在酶分子的必需基团上，阻碍了酶与底物的结合或破坏了酶的催化基团。这种抑制不能用透析或稀释的方法使酶恢复活性。

通常将其分为非专一性不可逆抑制剂和专一性不可逆抑制剂。

抑制剂与酶分子上不同类型的基团都能发生化学修饰反应，这类抑制称为非专一性的不可逆抑制。虽然缺乏基团专一性，但在一定条件下，也有助于鉴别酶分子上的必需基团。由于非专一性的不可逆抑制剂通常可作用于酶分子中的几类基团，但不同基团与抑制剂的反应性不同，故某一类基团常首先或主要地受到修饰。如被修饰的基团中包括必需基团，则可导致酶的不可逆抑制。随着蛋白质一级结构和功能的研究，目前已发现或合成了氨基酸侧链基团的修饰剂。这些化学试剂主要作用于某类特定的侧链基团，如氨基、巯基、胍基、酚基等。但绝大多数试剂都不是专一性的，可借副反应同时修饰其他类型的基团。

专一性的不可逆抑制剂有 K_s 型和 K_{cat} 型两类。K_s 型不可逆抑制剂又称亲和标记试剂，结构与底物类似，但同时携带一个活泼的化学基团，与酶分子的必需基团起反应，从而抑制酶活性。K_{cat} 型不可逆抑制剂又称酶的自杀性底物，这类抑制剂也是底物的类似物，但其结构中存在着一种活性基团，在酶的作用下，潜在的化学活性基团被激活，与酶的活性中心发生共价结合，不能再分解，酶因此失活。

K_s 型不可逆抑制剂是根据底物的化学结构设计的：

① 它具有和底物类似的结构；

② 可以和靶酶结合；

③ 同时还带有一个活泼的化学基团，可以和靶酶分子中的必需基团起反应；

④ 活泼化学基团能对靶酶的必需基团进行化学修饰，从而抑制酶的活性。

卤酮是使用最早也是最经典的亲和标记试剂，其中以溴酮及氯酮较佳。例如，胰蛋白酶和胰凝乳蛋白酶是两种专一性不同的内肽酶，分别水解碱性氨基酸或芳香氨基酸的羧基所形成的肽键，也可以分别水解这两类氨基酸的酯类，但其氨基酸必须被阻断而成非游离状态。

K_{cat} 型不可逆抑制剂即酶的自杀性底物，也是底物的类似物。此类抑制剂不仅要能够与酶专一性结合，还要能被酶催化化学反应之后才能产生抑制作用，所以，这种不可逆抑制剂的专一性更高。

三、亲和试剂与光亲和标记

亲和试剂一般可分为内生亲和试剂和外生亲和试剂。内生亲和试剂是指试剂本身的某些部分可通过化学方法转化为所需要的反应基团，而对试剂的结构没有大的影响。外生亲和试剂是通过一定的方式将反应基团加入到试剂中去，例如，将卤代烷基衍生物连接到腺嘌呤上。

光亲和试剂是一类特殊的外生亲和试剂，它在结构上除了有一般亲和试剂的特点外，还具有一个光反应基团。这种试剂先与酶活性部位在暗条件下发生特异性结合，然后被光照激活后，产生一个非常活泼的功能基团，能与它们附近的几乎所有基团反应，形成共价标记物。

第五节　酶的大分子结合修饰技术

采用水溶性大分子与酶蛋白的侧链基团共价结合，使酶分子的空间构象发生改变，从而改变酶的特性与功能的方法称为酶的大分子结合修饰。

大分子结合修饰是目前应用最广泛的酶分子修饰方法。通过大分子结合修饰可以提高酶的活力，增强酶的稳定性，降低或消除抗原性。酶的催化活性本质上是由其特定的空间结构，特别是由其活性中心的特定构象所决定的。水溶性大分子通过共价键与酶蛋白的侧链基团结合后，可使酶的空间结构发生某些改变，使酶的活性中心更有利于和底物结合，并形成准确的催化部位，从而使酶活力得以提高。另外，用水溶性的大分子与酶结合进行酶分子修饰，可在酶的外围形成保护层，使酶的空间构象免受其他因素的影响，使酶活性中心的构象得到保护，从而增强酶的稳定性，延长其半衰期。

一、通过修饰提高酶活力

酶的催化功能本质上是由其特定的空间结构,特别是由其活性中心的特定结构所决定的。水溶性大分子与酶的侧链基团通过共价键结合后,可使酶的空间构象发生改变,使酶的活性中心更有利于与底物结合,并形成准确的催化部位,从而使酶活力提高。例如,每分子核糖核酸酶与 6.5 分子的右旋糖酐结合,可以使酶活力提高到原有酶活力的 2.25 倍;每分子胰凝乳蛋白酶分子与 11 分子右旋糖酐结合,使酶活力达到原有酶活力的 5.1 倍等。

二、通过修饰可以增强酶的稳定性

酶由于受到各种因素的影响,其完整的空间结构往往会受到破坏,使酶活力降低甚至丧失其催化功能。酶的稳定性较差是普遍存在并有待进一步解决的问题。

酶的稳定性可以用酶的半衰期表示。酶的半衰期是指酶的活力降低到原来活力的一半时所经过的时间。不同的酶有不同的半衰期,相同的酶在不同的条件下,半衰期也不一样。酶的半衰期长,则说明酶的稳定性好;半衰期短,则稳定性差。有些药用酶在进入体内之后,往往稳定性差,半衰期短。例如,超氧化物歧化酶(SOD)在人体血浆中的半衰期只有 6~30min;尿激酶在人体内的半衰期仅为 2~20min。为此,如何增强酶的稳定性,延长酶的半衰期,是酶工程研究的一个重要课题。

为了增强酶的稳定性,必须想方设法使酶的空间结构更为稳定,特别是要使酶活性中心的构象得到保护。其中的大分子结合修饰对酶的稳定性增强具有显著的效果。

可以与酶分子结合的大分子有水溶性和水不溶性两类。采用不溶于水的大分子与酶结合制成固定化酶后,其稳定性显著提高。采用水溶性的大分子与酶分子共价结合进行酶分子修饰,可以在酶分子外围形成保护层,起到保护酶的空间构象的作用,从而增强酶的稳定性。例如,木瓜蛋白酶、菠萝蛋白酶、胰蛋白酶、α-淀粉酶、β-淀粉酶、过氧化氢酶、超氧化物歧化酶等经过大分子结合修饰,稳定性均显著提高。如超氧化物歧化酶,在血浆中的半衰期仅为 6~30min,经过大分子结合修饰,其稳定性显著提高,半衰期延长 70~350 倍。

三、通过修饰降低或消除酶蛋白的抗原性

当外源蛋白非经口进入人或动物体内后,体内血清中就可能出现与此外源蛋白特异结合的物质,这些物质称为抗体。能引起体内产生抗体的物质称为抗原。

酶大多数是从动物、植物或微生物中获得的蛋白质,对于人体来说,是一种

外源蛋白。当酶非经口（如注射）进入人体后，往往会成为一种抗原，刺激体内产生抗体。当这种酶再次注射进体内时，抗体就会与作为抗原的酶特异结合，而使酶失去其催化功能。因此药用酶的抗原性问题是影响酶在体内发挥功能的重要问题之一。

抗体与抗原之间的特异结合是由于它们之间特定的分子结构所引起的，若抗体或抗原的特异性结构改变，它们之间就不再特异结合。故此，采用酶分子修饰方法使酶的结构产生某些改变，就有可能降低甚至消除其抗原性。

利用水溶性大分子对酶进行修饰，是降低甚至消除酶的抗原性的有效方法之一。例如，精氨酸酶经聚乙二醇（PEG）结合修饰后，其抗原性显著降低；用PEG对色氨酸酶进行修饰，可完全消除该酶的抗原性；PEG结合修饰后的L-天冬氨酰胺酶，其抗原性可完全消除。

具有抗癌作用的精氨酸酶经PEG结合修饰后，生成消除了抗原性的PEG精氨酸酶；能治疗急性淋巴性白血病的天冬酰胺酶经PEG结合修饰后，得到的PEG天冬酰胺酶已作为药物上市。

大分子结合修饰是目前应用最广泛的酶分子修饰方法，用于修饰酶的有机大分子主要有聚乙二醇、右旋糖酐及右旋糖酐硫酸酯、糖肽、肝素等。其修饰的主要过程如下。

（1）修饰剂的选择。大分子结合修饰采用的修饰剂是水溶性大分子。例如，PEG、右旋糖酐、蔗糖聚合物（ficoll）、葡聚糖、环状糊精、肝素、羧甲基纤维素、聚氨基酸等。要根据酶分子的结构和修饰剂的特性选择适宜的水溶性大分子。

在众多的大分子修饰剂中，分子量为1000～10000的PEG应用最为广泛。因为它溶解度高，既能够溶于水，又能够溶于大多数有机溶剂；通常没有抗原性也没有毒性；生物相容性好等。分子末端具有两个可以被活化的羟基，可以通过甲氧基化将其中一个羟基屏蔽起来，成为只有一个可被活化羟基的单甲氧基聚乙二醇（MPEG）。

（2）修饰剂的活化。作为修饰剂使用的水溶性大分子含有的基团往往不能直接与酶分子的基团进行反应而结合在一起。在使用之前一般需要经过活化，活化后基团才能在一定条件下与酶分子的某侧链基团进行反应。例如，常用的大分子修饰剂MPEG，可以采用多种不同的试剂对其进行活化，制成可以在不同条件下对酶分子上不同基团进行修饰的PEG衍生物。用于酶分子修饰的聚乙二醇衍生物主要有聚乙二醇均三嗪衍生物、聚乙二醇琥珀酰亚胺衍生物、聚乙二醇马来酸酐衍生物、聚乙二醇胺类衍生物等。

（3）修饰。将带有活化基团的大分子修饰剂与经过分离纯化的酶液以一定的比例混合，在一定的温度、pH值等条件下反应一段时间，使修饰剂的活化基团与酶分子的某侧链以共价键结合，对酶分子进行修饰。例如，右旋糖酐先经过高碘酸活化处理，然后与酶分子的氨基共价结合。

（4）分离。酶经过大分子结合修饰后，不同酶分子的修饰效果往往有所差别，有的酶分子可能与一个修饰剂分子结合，有的酶分子可能与 2 个或多个修饰剂分子结合，还可能有的酶分子没有与修饰剂分子结合。为此，需要通过凝胶色谱等方法进行分离，将具有不同修饰度的酶分子分开，从中获得具有较好修饰效果的修饰酶。

第六节 金属离子置换修饰

金属离子置换修饰是指通过改变酶分子中所含的金属离子，使酶的特性和功能发生改变的一种修饰方法。通过金属离子置换修饰，可以了解各种金属离子在酶催化过程中的作用，有利于阐明酶的催化作用机制，并有可能提高酶活力，增强酶的稳定性，甚至改变酶的某些动力学性质。

一、金属离子置换修饰的方法

（1）酶的分离纯化。详见第二章第二节。

（2）除去原有的金属离子。在经过纯化的酶液中加入一定量的金属螯合剂，如乙二胺四乙酸（EDTA）等，使酶分子中的金属离子与 EDTA 等形成螯合物，通过透析、超滤、分子筛色谱等方法，将 EDTA 金属螯合物从酶液中除去。此时，酶往往成为无活性状态。

（3）加入置换离子。金属离子一般都是二价金属离子，例如 Ca^{2+}、Mg^{2+}、Mn^{2+}、Zn^{2+}、Co^{2+}、Cu^{2+}、Fe^{2+} 等。

二、金属离子置换修饰的作用

（1）提高酶活力。

（2）增强酶的稳定性。有些酶分子中的金属离子被置换以后，其稳定性显著增强，如铁型超氧化物歧化酶（Fe-SOD）分子中的铁离子被锰离子置换，成为锰型超氧化物歧化酶后，其对过氧化氢的稳定性显著增强，对叠氮钠（NaN_3）的敏感性显著降低。

（3）改变酶的动力学特性。有些经过金属离子置换修饰的酶，其动力学性质有所改变。例如，酰基化氨基酸水解酶的活性中心含有锌离子，用钴离子置换后，其催化 N-氯-乙酰丙氨酸水解的最适 pH 值从 8.5 降低为 7.0。同时该酶对 N-氯乙酰甲硫氨酸的米氏常数 K_m 增大，亲和力降低。

有些酶分子中含有金属离子，这些金属离子是酶活性中心的组成部分。例如，超氧化物歧化酶分子中的 Ca^{2+}、Zn^{2+}，α-淀粉酶分子中的 Ca^{2+} 等。若从酶分子中除去所含的金属离子，酶会丧失其活性，若重新加入原有的金属离子，酶的催化活性可以恢复或者部分恢复，若金属离子进行置换，有的可以使酶的活性降低甚至消失，有的却可以使酶的活性提高甚至增加酶蛋白的稳定性。

例如，α-淀粉酶一般有 Ca^{2+}、Mg^{2+}、Zn^{2+} 等金属离子，属于杂离子型，若通过离子置换，以满换法将其他离子都换成 Ca^{2+}，则酶的活性提高 3 倍，稳定性也大大增加；胰凝乳蛋白酶与水溶性大分子化合物右旋糖酐结合，酶的空间结构发生某些细微改变，使其催化活力提高 4 倍；还有对抗白血病药物天冬酰胺酶的游离氨基进行修饰后，酶在血浆中的稳定性也得到很大的提高。

第七节　酶分子定向进化理论与应用

酶的分子定向进化又称蛋白质分子定向进化，主要利用分子生物学手段，在分子水平上创造酶分子的多样性，在事先不了解酶的空间结构和催化机制的情况下，通过模拟自然进化，在体外改造酶的基因，以改进的诱变技术结合灵敏的筛选方法，定向选择有价值的非天然酶。

该方法是一种在生物体体外模拟达尔文进化的、具有一定目的性的、快速改造蛋白质的方法，相对于传统的蛋白质的"理性设计"（rational design）方法，酶的分子定向进化被称为蛋白质的"非理性设计"（irrational design）方法。酶的分子定向进化为生物催化剂的置换修饰改造提供了又一有力的技术支持，它能改进生物催化剂或在短时间内发掘出生物催化剂的新特性，加速人类改造酶原有功能和开发酶新功能的步伐，为提高生物催化剂的工业化操作性能提供了新的思路和方法，并为天然来源的生物催化剂的广泛应用奠定了基础。

酶的分子定向进化研究的主要方向是提高热稳定性，提高有机溶剂中酶的活性和稳定性，扩大底物的选择性，改变光学异构体的选择性，其核心技术为突变库构建技术及高通量筛选方法。酶的分子定向进化的基本策略：随机突变以构建突变基因文库，通过重组方法（如 DNA 改组、交换和组建突变基因片段），筛选出最佳的生物催化剂。随着酶的分子定向进化技术的不断应用，其必将扩大整个催化剂家族的生物多样性。

利用分子定向进化技术对生物催化剂进行改造，可以有效地提高生物催化剂的性能，使其满足生物催化和转化过程的需要。目前分子定向进化技术在提高酶活力、（热、pH、非水相）稳定性、对映体选择性、底物特异性等领域开展了深入的研究，并取得了一些瞩目的成果。

酶的分子定向进化不仅能使酶进化出非天然特性，还能定向进化某一代谢途径；不仅能进化出具有单一优良特性的酶，还能使酶的两个或多个优良特性叠加，产生具有多项优化功能的酶，甚至改变酶原有的底物特异性，进而发展和丰富酶类资源。

酶的分子定向进化技术与理性设计互补，使得设计和改造酶或蛋白质分子更加得心应手，更为酶从实验室研究走向工业应用提供了强有力的技术支撑。酶的分子定向进化不但在工业、制药等方面对蛋白质的改造具有重要意义，而且也非常适用于基础理论的研究。通过酶的分子定向进化来研究蛋白质的结构和功能的关系，可为蛋白质的理性设计提供理论依据。尽管如此，酶的分子定向进化技术在许多方面仍需不断地完善和改进，如建立突变基因文库的方法还需不断优化，对突变控制的能力要进一步提高，在筛选目的突变酶方面，还需建立高通量的筛选方法。

第八节　应用蛋白质工程技术修饰酶

由于酶蛋白是由许多氨基酸按一定顺序连接而成的，每一种酶蛋白有其独特的氨基酸序列，所以改变其中关键的氨基酸就能改变酶蛋白的性质。而氨基酸是由三联体密码子决定的，只要改变构成遗传密码的一个或两个碱基，就能达到改造酶蛋白的目的。

蛋白质工程是以蛋白质分子的结构规律及其生物功能的关系作为基础，通过化学、物理和分子生物学的手段进行基因修饰或基因合成，对现有蛋白质进行改造，或制造一种新的蛋白质，以满足人类对生产和生活的需求。从广义上来说，蛋白质工程是通过物理、化学、生物和基因重组等技术改造蛋白质或设计合成具有特定功能的新蛋白质。利用基因工程的手段，在目标蛋白的氨基酸序列上引入突变，从而改变目标蛋白的空间结构，最终达到改善其功能的目的。

20世纪80年代以来，已将酶分子修饰与基因工程技术结合在一起，通过基因定点突变和聚合酶链反应（PCR）技术，改变DNA中的碱基序列，使酶分子的组成和结构发生改变，从而获得具有新的特性和功能的酶分子。

在酶的蛋白质基础上利用基因工程将两种或两种以上的酶的不同结构片段结合构成新的酶，使酶具有多种生产需要的功能特点。酶的基因工程主要是指利用基因工程解决酶的大量生产和天然酶分子的改造。

定点突变技术为氨基酸置换修饰提供了一种高效先进的可靠手段，也是现在常用的氨基酸置换修饰的方法。定点突变技术用于在基因水平上进行酶分子修饰的主要步骤如下。

（1）新的酶分子结构的设计。根据已知酶的 RNA 或酶蛋白的化学结构、空间结构及其特性，特别是根据酶在催化活性、稳定性、抗原性和底物专一性等方面存在的问题，设计出欲获得的新酶的核苷酸序列或酶蛋白的氨基酸序列，确定欲置换的核苷酸或氨基酸及其位置。

（2）突变基因碱基序列的确定。对于核酸类酶，根据欲获得的酶 RNA 的核苷酸排列次序，依照互补原则，确定其对应的突变基因上的碱基序列，确定需要置换的碱基及其位置。对于蛋白类酶，首先根据欲获得的酶蛋白的氨基酸排列次序，对照遗传密码，确定其对应的 mRNA 上的核苷酸序列，由于一种氨基酸所对应的密码子不止一个，不同的物种对同义密码子的使用有很大差别，所以在确定所使用的密码子时，要充分考虑到物种间的差异；再依据碱基互补原则，确定此 mRNA 所对应的突变基因上的碱基序列，并确定需要置换的碱基及其位置。

（3）突变基因的获得。根据欲获得的突变，确定合成仪合成基因的碱基序列及其需要置换的碱基位置，首先用 DNA 合成仪合成有 1~2 个碱基被置换了的寡核苷酸，再用此寡核苷酸为引物通过聚合酶链反应或 M13 质粒等定点突变技术获得所需的大量突变基因，这称为寡核苷酸诱导的定点突变。现在普遍采用聚合酶链反应技术以获得所需的基因。利用定点突变技术进行酶分子修饰，突变基因中所需置换的碱基数目一般只有 1~2 个，就能达到修饰目的。

例如，酪氨酰-tRNA 合成酶的修饰是将 51 位的苏氨酸（Thr51）由脯氨酸（Pro）置换，苏氨酸的密码子是 ACU、ACC、ACA、ACG，而脯氨酸的密码子为 CCU、CCC、CCA、CCG，虽然苏氨酸和脯氨酸各有 4 个密码子，但是在 mRNA 上只需将密码子上的第一个碱基 A 换成 G，就可以达到置换目的。

（4）新酶的产生。将上述定点突变获得的突变基因进行体外重组，插入到适宜的基因载体上。然后通过转化、转导、介导、基因枪、显微注射等技术，转入到适宜的宿主细胞，再在适宜的条件下进行表达，就可获得经过修饰的新酶。定点突变技术只能对天然酶蛋白中少数的氨基酸残基进行替换、删除或插入，不改变酶蛋白的高级结构，因而对酶功能的改造有限。本法仅适用于三维结构清楚、结构和功能的相互关系也较清楚的酶。当对酶结构不甚了解时，定点突变就无能为力了。近年来发展起来的定向进化技术可在一定程度上弥补上述不足，应用范围更广。

目前采用定点突变技术来改造酶蛋白的研究日益增多，已取得了一些令人瞩目的成就。已利用定点突变技术对天然酶蛋白的催化活性、抗氧化性、底物特异性、热稳定性及拓宽酶反应的底物范围、改进酶的别构效应进行了成功的改造。

葡萄糖异构酶（GI）在工业上应用广泛，为提高其热稳定性，有研究者在确定第 138 位甘氨酸（Gly138）为目标氨基酸后，用双引物法对 GI 基因进行体外定点诱变，以脯氨酸（Pro）替代 Gly，含突变体的重组质粒在大肠杆菌中表达，结果突变型 GI 比野生型的热半衰期长 1 倍，最适反应温度提高 $10\sim12℃$，酶比活相同。据分析，Pro 替代 Gly 后，可能由于引入了一个吡咯环，该侧链刚好能够填充于 Gly 附近的空洞，使蛋白质空间结构更具刚性，从而提高了酶的热稳定性。

　　相对于其他各种功能蛋白质，酶结构与功能研究还处于初级阶段，如何能够对酶实施分子改造，使它们的性能得到改善，是具有挑战性的课题。近年来，特别是抗体酶的发展，如经结构修饰后的 T_4 溶菌酶，其活力保持不变，但该酶的稳定性却大大提高，为酶结构分子设计提供了一个全新的思路。它打破了化学酶工程和生物酶工程的界限，结合了免疫学、细胞生物学、分子生物学、化学等技术，制备出具有高度底物专一性及特殊催化活力的新对酶蛋白型催化抗体。

参考文献

[1] 王家德, 成卓韦. 现代环境生物工程. 北京: 化学工业出版社, 2014.

[2] 马放, 冯玉杰, 任南琪. 环境生物技术. 北京: 化学工业出版社, 2003.

[3] 黄鑫, 梁剑平, 郝宝成. 黄酮类化合物的分子修饰与构效关系的研究. 安徽农业科学, 2015, (11): 57-61.

[4] 孟枭. 脂肪酶的结构修饰、分子识别机理解析及性能强化. 浙江大学博士论文, 2014.

[5] 黎春怡, 黄卓烈. 化学修饰法在酶分子改造中的应用. 生物技术通报, 2011, 9: 39-43.

[6] 伍志权, 黄卓烈, 金昂丹. 酶分子化学修饰研究进展. 生物技术通讯, 2007, 18(5): 869-871.

[7] 李维忠, 刘小兰. 修饰 Cu, Zn 超氧化物歧化酶的分子动力学模拟. 南开大学学报: 自然科学版, 1996, 1: 91-94.

[8] 张今, 曹淑桂, 罗贵民, 等. 分子酶学工程导论. 北京: 科学出版社, 2003.

[9] 袁勤生. 酶与酶工程. 第 2 版. 上海: 华东理工大学出版社, 2012.

[10] 陆诗蓉. 抗体酶的研究进展. 中山大学研究生学刊: 自然科学·医学版, 2013, 3: 39-49.

[11] 陈宁. 酶工程. 北京: 中国轻工业出版社, 2011.

[12] 朱俊晨, 王小菁. 酶的分子设计改造与工程应用. 中国生物工程杂志, 2004, 24(8): 32-37.

[13] 王黎, 袁红霞, 曾家豫, 等. 酶分子定向进化的最新研究进展及应用. 甘肃医药, 2009, 28(1): 24-27.

[14] 周亚凤, 张先恩, Anthony E G Cass. 分子酶工程学研究进展. 生物工程学报, 2002, 18(4): 401-406.

第四章

酶的固定化技术

　　酶的固定化，是指用化学或物理手段将游离酶束缚或限制在一定的空间内，但其仍能进行特定的催化反应，并可回收及重复使用的一类技术。酶的固定化技术是最具发展前景的生物科技前沿领域之一，固定化酶的出现改善了酶的应用缺陷，极大地促进了酶工程的研究和应用，并广泛应用于各个领域。

　　固定化酶与游离酶相比有以下优点：①固定化酶可重复使用，使之可应用于连续生产，进而提高生产过程的自动化和管道化控制水平，节约人力，节省反应器贮罐等的用量；②固定化酶被限制在一定的固体空间内，与底物及反应产物不会混合在一起，可以很好地从反应溶液中分离出来，从而简化了催化工艺、同时产品纯度高，生产效率高；③固定化所用的载体一般是某种惰性材料，对酸、碱、温度等环境条件具有一定的耐受性，较之游离酶，更好地保护了酶的稳定性和活力；④固定化酶形式多样，有柱状、膜状、管状、微胶囊状等，既可满足不同反应的需求，又可根据具体情况制成不同粒度的颗粒，再集约为各种形式，目前可见报道的固定化酶颗粒最小的可达到纳米级；⑤固定化酶的应用领域已延伸到各种生产过程，如计算机、半导体、精密仪器等。

　　固定化酶也存在一些缺点：①酶在固定化过程中易受 pH、温度、离子强度等因素的影响而损失部分酶活，因而单次固定化工艺结束后，要对固定化酶的酶活残留率和重复使用次数进行评估；②为最大限度地保留酶活及提高重复使用次数，固定化过程中所用的试剂、设备都要达到一定的标准，提高了操作难度，增加了成本；③与完整菌体相比，多酶反应效果不佳，特别是在需要辅助因子的反应中。

　　酶的固定化要根据酶、应用环境和应用目的不同而选择不同的方法，但是无论如何选择，都要遵循几个基本原则：①必须注意维持酶的催化活性及专一性；②酶固定化应该有利于生产自动化、连续化；③固定化酶应有最小的空间位阻，尽可能不妨碍酶与底物的接近，以提高产品的质量；④酶与载体必须结合牢固，从而使固定化酶能够回收贮藏，利于反复使用；⑤固定化酶应有最大的稳定性，所选载体不与底物、产物或反应液发生化学反应；⑥固定化酶成本要低，以利于工业应用。

酶固定化的基本方法可以粗分为 5 种，即吸附法（物理吸附法和离子吸附法）、共价结合法、离子结合法、包埋法和交联法，这些基本方法组合能够形成数百种方法。

第一节　酶的吸附法固定化技术

吸附法（adsorption）是最早出现的酶固定化方法，也是最简单的固定化方式，它利用的是酶与载体间的弱作用力，如范德华力、疏水作用力和表面张力等，包括物理吸附和离子吸附（图 4-1）。

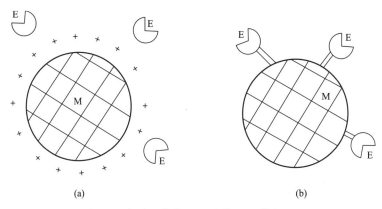

图 4-1　离子吸附法（a）和物理吸附法（b）
M—载体

一、物理吸附法

物理吸附法（physical adsorption）指通过物理方法将酶直接吸附在水不溶性载体表面上而使酶固定化的方法。该方法是制备固定化酶最早采用的方法，从载体对酶的适应性来看，其效果是好的，酶蛋白的活性中心不易受破坏，酶高级结构的变化也不明显。但其缺点是酶与载体的相互作用较弱，被吸附的酶极易从载体表面上脱落下来，不能获得较高活力的固定化酶。物理吸附法常用的有机载体包括纤维素、胶原、淀粉及面筋等，无机载体有活性炭、氧化铝、皂土、多孔玻璃、硅胶、二氧化钛、羟基磷灰石等。近年来，随着介孔分子筛制备技术的日臻成熟，人们正在考虑用其作为固定化酶的载体。与其他材料相比，介孔分子筛规则的孔道、大的比表面积、极强的吸附性能、稳定的结构等特点，使其具有成为固定化酶载体得天独厚的优势。Nikolić 等在大孔共聚物载体上利用吸附法固定脂肪酶，最大吸附量为 15.4mg/g，酶固定效率为 62%。将固定化酶对椰子油进行水解，测得其酶活力为游离酶的 70%，重复使用 15 次后，固定化酶的相对活性仍可达到 56%。

二、离子吸附法

离子吸附法（ion adsorption）指将酶与含有离子交换基团的水不溶性载体以静电作用力相结合，即通过离子键使酶与载体相结合的固定化方法。该方法处理条件温和，酶的高级结构和活性中心的氨基酸很少发生变化，可以得到较高活性的固定化酶。采用此法固定的酶有葡萄糖异构酶、糖化酶、β-淀粉酶、纤维素酶等。

吸附法制备固定化酶的优点在于操作简单，酶活回收率高，载体易回收，成本低，见效快，不需要化学修饰。但由于酶和载体靠吸附作用相结合，结合不牢固，在使用过程中容易脱落，造成酶蛋白流失，此外，吸附法易受环境因素的影响，当使用高浓度底物、高离子强度和 pH 发生变化时，也会造成酶的流失，这些缺点限制了吸附法在工业上的使用。

第二节　酶的共价结合法固定化技术

共价结合法（covalent binding）是通过共价键将酶表面的氨基酸残基与载体表面活性基团连接而形成的一种稳定结构的固定化策略。此法研究较为成熟，通常要求载体上包含有较多的化学基团或具有较强的可修饰性，以便与酶分子产生化学键偶联。其优点是酶与载体间连接牢固，即使用高浓度底物或离子强度的溶液进行反应，也不会导致酶和载体的分离，因此具有良好的稳定性及重复使用性。缺点是反应条件比较苛刻，常常会引起酶蛋白高级结构发生改变，导致酶的活性中心受损（图 4-2）。

酶蛋白上可供载体结合的功能基团有以下几种：①酶蛋白 N 末端的 α-氨基或赖氨酸残基的 ε-氨基；②酶蛋白 C 末端的 α-羧基、天冬氨酸残基的 β-羧基以及谷氨酸残基的 γ-羧基；③半胱氨酸残基的巯基；④丝氨酸、苏氨酸和酪氨酸残基的羟基；⑤组氨酸残基的咪唑基；⑥色氨酸残基的吲哚基；⑦苯丙氨酸和酪氨酸残基的苯环。

参加共价结合的氨基酸残基应当是酶催化活性非必需基团，如果共价结合包括了酶活性中心有关的基团，会导致酶的活力损失。共价法所用载体的性质也会对固定化酶有很大影响。一般来说，载体上的功能基团与酶分子上的非必需侧链基团间不具有直接反应的能力，在进行反应前往往需要先进行活化，使载体活化的方法很多，最常用的方法有重氮法、叠氮法、溴化氢法、烷化法等。

一、重氮法

指将酶蛋白与水不溶性载体的重氮基团通过共价键相连接而固定化，是共价键法中最常使用的方法。常用载体有多糖类的芳族氨基衍生物、氨基酸的共聚体和聚丙烯酰胺衍生物等，表面经稀盐酸和亚硝酸钠处理，成为重氮盐化合物，再与酶分子中的酚基、咪唑基等发生偶联反应，制成固定化酶（图4-3）。

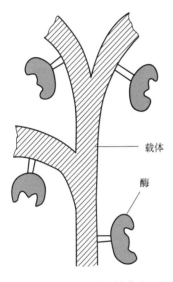

图 4-2　酶的共价结合法

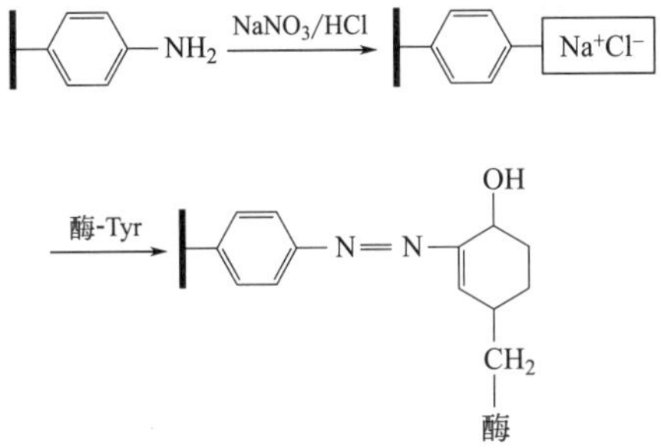

图 4-3　重氮化芳族氨基载体与酶偶联

二、叠氮法

先将载体活化生成叠氮化合物，再与酶分子上的相应基团偶联成固定化酶。含有羟基、羧基、羧甲基等基团的载体都可用此法活化。羧甲基纤维素（CMC）、羧甲基交联葡聚糖（CM-sephadex）、聚天冬氨酸、乙烯-顺丁烯二酸酐共聚物等都可用此法来固定化酶，其中使用最多的是 CMC 叠氮法（图4-4）。

三、溴化氰法

指用溴化氰将含有羟基的载体，如纤维素、葡聚糖凝胶、琼脂糖凝胶等，活化生成亚氨基碳酸酯衍生物，再与酶分子上的氨基偶联，制成固定化酶。任何具有连位羟基的高聚物都可用溴化氰法来活化。由于该法可在非常缓和的条件下与酶蛋白的氨基发生反应，近年来已成为普遍使用的固定化方法，溴化氰活化的琼

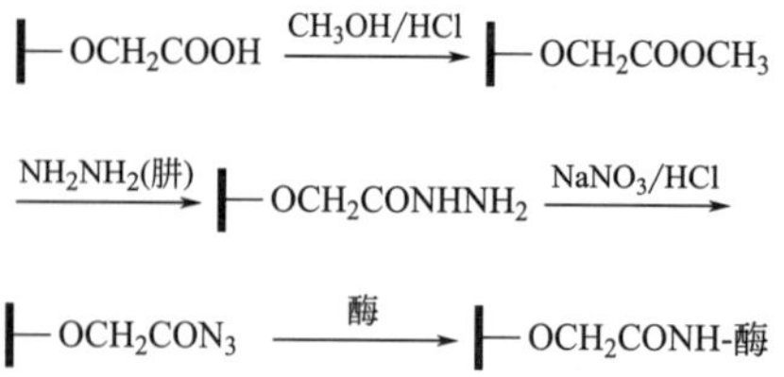

$$\vdash OCH_2COOH \xrightarrow{CH_3OH/HCl} \vdash OCH_2COOCH_3$$

$$\xrightarrow{NH_2NH_2(肼)} \vdash OCH_2CONHNH_2 \xrightarrow{NaNO_3/HCl}$$

$$\vdash OCH_2CON_3 \xrightarrow{酶} \vdash OCH_2CONH-酶$$

图 4-4　CM 纤维素的酰基叠氮衍生物与酶的偶联

脂糖已在实验室广泛用于固定化酶以及亲和层析的固定化吸附剂（图 4-5）。

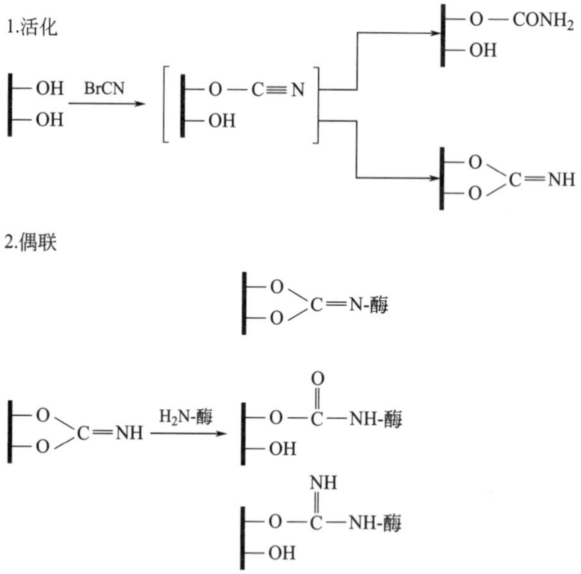

图 4-5　被溴化氰活化的多糖类

四、烷化法和芳基化法

指以卤素为功能团的载体，与酶蛋白分子上的氨基、巯基、酚基等发生烷基化或芳基化反应而使酶固定化。常用载体有卤乙酰、三嗪基或卤异丁烯基的衍生物（图 4-6）。

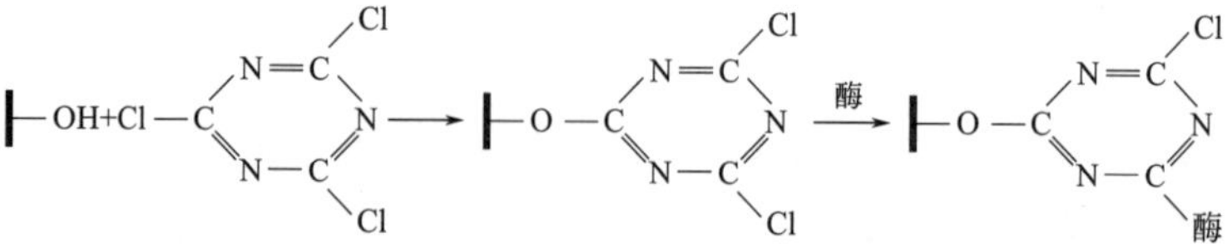

图 4-6　用三氯三嗪活化的纤维素与酶的偶联

由于共价键的键能高，共价结合法制备固定化酶具有较强的稳定性，即使高浓度底物溶液或盐溶液，也不会使酶分子从载体上脱落下来，具有酶稳定性好、可连续使用较长时间的优点。Wang等将由绿脓杆菌制备的壳多糖酶用共价结合法固定在聚合物载体羟丙甲基纤维素-乙酸-琥珀酸盐上，有效固定酶量达99%。但是采用该方法时，载体活化的难度较大、操作复杂、反应条件较剧烈，且因为共价结合改变了酶活性中心，制备过程中酶直接参与化学反应，易引起酶蛋白空间构象变化，影响酶的活性，酶活力回收率一般为30%左右，甚至酶的底物专一性等性质也会发生变化，往往需要严格控制操作条件才能获得活力较高的固定化酶。现在已有不少活化的商品化酶固定化载体，它们的使用不需做大量的处理工作，商品一般以固定相或预装柱的形式供应，一般情况下这些固定相已经活化好，酶的固定化只要将酶在合适的pH和其他相关条件下，让酶循环通过柱子便可完成。

第三节　酶的离子结合法固定化技术

离子结合法（ion binding）是通过离子键使酶与载体结合的固定化方法。离子键结合法所使用的载体是一些不溶于水的离子交换剂。常用的有DEAE-纤维素、TEAE-纤维素、DEAE-葡聚糖凝胶等。

用离子键结合法进行酶固定化，条件温和、操作简便，只需在一定的pH值、温度和离子强度等条件下，将酶液与载体混合搅拌几小时，或将酶液缓慢地流过处理好的离子交换柱就可使酶结合在离子交换剂上，得到固定化酶。例如，将处理成OH‾型的DEAE-葡聚糖凝胶加至含有氨基酰化酶的0.1mol/L的pH 7.0的磷酸缓冲液中，于37℃条件下搅拌5h，氨基酰化酶就可与DEAE-葡聚糖凝胶通过离子键结合，制成固定化氨基酰化酶。或将使用氢氧化钠处理过的DEAE-葡聚糖凝胶装进离子交换柱，用无离子水冲洗，再用pH 7.0的0.1mol/L磷酸缓冲液平衡备用。另将一定量的氨基酰化酶溶于pH 7.0的0.1mo/L磷酸缓冲液中，在37℃的条件下，让酶慢慢流过离子交换柱，即可制备成固定化氨基酰化酶。制成的固定化酶可用于酶解乙酰-DL-氨基酸，生产L-氨基酸。

用离子键结合法制备的固定化酶，活力损失较小。但由于通过离子键结合，结合力较弱，酶与载体的结合不牢固，在pH值和离子强度等条件改变时，酶容易脱落。所以用离子结合法制备的固定化酶，在使用时一定要严格控制好pH值、离子强度和温度等操作条件。

第四节　酶的包埋法固定化技术

　　包埋法是指利用具有细微凝胶网格结构的材料，或具有多功能的半透膜，使酶分子被固定于特定的结构之中，通常分为凝胶包埋法和微胶囊包埋法。

一、凝胶包埋法

　　凝胶包埋法也称为网格包埋法，即将酶包埋在各种凝胶内部的微孔中，制成一定形状的固定化酶（图 4-7）。凝胶包埋法常用的载体有天然凝胶（海藻酸钠凝胶、角叉菜胶、明胶、琼脂凝胶、卡拉胶等）以及合成凝胶或树脂（聚丙烯酰胺、聚乙烯醇和光交联树脂等）。

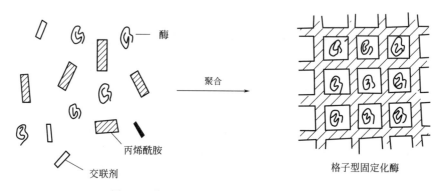

图 4-7　格子型固定化酶的形成过程（模型）

　　天然凝胶采用溶胶状天然高分子物质在酶存在下凝胶化的方法，包埋时条件温和、操作简便、对酶活性的影响甚少，但强度较差。合成凝胶则采用合成高分子的单体或预聚物在酶存在下聚合的方法。合成载体的强度较高，但需在一定的条件下进行聚合反应，才能把酶包埋起来，聚合反应的条件往往会引起部分酶的变性失活，所以包埋条件的控制非常重要。如聚丙烯酰胺包埋是最常用的包埋法，制备时在酶溶液中加入丙烯酰胺单体和交联剂 N,N-亚甲基双丙烯酰胺，在氮气的保护下，加聚合反应催化剂四甲基乙二胺和聚合引发剂过硫酸钾等使其在酶分子周围进行聚合，形成交联的高聚物网络，酶分子便被包埋在聚合的凝胶内。

二、微胶囊包埋法

　　微胶囊包埋即将酶包埋在各种高聚物制成的半透膜微胶囊内的方法（图 4-8）。

常用于制造微胶囊的材料有聚酰胺、火棉胶、醋酸纤维素等。

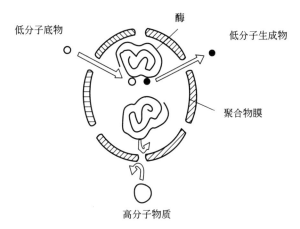

图 4-8　微型胶囊酶的模型图

　　用微胶囊包埋法制得的微囊型固定化酶的直径通常为几微米到数百微米，胶囊孔径为几埃至数百埃，适合于小分子底物和产物的酶的固定化，如脲酶、天冬酰胺酶、尿酸酶、过氧化氢酶等。此法需要一定的反应条件和制备技术，被包埋的酶不易流失。其制造方法有界面聚合法、界面沉淀法、二级乳化法、液膜（脂质体）法等。

1. 界面聚合法

　　此法是将含有酶的亲水性单体乳化分散在与水不相溶的有机溶剂中，再加入溶于有机溶剂的疏水性单体。亲水性单体和疏水性单体在油水两相界面上发生聚合反应，形成高分子聚合物半透膜，使酶被包埋于半透膜内（图 4-9）。常用的亲水单体有乙二醇、丙三醇等；疏水单体有聚异氰酸酯、多元酰氯等。在包埋过程中会发生化学反应，可能会引起某些酶失活。此法曾用聚脲制备天冬酰胺酶、脲酶等的微胶囊。

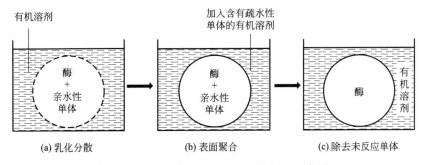

图 4-9　表面聚合法制备微型胶囊过程示意图

2. 界面沉淀法

此法是利用某些高聚物在水相和有机相的界面上溶解度较低而形成皮膜将酶包埋。一般是先将含高浓度血红蛋白的酶溶液在与水不互溶的有机相中乳化,在油溶性的表面活性剂存在下形成油包水的微滴,再将溶于有机溶剂的高聚物加入乳化液中,然后加入一种不溶解高聚物的有机溶剂,使高聚物在油水界面上沉淀析出形成膜,将酶包埋,最后在乳化剂的帮助下由有机相转入水相。此法条件温和,酶不易失活,但要完全除去膜上残留的有机溶剂很困难。常作为膜材料的高聚物有硝酸纤维素、聚苯乙烯和聚甲基丙烯酸甲酯等。此法曾用于固定化天冬酰胺酶、脲酶等。

3. 二级乳化法

该法是将酶溶液首先在高聚物有机相中分散成极细液滴,形成第一种"油包水"型乳化液,此乳化液再在水相中分散形成第二种乳化液,在不断搅拌下,低温真空蒸出有机溶剂,使有机高聚物溶液固化得到包含多滴酶液的固体球微囊。常用的高聚物有乙基纤维素、聚苯乙烯、氯化橡胶等,常用的有机溶剂为苯、环己烷和氯仿。此法制备比较容易,酶几乎不失活,但残留的有机溶剂难以完全去除,而且膜也比较厚,会影响底物扩散。此法曾用乙基纤维素和聚苯乙烯制备过氧化氢酶、脂肪酶等微胶囊。

4. 液膜(脂质体)法

该微胶囊法是以脂质体为液膜代替半透膜的新方法。脂质体包埋法是由表面活性剂和卵磷脂等形成液膜包埋酶的方法,此法的最大特征是底物和产物的膜透过性不依赖于膜孔径的大小,而与底物和产物在膜组分中的溶解度有关,因此可以加快底物透过膜的速率。此法曾用于糖化酶的固定化。

包埋法固定化具有固定化率高,可用于多种目的分子的共固定等优点;但其主要缺陷在于,若催化反应发生较快,积累的反应产物难以很快地透过胶囊膜释放到反应溶剂中,从而使得反应速率降低甚至导致胶囊膜材料的破裂。此外,该方法只适合作用于小分子底物的酶,对大分子底物则不适用。Xi 等用壳聚糖-聚乙二醇包埋硅胶制备多孔载体成功固定胰蛋白酶。王刚强等用海藻酸钠为载体、氯化钙为催化剂固定化胰蛋白酶,得到具有良好低温稳定性和操作稳定性的固定化酶。

第五节　酶的交联法固定化技术

交联法(cross-linking)是一种无载体固定化策略,它利用双功能或多功能的交联剂（如戊二醛、二羧酸、己二酰亚胺酸二甲酯等）使酶分子之间发生化学连接，形成一种大型的复杂三维结构，且获得疏水性而可从溶液中分离出来，从而获得固定化酶（图 4-10）。由于交联反应的无序性，可能在酶的活性中心发生交联而使酶活降低或失活，大大降低固定化酶的酶活回收率。同时，由于简单交联形成的固定化酶交联体的机械性能较差，因此交联法很少被单独应用于酶的固定化，通常与其他固定化方法结合，以巩固或提高原有固定化策略的效果。Jancsik 等采用先包埋后交联的方法，分别将 β-半乳糖苷酶、青霉素酰化酶和醛缩酶包埋于聚乙烯醇膜内，然后用戊二醛对三种酶进行交联，在减少包埋蛋白损失的同时提高交联酶的机械性能。

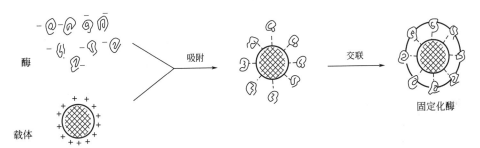

图 4-10　酶网载体交联制备固定化酶模型

酶可以通过各种不同的方法进行固定化，但不管是通过物理的弱相互作用，还是通过较强的化学键结合，都必须采用不溶于水的材料作为固定化载体，但是任何一种固定化方法或固定化载体，都不可能适用于所有的酶，要想获得较好的固定化效果，必须根据具体的酶和催化反应类型，选择合适的固定化方法。现将四种传统的酶固定化方法的比较列于表 4-1，通过选择固定化方法制备出性能最佳的固定化酶，往往依赖于实际工作经验的积累，最后以是否能最大限度地保留酶活性和提高酶的稳定性为评价标准。

表 4-1　酶固定化方法的比较

项目	吸附法		包埋法	结合法（共价和离子结合）	交联法
	物理吸附法	离子吸附法			
制备难易程度	易	易	较难	难	较难
结合强弱程度	弱	中	中等	强	强
酶活力回收率	高	高	高	低	中等
再生可能性	有	有	有	无	无
底物专一性	不变	不变	不变	可变	可变
资金消耗	低	低	低	高	中等

固定化酶技术经过三十多年的发展，克服了游离酶反应存在的分离困难、稳定性差和易流失等问题。但真正应用于工业化的固定化酶并不多，主要是因为固定化酶的过程中还存在几个亟待解决的难题：①酶的活性中心发生物理化学变化导致酶活力降低；②酶固定化后多了空间屏障，增加了传质阻力；③酶和载体结合不牢固，容易脱落，酶活力损失大；④固定化颗粒成型困难。如何解决这些问题是固定化技术发展的主要瓶颈。目前，寻找适用的固定化方法，设计合成性能优异且可控的载体，应用工艺的优化研究等仍是研究热点。

第六节　酶的固定化新技术

改进传统固定化方法和注重天然高分子载体改性是酶固定化研究的主要趋势，进一步提高转化率和生产能力，是研究的重点。开发新型固定化酶技术主要应遵循的原则为温和的条件下进行酶的固定化，减少或避免酶活力的损失。

一、酶的新型固定化载体

随着现代生物技术的不断发展，以及学科间的相互渗透，酶的固定化技术研究取得了一定的突破，涌现了多种新型固定化载体与技术。在新型固定化技术的探索研究中，固定化载体的选择与研发十分重要，其一般具有优异物化特性，例如多孔性、疏水/亲水性、物化稳定、表面活性等，合适的固定化载体能有效提高固定化率和催化效率，因而许多新型固定化技术的研究都围绕着载体材料展开。

1. 基于材料创新的固定化技术

随着生物技术与材料、化学等学科的不断交叉发展，新的载体修饰方法和新型材料不断涌现，丰富了固定化技术研究的载体来源，涌现一批围绕新型载体展开的固定化策略研究。这一类载体通常有表面积大、具有多孔性空间结构、底物/产物亲和性等特征，可主要分为新型纳米材料载体、磁性材料载体、传统材料经改造修饰而成的复合新型载体 3 大类。

新型纳米材料载体是指具有纳米级结构的材料，这类材料拥有极大的表面积和良好的分散性，能极大地提高固定化率和反应催化效率，主要包含有多孔纳米金属颗粒、纳米管、石墨烯等。使用纳米材料载体制备的固定化酶多应用于电极和生物传感器领域，研究结果显示这类生物传感器能产生更强的信号，拥有更广的检测范围和更高的敏感度。其中，碳纳米管是最具代表性的新型纳米材料之一。1991 年被日本学者发现以来，极大地推动了材料制备领域的发展。2010 年以后碳纳米管在固定化酶技术中的应用不断涌现，目前在脂肪酶、水解酶、漆酶和多种氧化还原酶的固定化研究中均有大量的应用。Li 等利用共价作用将脂肪酶固定在羧基功能化的多壁碳纳米管上，并通过引入氨基环糊精功能基团极大地改善了碳纳米管在水相中的分散性能，载体的酶负载量达到 $750\mu g/mg$。多种改性碳纳米管已被用于制备固定化酶，许多研究证明碳纳米管可以有效地增加酶和膜电极或底物之间的电子转移。Mubarak 等使用多壁碳纳米管通过物理吸附作用固定纤维素酶，得到的固定化酶性质稳定且易于分离，进行 6 次羧甲基纤维素酶解后活力仍保留 52%。华中科技大学的柯彩霞团队利用多壁碳纳米管吸附固定化洋葱伯克霍尔德菌脂肪酶，并将其应用于手性拆分 1-苯乙醇反应，发现该固定化酶的催化效率得到了极大提升，是游离酶的 54 倍，拆分反应平衡所需的时间从几天缩短至 10min，其团队证明纳米材料制备的固定化酶在生物催化应用中具有极大的发展潜力。

　　磁性材料载体是利用铁、锰、钴及其氧化物等化合物制备的一类具有磁性的材料，其最大优点在于可通过磁力吸引而迅速分离固定化酶，且固定化方法简单，能有效减少资本和工程投入。单一的磁性颗粒通常与其他有机高分子聚合物或多孔性无机材料联合使用，提高固定化率的同时使固定化酶具有磁性，便于分离回收。我国早在 20 世纪 80 年代就将磁性颗粒应用于固定化酶的研究工作中，但是直到本世纪才得到大量应用，至今仍是固定化酶制备的常用材料之一，利用磁性颗粒结合其他固定化材料制备固定化酶，大大简化了回收利用操作过程。Lei 等制备了含有羧基的磁性纳米微球，经氯化亚砜活化，使木瓜蛋白酶与载体的氯酰基团结合。固定化的木瓜蛋白酶相比于游离酶稳定性提高，并可重复使用。Alpay 等利用乳液聚合技术合成了磁性纳米颗粒，使用活性蓝（F3GA）对纳米颗粒进行改性，发现在 pH 7.0 时对木瓜蛋白酶达到最大吸附量，得到的固定化酶表现出良好的 pH 和温度稳定性。Jiang 等制备了磁性壳聚糖微球，并通过吸附和交联两种作用相结合对漆酶进行了固定，固定后漆酶的热稳定性和贮存稳定性大大提高。此外，将树状分子修饰的磁化多壁碳纳米管作为载体固定化米赫根毛霉脂肪酶，获得了催化活性高、结构稳定、操作简便的固定化酶，并被成功应用于生物柴油的制备反应。

　　基于传统材料（如多孔硅材料、大孔树脂、分子筛、天然多糖等）进一步改造修饰的复合新型载体通常有较为繁杂的化学修饰，但这种方法具有较强的目的性和方向性，常应用于定向固定化和共固定复合酶的研究中。Bayramoglu 等使用功能性环氧树脂固定木瓜蛋白酶，酶的负载量可达 18.7mg/g，并且化学修饰增强了环氧树脂固定木瓜蛋白酶的性能。韩辉等将青霉素酰化酶通过共价作用与聚合物载体颗粒（Eupergit C）环氧基团相结合，制成颗粒状固定化青霉素酰化酶；该固定化酶连续使用 20 次活力仍保留 80%。Guo 等制备了一种新型高分子微球,通过离子吸附法固定果胶酶,固定化的果胶酶与游离果胶酶相比稳定性显著提高,对 pH 和温度的变化具有更好的耐受性,并且发现不同波长光照合成的载体会对固定的果胶酶的相对活性产生影响。Rueda 在 2016 年利用辛基谷氨酸对琼脂糖珠进行修饰并固定化了 5 种不同的脂肪酶,这不仅显著提高了脂肪酶的催化活力,还能利用离子交换将固定化酶洗脱而回收利用载体,提出了一种可逆固定化技术。

由以上 3 类基于材料创新组成的固定化酶技术具有催化效果好、固定化率高等特点,其主要优势在于对新兴载体的应用,使该技术具有极大的发展潜力与可塑性。另一方面,由于载体的选择和预处理等过程是必要的,该技术的操作过程一般比较复杂,固定化酶的物理形态和适用环境受载体材料的影响极大。

2. 金属有机骨架化合物介导的固定化

金属有机骨架(metal-organic frameworks,MOFs)也称多孔配位聚合物(porous coordination polymers,PCPs),是一类有多孔结构的杂化晶体,由无机分子和有机络合基团(羧酸盐、偶氮、膦酸盐等)连接构成。MOFs 含有大量孔隙结构,在气体储存、催化、检测、生物医学等众多领域中有较大的应用潜力。2006 年,Psklak 最早将 MOFs 应用于固定化酶技术,2011 年,该固定化技术开始得到广泛的应用。MOFs 或 PCPs 固定化酶技术可分为 3 类,即物理吸附、化学连接和牢笼包埋。其中牢笼包埋法固定化酶利用载体的牢笼结构,通过简单混合孵育即可使酶分子束缚于其牢笼结构内,并发生一定的结构变化,此时酶的结构与游离状态下不同,但并未使酶活性受到损伤。Lykourinou 等将合成的多孔MOFs 应用于辣根过氧化物酶-11(MP-11)的固定,相比于大孔树脂固定化的MP-11,其氧化 3,5-二叔丁基儿茶酚(DTBC)的底物转化率只有 17.0%,该固定化 MP-11 将其转化率提高至了 48.7%。

MOFs 介导的固定化技术能显著提高固定化酶的稳定性,甚至能在一定程度上适应一些非自然的恶劣环境,在固定化率最大化的同时最小化酶蛋白的流失。清华大学戈钧团队制备了酶-金属有机骨架复合物,将皱褶假丝酵母脂肪酶固定其中,将所得固定化酶和天然酶分别暴露于二甲基甲酰胺、二甲基亚砜、甲醇、乙醇等对蛋白结构具有一定破坏性的有机溶剂中,金属有机骨架固定化酶具有极好的有机溶剂耐受性,几乎完全保留了其初始酶活。

3. 纳米花型杂交晶体固定化

纳米花型固定化酶指的是酶分子直接与无机盐晶体杂交形成具有类似天然花卉形态结构的复合体。2012 年,Ge 等在 "Nature Nanotechnology" 发表的一篇文章中首次报道这一概念,并通过改变缓冲液浓度而模拟了固定化酶 "开花" 的过程,酶蛋白与无机盐在反应初始阶段发生聚合,随后逐渐形成花瓣、花朵的形态。

该固定化的发生伴随了无机盐沉淀形成的过程，低浓度的缓冲液可以减缓无机盐形成速率，在反应中引入酶分子，使沉淀依附其上而缓慢形成，一定程度上对其进行了包埋，以实现酶的固定化。近年来，Altinkaynak 等也进行了相关研究工作，华中科技大学的柯彩霞团队利用无机磷酸钙缓慢形成的过程，制备了一种具有纳米花形态的固定化脂肪酶，在含有酶的反应溶液中，磷酸钙沉淀由原来的片层结构转化为纳米花结构。他们在实验过程中发现，虽然这种制备方法合成的固定化酶在结构稳定性上有一定的缺陷，但其能有效提高脂肪酶的催化效率，并且操作简单，制备环节较少，相比其他固定化技术，纳米花型固定化酶技术只需要一步反应便能完成载体合成和酶的固定化，具有极大的发展和应用潜力。

二、酶的新型固定化形式

1. 单酶纳米颗粒的制备

单酶纳米颗粒（single enzyme nanoparticles，SENs）是指每个酶分子均被一种纳米级的有机或无机多孔网状聚合物所包围而形成的纳米固定化酶颗粒。该技术于 2003 年被首次提出，Jungbae 等将两种胰蛋白酶固定于一种多孔有机-无机材料之中，每个酶分子如同被单独封锁于一个纳米级"集装箱"中。由于包埋层非常薄，具有多孔性结构，且有纳米级尺寸的特性，可以很好地分散在溶剂中，因而形成的单酶纳米颗粒与反应底物之间的传质阻力十分小，有效提升了固定化酶的催化活性。单酶纳米颗粒具有良好的催化稳定性和环境抗逆性，且有多种反应形式，可以单独或混合具有协同效应的多种酶进行催化反应。由于其单体尺寸较小而不易进行回收分离，在应用中可以与其他多孔性材料联合使用，如用磁性颗粒吸附 SENs，使其带有磁性以简化其回收利用操作。而随着单酶纳米颗粒技术的发展，蔡仁等制备了一种新型纳米人工酶，通过两步法合成了氢氧化铜3D 牢笼结构纳米颗粒，其本身具有高于天然辣根过氧化物酶的催化活性。

2. 微波辐射辅助的固定化技术

由于不同载体和酶自身的亲水性、溶解性等物化性质不同，固定化过程中存在一定的分散与接触性障碍，微波辐射辅助固定化技术指的是在固定化反应原液准备和固定化反应过程中，对溶液进行微波辐射处理以辅助固定化过程的发生。许多多孔性材料都有由于亲/疏水性而造成的扩散限制的问题，使得酶分子很难与其发生吸附或共价结合，阻碍了其在固定化领域中的应用。然而，使用微波辐射对固定化过程辅助可以很好地解决这一扩散限制。例如木瓜蛋白酶和青霉素酰基转移酶，两者的蛋白结构尺寸均较大而难以被固定化，通过微波辐射辅助，这两种大分子蛋白酶均能成功且迅速地固定于硅质泡沫上，并且其蛋白活性也得到了较好的保留。研究表明，对于一些具有固定化需求，在常规固定化过程中又存在较大传质阻力的反应，微波辐射是一种有效的辅助技术，且在多类固定化或催化反应中表现出极大的应用潜力。但是，微波辐射在一定程度上会影响酶与载体的结合，导致某些吸附固定化酶发生蛋白脱落，因此在固定化酶的制备过程中应有选择性的应用此技术。

3. 无载体固定化技术

在传统固定化技术中，一般使用交联法来制备含单一酶的交联酶晶体（cross-linked enzyme crystal，CLEC）或包含多种酶的交联酶聚集体（cross-linked enzyme aggregates，CLEAs）。2001 年以后，在传统技术的基础上，Cao 等人对此技术进行了扩展研究，形成了一种新型无载体交联固定化技术，该技术被 Sheldon 团队不断研究发展，最后被 CLEA Technologies（Netherlands）公司商业化。无载体固定化是指在没有载体材料存在的情况下，酶分子通过交联或聚集而形成不溶于水的聚合物，使其能够从水溶液中分离实现固定化。在此基础上，酶的自固定化概念被提出，即利用含有酶的水溶液与含有表面活性剂的非水相溶液混合，并加入双功能交联剂，通过超声或物理乳化的方法形成微乳化体系。在自固定化的过程中，酶倾向于分布在油水界面上，通过交联剂能使分布在微乳球表面的酶发生聚集而获得疏水性，除去有机试剂后即可获得自固定化的酶颗粒，且由于界面激活效应，得到的固定化酶通常处于激活态而拥有较高的催化活力。该方法在脂肪酶、漆酶以及多种复合酶蛋白等固定化应用中均取得了成功，Letshego 等利用聚乙烯亚胺和戊二醛结合的交联法，成功制备了碱性蛋白酶球形颗粒，并结合 PVA 包埋法大幅提高了固定化酶的催化稳定性。对比于传统交联固定化技术，新型无载体固定化技术一定程度上克服了固定化酶活性低、易变性、稳定性差的缺点，但相比其他新型固定化酶技术，该方法的性价比仍然无法接近实际工业应用的需求。

三、酶的定向固定化技术

1. 生物酶介导的定向固定化技术

在当今人们保护环境意识不断增强的时代背景下，使用绿色化学、环境友好型生物技术取代对环境造成巨大污染的传统化学手段是现代工业面临的一个重点难题。在固定化技术中，研究者们提出一种新型的固体蛋白制剂，通过酶促反应使标记蛋白与目的蛋白结合，在不使用其他化学交联剂的情况下，实现酶的共价固定化。2007 年，一种转肽酶 Sortase A 介导的蛋白修饰技术被提出，很快便在固定化酶技术中得到应用，利用 Sortase A 可将目的蛋白连接到氨基修饰的载体上，实现酶的定向固定化。由此，生物酶介导的定向固定化技术的研究不断发展。其中，增强的绿色荧光蛋白（EGFP）和谷胱甘肽转移酶（GST）是一类模型蛋白，在其 C 末端用中性 Gln 供体底物肽作为标签标记，可通过酶促反应固定在含有酪蛋白涂层的聚苯乙烯表面。另一类则是以 SNAP（DNA 烷基转移酶）自聚标签为代表的融合标签酶固定化策略，将目标酶与 SNAP 标签蛋白融合表达，可利用标签与载体表面的特定残基形成稳定的共价结合以实现固定化。

这一类新型固定化技术也被称为酶促固定化酶技术，其本质是通过蛋白融合而实现酶蛋白的定向共价固定化，具有设计性强、选择性高等特点，但技术操作相对复杂，目前主要被应用于生物传感器、生物电极的制备领域，该方法在各类生物酶中的普适性和催化应用性还有待进一步研究。

2. 化学修饰介导的定向固定化技术

与上文提及的蛋白融合标签法相比，化学修饰介导的固定化是指在酶分子表面氨基酸残基上引入特定基团，使修饰后的酶能与载体表面的官能团发生特定的化学结合，实现酶的定向固定化。目前比较常用的修饰官能团有醛基、叠氮、炔烃等。经炔烃修饰的酶分子能与含有叠氮化物官能团的载体发生 1,3-偶极环加成反应，形成稳定的化学共价键，$Cu(I)$ 是这类化学修饰介导的固定化酶反应中常用的催化剂。Prikryl 等利用该策略将糜蛋白酶固定化于纤维素纳米纤维上，得到了一种环境友好且活性较高的固定化酶。化学修饰策略的优势在于，可应用于固定化表面缺乏相应共价结合官能团的酶，但这一方法易造成酶蛋白结构改变而影响其催化活性，通过预测修饰位点以及选取条件较温和的反应方式能有效减少固定化酶催化活性的损失。

3. 界面聚合微囊固定化技术

界面聚合指的是一种反应发生在两种互不相容的界面之间的缩聚反应，该反应具有不可逆性；将目的酶溶解在相应的体系中，通过缩聚能形成微囊或微球颗粒将酶蛋白包裹而实现固定化。界面聚合最初主要集中于化学合成研究，在 2001～2002 年，大量乳液体系中的界面聚合微囊技术涌现，由此开启了界面聚合微囊制备的研究。2015 年，Yanning 等将脂肪酶固定于界面聚合获得的三维胶质体上，由于其油水界面的特性，固定化酶活力是游离酶的 8 倍。油/水（O/W）乳液体系是界面聚合微囊固定化技术的经典模型，可分为水包油、油包水和油包油三种类型。其中应用最多的是油包水微囊技术，酶多数分布于油水界面上，其活性结构被激活，从而具有更高的酶活。因此，界面聚合微囊固定化技术最大的优势在于对固定化酶的激活，但微囊的储存和重复利用稳定性仍需进一步增强。在苏枫等报道的固定化研究中，选用了聚乙烯亚胺（polyethyleneimine，PEI）作为聚合单体，在交联剂癸二酰氯的作用下通过界面聚合得到制备的脂肪酶微囊，利用共聚焦显微镜观察其显微结构，发现 PEI 聚合体与酶蛋白均分布于微囊表面。此后，利用碳纳米管进行修饰，使得油水界面得到强化，降低了 PEI 携带的正电荷，大大提高了脂肪酶的催化活力。

四、酶的其他新型固定化技术

随着固定化技术研究的发展创新，除了以上几种公认分类之外，还有一些新提出的固定化技术，策略独特且具有极大的发展应用潜力。以"智能固定化"技术为例，这种固定化技术利用智能高聚物材料为固定化载体，智能高聚物材料也叫做高分子智能材料，在其所处环境条件（温度、pH、压力、磁场等）发生变化而产生刺激时，其物理性质和/或化学性质会发生一定的变化。例如一些聚合物在温度较低时呈液态，而当温度升高则逐渐固化且具有极强的物理抗性，所制备得到的固定化酶继承了载体所拥有的特性。Giuseppe 等将胃蛋白酶共价连接在其热应答水凝胶网状结构的侧链上，所得固定化酶具有良好的操作稳定性和热稳定性，在重复使用 6 次后，其酶活回收率仍在 80% 以上。

新型固定化技术的研究种类繁多，很难将其进行精准的分类，通常以固定化酶主要展现出的性质或制备过程中的典型工艺为分类依据。目前新型固定化技术的研究目标主要集中在进一步提高酶活，增强固定化酶环境耐受性、操作稳定性，以及如何实现酶的精准定向固定化等方面。新型固定化技术的研究需要大量基础研究和优化手段来完善，容易陷入制备过程繁琐、生产投入较高的缺陷之中，在研究过程中应适当选择一些工业应用潜力较大的固定化技术进行小规模或中等规模的制备与应用测试，逐步实现固定化酶的实际生产应用。

第七节　酶的固定化反应影响因素

由于固定化可能对酶本身的结构和酶所处的环境产生一定的影响，同时酶固定后，由于扩散限制效应、空间位阻作用以及载体性质等因素必然对酶的性质产生影响，因此固定化酶和游离酶表现有所不同。掌握这些性质对有效地应用固定化酶和研究酶的生物学作用都很重要。

一、磁场的影响

磁场对不同的固定化酶会产生不同的影响。当固定化 α-淀粉酶时，磁化后酶的活性明显增强，且随磁场强度增大活性增加逐渐变小；同时，固定化 α-淀粉酶的 K_m 变小，pH 稳定性增强，保存时间延长。对于固定化过氧化氢酶，磁化后酶的活性也增强，但是和固定化 α-淀粉酶不同的是，磁场强度越大，活性增强越明显。同样，固定化过氧化氢酶的 K_m 减小，pH 稳定性增强，保存时间延长。此外，磁场对固定化酶的影响并不是呈简单的线性关系。

二、介孔材料的孔径及孔道结构的影响

酶的固定化首先要求介孔材料的孔径要与酶分子大小相适应。当介孔材料的孔径太小，酶分子不能完全进入孔道内；孔径太大，一方面酶分子会在孔道内形成聚集而失活，另一方面，较大的孔道起不到保护作用，附着在孔道外表面的酶又很容易泄漏，造成催化效率降低。但是酶分子的活性部位被包埋，催化效率同样也不会很高。

三、介孔材料的表面特性和形态结构的影响

使用各种不同的表面活性剂合成的介孔材料，其表面所带的电荷也不相同。同时由于介质材料的内表面富含大量的硅羟基，可以通过引入一些官能团来改变载体表面的疏水性质，改善载体与酶的亲和作用，通过疏水反应来提高酶的固定量。羧基（—COO$^-$）可以与蛋白质分子上带电荷的氨基酸发生静电吸附与亲水作用，还能通过氢键发生作用，从而提高了酶的固定量和稳定性。另外，不同形态结构的介孔材料，对酶分子的固定也有一定的影响。

四、溶液 pH 值的影响

当溶液的 pH 值高于酶分子的等电点（pI）时，其带负电荷；而低于等电点时，其带正电荷。如溶液的 pH 值高于载体的等电点，同时比酶的等电点低，这时载体带负电荷，酶带正电荷，酶和载体之间通过静电吸引，使酶固定在载体上。一般来说，在其他条件固定后，所有酶都有一个反应最适 pH 值。这主要是因为酶的活性中心部位一般都有很多带电的氨基酸残基。这些残基必须处于某个特定的解离状态才能发挥酶的最大催化活性，而体系 pH 值可以直接影响这些残基的解离状态，因此造成了酶反应活性的不同。

第八节　酶的固定化评价指标

游离的酶被固定化之后，性质会发生改变，通过测定固定化酶的各种参数可以了解被固定化后的酶的性质，从而来判断固定化方法的优劣以及固定化酶的实用性，常用的评估指标有固定化酶的活力、固定化酶的结合效率、酶活力回收率、固定化酶的偶联效率和相对活力、固定化酶的半衰期等。

一、固定化酶的活力

固定化酶的活力即固定化酶催化某一特定反应的能力，其大小可用在一定条件下它所催化的某一反应的反应初速率来表示。固定化酶的单位可以定义为每毫克干重固定化酶每分钟转化底物（或生产物）的量，表示为 $\mu mol/(min \cdot mg)$。如果是酶膜、酶管、酶板，则以单位面积的反应初速率来表示，即 $\mu mol/(min \cdot cm^2)$。和游离酶相仿，表示固定化酶的活力一般要注明测定条件温度、搅拌速度、固定化酶的干燥条件、固定化的原酶含量或蛋白质含量。

固定化酶通常呈颗粒状，因此测定溶液酶活力的方法要做适当修改后才可用于测定固体酶颗粒，其活力可以在两种基本系统（填充床或均匀悬浮在保温介质）中进行测定。

以测定过程分类，测定方法分为间歇测定和连续测定两种。

1. 间歇测定

在搅拌或振荡反应器中，与溶液酶同样的测定条件下（如均匀悬浮于保温介质中）进行，然后间隔一定的时间取样，过滤后按常规方法进行测定。此法比较简单，但是测定的反应速率与反应容器的形状、大小以及反应液量有关，因此必须固定条件。随着振荡和搅拌速率加快，反应速率提升，达到某一水平后不再提高。此外，如果搅拌速度过快，会由于固定化破碎而造成活力升高。

2. 连续测定

固定化酶装入具有恒温水夹套的柱中以不同的流速流过底物，测定流出液。根据流速和反应速率之间的关系，算出酶活力（酶的形状可能影响反应速率）、在实际应用中，固定化酶和底物的反应条件不一定是其最适条件，故测定条件要尽可能与实际工艺相同，这样才有利于比较和评价整个工艺。

二、固定化酶的结合效率和酶活力回收率

酶的结合效率是指酶与载体结合的百分率，一般由加入总酶的活力减去未结合的酶活力的差值与加入总活力的比的百分数表示，它反映了固定化方法的固定化效率。酶活力回收率是指固定化酶的总活力与用于固定化酶的总活力的比值的百分数。

通过酶结合率或酶活力回收率的测定，可以评价固定化效果的好坏，当固定化载体和固定化方法对酶活力影响较大时，两者的数字差别较大。酶活力回收率反映了固定化方法及载体等因素对酶活力的影响，一般情况下酶活力回收率应小于 1；若大于 1，可能是由于某些限制因素被排除，或者反应为放热反应，由于载体颗粒内的热传递受限制使载体颗粒温度升高，从而使酶活力增强。

三、固定化酶的半衰期

固定化酶的半衰期是指在连续测定条件下，固定化酶的活力下降为最初活力一半时所经历的连续工作时间，以 $t_{1/2}$ 表示。固定化酶的操作稳定性是影响实用的关键因素，半衰期是衡量稳定性的指标。其测定方法与化工催化剂半衰期的测定方法相似，可以通过长期实际操作，也可以通过较短时间的操作来推算。

在没有扩散限制时，固定化酶活力与时间呈指数关系，即：

$$t_{1/2} = 0.693/\mathrm{KD}$$

式中，KD 称为衰减常数，$\mathrm{KD} = \dfrac{-2.303}{t\lg(E/E_0)}$，其中 E/E_0 是时间 t 处酶活力残留的百分数。

固定化技术作为酶工程今后的核心领域之一，有着不可限量的活力，固定化技术的出现使酶工业得以迅速发展。在理论及实际应用上，酶固定化技术克服了游离酶的许多缺点，经各国学者的不断努力，固定化技术在各个领域取得了卓越的成效。而目前，我国固定化酶制剂应用到工业生产的实例却很少，固定化酶的研究开发任重道远。国内外大量的研究证实，固定化酶技术目前还存在固定效率低、载体有毒性、成本高、稳定性差、不能大规模生产等问题，这些都限制了固定化酶技术的发展与应用。随着生物技术及材料、化工等各相关学科的不断发展，固定化酶的工作会有新的突破，将会有更多的固定化酶取得工业化规模的应用。如何充分利用天然高分子载体，对其改性或利用超临界技术、纳米技术、膜技术等来固定酶，必定会成为研究的热点。同时，开发新型、高效固定化酶反应器，进一步提高转化率和生产能力，也是未来研究的重点。而固定化酶在各行业的应用研究也必将推动酶固定化技术的发展，仍然是固定化技术领域追求的目标。

实例　**利用介孔材料固定化木瓜蛋白酶制备扇贝抗氧化活性肽**

1. 介孔材料 MCM-41 的固定酶

将孔道分布规则和比表面积高的介孔材料作为载体固定酶蛋白应用于催化、生物传感器等方面是近年研究的热点。研究表明，介孔材料固定化酶具有很好的催化性质，在提高酶的稳定性的同时仍可保持酶活性。Magner 等研究了 MCM 系列介孔材料固定蛋白酶的特性，发现酶分子可以在 MCM 介孔材料孔道内扩散并且能被很好地吸附（图 4-11）。李晓芬等将 MCM-41 为载体固定青霉素酰化酶，研究了不同固定化条件下固定化酶酶活及其稳定性，发现 MCM-41 固定化青霉素酰化酶的酶活要优于其他多种载体的固定化酶酶活。徐鹏等通过物理吸附法利用 MCM-41 介孔分子筛固定中性脂肪酶，并通过研究不同条件固定化脂肪酶的催化活性，得到了该种 MCM-41 介孔分子筛固定脂肪酶的最佳条件。即给酶量为 45960U/g，pH 值为 7.5，在 45℃固定 3h，此时固定化酶的酶活回收率为 10.2%，且得到的固定化酶温度稳定性和 pH 稳定性都较游离酶有所提高。赵炳超等以间三甲苯作为扩孔剂，制备出新型大孔纳米材料 MCM-41，并研究了该材料在不同条件下固定化木瓜蛋白酶的效果。结果表明：在给酶量 20mg/g，戊二醛质量分数 0.75%，pH 为 7.0 的缓冲液中 10～20℃搅拌 2h，固定化酶的效果最好，但回收率也只达到 55% 左右。因此制备出适合作为固定化蛋白酶载体的 MCM-41 介孔分子筛，使其具有更高的酶吸附量将是该领域的研究重点和难点之一。而将介孔材料固定化酶应用在海洋生物活性肽的制备方面的研究更是鲜有报道。

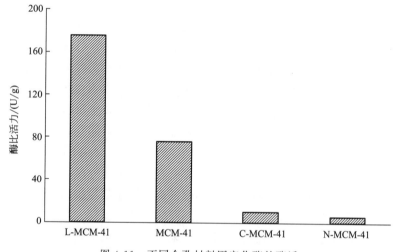

图 4-11　不同介孔材料固定化酶的酶活

2. 游离蛋白酶和固定化蛋白酶制备活性肽的比较

利用游离的蛋白酶和 MCM-41 固定化蛋白酶分别对提取的扇贝蛋白进行酶解，酶解反应的同时利用酶膜反应系统连续分离生物活性肽，以酶解液的羟自由基（·OH）清除能力和 DPPH 清除能力作为考察的主要指标，还原力作为参考指标，进一步评价 MCM-41 固定化蛋白酶对扇贝蛋白的酶解效果（分别见图 4-12 与图 4-13）。

由图 4-12 与图 4-13 比较分析得出：经过固定化酶水解后分子质量小于 1kDa 时，扇贝肽的还原力最大为 2.09（浓度为 10mg/mL），并具有最强的·OH 清除能力（SA）和 DPPH 清除能力，半数抑制浓度均为最低，分别为 $IC_{50} = 1.87mg/mL$ 和 $IC_{50} = 0.77mg/mL$。其各项指标均优于游离酶水解得到的抗氧化肽，并且固定化酶具有更好的温度和 pH 稳定性。

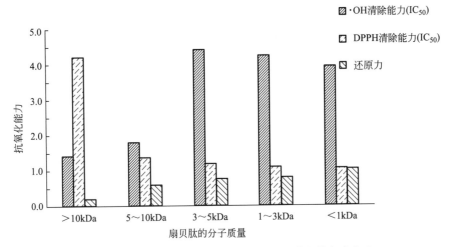

图 4-12 游离酶水解后测定不同分子质量肽的抗氧化能力

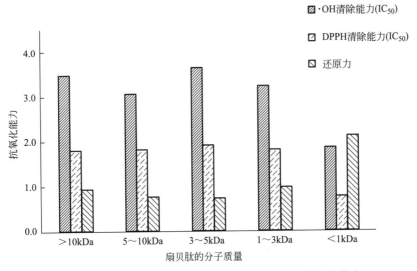

图 4-13 固定化酶水解后测定不同分子质量肽的抗氧化能力

参考文献

[1] 袁勤生, 赵健. 酶与酶工程. 上海: 华东理工大学出版社, 2005.

[2] 郑宝东. 食品酶学. 南京: 东南大学出版社, 2006.

[3] 李梦腊, 毛洪丽, 黄志强, 等. 智能固定化酶载体的研究进展. 工业微生物, 2018, 48（3）: 46-54.

[4] 陈静, 冷鹃, 杨喜爱, 等. 磁性纳米粒子固定化酶技术研究进展. 生物技术进展, 2017, 7（4）: 284-289.

［5］李霞，崔文甲，弓志青，等.酶的新型固定化方法及其在食品中的应用研究.食品工业，2016，37（10）：217-220.

［6］李丽娟，马贵平，赵林果.固定化酶载体研究进展.中国生物工程杂志，2015，35（11）：105-113.

［7］白云岫，曹逊，戈钧.高分子修饰/无机晶体固定化酶研究进展.生物加工过程，2018，16（1）：12-18.

［8］杨久兴.利用介孔材料固定化木瓜蛋白酶制备扇贝抗氧化活性肽.哈尔滨工业大学硕士论文，2014.

［9］Nikolic M, Srdic V, Antov M. Immobilization of lipase into mesoporous silica particles by physical adsorption. Biocatalysis and Biotransformation, 2009, 27（4）：254-262.

［10］Wang Y, Zhang C L, Li P, et al. Chitosanase immobilization using composite carrier of sodium alginate/cellulose. Advanced Materials Research, 2011, 236-238: 2371-2377.

［11］王刚强，王维香，赵金梅.海藻酸钠固定化胰蛋白酶的研究.西华大学学报：自然科学版，2011，30（4）：109-112.

［12］Jancsik V, Beleznai Z, Keleti T. Enzyme immobilization by poly（vinyl alcohol）gel entrapment. Journal of Molecular Catalysis, 1982, 14（3）：297-306.

［13］Li Z X, Yi D, Wu X L, et al. An enzyme-copper nanoparticle hybrid catalyst prepared from disassembly of an enzyme-inorganic nanocrystal three-dimensional nanostructure. RSC Adv, 2016, 6（25）：20772-20776.

［14］Mubarak N M. Wong J R, Tan K W, et al. Immobilization of cellulase enzyme on functionalized multiwall carbon nanotubes. Journal of Molecular Catalysis B Enzymatic, 2014, 107（3）：124-131.

［15］Ke C X, Li X, Huang S S, et al. Enhancing enzyme activity and enantioselectivity of *Burkholderia cepacia* lipase via immobilization on modified multi-walled carbon nanotubes. RSC Adv, 2014, 4（101）：57810-57818.

［16］Lei L, Bai Y, Li Y, et al. Study on immobilization of lipase onto magnetic microspheres with epoxy groups. Journal of Magnetism & Magnetic Materials, 2009, 321（4）：252-258.

［17］Liu W, Liang W, Jiang R. Specific enzyme immobilization approaches and their application with nanomaterials. Topics in Catalysis, 2012, 55（16-18）：1146-1156.

［18］Bayramoglu G, Senkal B F, Arica M Y. Preparation of clay-poly（glycidyl methacrylate）composite support for immobilization of cellulase. Applied Clay Science, 2013, 85（1）：88-95.

［19］Zhang J, Feng Z, Yang H, et al. Graphene oxide as a matrix for enzyme immobilization. Langmuir, 2010, 26（9）：6083-6085.

［20］Lykourinou V, Chen Y, Wang X S, et al. Immobilization of mp-11 into a mesoporous metal-organic framework, mp-11@ mesomof: A new platform for enzymatic catalysis. Journal of the American Chemical Society, 2011, 133（27）：10382-10385.

［21］Tan S N, Ge L, Tan H Y, et al. Paper-based enzyme immobilization for flow injection electrochemical biosensor integrated with reagent-loaded cartridge toward portable modular device. Analytical Chemistry, 2012, 84（22）：10071-10076.

［22］Fantner G E, Barbero R J, Gray D S, et al. Kinetics of antimicrobial peptide activity measured on individual bacterial cells using high-speed atomic force microscopy. Nature Nanotechnology, 2010, 5（4）：280-285.

［23］Altinkaynak C, Tavlasoglu S, Özdemir N, et al. A new generation approach in enzyme immobilization: Organic-inorganic hybrid nanoflowers with enhanced catalytic activity and stability. Enzyme & Microbial Technology, 2016, (93-94): 105-112.

[24] Tafakori V, Torktaz I, Doostmohammadi M, et al. Microbial cell surface display: Its medical and environmental applications. Iranian Journal of Biotechnology, 2012, 10 (4): 231-239.

[25] Cho J S, Kwon A, Cho C G. Microencapsulation of octadecane as a phase-change material by interfacial polymerization in an emulsion system. Colloid and Polymer Science, 2002, 280 (3): 260-266.

[26] Alexandridou S, Kiparissides C, Mange F, et al. Surface characterization of oil-containing polyterephthalamide microcapsules prepared by interfacial polymerization. Journal of Microencapsulation, 2001, 18 (6): 767-781.

[27] Alpay P, Uygun D A. Usage of immobilized papain for enzymatic hydrolysis of proteins. Journal of Molecular Catalysis B Enzymatic, 2015, 111: 56-63.

[28] Xi Fengna, Wu Jianmin, Jia Z, et al. Preparation and characterization of trypsin immobilized on silica gel supported macroporous chitosan bead. Process Biochemistry, 2005, 40 (8): 2833-2840.

[29] 韩辉，徐冠珠. 颗粒状固定化青霉素酰化酶的研究. 微生物学报, 2001, 41 (2): 212-217.

[30] Prikryl P, Lenfeld J, Horak D, et al. Magnetic bead cellulose as a suitable support for immobilization of α-chymotrypsin. Applied Biochemistry & Biotechnology, 2012, 168 (2): 295-305.

第五章

酶在水产品保鲜中的应用

第一节　溶菌酶在水产品保鲜中的应用

溶菌酶（lysozyme，LYZ），全称为 1,4-β-N-溶菌酶，又称细胞壁溶解酶（muramidase），其化学名称为 N-乙酰胞壁质聚糖水解酶（N-acetylmuramide glycanohydrolase），是一种稳定的碱性蛋白酶。

溶菌酶的研究先驱者是欧洲学者 Nicolle，他早在 1907 年就对枯草芽孢杆菌中的溶解因子（lytic factor）进行研究。两年后，Laschtschenko 指出，鸡蛋清有强抑菌作用，这是酶作用的结果。1922 年，Fleming 等人首次发现人的眼泪、唾液也有强的溶菌活性，并将其溶菌作用的因子命名为"溶菌酶"。学者 Robinson 等人在 1937 年从卵蛋白中首次分离出溶菌酶晶体，为进一步揭示溶菌酶的内在构造奠定了基础，这揭开了溶菌酶研究的新篇章。1959～1963 年，Salton 等人通过实验研究弄清了溶菌酶是一种能够切断 N-乙酰胞壁酸和 N-乙酰氨基葡萄糖之间 β-1,4-糖苷键的酶。1965 年英国学者 Blake 等人使用 X 射线衍射法对存在于鸡蛋蛋清中的溶菌酶进行三维结构分析，彻底揭示出溶菌酶的立体结构。1967 年，英国菲利普集团发表了对鸡蛋清溶菌酶-作用底物复合体 X 射线衍射的研究，具体地介绍了其底物的结构，成为近代酶化学研究中重大的成果之一。此后对来源于微生物的溶菌酶的研究进展很快，溶菌酶已成为研究细胞壁结构的一种非常有力的工具酶。近几年，人们根据溶菌酶的溶菌特性，将其应用于医疗、食品防腐保鲜及生物工程中，特别是在食品防腐保鲜方面，代替化学合成的食品保鲜剂，具有一定的潜在应用价值。

一、溶菌酶的来源及分类

研究表明，溶菌酶广泛存在于四类生物组织中：①高等动物的组织器官，如肝、肾、淋巴结、肠道等；②高等动物的分泌物，如家禽、鸟类的蛋清和哺乳动物的眼泪、乳汁、唾液、血液、鼻黏液、尿液等；③部分植物体，如木瓜、卷心菜、白萝卜、大麦、芜菁和无花果等；④一部分微生物体。科学家还发现，鸡蛋蛋清是自然界中溶菌酶含量最为丰富的生物组织，溶菌酶的含量高达 $3.4\%\sim3.5\%$。目前，鸡蛋已经成为提取溶菌酶的首选和最佳来源。鸡蛋蛋清溶菌酶也成为人们了解和研究最为透彻的一种溶菌酶形态。

溶菌酶具有很强的底物特异性，不同来源的溶菌酶其作用底物也有所差异。根据来源的不同，溶菌酶可分为动物溶菌酶、植物溶菌酶、微生物溶菌酶和噬菌体溶菌酶。其中，动物溶菌酶是数量及种类最多、分布最广的一种，包括 C 型（chicken-type）、G 型（goose-type）和 I 型（invertebrate-type）溶菌酶。动物溶菌酶从节肢动物、环节动物、软体动物到鸟类以及哺乳动物，研究人员分别对其进行了不同程度的研究。

根据溶菌酶作用细胞壁的不同，溶菌酶可分为细菌细胞壁溶菌酶、真菌细胞壁溶菌酶。根据作用位点的不同，溶菌酶可分为 β-1,4 糖苷键的细胞壁溶菌酶、肽链"尾"端和酰胺部分的细胞壁溶菌酶。真菌细胞壁溶菌酶又进一步细分为酵母菌细胞壁溶菌酶、霉菌细胞壁溶菌酶。

目前，一般微生物产生的溶菌酶主要分为 7 种：①内 N-乙酰己糖胺酶，该酶与鸡蛋清中溶菌酶一样，能破坏细菌细胞壁肽聚糖中的 β-1,4 糖苷键，分解构成细菌细胞壁骨架的肽聚糖；②酰胺酶，该酶能切断细菌细胞壁肽"尾"与肽聚糖中 N-乙酰氨基葡萄糖胺之间的 N-乙酰胞壁酸-L-丙氨酸键；③内肽酶，该酶能切断肽"桥"与肽"尾"内的肽键；④β-1,3-、β-1,6-葡聚糖和甘露聚糖酶，该酶降解酵母细胞的细胞壁；⑤壳聚糖酶，该酶与葡聚糖酶共同作用分解霉菌细胞壁；⑥磷酸甘露糖酶，该酶与葡甘露糖酶共同作用，分解原生质；⑦脱乙酰壳聚糖酶，该酶主要作用于霉菌中的毛霉和根霉。

二、溶菌酶的理化性质、结构及作用机理

1.溶菌酶的理化性质

溶菌酶是一种糖苷水解酶，在干燥室温环境下可以长期保存，纯品为白色或微白色结晶型或无定形粉末，无臭、味甜、易溶于水，不溶于乙醚、丙酮等。迄今，鸡蛋清溶菌酶作为动植物中广泛存在的溶菌酶的典型代表，仍然是溶菌酶的重点研究对象，也是目前了解最为清楚的溶菌酶之一。鸡蛋清溶菌酶是一种化学性质非常稳定的蛋白质，其等电点为 11.1，最适溶菌温度为 50℃，最适 pH 为 7。当 pH 在 $1.2\sim11.3$ 范围内剧烈变化时，其结构仍稳定不变，遇热时该酶也很稳定，在 pH 4~7 范围内，100℃处理 10min 仍能保持原酶活性。但在碱性环境中，该酶热稳定性会变差。

2. 溶菌酶的结构及作用机理

鸡蛋清溶菌酶的分子量为 14000，一级结构由 129 个氨基酸组成，其稳定性主要与多级结构中的 4 个二硫键、氢键及疏水键有关，通过肽链中由 Glu35 和 Asp52 构成的活性中心水解细菌细胞壁的肽聚糖结构，从而杀死细胞。肽聚糖是由 N-乙酰葡萄糖胺、N-乙酰胞壁酸和几个氨基酸短肽聚合成的多层网状大分子构成的。溶菌酶切断 N-乙酰葡萄糖胺与 N-乙酰胞壁酸之间的 β-1,4 糖苷键，Glu35 作为糖苷键的质子供体，剪切底物中的 C-O 键，而作为亲核试剂的 Asp52 参与生成糖基酶中间体。随后，中间体与水分子发生反应，水解生成产物，使肽聚糖骨架断裂，导致细胞壁裂解内容物溢出，并最终引起细菌溶解死亡。另外，人溶菌酶一级结构氨基酸序列不同于鸡蛋清溶菌酶，其分子量为 14600，由 130 个氨基酸组成，其中含有 4 个二硫键，但它们三级结构有相似性。人溶菌酶活性比鸡蛋清溶菌酶活性高 2 倍。

三、溶菌酶在水产品保鲜中的应用研究

鱼虾等水产品是人们喜爱的食品，但水产品容易受到微生物的污染而引起腐败变质。水产品的腐败变质主要表现在某些细菌能降解游离氨基酸，生成胺、硫化物、酯等，产生感官上不可接受的味道。水产品防腐保鲜的实质是创造一定的环境，抑制其体内酶活性，阻止易引起水产品腐败变质的微生物生长繁殖，延缓腐败进程。以往人们大多采用冰冻或盐腌的方法进行鱼类保鲜。冰冻法需要制冷设备，特别是远洋捕鱼，使用大型冰船会造成诸多不便，而盐腌往往会带来风味的改变。因此，开发安全、有效的防腐保鲜剂，对防止因微生物造成的水产品腐败变质至关重要。

1. 单一溶菌酶保鲜剂在水产品中的应用研究

水产品在捕捞上来以后，会即刻死亡，且贮运期间易在微生物与酶的作用下发生腐败变质以及脂肪氧化。目前从源头到成品是在低温冷链下进行，这是防止水产品变质的主要方式，但保鲜期比较短。普通的低温冷冻还会导致鱼肉硬化、品质下降。早在 1989 年，Grinde 对从虹鳟鱼中提取纯化的溶菌酶在鱼类保鲜中的应用进行了研究报道。结果表明，该溶菌酶可以有效抑制易侵染挪威农场养殖的鲑鱼鱼体的五种 G⁻ 菌，其中包括四种致病菌。Hikima 等通过对日本囊对虾的 C 型溶菌酶的研究证实，该溶菌酶对多种弧菌及鱼类的病原菌具有不同程度的杀菌作用。目前，国内对于溶菌酶的研究和应用也开始加以重视。蓝蔚青等研究发现，经溶菌酶保鲜液浸渍的带鱼段在（4±1）℃条件下贮藏，其感官品质、微生物指标和理化指标均优于未经处理的对照组。将一种商业用途的溶菌酶制剂（ART FRESH 50/50）应用到切碎的金枪鱼原料和三文鱼鱼籽制品中，冷藏期间

可以有效抑制单核李斯特菌的生长，溶菌酶的有效抑菌浓度为 2000mg/kg。
Enrique 等利用溶菌酶保鲜液对南美白对虾进行研究，实验表明，溶菌酶保鲜液
抑制弧菌属生长的效果与抑制藤黄微球菌的效果相当，并且对南美白对虾致病菌
（如溶藻弧菌、溶血性弧菌以及霍乱弧菌）具有更为明显的抗菌作用，能够有效
延长南美白对虾的货架期。据报道，在 0.05％溶菌酶、1.5％甘氨酸和 3％食盐
混合溶液中将海产品或水产品进行浸渍并沥干，常温保存 9d 后无异味、无色泽
变化。溶菌酶的应用，极大延长了海产品或水产品的保鲜期，为贮藏、运输等带
来了诸多方便。目前，单独将溶菌酶添加到水产蛋白制品的报道不多，但乳酸链
球菌素（Nisin）在虾肉糜冷藏保鲜的应用已有研究，这可能与溶菌酶抑菌谱的
局限性有关。

2. 溶菌酶复合保鲜剂的应用研究

复合生物保鲜剂是根据栅栏理论，将具有不同抑菌功能的生物保鲜剂组合，
达到协同保鲜的目的。Wilfred 通过微生物培养实验得出，将溶菌酶和 Nisin 进
行复配可以增强抑菌效果，尤其是对 G^+ 菌。Wang 等人将新鲜鳕鱼片利用溶菌
酶-EDTA 混合溶液进行浸渍涂层，有效降低了单增李斯特菌的菌落数量，且由
于 EDTA 的添加，不仅抑制了其他腐败菌的生长，也抑制了鳕鱼体表黏液的形
成，延长了鳕鱼的保鲜期。国外对于溶菌酶复合生物保鲜剂在畜肉类产品中的研
究应用较多，将其应用到羊肉、鸵鸟肉饼或即食火鸡、腊肠中，可以有效抑制李
斯特菌和大部分肉类腐败菌的生长，延长保藏期。鱼糜制品中鱼糜含量较高，同
样受到肉制品中易感染微生物的侵染。因此，广泛推广溶菌酶复合保鲜剂具有很
好的现实意义。目前，国内有关溶菌酶复合生物保鲜剂在水产品中的应用研究已
较为成熟。舒留泉等利用溶菌酶与 Nisin 复合生物保鲜剂使得蛏肉的冷藏保鲜期
明显延长。郭良辉等人研究表明，溶菌酶、Nisin、山梨酸钾等几种复合保鲜剂
可使三角帆蚌在冷藏条件下的保鲜期延长约 1 倍或更长时间。溶菌酶、壳聚糖以
及茶多酚的复合型保鲜剂可延长牡蛎、带鱼和高白鲑鱼片的货架期。邱春江等人
研究发现随着冷藏时间的延长，溶菌酶复合保鲜剂对贻贝的保鲜作用越来越强，
且感官评价明显优于溶菌酶单一组。陈舜胜等人以虾、带鱼段、扇贝柱和柔鱼条
等作为实验材料，研究发现溶菌酶复合保鲜剂保鲜效果显著，在其他条件相同的
情况下可将保鲜期延长约一倍时间。

3. 溶菌酶与保鲜技术的结合应用

随着食品工业的快速发展，各种高效、安全的食品保鲜技术层出不穷。将溶
菌酶与保鲜技术结合，能使水产品在加工和贮藏时取得良好的防腐效果。

（1）溶菌酶与超高压处理结合的应用研究

超高压处理技术被认为是生物制品和食品非热杀菌技术中最有潜力和发展前

景的一项技术。Gómez 等人研究发现在 300MPa 的水压下，冷冻烟熏鱿鱼肉片的感官品质是最佳的，且减少储藏前期微生物的含量。据 Nakimbugwe 等人报道：在相同的超高压处理下，溶菌酶为食品防腐提供了另一个屏障。

（2）溶菌酶与气调包装（MAP）技术结合的应用研究

气调包装（MAP）技术是目前国际流行的一种无防腐剂或低防腐剂量的保藏包装技术。Ozogul 等人对真空包装和 MAP 的比较发现，MAP 中的细菌繁殖要缓慢得多，进一步证实了 MAP 技术的价值。Fernández 等人将溶菌酶与气调包装结合，使大西洋鲑鱼片的货架期延长。谢晶等人将复合生物保鲜剂（1.0% 壳聚糖＋0.4%溶菌酶）结合气调包装，在带鱼二级鲜度内，既延长了货架期，又能较好维持感官品质，取得良好的保鲜效果。

在其他方面，溶菌酶也广泛应用于肉食品、水果、蛋糕、奶油、清酒、料酒及饮料中的防腐、防霉及保鲜；通过向乳粉中添入溶菌酶，使牛乳人乳化，以抑制肠道中腐败微生物的生存，同时直接或间接地促进肠道中双歧杆菌的增殖；利用溶菌酶也能生产酵母浸膏和核酸类调味料等。此外，溶菌酶作为一种存在于人体正常体液及组织中的非特异性免疫因素，具有诸多药理作用如杀菌、抗病毒、抗肿瘤细胞、清除局部坏死组织、止血、消肿、消炎等作用，因此可用于医疗方面，还可作为生物学研究中的工具酶以及代替抗生素添加到饲料中改善动物的健康状况。

第二节　葡萄糖氧化酶在水产品保鲜中的应用

葡萄糖氧化酶（glucose oxidase，GOD），系统名称为 β-D-葡萄糖氧化还原酶，是通过分子氧化作用将 β-D-葡萄糖催化生成葡萄糖酸和 H_2O_2 的一种黄素糖蛋白。

GOD 的活力最初于 1904 年发现于黑曲霉菌丝的丙酮干粉中，Müller 在 1928 年研究黑曲霉的提取物时观察到了 GOD 并确定它是一种催化氧化还原的酶。1929 年 Fleming 在分析青霉素发酵滤液时加入葡萄糖，发现会有抑菌现象，后来证明这种物质是 GOD。相比国外，我国对 GOD 的研究工作起步较晚，从 20 世纪 70 年代开始，中国科学院微生物研究所成立了研究协作组，选育优良菌株并投入生产。GOD 能够以大宗生化原料葡萄糖作为反应底物，对人体无毒副作用，因此在工业上应用广泛，可用于生物传感器、生物燃料电池、面粉改良剂等领域，是成功地应用于食品工业的少数几个非水解酶之一。

一、葡萄糖氧化酶的来源及生产

GOD 广泛的分布于动植物和微生物体内，来源包括红藻类、柑橘类水果、细菌、真菌和昆虫。动植物组织中 GOD 含量有限，而微生物由于具有来源广泛、生长周期短等优点被广泛用作生产 GOD 的来源。但通常天然菌株 GOD 水平不高，难以直接用于生产。目前 GOD 的制备方法主要包括两种：一种是通过菌株诱变、优化菌株的发酵条件等传统方法，获得 GOD 高产菌株；另一种是通过基因重组等方法获得 GOD 高产菌株，采用重组工程菌从而获得 GOD。工业化生产 GOD 的菌株主要有黑曲霉和青霉。黑曲霉产酶水平较高，青霉则具有产酶速度快的特点。对 GOD 生产菌株的诱变通常采用紫外诱变和化学诱变剂等方法。

二、葡萄糖氧化酶的理化性质、结构及作用机理

1. 葡萄糖氧化酶的理化性质

高纯度 GOD 为易溶于水的淡黄色晶体，可制成液体制剂。GOD 完全不溶于乙醚、氯仿、丁醇、吡啶、甘油、乙二醇等有机溶剂中，因其表面结合了糖基，具有很多特殊的性质：在水溶液中的溶解度高，硫酸铵浓度高达 80% 以上时才产生沉淀，高温 100℃ 时不发生沉淀；非离子去污剂对其没有作用，但是离子去污剂在较低的 pH 条件下与 SDS 和高 pH 下十六烷基三甲基溴化铵存在时会使其失去活性。GOD 是一个阴离子化合物，长期暴露在胰蛋白酶和胃蛋白酶中时也会失活，液体保藏时决于溶液的 pH 值，最适 pH 5.0 左右，在没有保护剂存在的条件下 pH>8.0 或 pH<3.0 时会迅速失活。GOD 的作用温度范围一般为 30~60℃，固体酶制剂在 0℃ 下至少可保存 2 年，−15℃ 下可保存 8 年。

2. 葡萄糖氧化酶的结构及作用机理

GOD 由两个相同编码序列编码的同型二聚体分子构成，通过二硫键结合，一级结构主要是 β 折叠。两亚基各含有 1 个黄素腺嘌呤二核苷酸（FAD）位点。氨基酸链主要为 β 折叠；亚基与底物 β-D-葡萄糖结合，形成 4 个 α 螺旋连接 1 个反平行的 β 折叠，直径大约 8nm，微分比容大约是 0.75mL/g。GOD 分子量一般在 1.5×10^5 左右，约含有 10%~17% 的糖基，主要是甘露糖，另外还含有氨基葡萄糖和半乳糖。异源的 GOD 蛋白糖基化的程度不同，糖基与 GOD 催化活性无关，但是与酶结构稳定性有关。

GOD 在有氧存在时催化葡萄糖得到过氧化氢与葡萄糖酸-δ-内酯，葡萄糖酸-δ-内酯水解或被内酯酶水解成葡萄糖酸，其催化葡萄糖反应有如表 5-1 所示的 3 种类型。

表 5-1 葡萄糖氧化酶的催化类型

反应类型	反应生成物
无过氧化氢酶	$C_6H_{12}O_6+O_2 \longrightarrow C_6H_{12}O_7+H_2O_2$ $\beta\text{-}D\text{-}C_6H_{12}O_6+O_2 \longrightarrow \beta\text{-}D\text{-}葡萄糖酸内酯+H_2O_2$
存在过氧化氢酶	$C_6H_{12}O_6+1/2O_2 \longrightarrow C_6H_{12}O_7+H_2O_2$
存在乙醇及过氧化氢酶	$C_6H_{12}O_6+C_2H_5OH+O_2 \longrightarrow C_6H_{12}O_7+CH_3CHO+H_2O_2$

此外，GOD 对 β-D-葡萄糖表现出强烈的特异性，葡萄糖分子 C_1 上的羟基对酶的催化活性至关重要，且羟基处于 β 位时的活性要比在 α 位时高约 160 倍。底物 C_2、C_3、C_4、C_5、C_6 结构的改变也会大大影响其酶活性，但酶活性仍有部分保留。GOD 对 L-葡萄糖和 2-O-甲基-D-葡萄糖则完全没有活性。

三、葡萄糖氧化酶在水产品保鲜中的应用研究

葡萄糖氧化酶在食品工业上有广泛的用途，归纳起来有四个方面：一是去葡萄糖，二是脱氧，三是杀菌，四是测定葡萄糖含量。由于 GOD 催化过程不仅能使葡萄糖氧化变性，而且在反应中消耗掉一个氧分子，因此它可作为除葡萄糖剂和脱氧剂，广泛应用于水产品保鲜。GOD 用在鱼类冷藏制品的保鲜，一是利用其氧化葡萄糖产生的葡萄糖酸，从而使鱼制品表面 pH 降低，抑制了细菌的生长；二是防止水产品氧化。将葡萄糖氧化酶和其作用底物葡萄糖混合在一起，包装于不透水而可透气的薄膜袋中，封闭后置于装有需保鲜水产品的密闭容器中，当密闭容器中的氧气透过薄膜进入袋中，就在葡萄糖氧化酶的催化作用下与葡萄糖发生反应，从而达到除氧保鲜的目的。

利用葡萄糖氧化酶可防止虾仁变色。如果将虾仁在葡萄糖氧化酶、过氧化氢酶溶液中浸泡一下，或将酶液加入到包装的盐水中，对阻止虾仁颜色的改变和防止酸败的产生效果更好。徐德峰等人利用工业化菌株生产并配制成质量分数 0.1% 的粗酶液，通过浸渍处理后于 4℃冷藏 120h，探讨所得葡萄糖氧化酶对南美白对虾的保鲜作用。结果表明，经 GOD 浸渍处理后的南美白对虾感官评分在 10 分以上，不仅能有效防止对虾褐变，而且对其色泽、气味、硬度、弹性、咀嚼性和黏附性等品质指标都有良好的保持作用。刘金昉等人利用茶多酚、4-HR 和葡萄糖氧化酶进行复配，贮藏在（4±1）℃条件下。通过对虾体进行 pH 值、挥发性盐基氮、菌落总数指标的测定，结合感官评定，结果表明，该复配保鲜剂能够使对虾货架期由原来的 4d 延长至 7d。马清河等人采用葡萄糖氧化酶为主要成分与常用抗氧剂和防腐剂进行保鲜性能对比实验，以及在冷藏和冷冻条件下实验对虾类的防褐变保鲜效果。结果表明葡萄糖氧化酶具有良好的保鲜性能，保鲜剂浸渍处理后冷藏（4℃）120h 能保持二级鲜度，冷冻储存（-18℃）12 个月仍

能保持二级鲜度。此外在水产品的罐头加工中，也可以添加葡萄糖氧化酶，能够有效防止罐装容器内壁的氧化腐蚀。

在其他方面，葡萄糖氧化酶也广泛用作抗生素饲料添加剂及饲用抗球虫药物的替代品，提高畜禽动物的免疫能力以及减少球虫病的发病率；GOD 与过氧化物酶偶联的 GOD-POD 法测定血糖含量的试剂已经商品化，因操作简单、无毒无害、易控制而广泛应用于临床。

第三节　谷氨酰胺转氨酶在水产品保鲜中的应用

谷氨酰胺转氨酶又称谷氨酰胺转胺酶（transglutaminase，TGase），是一种具有酰胺基催化功能的酶。它能够催化蛋白质或多肽链中赖氨酸上的 ε-氨基和谷氨酰胺残基上的 γ-酰胺基之间的结合反应，通过转酰基作用形成 ε-（γ-谷氨酰基)-赖氨酸共价结合键，实现蛋白质分子内与分子间的交联、蛋白质和氨基酸之间的连接以及蛋白质分子内谷氨酰胺残基的水解，从而极大地改变各种蛋白质的结构和功能性质。TGase 在食品工业、皮革与纺织工业、材料工程和生物医药等领域都有广泛的应用前景，被誉为"21 世纪超级黏合剂"。特别在食品工业中，TGase 对于改良食品物性和黏合力上有着惊人的效果，赋予食品蛋白质以特有的质构和口感，并可以提高其营养价值，被认为是用于生产新型蛋白食品最重要的酶种之一，引起了国内外研究者的高度重视和兴趣。

一、谷氨酰胺转氨酶的来源及分类

1957 年，美国生物化学家 Waelsch 等人在人脑和肝脏的提取物中首次发现 TGase，两年后他们再次在豚鼠肝脏中发现这种酶需要 Ca^{2+} 激活并具有转酰基作用。随着该酶在生物体内生理功能研究的逐步深入，科学家们发现 TGase 广泛存在于自然界，如在微生物、哺乳动物、无脊椎动物、两栖动物、鱼类、鸟类、植物机体组织中等均有发现。根据其来源不同，TGase 大致分为以下三类：动物来源的谷氨酰胺转氨酶、植物来源的谷氨酰胺转氨酶和微生物来源的谷氨酰胺转氨酶（microbial transglutaminase，MTGase）。

迄今为止，研究较为深入的是来自动物的谷氨酰胺转氨酶，尤其是哺乳动物来源的谷氨酰胺转氨酶。研究表明，谷氨酰胺转氨酶在生物体内参与多种生理过程，如血液凝固、伤口愈合、红细胞膜硬化、表皮角质化、信号转导、细胞分化与凋亡等。根据其来源及性质不同又可分为：分泌型谷氨酰胺转氨酶、组织型谷氨酰胺转氨酶、血球型谷氨酰胺转氨酶、表皮型谷氨酰胺转氨酶、角质细胞谷氨酰胺转氨酶、凝血因子XIII。不同来源的谷氨酰胺转氨酶，其分子量大小、分布及生理功能有一定的差异，但都需要 Ca^{2+} 激活。20 世纪 60 年代至 90 年代，豚鼠肝脏是商用谷氨酰胺转氨酶的唯一来源。但豚鼠肝脏来源稀少、分离纯化工艺复杂，导致该来源的谷氨酰胺转氨酶售价高昂，限制了其大规模工业化生产与应用。20 世纪 90 年代，欧洲国家开始从牛、猪血液中分离提取凝血因子 XIII 并进行商业化应用。但该来源的谷氨酰胺转氨酶需凝血酶激活，会产生红色色素沉淀，影响产品外观，因此动物来源的谷氨酰胺转氨酶在食品工业的应用中存在较多难题。

1987 年，Icekson 和 Apelbaum 在豌豆中发现了有活性的谷氨酰胺转氨酶。随后，研究者在菊芋、甜菜、玉米等多种植物的不同组织（细胞壁、细胞质、叶绿体、线粒体）中也发现了该酶。但谷氨酰胺转氨酶在植物体内的催化机制和生理功能至今仍不明确，且尚无成熟的分离纯化工艺，使得此类酶的得率较低。因此植物来源的谷氨酰胺转氨酶仅限于基础研究，尚未被商业化生产。

由于动物来源的谷氨酰胺转氨酶成本高昂以及植物来源的谷氨酰胺转氨酶尚未商业化，人们逐渐将目光投向了广阔的微生物资源。1989 年，Ando 等人首次从茂源链霉菌（*Streptomyces mobaraensis*）S-8112 中分离得到 MTGase。随后，研究者在大量链霉菌属（*Streptomyces* spp.）和芽孢杆菌属（*Bacillus* spp.）中也发现了 MTGase。相比其他来源的谷氨酰胺转氨酶，MTGase 因具有 Ca^{2+} 非依赖性、催化效率高、底物范围广、pH 稳定性及热稳定性高等特点而表现出更大的优势。此外，MTGase 生产周期短，不受环境因素制约，易分离纯化及保存，成本优势明显，因此更适于工业上的广泛应用。

二、谷氨酰胺转氨酶的理化性质、结构及作用机理

1. 谷氨酰胺转氨酶的理化性质

TGase 是一种球状单体蛋白，亲水性高，活性一般在 22.6U/mg，等电点为 8.9，分子质量为 40kDa，最适温度为 50℃，最适 pH 为 6～7，并且微生物来源的 MTGase 对热稳定，对 Ca^{2+} 不具依赖性，但是 Zn^{2+} 对其有很强的抑制作用。TGase 的作用效果与所添加的盐浓度、脂肪、蔗糖和马铃薯淀粉的量有关，其蛋白凝胶强度与盐浓度和淀粉添加量成正比，与脂肪和蔗糖含量成反比。并经 Soeda 证实盐与 TGase 混合作用有利于提高凝胶作用。

2. 谷氨酰胺转氨酶的结构及作用机理

TGase 是一种催化酰基转移反应的转移酶，其作用方式如下：

①$R-Glu-CO-NH_2+NH_2-R' \longrightarrow R-Glu-CO-NHR'+NH_3$

②$R-Glu-CO-NH_2+NH_2-Lys-R' \longrightarrow R-Glu-CO-NHLys-R'+NH_3$

③$R-Glu-CO-NH_2+H_2O \longrightarrow R-Glu-CO-OH+NH_3$

在其作用过程中，以 γ-羧酸酰胺基作为酰基供体，而其酰基受体有以下几种。①伯胺基：如上述反应①，可以将一些限制性氨基酸引入蛋白质中，提高蛋白质的额外营养价值；②多肽链中赖氨酸残基的 ε-氨基：如反应②形成 ε-赖氨酸异肽链，使蛋白质分子发生交联，改变食物的质地和结构，改善蛋白质的溶解性、起泡性等物理性质；③水：当不存在伯胺基时，如反应③形成谷氨酸残基，从而改变蛋白质的等电点和溶解度。另外，TGase 催化蛋白质形成聚合物的交联程度与酶的来源和底物有关。Soeda 等人指出，不同种类的内源 TGase 对所形成的鱼肉膏的品质有不同的影响。

三、谷氨酰胺转氨酶在水产品保鲜中的应用研究

鱼肉含有丰富的蛋白质，是人类蛋白质的主要来源之一，TGase 作为一种新型的蛋白质改良剂，在水产品的加工中日益显示出其重要性。目前，TGase 应用在水产品中的作用主要是改善水产品中蛋白质的质构，提高其营养价值及凝胶持水性，且其形成的薄膜也有助于水产品的保鲜及保藏。

在国外，TGase 已广泛应用于鱼糜生产中，能显著提高鱼糜制品的凝胶强度，增加低值鱼的附加值。学者 Seguro 报道了 TGase 对阿拉斯加鳕鱼鱼糜凝胶弹性的影响，发现添加了 TGase 的效果明显优于不添加 TGase 的鱼糜。Hiroko Sakamoto 等人在鱼糜生产中添加 TGase 以研究其提高凝胶强度的状况。结果表明在鱼糜生产中加入 TGase，由于形成了 ε-(γ-谷氨酰基)-赖氨酸的交联结构，使鱼糜的凝胶强度提高。Kumazawa 等人纯化了鱼糜中的 TGase，并发现鱼的 TGase 和 MTGase 都能通过交联反应提高鱼糜制品的品质，减少冻鱼制品在化冻和烹调过程中的品质损失。Venugopal 等人利用 TGase 处理鱼肉蛋白后，会生成可食性的薄膜，可直接用于水产品的包装和保藏，提高产品的外观和货架期。

在国内，程琳丽等人以罗非鱼肉为原料，研究了 TGase 对鱼肉保水性的影响。结果表明，TGase 具有明显的保水作用，鱼肉浸泡增重率随 TGase 浓度的增加而增加，解冻损失率随之减小，其保水效果显著，浓度在 0.6% 时能有效保持鱼肉的持水性能，赋予鱼肉很好的品质。陈海华等人以质构、白度和持水力为指标研究 TGase 添加量、凝胶化时间和凝胶化温度对竹筴鱼鱼糜凝胶特性的影响。结果表明，当 TGase 添加量为 80U/100g 鱼糜、凝胶化时间为 5h、凝胶化温度为 37.5℃ 时，竹筴鱼鱼糜的凝胶特性达到最佳，能够形成高度致密、均匀的凝胶网络结构。苏德福等人采用 TGase 和结冷胶替代磷酸盐用于提高鱼丸凝胶强度，优化配方为：TGase 添加量为 0.4%，结冷胶添加量为 0.5%，产品的凝胶强度达到使用磷酸盐的 1.9 倍。TGase 还可用于包埋脂类和脂溶性物质，防止水产品氧化腐败。此外，TGase 也广泛应用于肉制品、乳制品、面粉制品以及大豆蛋白食品的生产中，提高食品的制作品质。

第四节　脂肪酶在水产品保鲜中的应用

脂肪酶（lipase）又称甘油酯水解酶，属羧基酯水解酶类，是最早被研究的酶类之一。脂肪酶可以催化甘油三酯及其他水不溶性酯类的解酯、酯合成和酯交换等反应，其水解底物一般为天然油脂，水解部位是油脂中脂肪酸和甘油相连接的酯键，反应产物为甘油二酯、甘油单酯、甘油和脂肪酸。世界上最早报道的脂肪酶是 1834 年从兔子体内提取出的胰脂肪酶，1864 年猪胰脂肪酶也被发现。1871 年，植物种子中的脂肪酶被发现，但微生物脂肪酶直到 1901 年才被发现。脂肪酶作为工业酶制剂中重要品种之一，与化学催化剂相比，具有反应特异性强，反应条件温和，副产物少，高效催化，绿色环保等优点。目前，脂肪酶已广泛应用于食品工业、制药、皮革制备、饲料工业、能源、医药以及环境保护等多领域，成为生物技术和有机合成中应用最重要的酶之一。

一、脂肪酶的来源及分类

脂肪酶广泛存在于含脂肪的动物、植物以及微生物组织中。动物体内含脂肪酶较多的部位是胰脏和脂肪组织，在肠液中也含有少量的脂肪酶，用于补充胰脂肪酶对脂肪消化的不足，动物体内的各类脂肪酶控制着消化、吸收、脂肪重建和脂蛋白代谢等过程。植物中含脂肪酶较多的是油料作物的种子，如蓖麻籽、油菜籽。当油料种子发芽时，脂肪酶能与其他的酶协同发挥作用催化分解油脂类物质生成糖类，提供种子生根发芽所必需的养料和能量。微生物脂肪酶一般是由细菌、真菌如酵母分泌所产生。Sharma 等人通过研究表明，产脂肪酶的微生物共 33 个属，其中革兰氏阳性菌来源的有 7 个属，30 种菌；革兰氏阴性菌来源的有 4 个属，17 种菌；霉菌来源的有 14 个属，42 种菌；酵母来源的有 7 个属，20 种菌；放线菌类来源的有 1 个属，5 种菌。由于微生物种类多、繁殖快、易发生遗传变异，具有比动植物更广的作用温度范围、pH 范围以及底物专一性高，且微生物来源的脂肪酶一般都是分泌性的胞外酶，适合于工业化大生产和获得高纯度样品，因此微生物脂肪酶是工业用脂肪酶的重要来源，并且在理论研究方面也具有重要的意义。

二、脂肪酶的理化性质、结构及作用机理

1. 脂肪酶的理化性质

不同脂肪酶的性质有很大差异，如相对分子质量、底物特异性、最适温度与

pH 值、热稳定性、pH 值稳定性、水解位点专一性、等电点以及其他生化性质等。大多数脂肪酶最适作用温度为 38～45℃，但也有些脂肪酶在较高或较低温度下有较好活力。脂肪酶的活力受 pH 影响很大，pH 的变化可影响酶活性中心部位活性基团的解离，从而影响到酶与底物的结合或催化底物转变为产物，大多数脂肪酶最适 pH 值在 3.5～7.5 之间。

2. 脂肪酶的结构及作用机理

脂肪酶是一种糖蛋白，糖基部分约占分子量的 2%～15%，整个分子由亲水部分和疏水部分组成，活性中心靠近分子的疏水端。来源不同的脂肪酶，在氨基酸序列上可能存在较大差异，但其三级结构具有高度的相似性，一般折叠为 N 末端和 C 末端两个结构域。N 末端是结合脂肪酸的疏水通道，活性部位由丝氨酸、组氨酸和天冬氨酸组成，属于丝氨酸蛋白酶类。目前，脂肪酶分子的 3D 结构（图5-1）已经得到初步的阐明，大多脂肪酶都具有水解酶折叠的结构特征，即 α 螺旋和 β 折叠（图 5-2）。脂肪酶的主要活性中心为丝氨酸残基，在正常情况下，该残基受一个 α 螺旋形成的"盖子"覆盖在活性中心上方；在激活状态下，通过主链上的

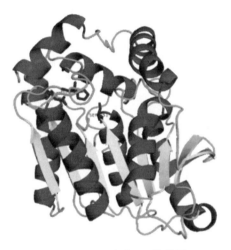

图 5-1　脂肪酶的 3D 结构图

酰胺基氮原子形成一个阴离子氧洞，以稳定脂肪酶催化过程中形成的四面体中间复合物，从而增加了酶对底物复合物的亲和性，并稳定了催化过程中的过渡态中间产物。

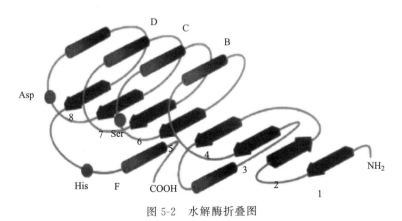

图 5-2　水解酶折叠图

不同脂肪酶对不同碳链长度和饱和度的脂肪酸表现出不同反应性，且底物应具有特定的立体结构才能被催化，从而表现出底物特异性。根据反应形式的不同，脂肪酶催化反应可大致分为以下三种类型。①水解反应：可以非特异性水解甘油酯或者特异性地水解特定键位释放脂肪酸；②酯化反应：酯化反应与水解反应的过程恰好相反，它的反应过程是酶在水的有机溶剂或无水溶剂体系中催化醇基和游离脂肪酸缩合生成酯；③转酯化反应：转酯是指一种酯和另外一种酯互换肽键的过程，不同酯类间相互转化。

三、脂肪酶在水产品保鲜中的应用研究

脂肪酶具有广泛的应用价值，现已被应用于油脂加工、去污剂生产、食品、医药、皮革、造纸、化妆品、饲料生产等多领域。在食品行业中，脂肪酶主要应用于面类食品和乳品工业等。它可以改善面团的流变学特性并且具有增白作用。李庆龙等人研究发现，在江南丹阳的特一粉中适量添加国产脂肪酶后，面团的稳定时间延长，吸水率也有所提高，在一定程度上改善小麦粉的流变学特性。王雨生等人研究了新元食品生物工程有限公司的脂肪酶对面团流变学特性的影响，发现添加脂肪酶后，面团阻力有增大的趋势，延伸性降低，弹性指数明显增大；面团的形成时间和稳定时间延长，跌落值减小；增加面团的拉伸阻力和拉伸比，改善面团强度，增强面团筋性，改善面团加工性能。黄昺栋等人利用4种来源的脂肪酶研究其对面制品白度的影响，结果显示，绿微康生物公司的微生物脂肪酶LBK-4000的增白效果最佳，且添加量为0.003%时，面团白度改善最为明显。另外，在生面团中加入脂肪酶使甘油三酯部分水解而增加甘油单酯的含量，可延缓腐败，甘油单酯和甘油双酯的形成也使蛋白质的气泡性质得到改善。脂肪酶作用于乳脂并产生脂肪酸，能赋予奶制品独特的风味，包括奶酪和奶粉风味的增强、奶酪的熟化、代用奶制品的生产、奶油及冰淇淋的酯解改性等。

近年来，脂肪酶也被广泛应用到水产品的保鲜及加工中。海洋里的中上层鱼类，如鲐鱼、鲭鱼等，这些鱼类的脂肪含量较多，容易变质，从而影响其保鲜、加工和销售，因此可以利用脂肪酶对这些鱼进行部分脱脂。例如，宁波大学开发的脱脂大黄鱼和福建师范大学研制的脱脂鲭鱼片等，其本质是水解鱼类中的部分脂肪，从而延长水产品的保藏时间。

脂肪酶脱脂是一种新型的生物脱脂工艺，其脱脂效果最佳，而且具有作用条件温和，便于控制，酶的脱脂反应具有特异性和安全性等特点。脂肪酶能专一水解鱼类脂肪中的酯键，而不会影响鱼肉的其他营养成分。目前国内已经有生物公司致力于脂肪酶在鱼类脱脂方面的应用研究，通过产品推广并开拓出了一定的产品市场，在水产品加工企业中稳定使用。深圳绿微康生物工程有限公司采用碱性脂肪酶对鱼片加工脱脂工序进行工艺实验。研究结果表明，脂肪酶的最佳脱脂工

艺条件是水温为 27～30℃，最佳初始 pH 条件为 8.8～9.2，最佳酶添加量为 0.05%～0.2%，作用时间为 40～50min，鱼片生产脱脂率可达 66.73%。通过扩大鱼种类实验，鲤鱼、鲭鱼等也都得到良好的脱脂效果，并且在只除去整鱼内脏而不切片的条件下也能达到较好脱脂效果，这样可以为开发高端鱼类精装加工产品提供更好的发展空间。

由于脂肪酶可以催化油脂发生多种反应，因此它还可以被应用于水产品加工中的延伸方向，即鱼油制品的处理。制取富含多不饱和脂肪酸并且有较高稳定性的鱼油制品一直是长期研究的重点，也是海洋鱼油类产品发展的一个非常重要的方向，具有很高的研究价值。海洋鱼油中的 ω-3 多不饱和脂肪酸（ω-3 PUFA），主要成分为二十碳五烯酸（EPA）和二十二碳六烯酸（DHA），两者具有多种药理作用和生理功效。但天然鱼油中两者的含量很低，降低了鱼油的医药及食用价值。为了提高鱼油制品中 EPA 和 DHA 的含量，工业上多采用化学方法获得含有脂肪酸的乙醇酯，然后经过尿素包合和分子蒸馏制备得到富含 EPA 和 DHA 的乙酯型鱼油产品。但有研究表明，乙酯型鱼油很难被人体消化吸收，并且有可能对人体健康产生潜在危害。因此，可以利用脂肪酶催化天然鱼油中的甘油酯与游离脂肪酸、醇（甲醇或乙醇）或与另一种酯（甲酯或乙酯）发生交换反应，得到富含 PUFA 的甘油酯。李金章等人利用脂肪酶催化乙酯型鱼油和甘油酯型鱼油进行酯交换反应，将乙酯型鱼油中 EPA 和 DHA 富集到甘油三酯，从而得到更优质的鱼油制品。

此外，脂肪酶还可应用于生物能源工业制造生物柴油，医药领域制备光学活性化合物，皮革制造工业中的毛皮脱脂以及畜禽饲料产品中的添加剂，提高能量浓度、促进脂溶性物质的吸收，满足动物不同生长阶段的能量需求。

参考文献

[1] 何国庆，等. 食品酶学. 北京：化学工业出版社，2006.
[2] Sharma R, et al. Production, purification, characterization, and applications of lipases. Biotechnology Advances, 2001, 19: 627-662.
[3] 刘海洲，等. 脂肪酶在食品工业中的应用与研究进展. 粮食加工，2008, 5: 55-57.
[4] 张中义，等. 脂肪酶的研究进展. 食品与药品，2007, 12: 54-56.
[5] 姜峻颖. 海洋脂肪酶 YS2071 的固定化及应用研究. 上海海洋大学硕士论文，2017.
[6] 杨媛，等. 微生物脂肪酶的性质及应用研究. 中国洗涤用品工业，2017, 4: 47-54.
[7] 赵丽艳，等. 脂肪酶特性及其在农副产品中的应用. 农业工程，2013, 6: 82-85.
[8] 王庭，等. 脂肪酶及其在食品工业中的应用. 肉类研究，2010, 1: 72-74.
[9] 王海燕，等. 脂肪酶的研究进展及其在饲料中的应用. 饲料工业，2007, 4: 14-17.
[10] 贾洪锋，等. 微生物脂肪酶研究及在食品中应用. 粮食与油脂，2006, 7: 16-19.
[11] 彭立凤，等. 微生物脂肪酶的应用. 食品与发酵工业，2000, 3: 68-73.

[12] 李庆龙，等. 国产脂肪酶改良小麦粉品质的应用研究. 中国粮油学报，2004，19（2）：32-34.

[13] 王雨生，等. 酶制剂对面团团流变学特性和面包品质的影响. 中国食品学报，2012，12（9）：128-136.

[14] 黄炅栋，等. 健康安全的新型脂肪酶在面制品中的增白应用研究. 中国食品添加剂，2012，A1：125-128.

[15] 杜明松. 碱性脂肪酶在鱼类脱脂中的应用. 中国食品，2011，569（1）：42-42.

[16] Magnusson C D, et al. Activation of n-3 polyunsaturated fatty acids as oxime esters: a novel approach for their exclusive incorporation into the primary alcoholic positions of the glycerol moiety by lipase. Chemistry and Physics of Lipids, 2012, 165（7）：712-720.

[17] Aryee ANA, et al. Effect of temperature and time on the stability of salmon skin oil during storage. Journal of the American Oil Chemists' Society, 2011, 89（2）：287-292.

[18] 郭正霞，等. 酶法催化乙酯甘油酯酯交换制备富含 EPA 和 DHA 的甘油酯. 食品工业科技，2012，33（20）：176-179.

[19] 李金章，等. 脂肪酶催化乙酯甘油酯酯交换制备富含 EPA 和 DHA 的甘油三酯. 中国油脂，2011，36（1）：13-16.

第六章

酶在海藻加工中的应用

海藻是海洋中一类重要的资源，不仅在生态环境保护上发挥着重要的作用，而且随着各国研究人员对海藻资源的研究发现，海藻在海洋药物、功能食品、动物饲料、生物活性物质开发应用、食品添加剂、化工业、有机肥料、食品包装材料、化妆品以及生物能源等诸多领域中发挥着重要的作用。我国海藻资源丰富，海带、紫菜的产量位居世界前列，是海藻资源生产加工大国。海藻生存在海洋环境中含有许多陆生植物所没有的特殊营养物质，在治疗疾病，促进人体健康方面发挥着重要的作用。目前从海藻资源中提取的海藻胶、矿物质、无机盐、多不饱和脂肪酸、甾醇类化合物、海藻多糖等生物活性物质的功能都逐渐被揭示出来，很多海藻药品、功能性食品都根据海藻提取物所特有的功能而被开发出来，实现了海藻的高值化利用。海藻中许多大分子活性物质具有很多种生物活性，但是由于分子量大，结构复杂，导致其不容易消化吸收，限制了其应用范围，经过酶法加工改造过后，可以扩大其应用范围，提高海藻资源的高值化利用。

许多海洋来源的酶可以降解海藻中的大分子物质，如褐藻胶、卡拉胶、海藻多糖等物质，获得具有活性功能的小分子物质。采用酶法降解相比化学、物理降解法，反应条件温和，易于控制，反应效率高，并且具有很高的生物活性，在医药品、保健食品的开发和利用中具有更广阔的前景。

我国海藻资源丰富，是海藻生产加工的大国。工业加工海藻资源产生了很多废弃海藻，利用海藻降解酶可以降解废弃的海藻资源，如以海藻为原料加工的包装材料，实现了有机碳的可持续利用，保护了生态环境，同时降解的产物还可以制作成饲料，提高了海藻资源的利用率。

生物能源是由生物质原料经生物化学转化而得到的清洁、可再生生物能源，具有可替代性、能大规模开发。发展生物能源产业还有利于解决能源危机、保护环境以及带动相关产业的发展。丰富的海藻资源为发展生物能源创造了条件，目前很多学者基于分子生物学基础，利用酶将海藻发酵已经获得了生物乙醇。由玉米（淀粉）、甘蔗（糖分）等原料生产第一代生物乙醇技术已经成熟并已实现产业化，未来利用海藻生产生物能源也将会实现规模化生产。

　　酶还可以应用于海藻中活性物质的结构和功能的研究，从而有利于我们理解海藻活性物质的作用机理。

第一节　褐藻胶裂解酶在海藻加工中的应用

一、褐藻胶

　　褐藻胶（alginate）是存在于海带、墨角藻、巨藻等褐藻细胞壁中的一类水溶性酸性多糖物质，包括褐藻酸及其亲水衍生物。在结构上是由 β-D-甘露糖醛酸（β-D-mannuronic acid，简称 M）和 α-L-古罗糖醛酸（α-L-guluronic acid，简称 G）两种单体通过 1,4 糖苷键组成的二元线形嵌段化合物，同时还含有一些硫酸键。褐藻胶根据其聚合方式不同分为同聚物多聚甘露糖醛酸（PM）、同聚物多聚古罗糖醛酸（PG）以及由 M/G 共同组成的异聚多糖。

　　褐藻胶具有良好的凝胶特性，常作为稳定剂和增稠剂广泛地被应用到食品、生物、医药、纺织等工业生产中。褐藻胶聚合度高、分子量大的特性使其具有膳食纤维的功能特性，但是不易被人体吸收利用，在某种程度上也限制了其应用。研究表明褐藻的降解产物寡糖（聚合度 2～10 的分子）以及褐藻低聚糖（平均分子量在 3kDa 及其以下的褐藻胶分子）具有更多的生物活性，其具有抗氧化、降血脂、降低心血管疾病、提高人体免疫力等功效，还可以用来生产能源。我国褐藻胶自然资源丰富，栽培技术发展迅速，为生产褐藻寡糖提供了有力的保障。

　　目前降解褐藻胶的方法主要包括：物理降解（辐射法）、化学方法（酸解法、碱解法和氧化法）以及生物降解（微生物发酵和酶法）。其中物理降解的方法通常与化学法相结合才能达到很好的效果。化学氧化通常选用双氧水作为氧化剂，降解的效率最好，但是具有很强的腐蚀性，不利于规模化生产。酸解和碱解的方法是目前工业生产中常用的方法，其原理是利用酸将褐藻胶降解形成具有弹性和纤维化聚集的酸，然后利用碱对酸水解液进行中和，以获得低聚褐藻胶糖。该方法在实际生产过程中消耗大量的能源，并且会产生大量的盐废物，不利于低聚糖的回收。采用生物降解的方法是指利用生物发酵或者酶制剂在温和条件下对褐藻胶进行降解生成不饱和糖醛酸低聚糖及单体 4-脱氧-L-赤藓-糖醛酸（4-deoxy-L-erythro-5-hexoseulose uronic acid，DEH），以用于制备活性物质和乙醇的发酵，利用生物法降解褐藻胶主要采用了褐藻胶降解微生物以及褐藻胶裂解酶制剂。

褐藻胶裂解酶来源广泛，主要集中在海洋生境和陆生生境中海藻、软体动物、细菌、真菌等中。目前进行研究和功能表征的多是存在于海洋沉积物已腐败的褐藻表面的细菌，如：噬琼胶菌属（*Agarivorans* sp.）、棒状杆菌属（*Corynebacterium* sp.）、假单胞菌属（*Pseudomonas* sp.）、链霉菌（*Streptomyces* sp.）、黄杆菌属（*Flavobacterium* sp.）等。

二、褐藻胶裂解酶

褐藻胶裂解酶属于多糖裂解酶，是通过 β-消除机制裂解褐藻胶糖苷键，并在非还原末端形成 C4，5 不饱和双键，生成不饱和的低聚糖醛酸和寡糖醛酸。

通过对多个家族褐藻胶裂解酶的蛋白质的序列、结构比对以及氨基酸定点突变实验分析，发现氨基酸残基 Y、H 和 N（Q）形成的催化三联体具有催化断键的功能。Gacesa 等提出褐藻胶裂解酶的催化机制主要分为三步（催化机制如图 6-1 所示）：第一，羧基的负电荷由赖氨酸残基形成的盐桥中和；第二，组氨酸或其他氨基酸作为质子碱吸收 C5 位上的质子；第三，羧基将电子转移并在 C4 和 C5 之间形成双键，使得 4-O-糖苷键发生 β-消除反应，在这个过程中催化氨基酸残基周围的其他氨基酸起到了辅助催化的作用。这个机理同时也能够解释差向异构酶等其他相类似的酶的降解机制。

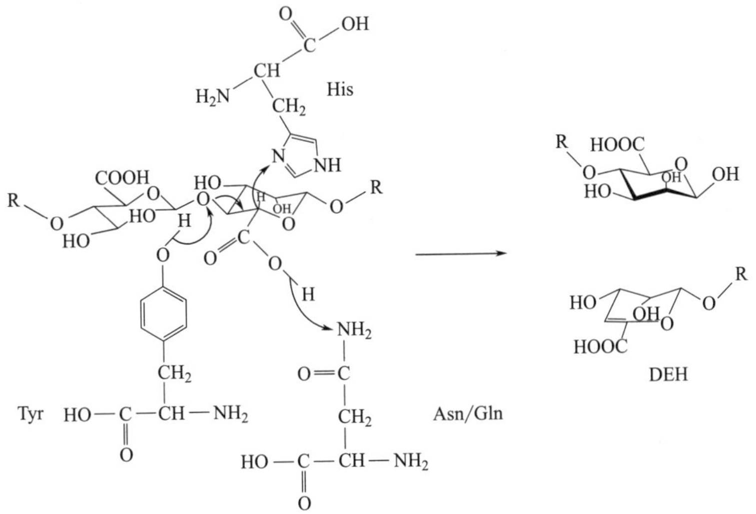

图 6-1 褐藻胶裂解酶反应机制图

1. 褐藻胶裂解酶的分类

褐藻胶裂解酶的分类方式有很多种，根据褐藻胶裂解酶的作用方式分为内切酶和外切酶。内切酶作用时褐藻胶溶液黏度降低很快，还原糖生成速率变慢并且裂解产物一般为二糖或者三糖，而外切酶作用时褐藻胶溶液的黏度会降低很慢，还原糖的生成速率较快，裂解产物一般为单糖。根据褐藻胶裂解酶作用的底物专一性，可以将褐藻胶裂解酶分为：聚古罗糖醛酸裂解酶（EC 4.2.2.11）、聚甘露糖醛酸裂解酶（EC 4.2.2.3）以及两种底物都可以裂解的双功能裂解酶。其中假单孢菌（*Pseudomonas* sp.）可分泌专一降解聚甘露糖醛酸的酶，克里伯菌（*Klebsiella* sp.）可分泌聚古洛糖醛酸裂解酶，一些芽孢杆菌（*Bacillus* sp.）则含有能够降解两种底物的多功能裂解酶。多糖裂解酶根据氨基酸序列的同源性以及空间结构信息可以分为 24 个家族，而褐藻胶裂解酶主要存在于 PL5、PL6、PL7、PL14、PL15、PL17、PL18 这 7 个家族中。目前表征最多的是 PL5 和 PL7 家族，其中 PL5 家族裂解酶可专一裂解 PM，PL7 家族的褐藻胶裂解酶对三种褐藻酸均能降解。

褐藻胶裂解酶活性架构中氨基酸残基包括两部分：催化断键残基与辅助催化残基，这两种类型的残基在催化中共同作用于底物，共同维持酶的作用。在已经研究的褐藻胶裂解酶家族中，如 PL5、PL7、PL14、PL18 等家族的酶催化腔上均有两个盖子-突环结构（lid-loop），这两个 loop 结构中的氨基酸位于酶的催化部位，对酶的催化活力有很大影响。

2. 褐藻胶裂解酶的酶学性质

不同来源的褐藻胶裂解酶的酶学性质不同，目前研究的褐藻胶裂解酶的最适 pH 值呈现中性或者偏碱性，最适温度为 $30\sim50\,^{\circ}\mathrm{C}$，海洋中的金属离子对褐藻胶裂解酶的酶活有一定的影响。一般而言，Na^+、Ca^{2+}、Mg^{2+} 和 K^+ 等对褐藻胶裂解酶酶活性具有促进作用，其中低浓度的 Na^+（NaCl 浓度 $<0.3\,mol/L$）对酶有激活作用，而较高浓度的 Na^+（NaCl 浓度 $>1.0\,mol/L$）会抑制该酶活，Ca^{2+} 能够提高酶的耐热性。一些重金属离子，如 Fe^{2+}、Cu^{2+}、Mn^{2+}、Hg^{2+} 和表面活性剂 SDS、EDTA 等对褐藻胶裂解酶酶活有抑制作用。

3. 褐藻胶裂解酶的筛选方法

对褐藻胶裂解酶的初步筛选通常采用平板显色法：一种是采用革兰氏碘液染色的方法快速筛选出目的菌落；另一种是在基础的固体培养基上添加褐藻胶、聚古罗糖醛酸、聚甘露糖醛酸进行菌落培养，以氯化吡啶、氯化钙或者 95% 的乙醇浸润培养基使培养基中的未降解褐藻胶形成不透明的白色沉淀，而能够降解褐藻胶的菌落周围没有褐藻胶将会形成透明降解圈或者白色晕圈。对筛选到的菌落的酶活进行定量检测时常采用吸光光度法，不饱和寡糖醛酸在 235nm 处有最大吸光值。硫代己比妥酸法和 3,5-二硝基水杨酸（DNS）显色法是利用显色剂与不饱和寡糖反应生成有色物质，在 540nm 处进行测量。

三、褐藻胶裂解酶在海藻加工中的应用研究

1. 制备生物能源

褐藻胶裂解酶可以将褐藻胶裂解用来生产生物乙醇，目前生产工艺还未成熟，不能够规模化的工业生产，但是代谢工程的发展使褐藻胶转化为生物能源进而工业化生产成为可能。2011 年，Takeda 对分泌褐藻胶裂解酶的鞘氨醇单细胞菌（*Sphingomonas* sp. A1）进行代谢改造，引入丙酮酸脱羧酶和乙醛脱氢酶提高丙酮酸到乙醇的代谢通路，阻断了丙酮酸发酵生产乳酸的通路，首次实现了利用微生物发酵褐藻胶生产乙醇的目的。但是鞘氨醇单细胞菌的遗传背景不清晰，代谢生产的乙醇产量低，不容易进行改造，很难应用在工业上。Wargacki 等采用代谢工程的方法，将褐藻胶降解酶基因、褐藻胶转运酶基因以及乙醇生产发酵所需的关键酶基因同源重组到大肠杆菌的染色体上，实现了利用大肠杆菌工程菌发酵褐藻胶生产乙醇的方法。大肠杆菌的遗传信息比较清晰，代谢途径简单，通过改造可以做到对褐藻中的所有多糖全部利用，大大提高了生物乙醇的产量，促进了褐藻胶生产生物能源的发展。利用乙醇耐受性高的酿酒酵母为宿主细胞，可以直接将褐藻胶转化为生物乙醇。

2. 制备活性物质或中间体

利用褐藻胶裂解酶可以将大分子的褐藻胶裂解成小分子的低聚糖、寡糖，有利于人体的消化和吸收，并且降解产物的非还原端会生成不饱和键，提高了其药理活性。褐藻胶裂解酶降解物还可以用来生产药用中间体丙酮酸，生产的丙酮酸可以用来生物合成 L-色氨酸、酪氨酸、丙氨酸等药品原料，采用代谢工程的方法以褐藻胶为原料制备活性物质更加温和、绿色环保。研究表明褐藻胶裂解酶可以降解黏性铜绿假单胞菌分泌的乙酰化褐藻胶生物膜，可用于治疗因铜绿假单胞菌引起的肺炎。在治疗肺囊性纤维化中利于其他药物渗入发挥疗效，被称为治疗囊性纤维化的新型生物蛋白药品。

3. 实现褐藻资源的高值化利用

褐藻在食品药品生产加工中有多方面的应用，加工过程中产生的褐藻废渣对环境有着很大的污染，并且褐藻废渣中还含有很多的多糖成分，也造成了一定程度上的资源浪费，利用褐藻胶裂解酶可以将褐藻废渣转化为褐藻寡糖，不仅解决了环境污染问题，还促进了有机碳的循环利用，实现了褐藻资源的高值化利用。

采用生物降解的方法制备褐藻胶低聚糖等反应条件温和、专一性强、副产物少，反应过程简单，符合我国环境友好型的理念，近代工业微生物的发展也为褐藻胶裂解酶的工业化生产提供了基础。但是目前褐藻胶裂解酶在工业化利

用上仍然面临着很多难题，首先褐藻胶裂解酶的稳定性不高，高效的褐藻胶裂解酶还有待开发。其次，不同的褐藻胶裂解酶的裂解位点不同，开发出更多的褐藻胶裂解酶可以提高褐藻胶降解产物的多样性，提高大型褐藻的开发利用价值。最后，我国酶制剂的研发技术还不够成熟，制备成本比较高，同时用褐藻胶裂解酶来生产特定的产物也需要高纯度的酶制剂，因此需要对酶进行复杂的纯化。

第二节　琼胶酶在海藻加工中的应用

一、琼胶与琼胶寡糖

1. 琼胶

琼胶（agar）又称琼脂，主要提取自江蓠、石花菜等红藻的细胞壁，是一种天然的亲水性海藻多糖。江蓠由于易于培育和收获，在许多国家和地区都有商业种植，是目前琼胶的主要生产原料。

琼胶可视为主要由琼脂糖（agarose）和琼脂胶（agaropectin）构成的混合物。琼脂糖是一种由 D-半乳糖和 3,6-内醚-α-L-半乳糖以 α（1→3）和 β（1→4）糖苷键交替连接而成的链状中性多糖（图 6-2），是形成凝胶的主要组分；琼脂胶具有与琼脂糖相同的基本链状结构，但是其糖链上的 3,6-内醚-α-L-半乳糖的一些羟基被硫酸基、甲氧基或丙酮酸残基取代，是非凝胶组分。琼脂具有胶凝性和凝胶稳定性，在食品、医药和科研等领域有着广泛的应用。

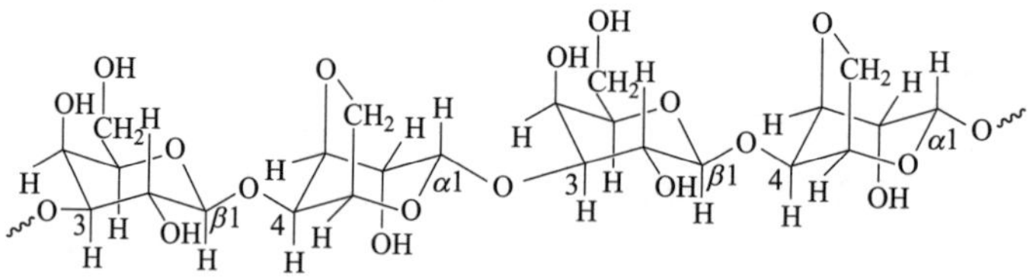

图 6-2　琼脂糖的结构

2. 琼胶寡糖

琼胶经水解可获得琼胶寡糖，它们的水溶性好，易于为人体吸收。研究表明，琼胶寡糖具有许多生理和生物活性，例如诱导细胞凋亡、抗炎、抗敏、抗癌、抗龋齿、抑菌、抗氧化、美白、保湿、益生元等活性，在食品、药品和化妆品等行业具有巨大潜在应用价值。

　　迄今为止，琼胶寡糖常用的制备方法有两种：化学法和酶法。化学法常采用酸解法，制备寡糖的过程不易控制，会产生一些非目标产物如半乳糖和一些有毒产物如 5-羟甲基糠醛、乙酰丙酸等，而且最后得到寡糖的成分也比较复杂，需要进一步分离纯化。采用酶法制备琼胶寡糖，反应条件温和，易于控制，而且获得的寡糖产物的成分也比较简单，相对于化学法对环境较为友好，已经越来越受到研究者的重视。

二、琼胶酶

　　琼胶酶是一类能够降解琼胶多糖的酶的总称，归属于糖苷水解酶（glycoside hydrolase，GH）。基于所催化糖苷键的类型差异，琼胶酶分为两大类：α-琼胶酶（EC 3.2.1.158）和 β-琼胶酶（EC 3.2.1.81）。α-琼胶酶专一降解琼脂糖中的 α-1,3 糖苷键，生成以 3,6-内醚-α-L-半乳糖为还原性末端的琼胶寡糖系列产物（agaro-oligosaccharide，AOs），基本结构如图 6-3（a）所示。β-琼胶酶专一降解琼脂糖中的 β-1,4 糖苷键，生成以 β-D-半乳糖为还原性末端的新琼寡糖系列产物（neoagaro-oligosaccharides，NAOs），基本结构如图 6-3（b）所示。

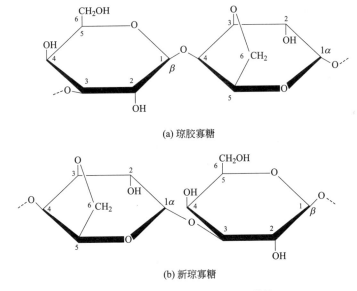

(a) 琼胶寡糖

(b) 新琼寡糖

图 6-3　琼胶酶酶解产物的基本结构

1. 琼胶酶的来源

　　琼胶酶的来源非常广泛，在海水、海洋沉积物、海洋藻类、海洋动物、淡水和土壤样品中都能发现琼胶酶的存在。琼胶酶主要存在于海洋环境中，如一些利用琼胶作为碳源的微生物中，以及一些食用海藻的海洋软体动物的消化道内，如海兔属、鲍属、滨螺属、冠海詹属等。

迄今为止，经分离得到的琼胶酶大多源自微生物，而这些微生物主要来源于海洋环境。1902 年，Groleau 与 Yaphe 首次分离到源于海水的一种产琼胶酶的假单胞菌属菌株（*Pseudomonas galatica*）。自此，人们陆续从多种样品中分离出不同琼胶酶产生菌，目前已报道的属包括：不动杆菌属（*Acinetobacter*）、噬琼胶菌属（*Agarivorans*）、交替球菌属（*Alterococcus*）、类别单胞菌属（*Altero-monas-like*）、不黏柄菌属（*Asticcacaulis*）、芽孢杆菌属（*Bacillus*）、纤维弧菌属（*Cellvibrio*）、噬细胞菌属（*Cytophago*）、盐球菌属（*Halococcus*）、微泡菌属（*Microbulbifer*）、微球菌属（*Micrococcus*）、微颤菌属（*Microscilla*）、交替假单胞菌属（*Pseudoalteromonas*）、假单胞菌属（*Pseudomonas*）、类假单胞菌属（*Pseudomonas-like*）、假佐贝尔氏菌属（*Pseudozobellia*）、噬糖菌属（*Sacchar-ophagus*）、寡养单胞菌属（*Stenotrophomonas*）和弧菌属（*Vibrio*）等。微生物产生的琼胶酶大多数是胞外酶，只有少数为胞内酶。

2. 琼胶酶的催化机制

琼胶酶水解琼脂糖的反应是典型的糖苷水解酶水解反应。根据 1953 年 Koshland 提出的糖苷水解酶水解反应的理论，该反应为典型的酸碱和亲核水解反应。根据产物糖基 C1 位异头碳构象的差异，糖苷水解酶的催化反应可划分为两种：保持异头构型的两步置换反应和形成倒位异头构型的一步置换反应。反应中的质子供体和亲核基团通常由酸性氨基酸如谷氨酸（Glu）、天冬氨酸（Asp）提供。根据琼胶酶的氨基酸序列的保守性、空间结构、底物专一性和反应机理等特点，将已经报道的琼胶酶主要分为五种糖苷水解家族，即 GH16、GH50、GH86、GH96 和 GH118 家族。分属于不同糖苷水解酶家族的琼胶酶表现出不同的催化机制，例如 GH16 与 GH50 家族的琼胶酶均采用两步置换反应，GH118 家族的琼胶酶则采用的是一步置换反应。

2003 年，Allouch 等利用多重不规则衍射法测得了来自 *Zobellia galac-tanivorans* 的两种 β-琼胶酶的蛋白质晶体数据，PDB ID 分别为 1O4Y（1.48Å）和 1O4Z（2.3Å），两者均属于 GH16 家族，它们的三维空间结构见图 6-4。通过对这两种琼胶酶结构模型的分析，发现 GH16 家族的 β-琼胶酶的催化模块主要由 β 片层组成，在 β 片层形成的 β-果冻环结构内有一个裂隙状的催化腔，裂隙的两边各存在一个 Glu。1O4Y 中，Glu 147 和 Glu 152 分别作为催化亲核基团与酸碱催化基团；1O4Z 中，Glu 184 和 Glu 189 分别作为催化亲核基团与酸碱催化基团。GH16 家族的 β-琼胶酶催化琼脂糖水解的两步置换反应，涉及这两个 Glu 上的羧基基团：第一步（糖基化），一个羧基作为一个广义酸，质子化糖苷的氧，因此促进了糖苷配基的分离，同时另一个催化残基作为一种亲核试剂，攻击异头碳形成一个糖基-酶共价中间物；第二步（去糖基化），广义酸变为广义碱，对一个水分子去质子化，以水解糖基-酶中间物并释放产物。

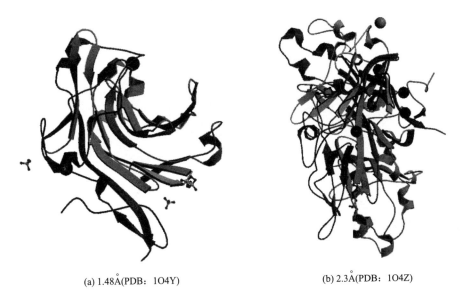

(a) 1.48Å(PDB：1O4Y)   (b) 2.3Å(PDB：1O4Z)

图 6-4 来自 *Zobellia galactanivorans* 的两种 β-琼胶酶的蛋白质三维结构

3. 琼胶酶活力的检测方法

（1）定性检测

琼胶酶产生菌接种于琼胶平板培养基上，琼胶作为菌株生长的碳源被水解，因而菌落周围形成凹陷或出现液化的现象。我们用肉眼直接观察平板或使用卢戈氏碘液对平板染色后，可直观观察到平板上菌落周围的凹陷或透明圈（图 6-5）。卢戈氏碘液能将琼胶染成深棕色，却不能使琼胶的水解产物着色。因此，可利用此方法判断菌落是否产琼胶酶。

（2）定量检测

琼胶酶活力的大小是通过酶水解琼胶产生的还原糖的量作为衡量依据，常用的测定方法有 DNS 法、Dygert 法、Kidby-Davidson 法、Sugano 法、Somogyi-Nelson 法。

三、琼胶酶在海藻加工中的应用研究

琼胶酶作为一种重要的工具酶，在食品、医药、化妆品以及基础研究等领域有着广泛的应用。

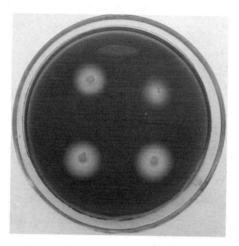

图 6-5 菌株在琼脂平板上的碘液染色

1. 制备琼胶寡糖

琼胶寡糖具有多种生物活性，是一种极具开发潜力的产品。琼胶酶能够特异性地水解琼脂糖产生较为单一的琼胶寡糖产品，反应条件温和，且不会产生有毒成分，因此酶解法是制备琼胶寡糖的理想方法。

2. 用于海藻多糖结构研究

琼胶酶能够水解一些海藻多糖为简单的寡糖，通过对水解产物进行结构鉴定，继而鉴定复杂的海藻多糖结构。Lora 等利用大西洋假单胞菌产生的 β-琼胶酶水解紫菜多糖，采用核磁共振（NMR）法测定酶解产物的结构，进而推断出紫菜多糖的结构。

3. 用于分子生物学研究

在分子生物学中，可以使用琼胶酶水解琼脂糖凝胶，从中回收 DNA 和 RNA。Yu 等采用酶法水解琼脂糖，从铁氧化细菌中提取到的 DNA 比之前已发布的方法效率高 5000 倍。

4. 用于海藻遗传工程

将琼胶酶作为一种工具酶应用于海藻遗传工程，制备单细胞或原生质体，进而开展海藻细胞的研究，了解其生理生化特性，也可应用于细胞间融合及目的基因的导入等方面。Araki 等利用分离得到的菌株产生的三种琼胶酶，与纤维素酶及其他酶结合，水解红藻，从而成功制备到大量的海藻单细胞，其可被用作替代饵料对海洋生物进行人工养殖。另外，琼胶酶还可从红藻细胞壁中提取活性物质，如维生素类、不饱和脂肪酸、甜菜碱及类胡萝卜素等。Chen 等使用含有

0.025％琼胶酶的海水制备得到紫菜的原生质体，且这种原生质体能够在制备介质中保持24h后仍具有活力。

第三节　卡拉胶酶在海藻加工中的应用

一、卡拉胶

1.卡拉胶概述

卡拉胶通常是从海洋红藻的细胞壁中提取到的由1,3-β-D-吡喃半乳糖和1,4-α-D-吡喃半乳糖交替连接而成的线性硫酸酯化多糖，属天然麒麟糖植物胶。根据二糖单元上所含的硫酸基团的数量、位置和内醚环的有无，可以将卡拉胶分为κ-卡拉胶、υ-卡拉胶、ι-卡拉胶、φ-卡拉胶、ξ-卡拉胶、λ-卡拉胶、ω-卡拉胶和γ-卡拉胶8种，其中工业生产和使用的主要为κ-卡拉胶、ι-卡拉胶和λ-卡拉胶三种。

卡拉胶是一种天然高分子化合物，工业上生产的卡拉胶多为白色或浅黄色粉末，平均分子质量为400～600kDa。卡拉胶是性质最丰富的多糖之一，具有优异的流变和凝胶特性，能与其他物质共混合起增效作用，还具有生物降解性、高保水性、高的凝胶强度，可以作为凝胶剂、稳定剂和乳化剂，广泛应用于食品工业、医药及化妆品领域。卡拉胶中含有丰富的硫酸基使其具有更广泛的生物活性，许多研究表明硫酸酯多糖具有抗病毒、抗肿瘤、抗凝血、降血脂和免疫调节等作用。卡拉胶在病毒治疗上发挥着重要的作用，其中λ-卡拉胶可应用于防治艾滋病（AIDS）。

卡拉胶虽然具有很好的生物活性，但是天然的卡拉胶属于大分子物质，不利于人体的消化吸收，限制了其应用开发。研究表明小分子量的卡拉胶寡糖仍然具有生物活性，并且将卡拉胶降解为小分子的寡糖或者单糖，可充分暴露分子链上的活性基团，更有利于活性的发挥，扩大了其在医药领域的应用空间，因此获得卡拉胶寡糖将是实现卡拉胶高值化应用的重要手段。

2.卡拉胶的降解

目前卡拉胶的降解方式主要有化学降解法（氧化降解、还原降解、酸降解等）以及物理降解法和生物酶解法三种。利用甲醇盐酸水解法可将卡拉胶氧化生成小分子量的卡拉二糖，使用4-甲基马啉-硼氢化物和三氯乙酸等还原剂可降解卡拉胶为卡拉胶寡糖，但是所使用的氧化剂、还原剂对环境都有较大的污染，无法应用到工业化生产过程中。目前常用稀盐酸和硫酸等无机酸在加热条件下降解卡拉胶生产不同聚合度的卡拉胶寡糖，该方法成本低廉、环境污染小，并且可以通过控制溶液中酸的浓度、酸解反应的时间、酸解时的反应温度等条件获得不同分子量范围的寡糖。但是该方法在操作过程中容易丢失活性结构硫酸根，使寡糖的生物活性大打折扣。物理降解法主要是采用超声或微波产生的冲击波使糖链断开，从而显著降低卡拉胶溶液的黏度得到寡糖产物。但是物理方法降解的卡拉胶寡糖聚合度仍然很高，无法获得低聚合度的寡糖，因此可以结合其他方法进行使用。酶法降解卡拉胶为卡拉胶寡糖具有降解条件温和、专一性高、活性强、易于控制、降解后的卡拉胶寡糖能够保留良好的活性等优点，具有良好的应用前景。目前海洋来源的卡拉胶酶主要包括以海洋红藻为食的海螺等海洋软体动物来源的卡拉胶降解酶和海洋微生物中来源的卡拉胶酶，目前已经在海洋细菌 *Pseudoalteromonas carrageenovora*、*Alteromonas carrageenovora*、*Cytophaga* 等中分离出了卡拉胶降解酶。

二、卡拉胶酶

卡拉胶降解酶是通过断裂卡拉胶的 β-1,4-糖苷键降解卡拉胶获得卡拉胶寡糖，是一种多糖水解酶。根据酶底物的专一性将卡拉胶酶分为：κ-卡拉胶酶、ι-卡拉胶酶和 λ-卡拉胶酶。

1. 卡拉胶酶的催化机制

糖水解酶在水解过程中根据异头碳的构象变化与否，可将酶解机制分为保持型机制和倒置型机制。采用保持型机制降解的底物与产物的立体化学结构一致；倒置型机制又称一步亲核取代，降解的底物与产物的立体化学结构相反。

2. κ-卡拉胶酶

目前报道最多的 κ-卡拉胶酶属于糖苷水解酶第 16 家族，其专一性地水解 α-3,6-内醚-D-半乳糖和 β-4-硫酸-D-半乳糖之间的 β-1,4-糖苷键，终产物为 κ-卡拉二糖、四糖、六糖，具有 E[ILV]D[IVAF][VILMF(0,1)]E 催化区域序列。

Potin 等对一种从 *P. carrageenovora* 纯化的 κ-卡拉胶酶的进化和水解机制进行研究表明，κ-卡拉胶酶由前蛋白在分泌过程发生两次水解形成，并且该酶 N 末端的信号肽和 C 末端均被加工。对其产物 κ-卡拉六糖分析发现其异头碳的构象并没有发生改变，表明该酶属于保持型水解酶。Michel 等采用 X 射线衍射和多波长不规则衍射的方法表征了来源于 *P. carrageenovora* 的一种 κ-卡拉胶酶的高级结构，κ-卡拉胶酶三级结构类似于弯曲的 β-三明治 [图 6-6(a)]，大都是由表面不规则卷曲和 β 折叠片形成，其中每一个 β 折叠片是由 6 或 7 个 β 链组成，β 折叠片两两反向堆积形成如隧道状的催化腔镶嵌于三明治状结构中，隧道状催化中心的裂缝处可结合底物进行催化，催化腔中主要参与催化作用的氨基酸分别是

E163、E168、D165［图 6-6(b)］。其中谷氨酸残基 E163 起到了亲核催化作用，谷氨酸残基 E168 发生酸碱催化，天冬氨酸残基 D165 起到促进中间转换状态的解体的作用。

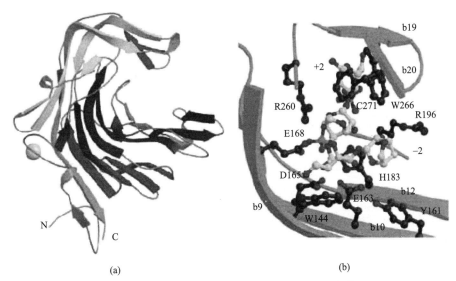

(a) (b)

图 6-6　*P. carrageenovora* κ-卡拉胶酶的高级结构

（a）酶的三维结构；（b）酶的催化中心结构

　　κ-卡拉胶酶催化机理如图 6-7 所示：在缺少底物时，质子供体天冬氨酸残基 D165 与谷氨酸残基 E163 因空间位阻无法结合；当底物的异头碳 C1 与谷氨酸残基 E163 的羧基发生亲核取代反应生成共价键时，天冬氨酸残基 D165 与异头碳 C1 竞争性结合也与谷氨酸残基 E163 发生亲核取代反应，此时谷氨酸残基 E168 发生酸碱催化，电离水分子，E163 和 D165 之间低位阻的氢键得以恢复，谷氨酸残基 E163 的羧基恢复负电荷状态，等待参与新一轮的催化反应。用于识别底物的氨基酸则是底物－1 处的精氨酸残基 R260，该氨基酸可以识别并结合 κ-卡拉胶的硫酸酯基。

3. ι-卡拉胶酶

　　ι-卡拉胶酶归属于糖苷水解酶第 82 家族，通过一步亲核取代作用降解 α-硫酸-3,6-内醚-D-半乳糖和 β-硫酸-D-半乳糖之间的 β-1,4-糖苷键，终产物为 ι-卡拉二糖、四糖。该反应同时还发生了转糖基和转变异构构型的作用，属于异头碳构象倒置型糖苷水解酶，具有糖苷酶保守域 $DFGX_3DGX_6AX_3A$。

　　Michel 等对 ι-卡拉胶酶的结构进行分析，该酶是由 10 个完整的右旋性的平行 β 螺旋结构和表面 loop 折叠形成的 β 螺旋状结构。该酶的 N 末端区域有两亲性 α 螺旋结构，C 末端区域为高度复杂的 α/β 折叠形式，核心区域由三个 β 折叠

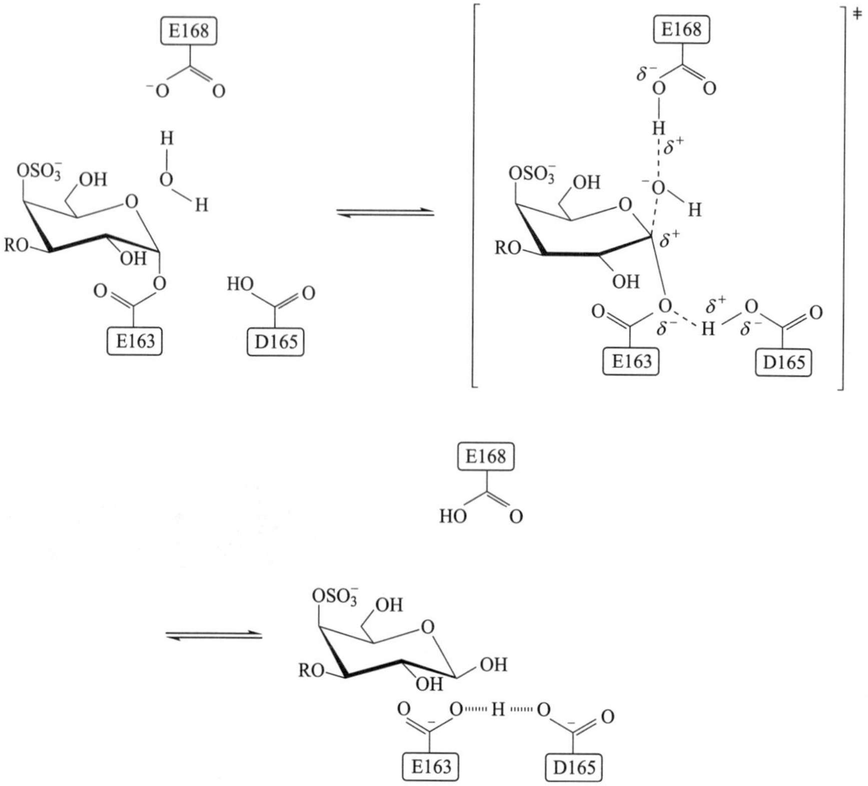

图 6-7 *κ*-卡拉胶酶的催化反应过程

片组成，其中两个折叠片平面彼此垂直，形成一种凹槽结构用于底物结合，一个折叠片嵌于其中。研究发现，参与底物识别的氨基酸有精氨酸 R243、R303 和 R353，而酶裂隙中的谷氨酸 E245、天冬氨酸 D247、谷氨酸 E310 和组氨酸 H281 起关键催化作用。其中谷氨酸 E245 是催化中心的质子供体；天冬氨酸 D247 起酸碱作用，能够活化水分子；谷氨酸 E310 帮助稳定底物中间态；组氨酸 H281 维持质子供体 E245 的质子给予状态并结合底物。通过电子显微镜发现，酶在催化过程中糖链在 β 螺旋凹槽上进行移动，形成一种酶-底物结合的开放式复合物；随着酶解过程的进行，该结构折叠闭合，保证糖链降解之后无法脱离酶作用位点，使得催化反应能够继续。

4. *λ*-卡拉胶酶

目前发现的 *λ*-卡拉胶酶很少，其中对海洋细菌 *Pseudoalteromonas carrageenovora* 产生的卡拉胶酶氨基酸序列比对发现，*λ*-卡拉胶酶不属于糖苷水解酶家族，其作用降解 α-2,6-硫酸-D-半乳糖和 β-2-硫酸-D-半乳糖之间的 β-1,4-糖苷键，

产物以硫酸新 λ-卡拉胶寡糖为主，同 ι-卡拉胶酶类似，其降解卡拉胶的方式属于异头碳构象倒置。

5. 卡拉胶酶的活性检测方法

卡拉胶的降解终产物是寡糖，并且随着卡拉胶的降解，其黏度逐渐降低，因此可以采用测定黏度变化，以及还原糖的量来判断酶活力，其中对还原糖的检测方法主要有 DNS 法和铁氰试剂法两种方法。

三、卡拉胶酶在海藻加工中的应用研究

1. 制备卡拉胶寡糖

目前已经报道的卡拉胶寡糖具有很多生物活性，在治疗肿瘤、结肠炎、胃溃疡等疾病方面有着显著的效果。由于卡拉胶已经报道的多种生物活性，尤其是经过降解之后的卡拉胶寡糖具有更好的应用性，可以用于治疗肿瘤、胃溃疡、结肠炎等疾病，而且卡拉胶寡糖具有免疫调节、抗凝血等活性，因此卡拉胶寡糖的研究和获取成为研究热点。而酶法降解卡拉胶具有高效、特异性高、反应过程温和、产物单一且结构稳定等优点，已经成为制备卡拉胶寡糖中最为重要的方法。

2. 海藻遗传工程的应用

卡拉胶取自红藻的细胞壁，卡拉胶贴附于海藻的表面是构成红藻细胞壁的主要组成成分。因为卡拉胶黏度很大，不利于提取 DNA，因此卡拉胶酶可作为海藻解壁酶，降解海藻表面的卡拉胶，用于提取 DNA、单细胞蛋白和原生质体，从而对于海藻遗传工程的顺利进行提供了极大的保障。

3. 研究卡拉胶结构

由于酶法降解卡拉胶有很好的底物专一性，通过酶解产物的结构解析推测其卡拉胶多糖的结构组成是一种行之有效的方法。由于卡拉胶的制作提取过程中不可避免地混合有琼胶等其他多糖，各种不同的卡拉胶混合在一起无法彻底分离开来，因此卡拉胶多糖的结构往往十分复杂。用多种不同的卡拉胶酶、琼胶酶分别降解多糖底物，并从降解的底物的结构来解析卡拉胶多糖混合物中各部分组成及配比起到很好的补充作用。Kloareg 等纯化了一系列琼胶酶和卡拉胶酶，利用这些半乳糖水解酶降解硫酸多糖，从而研究硫酸基团构效关系。因为卡拉胶酶高度专一，通过酶法水解卡拉胶测定卡拉胶结构能完成化学方法所不能完成的任务。Vreeland 等采用了 ι-和 κ-卡拉胶酶研究卡拉胶结构，证实了卡拉胶结构与理化性质的密切关系。Guibet 利用 λ-卡拉胶酶并结合核磁共振技术研究寡糖产物，结果表明，λ-卡拉胶二糖单元中并不只含有三个硫酸基，而是在部分单元存在四个硫酸基，这改变了人们先前所认为的结构特征。

4. 研究细菌中卡拉胶代谢

卡拉胶是某些红藻的细胞壁成分，附着在红藻表面的海洋微生物会通过自身分泌卡拉胶降解酶利用卡拉胶寡糖来获取能量。细菌通过卡拉胶降解酶将卡拉胶降解为寡糖从而进入到细菌体内，在体内通过脱硫作用最终达到利用卡拉胶的目的。因此，卡拉胶降解酶为利用卡拉胶的最初一步，也是最为重要的一步。卡拉胶降解酶对研究细菌利用卡拉胶，以及卡拉胶在细菌体内的代谢具有重要的作用。

第四节　岩藻多糖降解酶在海藻加工中的应用

一、岩藻多糖

岩藻多糖，被称为墨角藻多糖、岩藻聚糖硫酸酯、褐藻糖胶、褐藻多糖硫酸酯等，主要来源于褐藻，是一类含有 L-岩藻糖和多种单糖残基以及硫酸基的水溶性多糖。工业上常采用水提法、酸提法或 $CaCl_2$ 法从褐藻或海带中提取岩藻多糖，此外还有超声波提取法、超滤膜提取法、酶辅助提取法等新型复合提取法。岩藻多糖具有很多生物活性，具有抗凝血、抗血栓、抗肿瘤、抗病毒、抗氧化等作用。

二、岩藻多糖降解酶

1. 岩藻多糖的降解

研究表明岩藻多糖分子量大小与其生物活性相关，其中低分子量的岩藻多糖的生物活性更高，并且表现出多样的生物活性。目前岩藻多糖分子量的降解可以使用盐酸降解、物理降解和生物酶法等。与其他海藻大分子活性物质相似，采用化学的酸降解方法是目前最常用的方法。物理降解岩藻多糖主要是选用 γ 照射，研究表明岩藻多糖的分子量随着 γ 辐照剂量的增加而下降，但是获得的低分子量岩藻多糖的活性是否发生改变仍需进一步研究。采用酶法降解岩藻多糖具有温和、专一性强、易于控制，并且绿色安全等优势，具有很大的发展前景。

2. 岩藻多糖降解酶

岩藻多糖降解酶是一种水解酶，主要存在于海洋微生物的代谢产物和海洋软体动物的肝胰脏中。由于海洋细菌发酵生长速度快、周期短，因此大部分学者通常从海洋细菌中筛选岩藻多糖降解酶，包括岩藻多糖酶（EC 3.1.2.44）、α-L-岩藻糖苷酶（EC 3.2.1.51）和硫酸酯酶。岩藻多糖酶根据水解模式不同又分为内切和外切岩藻多糖酶，外切型是指从末端水解岩藻多聚糖成为低分子量岩藻多糖（low molecular weight fucoidan，LMWF）或寡糖；而从岩藻多聚糖中间的某个部位水解的一类酶则为内切型，裂解岩藻多糖内部或边缘 $\alpha(1\rightarrow3)$、$\beta(1\rightarrow4)$ 糖苷键，主要生成低分子量的岩藻多糖或寡糖。α-L-岩藻糖苷酶分为 1,2-α-L-岩藻糖苷酶、1,3-α-L-岩藻糖苷酶和 1,6-α-L-岩藻糖苷酶，水解岩藻多糖 $\alpha(1\rightarrow2)$、$\alpha(1\rightarrow3)$、$\alpha(1\rightarrow6)$ 糖苷键的非还原末端的 L-岩藻糖残基，释放岩藻糖。硫酸酯酶负责岩藻多糖中岩藻糖硫酸酯 2、4、3 位硫酸基团的水解作用。

三、岩藻多糖降解酶在海藻加工中的应用研究

1. 低分子量岩藻多糖的制备

岩藻多糖具有多种生物学功能，如抗凝血、抗肿瘤、抗血栓、抗病毒、抗氧化和增强机体免疫机能等，目前在国内外市场上已有多种以岩藻多糖为原料的药品。但天然多糖由于分子量较大及其特殊的分支结构，限制了其应用，这便提示了科研人员开发低分子量岩藻多糖或寡糖。常用于岩藻多糖降解的方法包括化学法和酶法。与其他海藻多糖类似，酶法制备无污染，产品无氧化剂残留，制备出的低分子岩藻多糖或寡糖不仅溶解性好，且保留了多糖原来的生物活性，更易被吸收利用，使酶法生产岩藻寡糖具有更广阔的发展前景。Bakunina 等利用 *Pseudoalteromonas citrea* KMM3296 发酵产生的岩藻多糖酶在 pH 6.5～7.0 时能降解岩藻多糖，生成分子质量为 2～3kDa 的 LMWF。Sakai 等研究发现源于 *Fucobacter marina* 的胞外岩藻多糖酶能降解岩藻多糖生成三糖。吴茜茜等发现源于海洋真菌 *Dendryphiella arenaria* TM94 的岩藻多糖酶可降解岩藻多糖，获得了分子质量为 5～270kDa 的 LMWF。

2. 用于岩藻多糖结构的研究

岩藻多糖的结构比较复杂，主要成分是岩藻糖和硫酸酯，还含有一些甘露糖、半乳糖、葡萄糖等单糖和糖醛酸，在结构分析上比较复杂。随着光谱分析的运用，利用岩藻多糖酶降解岩藻多糖，测定低分子量岩藻多糖的结构来推断岩藻多糖的结构已成为一种有效的手段。Sakai 等利用来源于 *Fucophilus fucoidano-lyticus* 的胞内岩藻多糖酶降解 *Cladosiphon okamuranus* 得到低分子量岩藻多糖，利用核磁共振分析此 LMWF 的结构为 [-3L-Fucpal-3L-Fucp（4-*O*-sulfate）al-3L-Fucp（4-*O*-sulfate）] al-3（D-GlcpUAal-2）L-Fucpal）m-3L-Fucpal-3L-Fucp（4-*O*-sulfate）al-3L-Fucp（4-*O*-sulfate）al-3L-Fucp（$m=0$、1、2 或 3），从而推知 *C.okamuranus* 岩藻多糖结构的重复单位为 [-3L-Fucpal-3L-Fucp（4-*O*-sulfate）al-3L-Fucp（4-*O*-sulfate）al-3（D-GlcpUAal-2）L-Fucpal-]。

3. 应用于临床医学

岩藻多糖降解酶还用于医疗诊断中，α-L-岩藻糖苷酶对原发性肝癌的阳性检出率较高，敏感性较高。研究表明α-L-岩藻糖苷酶活性与肿瘤大小无关，与肝癌患者 TNM 分期呈相关性，为临床诊断和术后提供了很好的理论依据。目前已开发出了α-L-岩藻糖苷酶测定试剂盒，可用于测定血清（血浆）中α-L-岩藻糖苷酶的活力，由于其试验效果明显、操作便捷的优点，被广泛用于鉴别诊断肝癌。

我国岩藻多糖降解酶的研究开发正处于起步阶段。近年来，关于该酶的研究越来越受到关注，科研工作者正在研究制备岩藻多糖工业酶，用于岩藻多糖的降解，以在低聚糖产物分离纯化的不同阶段，获得不同质量等级规格的系列产品，而这些产品应用于市场将对经济、医药具有很好的效益。

第五节　纤维素酶在海藻加工中的应用

一、纤维素

大型海藻因生长不占用耕地、无需淡水灌溉、光合作用效率及生长速率远高于陆生植物而受到越来越多的研究关注。海藻经工业提取藻胶等物质后，剩余残渣中纤维素含量高且不存在木质素和半纤维素等拮抗性成分，是极具潜力的转化原料。纤维素是由 D-吡喃型葡萄糖基经β-1,4-糖苷键连接而成的直链多糖，通过氢键的缔合作用，形成纤维束，按分子的密度大小可分为结晶区和无定形区，是自然界中分布最广、含量最多的一种天然碳水化合物聚合物，是具有高度开发利用潜力的生物质资源。大型海藻的细胞壁中含有大量的纤维素，其中海带中的纤维素含量可达干重的 10％以上。天然纤维素的聚合度通常都较高，几千到几十万不等，不溶于水及普通的有机溶剂，只有在强酸或纤维素酶的作用下才能分解，分解后可以得到小分子糖，如先得到纤维二糖、纤维三糖、纤维四糖，最终得到 D-葡萄糖。纤维素的结构如图 6-8 所示。

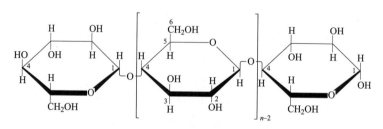

图 6-8　纤维素的分子结构

二、纤维素酶

纤维素酶是一类由自然界中的多种微生物、昆虫等所分泌的可将纤维素分解成葡萄糖的复合酶的总称，种类繁多、普遍存在于天然的生物体中，也是我国四大工业酶的重要部分。

纤维素酶是一类可降解纤维素的复合酶，按照酶的作用方式，可以将纤维素酶分成三类：内切 β-1,4-葡聚糖酶（EC 3.2.1.4，也称 Cx 酶），随机作用于无定形纤维素糖链的内部，产生新的还原性末端和非还原性末端，可以快速降低纤维素聚合度，将长链纤维素分子截短，供外切酶水解，它的分子质量相对较小，一般在 23～46kDa，最小可达 5.3kDa；外切 β-1,4-葡聚糖酶（EC 3.2.1.91），又称纤维二糖水解酶（cellobiohydrolases，CBH），CBH Ⅰ与CBH Ⅱ分别作用于纤维素糖链的还原端和非还原端，产生纤维二糖，纤维二糖对外切纤维素酶具有产物抑制作用，因此，在糖化过程中往往额外添加足够的 β-葡萄糖苷酶，以解除纤维二糖对外切酶的作用，它的分子质量一般在 38～118kDa 之间；β-葡萄糖苷酶（EC 3.2.1.21），也称纤维二糖酶，主要水解纤维二糖和低聚糖生成葡萄糖，它的分子质量相对较大，通常都大于 70kDa，有的甚至高达 400kDa。

1. 纤维素酶的来源

（1）来源于细菌的纤维素酶

产纤维素酶的细菌种类有很多，根据产纤维素酶细菌的需氧量及其他特征，将产纤维素酶的细菌主要分为 3 种类群：第一类是好氧细菌，主要包括热酸菌属（*Acidothermus*）、噬纤维菌属（*Cytophaga*）、纤维弧菌属（*Cellvibrio*）等；第二类是厌氧细菌，主要包括梭状芽孢菌属（*Clostridum*）、热解纤维素菌属（*Aldicellulosiruptor*）、丝状杆菌属（*Fibrobacteter*）等；第三类是滑行细菌，包括噬纤维菌属（*Cytophaga*）的约氏噬纤维菌（*Cytophaga johnsonii*）、溶解噬纤维菌（*Cytophaga lytica*）以及生孢噬纤维菌属（*Sporocytophaga*）和多囊菌属（*Ployangum*）。多数细菌产生的纤维素酶大都是胞内酶或是黏附于细胞壁上，很少能排出细胞外，提纯难度比较大，主要是内切葡聚糖酶，对结晶纤维素无活性，且量比较少。因此，大多数产纤维素酶的细菌都只是在实验室中进行了研究，而在工业上的应用还相对较少。

（2）来源于真菌的纤维素酶

目前研究的纤维素酶大多数来自于真菌，据不完全统计，至少有 31 属的真菌被国内外的学者应用于生产纤维素酶的研究中，其中主要真菌种属包括：木霉属（*Trichoderma*）、青霉属（*Penicillum*）、漆斑霉属（*Myrothecum*）、曲霉属

（*Aspergillus*）、根霉属（*Rhizopus*）、毛壳霉属（*Myrothecium*）、脉孢霉属（*Neurospora*）及枝顶孢霉属（*Acremonium*）等。真菌所产的纤维素酶多数都是胞外酶，分离和提取均比较容易、简单，并且获得的产率高，还可以同时产木聚糖酶、植酸酶和漆酶等多种酶类。因此，研究相对也比较多，是国内外的研究热点，在工业中应用也相对较广泛。

（3）来源于动物的纤维素酶

在大自然的生态环境中，对纤维素具有降解作用的物种有很多，人们在对微生物来源的纤维素酶进行大量研究的同时，不断尝试从其他物种中探求到更切合工业应用及更有应用潜力的纤维素酶。除了真菌和细菌源的纤维素酶以外，还有动物源的纤维素酶。其中也包括草食性动物、杂食性动物及一些可以利用植物的昆虫类，如食木蟑螂、线虫、甲虫、贻贝、扇贝、鲍鱼、鲈鱼、福寿螺、蚯蚓等。但由于动物的生长周期相对于微生物来说较长，生长成本较高、不好管理等问题，因此应用也相对最少。

2. 纤维素酶水解机制

将结构和组成复杂的天然纤维素材料完全降解成可发酵性糖需要多种酶协同作用。自然界中的纤维素酶系统常常包含多种不同的内切酶和外切酶，这些酶对于不同类型的纤维素具有不同的偏好性（例如结晶与无定形、特殊晶型等），这种对于不同纤维素亲和性的差异可能部分是由于纤维素酶的碳水化合物结合部位（CBMs）不同，而 CBMs 与纤维素酶的催化域通过共价结合。经典的水解理论认为，纤维素需要三种作用方式的酶共同作用完成：内切 β-1,4-葡聚糖酶随机内切纤维素链产生还原端与非还原端，外切 β-1,4-葡聚糖酶从纤维素聚合物的还原端或非还原端开始水解产生纤维二糖，纤维二糖再由 β-葡萄糖苷酶转化为葡萄糖。作用机制如图 6-9 所示。

3. 纤维素的酶学性质

影响纤维素酶反应活力的因素很多，主要包括温度、pH、底物浓度、金属离子及表面活性剂等。研究表明，纤维素酶的最适温度在 $40\sim50℃$，不同种类的纤维素酶及同类纤维素酶的不同亚组分对应的最适宜 pH 不同。其中酸性纤维素酶最适反应 pH 在 4.8 左右，中性纤维素酶能在较广的 pH 范围内使用，其最适 pH 为 $5\sim7.5$，而碱性纤维素酶的最适酶促反应 pH 在 $8.5\sim9.5$。阳离子表面活性剂可与酶蛋白结合生成不可逆的复合物，从而使酶永久失去活力；阴离子表面活性剂对纤维素酶催化作用有抑制作用。这是由于纤维素酶和阴离子表面活性剂之间的静电相互反应降低了纤维素酶的活性。Mn^{2+}、Co^{2+}、Na^+、K^+、Fe^{2+}、Ca^{2+} 等对纤维素酶起激活作用，葡萄糖酸内酯能有效地抑制纤维素酶，重金属离子如 Cu^{2+} 和 Hg^{2+} 也能抑制纤维素酶，但是半胱氨酸能消除它们的抑

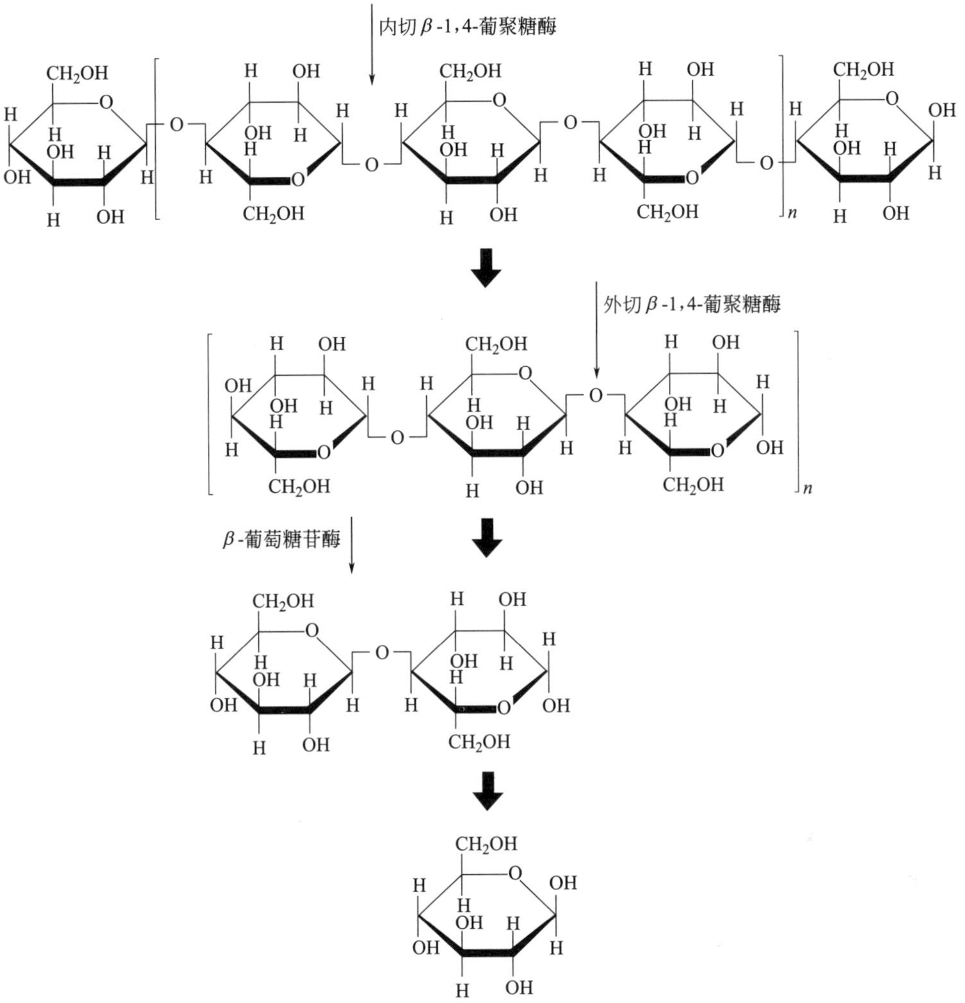

图 6-9　纤维素酶水解机制

制作用，甚至进一步激活纤维素酶。植物组织中含有天然的纤维素酶抑制剂，它能保护植物免遭霉菌的腐烂作用，这些抑制剂是酚类化合物。如果植物组织中存在着高的氧化酶活力，那么它能将酚类化合物氧化成醌类化合物，后者能抑制纤维素酶。

纤维素酶是一种复合酶，测定其活性的方法很多，但至今也没有统一。国内外已报道的纤维素酶活力测定的方法，包括棉线切断法、滤纸崩溃法、羧甲基纤维素钠（CMC-Na）为底物的黏度降低和还原糖增长的测定法、分光光度计法、纤维素酶 CMC 液化活力法等。近年来国内目前一般采用 DNS 法在 $500 \sim 540 \text{nm}$

波长下测定纤维素酶的滤纸酶活（FPA）和 CMC 酶活（CMCA）等。该方法操作简单、快速、杂质干扰较少。

三、纤维素酶在海藻加工中的应用研究

纤维素被纤维素酶彻底水解是利用微生物将纤维素转化生产燃料乙醇的一条有效的、无污染的途径，已成为全世界的研究热点。从纤维素酶被人类认识和利用以来，它已经普遍应用于食品、酿造、饲料、纺织、造纸、农业以及基本科研中。然而，因为纤维素酶生产成本较高、产率低等问题，也使得纤维素酶是当前糖苷酶类中还有大量亟待解决问题的酶之一，所以纤维素酶的研究非常有应用价值。

1. 生产生物能源

大型海藻中的纤维素产量高，并且海藻的生长、养殖比较简单，生产成本低，生长速率快，利用纤维素酶降解海藻中的纤维素在生产生物乙醇上有很大的发展潜力。经过稀硫酸处理过后的海带，再用纤维素酶和纤维素二糖酶在 50℃ 下水解 48h，然后加入酿酒酵母进行发酵可以生产乙醇。而南极交替假单胞菌（*Pseudoalteromonas* sp.）NJ62 产生的纤维素酶可以直接处理海带，进行乙醇发酵，乙醇转化率约达理论值的 85%。该方法省去了硫酸处理过程，更加节约能源，并且在一定程度上降低了污染。海藻纤维素作为生产原料在转化效率及环境影响方面较高等植物纤维素优势明显，如何进一步控制转化成本，提高过程经济可行性是实现海藻纤维素乙醇工业化生产的关键。

2. 生物转化纤维素生产高附加值产品

有机酸是微生物主要代谢途径的产物或中间体，包括柠檬酸、琥珀酸、葡萄糖酸、草酸、乳酸、苹果酸、富马酸等。利用纤维素酶可以将海藻中的纤维素转化为有机酸用于合成其他重要化学品。目前，采用纤维素酶发酵生产有机酸的技术还有待提高，提高纤维素酶降解纤维素效率的研究主要包括：对纤维质材料进行预处理；研究纤维素酶的最适作用条件；纤维素酶的重复利用；合理的发酵工艺等。通过筛选产酶菌种和培养条件，寻找高活性纤维素酶；采用各种方法处理纤维素，使其更易于分解，如物理法、化学法、生物法等；筛选酶解工艺条件，包括温度、pH、酶促反应时间、激活剂等。

3. 用于饲料加工

酶制剂作为家畜饲料添加剂在国内外已引起越来越多的关注。由于家禽家畜一般难以消化利用纤维素和半纤维素，因此，纤维素酶在饲料酶制剂中应用最为普遍。使用饲料纤维素酶制剂，可以促进动物的消化吸收，大大提高饲料的利用率。

第六节　蛋白酶在海藻加工中的应用

一、蛋白酶

　　蛋白酶是指能水解肽链中肽键的一类酶。国际生物化学和分子生物学联合会在 1984 年推荐使用肽酶作为肽链水解酶类的总称，而更广泛使用的名称——蛋白水解酶和蛋白酶是它的同义词。它广泛存在于动物的内脏或体液、植物的茎叶、果实或根部，微生物也可分泌多种蛋白酶。

1. 蛋白酶的分类

　　目前根据催化中心参与催化的氨基酸不同，将蛋白酶划分成 8 大类（表 6-1）。根据不同蛋白酶活性中心抑制剂种类的不同，也可将蛋白酶进行归属分类：丝氨酸蛋白酶、天冬氨酸蛋白酶、半胱氨酸蛋白酶和金属蛋白酶等。其中丝氨酸蛋白酶的活性可被二异丙基磷酰氟、苯甲基磺酰氟等不可逆地抑制；金属蛋白酶的活性通常可被金属离子螯合剂抑制；氯汞苯甲酸（PCMB）和 E-64 等抑制剂可对半胱氨酸家族蛋白酶产生不可逆抑制作用；抑肽酶则是天冬氨酸蛋白酶的抑制剂。另外，按照蛋白酶在肽链上的酶切位点，还可将蛋白酶分为内肽酶和外肽酶两类。根据蛋白酶催化反应的最适值，可将蛋白酶划分为酸性蛋白酶、中性蛋白酶和碱性蛋白酶。根据蛋白酶催化反应的最适温度又可将其分为低温蛋白酶、中温蛋白酶、高温蛋白酶。蛋白酶按来源可分为植物蛋白酶、动物蛋白酶和微生物蛋白酶。

表 6-1　蛋白酶根据催化位点的分类

蛋白酶种类	MEROPS 名称	EC 名称	催化位点	家族序号
天冬氨酸蛋白酶	Aspartic(A)	EC 3.4.23	Asp	36
半胱氨酸蛋白酶	Cysteine(C)	EC 3.4.22	Cys、His	101
谷氨酸蛋白酶	Glutamic(G)	EC 3.4.23	Glu、Gln	2
金属蛋白酶	Metallo(M)	EC 3.4.24	His	98
丝氨酸蛋白酶	Serine(S)	EC 3.4.21	His、Asp、Ser	81
苏氨酸蛋白酶	Threonine(T)	EC 3.4.25	Thr	7
天冬酰胺蛋白酶	Asparagine(N)	EC 3.4.23	Asp	11
混合催化类型蛋白酶	Mixed(P)	EC 3.4	—	1

　　（1）天冬氨酸蛋白酶

　　天冬氨酸蛋白酶（EC 3.4.23），又称为酸性蛋白酶，典型的是胃蛋白酶。这类酶的最适反应 pH 为 2.0～5.0，在 pH 高于 6.0 时，天冬氨酸蛋白酶迅速失活，该酶的等电点一般在 3～4.5，天冬氨酸是这类酶的活性中心。天冬氨酸蛋白酶受重氮乙酰-正亮氨酸甲酯（DAN）特征性抑制。大多数的天冬氨酸蛋白酶在 pH 3～4 范围内活性最强。微生物天冬氨酸蛋白酶（酸性蛋白酶）主要催化芳香族氨基酸与其他氨基酸所构成的肽键，其生产菌株主要是霉菌，如曲霉、根霉、青霉和毛霉等。

（2）半胱氨酸蛋白酶

半胱氨酸蛋白酶（EC 3.4.22），又叫巯基蛋白酶，是一类以半胱氨酸为活性中心的内切酶，其广泛存在于原核和真核生物中，以及植物、哺乳动物和人体中。木瓜蛋白酶是其代表。半胱氨酸和组氨酸构成半胱氨酸蛋白酶的催化中心，不同的半胱氨酸蛋白酶其 Cys 与 His 前后顺序不同。通常半胱氨酸蛋白酶需有还原剂半胱氨酸或者 HCN 存在的条件下才有活性。这类酶受氯汞苯甲酸（PCMB）特征性抑制。半胱氨酸蛋白酶的最适 pH 一般为中性。

（3）金属蛋白酶

金属蛋白酶（EC 3.4.24）是指活性中心存在二价金属离子（Mg^{2+}、Zn^{2+}、Co^{2+}、Fe^{2+}、Cu^{2+}）的一类蛋白酶。多数金属蛋白酶的活性中心存在 Zn^{2+}，某些金属蛋白酶的活性中心还含有 Ca^{2+}。金属蛋白酶的最适 pH 一般为 7～9。金属蛋白酶有许多共性：①催化机制依赖于活性中心的金属离子（大部分是 Zn^{2+}）；②以酶原的形式分泌；③酶原经水解或修饰后才有活性；④核酸 cDNA 序列结构的同源性较高；⑤受 EDTA 或者 TIMPs 的强烈抑制。

（4）丝氨酸蛋白酶

丝氨酸蛋白酶（EC 3.4.21）是一类以丝氨酸作为催化活性中心关键氨基酸位点的蛋白水解酶。目前发现的蛋白酶中有三分之一以上都是丝氨酸蛋白酶，丝氨酸蛋白酶家族是最大的蛋白酶家族之一，它受苯甲基磺酰氟（PMSF）与 DFP 特征性抑制；丝氨酸蛋白酶起催化作用的最适 pH 一般在 8～10，属于碱性酶。它们中的大多数在活性中心都含有由组氨酸（His）、天冬氨酸（Asp）和丝氨酸（Ser）构成的催化三联体，具有相同的催化机制，但是它们与底物结合位点的不同决定了它们的专一性不同。丝氨酸蛋白酶由两个结构域（N 结构域和 C 结构域）组成，有两个催化残基（His、Asp）位于 N 端结构域，Ser 残基位于 C 端结构域，大部分重要的功能位点都位于 C 端结构域，如催化功能。丝氨酸蛋白酶关键结构的微小变化，都会引起功能上的变化。典型的丝氨酸蛋白酶包括胰蛋白酶、胰凝乳蛋白酶、弹性蛋白酶、枯草杆菌蛋白酶等，这些蛋白酶不仅在生物体中发挥着重要的生理作用，同时在食品加工、医疗、纺织及洗涤业中都具有广泛的应用前景和研究价值。

2. 蛋白酶的来源

蛋白酶在生物体内发挥着各种各样的生理功能及代谢活性，对生物有机体来说是不可或缺的。目前商业上所生产的蛋白酶来源主要有动物、植物以及微生物。

动物来源的蛋白酶主要包括胰蛋白酶、胃蛋白酶和凝乳蛋白酶等。这些蛋白酶已在工业上被大量提取纯化并应用于各领域。然而，由于动物屠宰量的限制，动物生长周期长和相关政策的限定，动物来源的蛋白酶成本较高，使得动物蛋白酶的大量生产存在一定的障碍。

植物蛋白酶来源丰富，安全可靠，已在工业上广泛应用的主要有木瓜蛋白酶、菠萝蛋白酶和无花果蛋白酶等。植物蛋白酶常有多种存在方式，如菠萝的果、茎和叶片中都存在蛋白酶。有的蛋白酶不是单一成分，而是由多种不同分子量及分子结构的酶分子组成的多酶体系。研究发现，菠萝蛋白酶含有两种蛋白酶组分，菠萝茎中含有不同蛋白酶组分多达六种。目前植物蛋白酶的研究主要集中于热带、亚热带植物中。在植物中，蛋白酶的生产是一个长时间的过程，植物本身的生长也受到天气、耕地面积等因素的限制，因此产量有限，成本也较高，不利于大规模的生产。

微生物由于生长速度快、可塑性强、所需空间和时间少，且具有生化多样性等特点备受关注。微生物蛋白酶又分为细菌蛋白酶、真菌蛋白酶和病毒蛋白酶，大部分商用的中性和碱性蛋白酶来源于细菌。已发现的产生胞外蛋白酶的细菌主要有枯草杆菌、大肠杆菌和弧菌等，其中芽孢杆菌（包括枯草芽孢杆菌、短小芽孢杆菌、地衣芽孢杆菌等）是用于蛋白酶工业生产最主要的菌株。地衣芽孢杆菌2709和嗜碱性短小芽孢杆苗 B4 为碱性蛋白酶的主要工业生产菌株。与细菌相比，真菌来源的蛋白酶种类更多，包括酸性、中性和碱性蛋白酶，许多真菌如青霉、曲霉和酵母等都能产生胞外蛋白酶。真菌蛋白酶更容易通过固态发酵而获得，一些真菌碱性蛋白酶常被用来做饲料添加剂。真菌酸性蛋白酶一般最适 pH 在 $4.0 \sim 4.5$，pH $2.5 \sim 6.0$ 范围内具有较好的稳定性，在乳酪工业中发挥着一定的作用。真菌中性蛋白酶一般为金属蛋白酶，其最适 pH 在 7.0 左右，可被金属离子螯合剂所抑制。病毒蛋白酶在病毒的生命周期中发挥着重要的作用，对于艾滋病毒、手足口病病毒、森林脑炎病毒、丙型肝炎病毒等的蛋白酶及其抑制剂的研究具有重要的意义。丝氨酸蛋白酶、天冬氨酸蛋白酶和半胱氨酸蛋白酶等在各种病毒中均有发现。可通过蛋白结晶及其他方法获得病毒蛋白酶三维结构，因此设计出旨在有效抑制病毒蛋白酶活性的抑制剂，并对蛋白酶之间的相互作用进行研究，对于有效对抗艾滋病毒和流感病毒等致病性病毒具有重要意义。

二、海洋蛋白资源酶解产物的开发利用

1.酶解海洋蛋白用于动物饲料或培养基的制备

饲料中的一个重要的组成部分就是蛋白质，目前，饲料行业中应用最广泛的是大豆蛋白，种类较为单一。研究证明，海洋蛋白水解产物中具有有利于健康和营养的成分，可被用来提高饲料的品质。研究发现，用鱼的酶解产物代替的鱼粉来喂养虾，可以提高虾的生长速率；鱿鱼肉作为一种蛋白资源，酶解后用于虾的饲养，更利于虾的生长。蛋白水解产物作为饲料除了可以促进生长之外，还可增强饲喂生物的自身免疫能力。由于海洋蛋白资源被水解以后，水解产物的蛋白含量很高，而且水溶性较好，所以可以用来替代微生物培养所用的蛋白胨。研究发现用从胰腺中提取的蛋白酶复合物酶解冰岛扇贝废弃物，是培养微生物的好原料，扇贝的酶解物培养金黄色葡萄球菌的效果要大大的好于鱼肉的水解产物。

2.海洋蛋白的酶解产物用于海味调味品的制备

目前，有超过6000种挥发性风味组分，包括酯类、醛类、酮类、醇类、含氮含硫的组分，吡喃类化合物等从鱼类甲壳类生物中被分离出来，并用作食品风味添加剂。研究表明，海洋中的蛋白酶可以将海洋中的蛋白质分解生成很多小分子的肽类。相对于那些人工合成的风味添加剂，消费者越来越青睐于天然食品，因为它们使用起来更安全。通过蛋白酶酶解海洋蛋白资源，可以获得风味产品，提高它们的经济价值。这种方法的好处在于酶解底物是纯天然生物，反应条件温和，过程中产生的废弃物少，催化反应专一，利于确定立体化学性质等，并有研究表明通过风味酶水解红鳍鱼肉产生的风味氨基酸取得了良好的结果。

3.甲壳素生产中除蛋白

甲壳素是一种经济价值很高的多糖，主要存在于虾蟹壳中，在制取过程中需要将其中的蛋白类去除，过去一直沿用碱水解蛋白的方法，不但浪费大量的碱和水，排放的废水还会造成环境的污染，现在许多研究开始用蛋白酶代替碱来去除壳中的蛋白，从而减少碱的用量，蛋白酶解液也可回收利用，取得了较好的效果。

4.海洋蛋白资源酶解产物用于天然药物

越来越多的研究表明，有些生物活性肽是以非活性的状态存在于蛋白质的氨基酸长链中。这些活性肽一旦被释放出来，就可能发挥许多生物活性，如抗高血压活性、促生长活性、抑制肿瘤的活性、抗氧化活性等。目前从海洋蛋白酶解产物中分离降血压肽是研究的热点，受到国内外研究者的普遍关注。自1970年以来，不断有新的降压肽被发现，其中包括化学合成的，从天然物质中分离提取

的，更多的是经过蛋白酶作用后，产生的酶解肽段。用于酶解的蛋白种类很多，以陆地蛋白资源居多，如大豆蛋白、乳蛋白、牲畜骨骼肌肉蛋白、卵黄蛋白、卵清蛋白等。抑制肽还从蔬菜蛋白，玉米醇溶蛋白，大麦醇溶蛋白，大蒜中被分离出来。但是，近年来从海洋蛋白的酶解产物中也发现了大量的降压肽，如从沙丁鱼、金枪鱼、鲤鱼、小虾、螃蟹、海藻的酶解物中发现的具有新的氨基酸序列的降压肽。除了以上用途以外，蛋白酶对于海洋蛋白资源开发的用途还有很多。比如用于虾青素的制备，用于食品加工，等等。

第七节　芳香基硫酸酯酶在海藻加工中的应用

一、芳香基硫酸酯酶

硫酸酯酶是能够催化硫酸酯键断裂的一类酶，依据作用底物的不同主要分为三类：芳香基硫酸酯酶、碳水化合物硫酸酯酶和烷基硫酸酯酶。芳香基硫酸酯酶（arylsulfatase，EC 3.1.6.1）催化芳香基硫酸酯键的水解，生成芳基化合物和无机硫酸盐，常用的检测人工底物为 p-NPS 和 4-MUS。

1.芳香基硫酸酯酶的来源

芳香基硫酸酯酶分布广泛，在真菌、细菌、海胆、海藻、蜗牛、哺乳动物和人体中都可分离得到。动物体内的芳香基硫酸酯酶来源有限，且难以完全提纯，而微生物来源的芳香基硫酸酯酶具有易分离、便于生产等优点，得到较多的研究。已经有多起从微生物中分离得到芳香基硫酸酯酶的报道，包括：鼠伤寒沙门氏菌（*Salmonella typhimurium*）、产气克雷伯氏杆菌（*Klebsiella aerogenes*）、肺炎克雷伯菌（*Klebsiella pneumoniae*）、海单胞菌（*Marinomonas* sp.）、食鹿角菜交替假单胞菌（*Pseudoalteromonas carrageenovora*）、铜绿假单胞菌（*Pseudomonas aeruginosa*）、灰锈赤链霉菌（*Streptomyces griseorubiginosus*）、黏质沙雷氏菌（*Serratia marcescens*）、米曲霉（*Aspergillus oryzae*）、海栖热袍菌（*Thermotoga maritima*）和鞘氨醇单胞菌（*Sphingomonas* sp.）。虽然这些芳香基硫酸酯酶来源于不同的物种，但是它们的初级结构之间具有较高的相似性。

2.芳香基硫酸酯酶的结构及催化机理

通过 X 射线衍射已经获得多个芳香基硫酸酯酶的三级结构，其中有来自于人体的 HARSA（1AUK，2.1Å）、HARSB（1E33，2.5Å）和 HARSC（1P49，2.6Å），也有来自于革兰氏阴性菌 *Pseudomonas aeruginosa* 的 PARS（1HDH，

1.3Å)。它们的三级结构相似，都具有 α/β 拓扑结构（图 6-10）。芳香基硫酸酯酶的活性位点十分保守，含有 C/SXPXR（C 为 Cys，S 为 Ser，X 代表任意氨基酸）保守序列，因此芳香基硫酸酯酶又可分为 Cys 型和 Ser 型。目前，真核生物中发现的芳香基硫酸酯酶都是 Cys 型，原核生物中既存在 Cys 型又存在 Ser 型。此外，这类酶保守域中的半胱氨酸（Cys）或丝氨酸（Ser）还普遍经历了翻译后修饰，从而在活性位点中心形成甲酰甘氨酸（formylglycine，FGly）的结构。

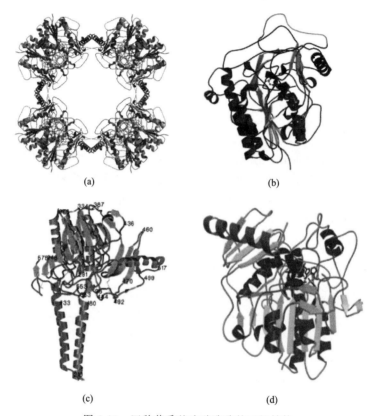

(a)

(b)

(c)

(d)

图 6-10　四种芳香基硫酸酯酶的三级结构

（a）HARSA（PDB：1AUK）；（b）HARSB（1E33）；（c）HARSC（1P49）；（d）PARS（1HDH）

　　HARSA、HARSB 和 PARS 的催化中心区域具有显著的结构同源性，酶的催化中心都是由 10 个极性氨基酸和 1 个二价金属离子组合而成（表 6-2）。其中通用残基 AspA、AspB、AspC 和 AsnA 构成了金属离子结合区域，而在 HAR-SC 中是由 Gln 代替行使这一功能。对 HARSA 的金属离子结合区域突变后，发现该酶的结合和催化效率有所下降，因此也进一步证明了金属离子在断裂硫酸酯键的过程中不可或缺，具有结合底物和激活亲核攻击的作用。

　　甲酰甘氨酸是最关键的活性中心，在催化口袋中，还分布着一些带正电荷的氨基酸（LysA 和 LysB），具有与阴离子硫酸盐结合的功能。二价金属离子与 HisB 共同作用来中和阴离子硫酸根和消去电子密度，创建一个新的电荷中心，同时也可以使四面体硫酸根定位嵌合于催化中心以便于甲酰甘氨酸的亲核攻击。

表 6-2 芳香基硫酸酯酶 HARSA、HARSB 和 PARS 活性位点的位置和功能

催化中心	PARS	HARSA	HARSB	功能
FGly	51	69	91	催化亲核剂羟基甲酰甘氨酸
金属离子	Ca^{2+}	Mg^{2+}	Ca^{2+}	底物结合与激活
AsnA	Asn318	Asn282	Asn301	金属配位，激活羟基甲酰甘氨酸
AspA	Asp317	Asp281	Asp300	金属配位
AspB	Asp14	Asp30	Asp54	金属配位
AspC	Asp13	Asp29	Asp63	金属配位
ArgA	Arg55	Arg73	Arg95	稳定羟基甲酰甘氨酸
HisA	His115	His125	His147	稳定羟基甲酰甘氨酸，消除甲酰甘氨酸硫酸盐酯
HisB	His211	His229	His242	底物结合与激活
LysA	Lys113	Lys123	Lys145	底物结合与激活
LysB	Lys375	Lys302	Lys318	底物结合与激活

二、芳香基硫酸酯酶在海藻加工中的应用研究

琼脂具有优良的胶凝性和增稠性，被用作胶凝剂、增稠剂、乳化剂、稳定剂和水分保持剂等广泛应用于食品、轻工、医药和生物工程等领域中。我国具有深厚的琼脂工业基础，主要集中于海南、广东、福建和山东等省。红藻中天然琼脂分子上带有大量硫酸酯基团，是影响琼脂凝胶强度、电内渗和蛋白质吸附能力的主要原因，去除硫酸酯基团是琼脂生产的必要与关键环节。目前，工业生产中普遍使用碱法去除琼脂中的硫酸酯基团，不仅产生严重的环保问题（每生产 1t 琼脂要向环境中排放 0.7t 氢氧化钠），还导致琼脂大量降解流失，降低了提取得率。与碱处理工艺相比，采用酶水解技术去除琼脂中的硫酸酯基团具有反应条件温和、特异性高的特点，对环境污染小，而且不容易引起琼脂降解流失，是新型琼脂生产技术的发展方向。

虽然已经从多种生物中分离了硫酸酯酶，但大部分硫酸酯酶缺乏对琼脂硫酸酯的水解活性。近年来，相关研究发现来自食鹿角菜交替假单胞菌（Pseudoalteromonas carrageenovora）、海栖热袍菌（Thermotoga maritima）、鞘氨醇单胞菌（Sphingomonas sp. AS6330）和海单胞菌（Marinomonas sp. FW-1）等少数微生物的芳香基硫酸酯酶具有琼脂硫酸酯水解活性。因此，在琼脂工业中芳香基硫酸酯酶具有巨大的潜在应用价值。

2004 年，Kim 等从 *Sphingomonas* sp. AS6330 中分离得到 41kDa 大小的芳香基硫酸酯酶，200g 琼脂加入 100U 的酶后，45℃ 处理 8h 可脱除 97.7% 的硫酸基团，形成的琼脂凝胶强度提高了 2.44 倍。2004 年，Lim 等克隆了 *Pseudoalteromonas carrageenovora* 的芳香基硫酸酯酶基因，并利用大肠杆菌作为宿主进行异源表达。琼脂加入适量的酶 40℃ 处理 12h 后可脱除 73% 的硫酸基团，而且凝胶强度提高两倍。2013 年，Lee 等在大肠杆菌中异源表达了 *Thermotoga maritima* 芳香基硫酸酯酶基因，对重组酶纯化后进行了性质研究。琼脂经酶处理后仅残留 40% 的硫酸基团，DNA 在酶处理后的琼脂中电泳效果得到极大提高。2015 年，Wang 等从 *Marinomonas* sp. FW-1 中分离纯化得到一种碱性芳香基硫酸酯酶，酶处理红藻石花菜和龙须菜琼脂的脱硫率分别为 86.11% 和 89.61%，这种碱性芳香基硫酸酯酶可能在将琼脂转化为琼脂糖方面具有很大的应用潜力。

2017 年，Zhu 等以提高 *P. carrageenovora* 芳香基硫酸酯酶的热稳定性为目的，基于易错 PCR 对酶进行定向进化，获得了热稳定性提高的突变体 H259L。该突变酶可脱除 82.1% 的江蓠粗多糖硫酸基团。2018 年，Zhu 等基于理性设计提高 *P. carrageenovora* 芳香基硫酸酯酶的热稳定性，利用定点突变技术，获得热稳定性提高最好的突变子为 K253H/H260L。它在 55℃ 的半衰期为 70.3min，而野生型酶的半衰期仅为 9.1min，而且 K253H/H260L 的酶活力与野生型相比也提高了 7%。芳香基硫酸酯酶的分子改造提高了该酶在海藻加工中的应用潜力。

第八节 昆布多糖酶在海藻加工中的应用

一、昆布多糖

昆布多糖（laminarin）也被称为褐藻淀粉，主要来源于海带（*Laminaria digitata*）等海藻细胞，是藻类的重要贮藏多糖。它由光合作用产生，一般占细胞干重的不足 1%。昆布多糖是一种带有 β-1,6-侧链的线性 β-1,3-葡聚糖分子，是一种水溶性多糖，常作为测定 β-1,3-葡聚糖酶活性的底物。昆布多糖及其衍生物具有广泛的生物学活性，是一种功能性多糖，具有抗肿瘤、抗氧化、调节血脂、净化血液中尿酸、降低尿蛋白等功效，还可预防痛风、高血脂、肾病等疾病。

天然的昆布多糖黏度大，扩散困难，难被机体吸收，而且天然高分子多糖不能穿越身体的各种屏障甚至是细胞膜。研究表明，经多糖降解后得到的低分子量多糖产物容易吸收，且仍然保持其生物活性，因此将昆布多糖降解为低分子量多糖产物具有重要意义。

目前昆布多糖的降解主要有化学降解法、物理降解法和生物降解法。其中，生物降解法利用昆布多糖酶降解昆布多糖，反应条件温和、易于控制，是一种绿色、高效、环保的降解方法。

二、昆布多糖酶

昆布多糖酶（EC 3.2.1.39）又被称为内切 β-1,3-葡聚糖酶，是一种专一性水解 β-1,3-葡聚糖中的 β-1,3-糖苷键的酶类，能够从 β-1,3-葡聚糖糖链内部随机切断聚糖中的 β-1,3-糖苷键，将聚糖水解生成一系列不同大小的寡糖。内切 β-1,3-葡聚糖酶具有严格的底物特异性，对含 β-1,4-糖苷键的葡聚糖水解效率很低。根据碳水化合物活性酶数据库（carbohydrate active enzymes database，CAZy）的分类，已发现的内切 β-1,3-葡聚糖酶可以归属于 7 个糖苷水解酶家族：GH16、GH17、GH55、GH64、GH81、GH128 和 GH132。

1. 昆布多糖酶的来源

昆布多糖酶来源广泛，包括细菌、真菌、植物等，其中微生物是该酶的重要来源。目前已经报道的产昆布多糖酶的微生物主要包括强烈炽热球菌（*Pyrococcus furiosus*）、纤维化纤维菌（*Cellulosimicrobium cellulans*）、拟诺卡氏菌属（*Nocardiopsis* sp.）、海洋红嗜热菌（*Rhodothermus marinus*）、盐屋链霉菌（*Streptomyces sioyaensis*）、海栖热袍菌（*Thermotoga maritima*）、栖热菌（*Thermotoga petrophila*）、食半乳聚糖卓贝尔氏黄杆菌（*Zobellia galactanivorans*）、马氏链霉菌（*Streptomyces matensis*）、米黑根毛霉（*Rhizomucor miehei*）等。产昆布多糖酶植物主要包括马铃薯、小果野蕉、大麦和海南岛橡胶等。

2. 昆布多糖酶的结构与催化机制

（1）GH16 家族内切 β-1,3-葡聚糖酶

在已报道的内切 β-1,3-葡聚糖酶中，GH16 家族占绝大部分，来源分布广泛，主要以细菌来源为主。GH16 家族蛋白的三维结构呈现为一种 β 折叠形成的果冻卷结构（β-sandwich jelly-roll），内侧的 β 折叠片层向外弯曲，构成了一个长的催化凹槽（图 6-11）。

GH16 家族内切 β-1,3-葡聚糖酶遵循典型的糖苷水解酶保留反应机制，包括两步取代（图 6-12），在反应历程中会形成不稳定的酶-糖基中间体。在反

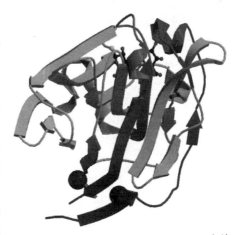

图 6-11 *Zobellia galactanivorans* GH16 家族 β-1,3-葡聚糖酶结构（PDB：4CTE）

应的第一步，活性中心的谷氨酸残基作为广义酸攻击底物的异头碳。底物的 β-1,3-糖苷键断裂，离去基团被切去，并形成了酶-糖基不稳定中间体。随后，活性中心的谷氨酸残基作为广义碱，协助水分子攻击酶-糖基不稳定中间体的异头碳位置，β-1,3-糖苷键被水解，形成了最终的水解产物。

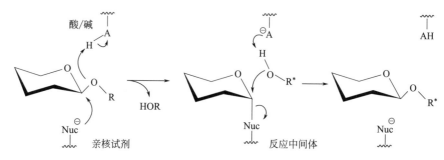

图 6-12　糖苷水解酶的保留催化机制

（2）GH17 家族内切 β-1,3-葡聚糖酶

GH17 家族蛋白呈现典型的（β/α）8TIM 桶状结构，由 8 个 α 螺旋和 8 个 β 折叠环绕形成。Vraghese 等于 1994 年首先报道了一例来源于大麦（*Hordeum vulgare*）的 GH17 家族内切 β-1,3-葡聚糖酶 *Hv*Lam17 的结构。研究结果显示，*Hv*Lam17 三维结构为典型的（β/α）8TIM 桶构造（图 6-13），属于 GH-A 超家族，起酸碱催化和亲核试剂作用的谷氨酸残基分别位于第 4 和第 7 个 β 折叠上，一个能够容纳长链底物的狭长催化凹槽贯穿整个酶的表面。已有的研究表明，GH17 家族内切 β-1,3-葡聚糖酶与 GH16 家族蛋白类似，遵循典型的糖苷水解酶保留反应机制。催化反应在保守的活性氨基酸残基参与下执行两步反应，在反应历程中同样会形成不稳定的酶-糖基中间体。Wojtkowiak 等通过酶-底物复合物晶体发现典型的 GH17 家族内切 β-1,3-葡聚糖酶催化凹槽包含 7 个糖基结合位点，包括 -3 位到 +3 位。这一狭长的催化凹槽具有一定弧度，适宜于结合 β-1,3-糖苷键连接而成的糖链，而完全不能容纳 β-1,4-糖苷键连接而成的糖链。

图 6-13　GH17 家族大麦（*Hordeum vulgare*）
β-1,3-葡聚糖酶结构（PDB：1GHR）

（3）GH55 家族内切 β-1,3-葡聚糖酶

CAZy 数据库目前收录了 270 个 GH55 家族蛋白序列，均来源于细菌和丝状真菌。目前仅有两例 GH55 家族内切 β-1,3-葡聚糖酶的性质报道，还没有 GH55 家族内切 β-1,3-葡聚糖酶的结构报道。

（4）GH64 家族内切 β-1,3-葡聚糖酶

目前发现 GH64 家族蛋白全部为内切 β-1,3-葡聚糖酶，主要来源于细菌，也有部分丝状真菌来源报道。Wu 等报道了一例来源于 *Streptomyces matensis* 的 GH64 家族内切 β-1,3-葡聚糖酶（LPHase）的晶体结构。LPHase 由两个结构域构成，N 端为两组反向平行的 β 折叠片层形成的结构域，C 端为 α 螺旋与 β 折叠堆积成的 α/β 结构域，两个结构域中间形成了一个面积巨大的 U 形催化凹槽（图 6-14）。

根据酶-底物复合物结构及计算机模拟，其推测 LPHase 可能从非还原末端水解 β-1,3-葡聚糖，并以昆布五糖为单位释放水解产物。GH64 家族内切 β-1,3-葡聚糖酶执行典型的反转型催化机理（图 6-15），催化中心附近的天冬氨酸残基作为广义碱，而谷氨酸残基作为广义酸（质子供体）参与水解反应。反应为一步反应，谷氨酸残基作为广义酸首先提供一个质子给底物的异头碳，同时天冬氨酸残基作为广义碱从水分子夺去一个质子，增加了其亲核性，促进其攻击异头物的中心，从而使得糖苷键断裂，生成水解产物。

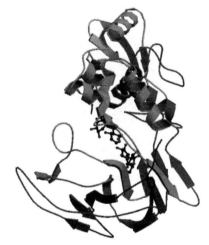

图 6-14　GH64 家族 *Streptomyces matensis* 内切 β-1,3-葡聚糖酶结构（PDB：3GD9）

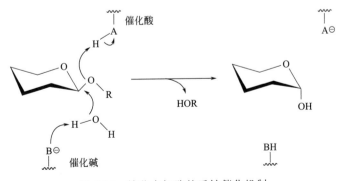

图 6-15　糖苷水解酶的反转催化机制

（5）GH81 家族内切 β-1,3-葡聚糖酶

GH81 家族蛋白广泛分布于植物、真菌、细菌、古生菌和病毒中，已有报道的 GH81 家族蛋白全部为内切 β-1,3-葡聚糖酶。McGrath 等研究表明，*Thermobifida fusca* GH81 β-1,3-葡聚糖酶（*Tf*Lam81）是一种内切型 β-1,3-葡聚糖酶，并通过定点突变实验证实了氨基酸残基 Asp422、Glu499 及 Glu503 可能是该酶的催化中心。Zhou 等报道了一例来源于 *Rhizomucor miehei* 的内切 β-1,3-葡聚糖酶（*Rm*Lam81A）晶体结构，三维空间结构见图 6-16。*Rm*Lam81A 由三个结构域构成，其中 N 端结构域呈现 β 折叠夹层结构，包含两组反向平行的 β 折叠片层。C 端结构域呈现典型的（α/α）6 桶状结构。中间的小结构域含有两个反向平行的 β 折叠和 2 个 α 螺旋。三个结构域共同组成了一条纵向的狭长催化凹椎。与 GH55 和 GH64 家族内切 β-1,3-葡聚糖酶类似，GH81 家族内切 β-1,3-葡聚糖酶执行典型的反转型催化机理，催化中的保守天冬氨酸残基作为广义酸（质子供体），而谷氨酸残基作为广义碱参与水解反应，反应为一步反应。

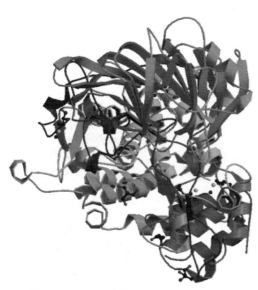

图 6-16　GH81 家族 *Rhizomucor miehei*
β-1,3-葡聚糖酶结构（PDB：4K35）

（6）其他家族内切 β-1,3-葡聚糖酶

GH128 家族蛋白和 GH132 家族蛋白的相关研究目前开展较少，尚不清楚其蛋白结构及催化机理。GH128 家族蛋白属于 CH-A 超家族，根据推测遵循保留催化机制，三维结构为（β/α）8TIM 桶构造，可能的两个催化残基为谷氨酸残基，分别发挥酸碱催化和亲核试剂功能。GH132 家族蛋白目前相关信息较少，根据预测同样遵循保留催化机制。

三、昆布多糖酶在海藻加工中的应用研究

1. 生产低聚糖

研究表明，一些小分子量的可溶性 β-1,3-低聚糖是有效的免疫激活剂。酶解法生产 β-1,3-葡寡糖特异性强，无副产物生成，被认为是一种有效、安全的生产低聚糖的方法。许多微生物来源的 β-1,3-葡聚糖酶都能够高效水解 β-1,3-葡聚

糖，产生一系列聚合度的昆布寡糖，具有工业化生产 β-1,3-葡寡糖的潜力。

2. 海藻多糖结构的研究

多糖的结构较为复杂，分子量也很大。为了更系统全面的解析多糖的结构，需要将高分子量的多糖通过合适的方法降解成低分子量的片段再进行分析，然后再通过低分子量片段的结构信息来推断高分子量多糖的结构。昆布多糖酶能够将一些海藻多糖水解为简单的寡糖，通过对其简单的水解产物进行结构鉴定，继而逆推出复杂的海藻多糖结构。

3. 抗真菌

细胞壁是真菌细胞生存的必要条件，细胞壁的降解会导致真菌细胞失去渗透压平衡，最终导致细胞的降解，因此，扰乱细胞壁合成成为一种潜在的抗真菌手段。在植物保护中，由于植物 β-1,3-葡聚糖只存在于有限的某些部位，而大部分植物病原菌的细胞壁中，β-1,3-葡聚糖多聚体是其重要的结构多糖，因此，β-1,3-葡聚糖酶可以针对性地破坏植物病原菌细胞壁的同时，却不伤害植物本身，从而达到抑制病原菌的目的。

4. 用于生物质的降解

由于 β-1,3-葡聚糖为真菌及部分植物细胞壁组成成分，部分研究表明，β-1,3-葡聚糖酶具有潜力应用于生物质废料的降解。通过阵列分析，Colleen 等发现 β-1,3-葡聚糖酶能够有效作用于植物细胞壁多糖及愈创葡聚糖，能在植物生物质的降解中发挥重要作用。

5. 用于饲料工业

β-1,3-葡聚糖是一种抗营养因子，能够增大其在肠道中的黏度，降低营养物质的消化和吸收。β-1,3-葡聚糖酶能够将其降解为低分子量片段、分解植物细胞壁、提高内源性酶活性等，从而消除 β-1,3-葡聚糖的抗营养作用。现阶段在猪、鱼和家禽等饲料中应用较多。

参考文献

[1] 许彩云，朱艳冰，倪辉，等. 一株产卡拉胶酶细菌的分离鉴定及其酶学性质. 微生物学报，2015, 55
　　（2）：140-148.

[2] 王美玲. 一株海洋细菌基因组文库的构建及岩藻多糖酶基因的筛选. 安徽农业大学硕士论文，2013.

[3] 朱大玲，唐啸龙，张宝玉，等. 一株海藻多糖降解菌的分离鉴定及产酶条件优化. 海洋科学，2017, 41
　　（8）：99-107.

[4] 张恒曦. 主要海藻多糖降解酶活性架构及其降解模式分析. 山东大学硕士论文，2017.

[5] 周燕霞. 褐藻胶裂解酶分泌菌株的分离鉴定及 *Tamlana holothuriorums* 12-T 中褐藻胶裂解酶的研究.
　　山东大学博士论文，2016.

［6］何海伦.适冷蛋白酶与中温蛋白酶温度适应的分子基础及其在海洋生物蛋白资源高值化加工中的应用研究.山东大学博士论文，2005.

［7］冉丽媛.深海沉积物细菌 Pseudoalteromonas sp. SM9913 和 Myroides profundi D25 胞外蛋白酶对有机氮降解的作用机制研究.山东大学博士论文，2014.

［8］韩小龙.纤维素酶补料发酵工艺及木糖渣生产葡萄糖酸钠的研究.山东大学博士论文，2017.

［9］谢买胜.印尼热泉菌 Bacillus sp. Car19 产热稳定 κ-卡拉胶酶的研究.国家海洋局第一海洋研究所硕士论文，2017.

［10］马芮萍，朱艳冰，倪辉，等.一株产琼胶酶细菌的分离、鉴定及其琼胶酶基本性质.微生物学报，2014，54（5）：543-551.

［11］Chi W J, Chang Y K, Hong S K. Agar degradation by microorganisms and agar-degrading enzymes. Applied Microbiology and Biotechnology, 2012, 94: 917-930.

［12］Stressler T, Seitl I, Kuhn A, et al. Detection, production, and application of microbial arylsulfatases. Applied Microbiology and Biotechnology, 2016, 100: 9053-9067.

［13］Zhu Y B, Liu H, Qiao C C, et al. Characterization of an arylsulfatase from a mutant library of Pseudoalteromonas carrageenovora arylsulfatase. International Journal of Biological Macromolecules, 2017, 96: 370-376.

［14］仵严敏.海带多糖 LJP4 的降解及其产物的分析鉴定和抗凝血活性研究.西北大学硕士论文，2016.

［15］王瑞.两种 β-1，3-葡聚糖酶的性质表征与功能分析.大连理工大学，2017.

第七章

酶在ω-3型多不饱和脂肪酸制备中的应用

酶具有作用条件温和、专一性强、催化效率高及生成产物易于分离等特点，因此，生物酶工程技术可以有效地提取并富集 ω-3 型多不饱和脂肪酸，以满足医药、保健品、食品等行业的迫切需求。

第一节　ω-3 型多不饱和脂肪酸概述

一、ω-3 型多不饱和脂肪酸的结构

脂肪酸是碳链长度为 12～22 个碳原子的长链脂肪族酸。在大多数生物体细胞中，以碳链长度为 16 和 18 的脂肪酸最为常见。脂肪酸按饱和度可分为饱和脂肪酸（saturated fatty acids，SFA）和含有一个至多个双键的不饱和脂肪酸（unsaturated fatty acids，UFA）。不饱和脂肪酸一般采用 X：YΔZ 的方式表示其基本结构，X 代表脂肪酸碳链中碳原子的数目，Y 表示双键的个数，Z 表示从脂肪酸链羧基端计数时引入双键的位置。

多不饱和脂肪酸（polyunsaturated fatty acids，PUFA），又称多烯酸，含有两个或两个以上碳碳双键，其脂肪酸长链上的双键通常被亚甲基隔开：—CH＝CH—CH_2—CH＝CH—。从结构上划分，PUFA 可分为 ω-3（也称 n-3）和 ω-6（也称 n-6）两大系列（表 7-1），从不饱和脂肪酸甲基端开始数，第三个碳原子上开始出现碳碳双键的脂肪酸就称为 ω-3 型多不饱和脂肪酸（ω-3 polyunsaturated fatty acid，ω-3 PUFA），如果在第六个碳原子上开始出现碳碳双键的脂肪酸就称为 ω-6 型多不饱和脂肪酸（ω-6 polyunsaturated fatty acid，ω-6 PUFA）。ω-3 PUFA 的典型代表有二十碳五烯酸（eicosapentaenoic acid，EPA）、二十二碳六烯酸（docosahexaenoic acid，DHA）等。EPA 系统名称为 5,8,11,14,17-二十碳五烯酸，分子式 $C_{20}H_{30}O_2$，分子量 302.5。DHA 系统名称为 4,7,10,13,16,19-

二十二碳六烯酸，分子式 $C_{22}H_{32}O_2$，分子量 328.48。两者结构式如图 7-1 所示。

表 7-1　多不饱和脂肪酸分类

ω-6 多不饱和脂肪酸		
亚油酸（LA）	$\Delta 9,12$-十八碳二烯酸	$18:2\omega$-6
γ-亚麻酸（GLA）	$\Delta 6,9,12$-十八碳三烯酸	$18:3\omega$-6
花生四烯酸（ARA）	$\Delta 5,8,11,14$-二十碳四烯酸	$20:4\omega$-6
ω-3 多不饱和脂肪酸		
α-亚麻酸（LNA）	$\Delta 9,12,15$-十八碳三烯酸	$18:3\omega$-3
二十碳五烯酸（EPA）	$\Delta 5,8,11,14,17$-二十碳五烯酸	$20:5\omega$-3
二十二碳六烯酸（DHA）	$\Delta 4,7,10,13,16,19$-二十二碳六烯酸	$22:6\omega$-3

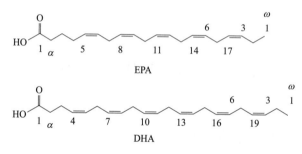

图 7-1　EPA 和 DHA 的结构式

二、ω-3 型多不饱和脂肪酸的功效

1. 防治心血管疾病

ω-3 PUFA 能抑制血小板聚集，降低血液黏稠度，延缓血栓形成，改善微循环，甚至还能使已经形成的脑粥样化的斑块消退，对防治冠心病和心脑血管的栓塞有显著作用。EPA 和 DHA 具有良好的免疫调节作用。研究表明，DHA 能促进 T 淋巴细胞的增殖，提高某些细胞因子的转录，促进免疫系统的功能，从而提高免疫系统对肿瘤细胞的杀伤力。

2. 抗癌作用

DHA 和 EPA 结构中含有多个双键，其过氧化产生的活性氧能提高肿瘤细胞对治疗药物的敏感性，产生的自由基和脂质过氧化物则可抑制肿瘤细胞的表达，缩短染色体的端粒，促进肿瘤细胞的凋亡。

3. 抗炎作用

PUFA 是细胞膜磷脂的主要结构成分，也是炎性介质底物的主要来源。ω-3

PUFA 可减少炎症动物血浆及细胞培养液中炎性介质，减轻自由基对细胞膜的损伤。因纽特人患喘息性气管炎、风湿性关节炎、红斑狼疮等由自身免疫异常引起的慢性炎症性疾病的发病率明显低于当地的白种人，他们大量从海鱼、海兽中摄取 EPA、DHA 无疑是一个重要的因素。

4.促进神经系统和视觉系统的发育

ω-3 PUFA 尤其是 DHA 是大脑及视网膜中脂肪酸的主要成分，在中枢神经系统和视网膜细胞的膜磷脂酰乙醇胺（脑磷脂）中含量特别丰富，可占总脂肪酸的 24%～37% 和 18%～22%，在发育期可占总脂肪酸的 50%。孕妇应摄入足量的 DHA，以促进胎儿大脑的发育和脑细胞的增殖。在人体各组织细胞中，DHA 含量最高的是眼睛的视网膜细胞，DHA 能保护视网膜、改善视力。

EPA 和 DHA 因其在人类健康方面的突出作用，越来越多的研究者对其进行了研究。总的来说，其具体生理功效可总结如表 7-2 所示。

表 7-2　EPA 和 DHA 的生理功效

生理功效	摄取效果	EPA	DHA	说明
血小板凝聚下降		+	+	EPA≥DHA
血小板黏着能力下降	降低血压	+	+	EPA≥DHA
红细胞变形能力增加		+	+	
总胆固醇下降		*	+	EPA＝DHA
LDL-胆固醇下降	预防与治疗动脉硬化	*	+	EPA＝DHA
HDL-胆固醇增加		*	+	EPA＝DHA
中性脂肪酸下降	预防与治疗高脂血症	* *	+	EPA＝DHA
血黏度下降	降低血压	+	+	EPA＝DHA
血糖值下降	预防与治疗糖尿病	+	+	EPA＝DHA
肝中性脂肪酸降低	预防与治疗脂肪肝	+	+	EPA＜DHA
乳腺癌发生率下降			+	
大肠癌发生率下降	预防与治疗各种癌症		+	
肺癌发生率下降			+	
抗特异性皮炎			+	
抗支气管哮喘	预防与治疗		+	
抑制花粉症			+	
抑制炎症		+	+	
学习机能提高	提高与防止下降		+	
记忆力提高			+	

续表

生理功效	摄取效果	EPA	DHA	说明
抑制阿尔兹海默病	预防与治疗		+	
抑制动脉硬化型痴呆症			+	
提高视力	预防与治疗视力下降		+	
有利于风湿病	预防与治疗		+	
作为其他生理活性物质的前驱体			+	

注：+ 表示通过动物试验证明有效；＊表示已用于治疗动脉硬化；＊＊表示已用于治疗高脂血症。

三、ω-3 型多不饱和脂肪酸的来源

ω-3 PUFA 几乎不存在于陆生动植物体内，而是由海洋中的初级生产者合成的，如浮游生物及褐藻、红藻等海藻。通过食物链的富集作用，ω-3 PUFA 在一些海产鱼类和甲壳海洋动物体内积聚到一定含量。在水产海产动物中，特别是其脂肪中，含有较为丰富的 EPA 和 DHA，多以甘油酯的类型存在。许多脂肪酸人类自身可以合成，但 PUFA 中的 EPA 和 DHA 在人体内合成的转化率很低，需要从体外进行获取。

鱼油在我国属于新资源食品，广义的鱼油是包括鱼肝油在内的鱼的脂肪，可谓鱼体内的全部油类物质的统称，包括体油、肝油和脑油，一般所指的鱼油其主要功效成分是 DHA 和 EPA 等 ω-3 PUFA。制作鱼油制剂的原料常见于鲭鱼、鲱鱼、金枪鱼、比目鱼、鲑鱼、鳕鱼肝、鲸脂、海豹油等，一般还会添加少量维生素 E 起到抗氧化的作用。鱼油的含量随着鱼的种类、部位、产地及捕捞季节等条件不同而不同。如表 7-3 所示，可以看到有不少鱼类 EPA 和 DHA 的含量高达 20％～30％，可作为获取 EPA 和 DHA 的重要来源。

表 7-3　不同鱼油中 EPA 和 DHA 占总脂肪酸的量

鱼油种类	EPA/％	DHA/％	(EPA+DHA)/％
沙丁鱼油	16.8	10.2	27.0
鲑鱼油	8.5	18.0	26.5
短吻秋刀鱼油	4.9	11.0	15.9
乌贼鱼油	9.6	18.2	27.8
青鱼油	6.0	7.7	13.7
金枪鱼油	8.7	18.2	26.9
鲭鱼油	8.0	7.7	15.7
鲢鱼油	2.49	1.86	4.35

中国虽然不是鱼油出产大国，与秘鲁、智利等国家相比鱼油资源非常有限，但是国内鱼油的年产量近几年也基本稳定在 3 万吨以上，与日本的鱼油年产量相当。目前全世界人类用于食用的鱼油量约 30 万吨，用于保健品原料的精炼鱼油的年消耗量大约在 10 万～15 万吨，这一数量相当于全球鱼油总产量的 8%～12%。随着人们消费水平的提高，鱼油保健品市场不断扩大，用于保健品的鱼油量也在迅速增长。DHA 含量较高的脱腥后的海洋鱼油还被加工成饮料、奶制品、婴儿牛奶甚至糕点等。日本则将 DHA 添加到鱼肉香肠、鱼糕等食品中。

大量研究集中在以鱼类为原料获得的油脂上，而其他水产品原料来源也值得关注。贝类原料中 ω-3 系列 PUFA 含量相当丰富，可达总脂肪酸含量的 45%，且富含磷脂成分。国内外学者对贝类脂肪特别是磷脂成分及脂肪酸组成情况进行了大量研究工作。Linehan 等对养殖太平洋牡蛎（*Crassostrea gigas*）的化学成分和脂肪酸组成进行了连续 13 个月的分析和比较，发现其总脂肪含量（每 100g 干物质）在 7.8%～8.7% 之间，脂肪酸组成中 EPA 和 DHA 含量都在 10%～15% 左右波动。Abad 等对欧洲牡蛎（*Osterea edulis*）的脂质含量和组成以及不同脂质的脂肪酸组成的季节性变化进行研究，发现欧洲牡蛎的磷脂含量较高，可达总脂含量的 30% 以上；且磷脂和甘油三酯中都含有丰富的多不饱和脂肪酸。Marcelina 等对欧洲牡蛎（*Osterea edulis*）的脂肪种类及脂肪酸组成进行了 16 个月的检测分析，发现其磷脂含量较高，约占总脂的 30%；甘油三酯和磷脂中都富含 PUFA。日本的林贤治对扇贝肠腺脂质中的 EPA 进行了探讨，得出扇贝的中肠腺脂质中 EPA 含量比较高，且以甘油三酯（TG）的形式存在，其含量随季节的变动而变化。李春艳等对日本海神蛤（*Panopea japonica*）的脂肪酸组成分析发现其 DHA 与 EPA 含量高达总脂肪酸的 37.11%，其中 DHA 占总脂肪酸的 25.73%，EPA 占 11.38%。Xue 等研究了干紫贻贝（*Mytilus edulis* Linnaeue）在贮藏过程中脂肪及脂肪酸组成的变化，发现其脂肪中富含磷脂酰胆碱（PC），总脂肪酸组成中 EPA 及 DHA 含量丰富，但随贮藏时间的延长，游离脂肪酸（FFA）增加，磷脂含量减少。Deng 等对鱿鱼（*Ommastrephes bartrami*）表皮的脂肪研究发现其磷脂含量高达 80%～85%，而且主要为脂肪酸，认为其具有较高的开发利用价值。目前为止，有关头足类（包括乌贼类在内）的从肌肉到头、足、内脏及表皮等各部位的脂质及脂肪酸组成都有广泛的研究，大多发现其有富含 EPA 和 DHA 的磷脂（部分内脏如肝脏等以富含 EPA、DHA 的甘油三酯为主）。

虾类作为传统营养食品，在我国水产业中占有重要的地位，国内外对虾类的脂质也进行了较多的研究。钱云霞等分析了黑斑口虾蛄（*Oratosquilla kempi*）的脂肪酸的组成和含量，结果表明其肌肉、精巢和卵巢中均有较高含量的 EPA 和 DHA，平均占脂肪酸总量的 9.68% 和 14.22%。杨文鸽等分析了葛氏长臂虾

（*Palaemon gravieri*）的磷脂含量和成分，发现葛氏长臂虾的磷脂含量为 0.859%～0.898%，占总脂的 33.76%～35.72%，且磷脂组分以 PC 和 PE（磷脂酰乙醇胺）为主；与大豆磷脂和蛋黄磷脂相比，其总脂和磷脂中含有更丰富的多不饱和脂肪酸，且其磷脂中 EPA 和 DHA 含量均高于其总脂。卢洁等分析测定了海水养殖和淡水养殖的南美白对虾（*Penaeus vannamei*）的肌肉和肝胰腺（中肠腺）中脂肪酸的组成与含量，发现两种对虾的脂肪酸组成均以不饱和脂肪酸为主，且不饱和多烯酸的含量明显高于不饱和单烯酸；两种对虾的肌肉脂肪酸中高度不饱和脂肪酸，如 EPA 和 DHA 总含量均高达 20% 以上，而肝胰腺中 EPA 和 DHA 总含量较低，为 11%～17%；淡水虾中 ω-6 型不饱和脂肪酸含量比海水虾高，海水虾中 ω-3 型与 ω-6 型脂肪酸含量之比高于淡水虾。陈丽花等对中国对虾（*Penaeus chinensis*）的脂肪酸组成进行分析，实验结果表明：虾肉和虾头中含量最高的饱和脂肪酸均是棕榈酸，单不饱和脂肪酸均是油酸，多不饱和脂肪酸都是亚油酸；虾肉中 EPA 含量高达 15.40%，DHA 高达 14.90%，而虾头中 EPA 和 DHA 含量相对较低，仅为 5.48% 和 8.73%；虾肉中 ω-3 型 PUFA 与 ω-6 型 PUFA 的比值为 1.58，虾头中的 ω-3 PUFA 与 ω-6 PUFA 的比值为 0.66，均高于推荐的日常膳食比值，表明中国对虾虾肉和虾头均具有较高的营养价值。

海参作为一种食药同源的养生食品源远流长，随着海参养殖规模以及消费群的不断扩大，对海参脂质的研究也不断深入。向怡卉等分析了刺参（*Apostichopus japonicus*）体壁及消化道中的脂肪酸组成，结果表明刺参体壁和消化道中都含有丰富的多不饱和脂肪酸，体壁中多不饱和脂肪酸以 AA（花生四烯酸，14.00%）和 EPA（7.61%）为主；而消化道中的 EPA 含量为 17.36%，远高于体壁，但 AA 含量为 1.68%，远低于体壁。刁全平等采用 Bligh-Dyer 法提取海参中的脂质，并对其脂肪酸组成进行分析，发现海参中的不饱和脂肪酸含量为 71.24%，其中多不饱和脂肪酸以 AA（9.96%）和 EPA（10.39%）为主，同时还检测出 15-二十四碳烯酸（4.14%）。邹耀洪采用 2-氨基-2-甲基丙醇衍生方法对海参脂肪酸组成进行分析，发现海参中多不饱和脂肪酸相对含量为 33.49%，其中 EPA 为 18.26%，DHA 为 6.65%，同时还分析出奇数碳链的 14-二十三碳烯酸含量为 3.31%。高菲等对不同季节刺参体壁的脂肪酸组成进行了分析，结果表明刺参体壁的脂肪酸组成和含量具有明显的季节性变化：在秋季和冬季，PUFA 含量最高；在所有季节中，含量最高的 SFA（饱和脂肪酸）和 MUFA（单不饱和脂肪酸）分别为 16:0 和 16:1n-7，而 PUFA 为 20:5n-3、20:4n-6 和 22:6n-3；ω-3 PUFA 与 ω-6 PUFA 比值在 1.87～2.42 之间，且冬季和春季显著高于夏季和秋季。Zhong 等对北大西洋瓜参（*Cucumaria frondosa*）的脂肪酸组成分析发现其总脂中含有丰富的 EPA（43.2%～56.7%），而 DHA（2.0%～

5.8%）含量相对较少。

产油微生物是一类油脂含量超过总生物量20%的微生物总称，包括酵母、霉菌和藻类。藻类是目前微生物法生产ω-3型多不饱和脂肪酸的主要来源。相对海洋渔业资源，藻类可以人工发酵培养，具有生长快、光合效率高和适应力强的特点，是可持续发展的资源，而且藻类培养过程中环境和营养方式方便人为控制，可精确调节油脂含量和组成。海洋藻类油脂中脂肪酸组成相对简单，有助于避免各成分相互抑制产生的影响，而且，相比于难除腥味儿的鱼油而言，藻油所制成的食品风味更易被接受。因为鱼类和海豹等动物处于食物链高端，体内更容易富集重金属等有毒物质，藻油有不可忽视的优点。

第二节　酶在ω-3型多不饱和脂肪酸提取中的应用

ω-3 PUFA主要从鱼的内脏、头部或者水产品加工中的废弃物中提取，之后可通过精制、浓缩、包埋等工艺制备纯度更高、品质更好的鱼油制品。提取的方法主要有6种，包括传统提取方法（压榨法、蒸煮法、溶剂法和淡碱水解法）以及现代提取方法（酶解法和超临界流体萃取法）。其中传统制备工艺中的压榨法目前已经很少使用了，蒸煮法和溶剂法不太适合鱼油的提取，淡碱水解法应用较多。而现代制备工艺中超临界流体萃取法不太适合大规模生产，酶解法是目前研究和应用的热点。

一、物理化学法

压榨法作为早期使用的鱼油传统制备工艺，在原料蒸煮的基础上，通过机械压力对原料进行压榨，尽量使蛋白质和脂肪分离开，再经过滤和离心分离得到粗鱼油。此方法主要应用于鱼粉加工厂副产品的鱼油提取，方法简单，但所得鱼油提取率较低，品质较差，且能耗较高。此方法目前很少采用。

蒸煮法也是较早使用的鱼油传统制备工艺之一，通过对原料进行蒸煮加热，使组织结构在加热过程中被破坏从而释放出油脂。该工艺需要控制的条件较少，操作方便简单。蒸煮法可分为间接蒸汽炼油法和隔水蒸煮法等。隔水蒸煮法的加热介质是水，而间接蒸汽炼油法的加热介质是水蒸气，可在液化过程中快速放热，使其提取鱼油所用的时间更短，且提高了鱼油的提取效率，但其比隔水蒸煮法的投资大。Aidos等人设计实验研究蒸煮法生产鱼油的品质和产量与热交换器的温度、脱水机的速率、倾析器的速度这三个实验参数之间的关系，流程优化结果表明鱼油质量与这三个实验参数的相互作用相关，其中倾析器的速度对鱼油提取质量的影响作用最大。陈英乡以低值鱼为原料讨论了蒸煮法提取鱼油中影响鱼油提取率的主要因素：鱼的种类、粉碎粒度、投料温度、pH、温度、时间以及加工中的防氧化。但是蒸煮法不能完全将脂肪分出来，造成鱼油提取率普遍较低，再加上该工艺中设置的温度较高，一般都在 90℃ 左右，会破坏含有较多PUFA 的鱼油的性质，因而不适用于鱼油的提取。

溶剂法是利用有机溶剂如氯仿、石油醚等将鱼油从原料中浸提出来。有机溶剂萃取法所需设备较多，该工艺所用有机溶剂易挥发，污染环境的同时还会增加生产成本，且提取的鱼油中残留的有机溶剂很难被完全除去，影响鱼油的品质，再加上食品工业对于使用溶剂的限制，故溶剂萃取法不适于投入大规模工厂生产。

淡碱水解法是利用低浓度碱液的弱碱环境对原料进行分解，使得蛋白质与脂肪的缔合关系被破坏，从而实现从原料中分离提取鱼油的目的。考虑到铵盐和钾盐含量高的废液可以再次利用，而钠盐含量高的废液不能进一步利用，杨官娥等基于此对传统淡碱水解法进行了改进，将传统淡碱水解法中所用的氢氧化钠和氯化钠分别用氨水和铵盐、氢氧化钾和硝酸钾替换。在保证了鱼油的提取率和所提取鱼油质量的前提下，提取鱼油后的废液还可以进一步制成肥料，在提取鱼油的同时没有产生二次污染物。与其他鱼油提取工艺比较，此法所提取的鱼油质量好，所需成本小，淡碱水解法在我国鱼油生产工业的应用比较普遍。

超临界流体萃取法是一种新型的萃取分离技术。该技术原理是利用流体（通常选择 CO_2）与溶质在超临界状态下具有异常相平衡行为和传递性能而将油脂萃取分离出来。Sahena 等利用超临界 CO_2 流体萃取法从印度鲭鱼不同组织部位提取鱼油，鱼皮、鱼肉和鱼头中所提取的 PUFA 的含量分别为 73.24%～74.68%、68.36%～69.37%和 56.20%～57.3%。超临界流体萃取法在印度鲭鱼不同组织部位提取的 PUFA 含量均较高。Kiriil 等以鱼的下脚料鱼内脏为材料，采用响应面方法考察超临界 CO_2 流体萃取法操作参数（压力、温度、CO_2 流量、提取时间以及它们的相互作用）对鱼油提取率的影响，并建立了预测模型，分析结果显示平衡状态达到 30h 后鱼油提取率达到最高值。Hao 等用不同的方法提取鲟鱼油，研究表明超临界 CO_2 流体萃取法鱼油得率和所得鱼油的颜色及其氧化稳定性均高于其他传统提取方法。超临界流体萃取法技术提取率高，选择性好，安全性好，没有溶剂残留，所需温度低，能有效防止萃取过程中鱼油中 PUFA 的氧化，所得鱼油品质好。但由于所需设备较多，投入规模较大，能耗大，难用于大规模生产中。

二、酶解法

油脂在油料细胞中以两种形式存在："自由"形式和"结合"形式，后者为与细胞内的蛋白质和碳水化合物结合存在，构成脂蛋白、脂多糖等复合体。传统的提油方法，只能把"自由油"提取出来，"结合油"不能提取出来。酶解法利用蛋白酶高效并专一地水解原料中的蛋白质成分，进而破坏蛋白质与脂肪的结合，使油脂脱离组织结构被释放出来，再根据油水密度不同将鱼油和亲水的非油成分分离。酶解法分为自溶酶解和加酶法水解，自溶酶解是利用原料自身的酶系统的水解蛋白酶，加酶法水解是通过添加外源蛋白酶对原料进行酶水解。对自溶酶解的研究很少。加酶法水解是通过加入一定量的外源蛋白酶，控制反应的温度、pH、加酶量及时间等一系列条件，在原料处理过程中，溶解到鱼油中的磷脂能与组织中的蛋白质结合，并整体附着在油滴外层形成稳定的乳化液，酶能破坏这种磷脂蛋白膜，从而破坏乳状液的稳定性，提高鱼油提取率。酶解法的反应条件温和，保护了油脂的有效成分及增加了油脂的溶出，生产出的鱼油质量较高，得到的粗油质量较高，易于精制，不饱和脂肪酸含量也比较理想，食品级蛋白酶价格也较低。同时酶解液中还含有丰富的小分子肽和氨基酸等，可进一步加以利用，不会对环境造成污染。因此，蛋白酶解方法可综合利用水产副产品中的脂肪和蛋白质，利用率更高，具有广泛应用前景。

洪鹏志等人以黄鳍金枪鱼鱼头为原料，采用胰蛋白酶对其进行酶解提油，以鱼油的提取率和感官特性为指标，通过正交优化实验设计得到最佳酶解工艺参数。吴祥庭等人以鲨鱼为原料，采用中性蛋白酶对其进行鱼油提取，并且以鱼油提取率的大小为指标，通过响应面法对其主要因素进行优化研究。郝淑贤等人采用枯草杆菌蛋白酶酶解法、钾法、蒸煮法与氨法分别对鲟鱼加工下脚料进行鱼油提取，通过对比不同方法的鱼油提取率，得出结论：酶解法提取效果最好。Michel 等人以鲑鱼为原料，采用中性蛋白酶、碱性蛋白酶与风味蛋白酶分别对其进行水解，以出油率为指标，结果表明碱性蛋白酶的提取效果最好。Kechaou 等采用复合蛋白酶、碱性蛋白酶和风味蛋白酶对沙丁鱼内脏进行酶水解，水解后对三相（沉淀、油相、水相）中的蛋白质和油脂进行分析。实验表明采用酶解尤其是碱性蛋白酶酶解得到的油脂中磷脂含量明显高于传统化学试剂萃取。Batista 等利用复合蛋白酶对黑叉尾带鱼副产物进行水解，对四相（油相、水相、乳化相、沉淀物）中的蛋白质和油脂进行分析，其中乳化相中油脂含量最高约为 50%～65%，而油相中油脂含量最高能达到 36%，各相中油脂脂肪酸主要以甘油三酯形式存在且含量相似。酶解法所提鱼油中脂肪酸以甘油三酯形式存在，相比游离脂肪酸，这种脂肪酸的生理功能更好，因此酶解法是提取鱼油方法中研究和应用的热点。Stein 等将鱼内脏自身的内源酶和外源酶一起进行协同作用，这样可对鱼内脏进行比较充分的利用，利用率能超过 95%。

张华伟等对鲲鱼鱼油提取的试验结果表明：料液比 1:3，加入 1.75% 胰蛋白酶，温度 45℃，pH 值 8.0，反应时间 5h；加入 1.25% 胃蛋白酶，温度 40℃，pH 值 2.5，反应时间 3h，鱼油提取率为 77.55%。陆剑锋等采用木瓜蛋白酶对斑点叉尾鲴内脏鱼油进行提取，确定最佳工艺参数：料液比 1∶1，加酶量 3500U/g，温度 55℃，时间 0.5h，pH 值 7.5，鱼油提取率为 80.94％。上述的研究结果存在一定差异，除与原材料有关外，还由于不同蛋白酶的酶切位点不一致，其水解作用也不同，因此为了得到较好的提取效果，有必要对蛋白酶进行筛选。

第三节　酶在 ω-3 型多不饱和脂肪酸精制中的应用

无论动物源的鱼油，还是植物源的海藻油，所能提取出的 PUFA 的含量毕竟有限。随着医药及保健品等行业对 PUFA 需求的增多，越来越多富集 PUFA 的方法应运而生。国际上，PUFA 的富集研究集中在 20 世纪 90 年代，日本在该领域的研究尤为突出，其研究成果多发表于 "Journal of American Oil Chemists'Society"。现今仍有诸多研究者致力于 PUFA 的富集研究。

一、物理化学法

DHA 和 EPA 主要以甘油酯的形式存在于深海鱼类的脂肪组织中，一般 DHA 和 EPA 的总量为 14％～30％。为了得到 PUFA 浓度较高的各种浓缩产品，人们采用了各种物理化学方法（如低温结晶法、尿素包合法、分子蒸馏法、金属盐沉淀法、银离子络合法等），产物大多是游离脂肪酸和烷基酯（如甲酯和乙酯）。

1. 低温结晶法

低温溶剂结晶法又称溶剂分级分离法，该方法利用低温下不同的脂肪酸或脂肪酸盐在有机溶剂中溶解度不同来进行分离纯化。一般来说，两种不同脂肪酸双键数差别越大，其在有机溶剂中的溶解度差别就越大，而且这种差异在低温下更加明显。因此，可将各种脂肪酸的混合物溶于适当的有机溶剂，先进行低温冷藏，过滤除去大量饱和脂肪酸以及低不饱和脂肪酸后蒸去有机溶剂，即可得到 EPA 和 DHA 的浓缩产物。该法常用的有机溶剂为丙酮和乙醇。李和等利用丙酮-乙醇（9∶1，体积比）混合溶剂溶解脂肪酸，以 1.5℃/min 的速度降温至 -47℃，恒温搅拌 25min 后，滤除饱和脂肪酸、不饱和度较低的脂肪酸等结晶后，脂肪酸中 EPA 和 DHA 的含量由 7％～15％提高到 50％～58％，经过第二次低温结晶分离，EPA 和 DHA 的含量可达 73％～79％。陶海荣等利用低温结晶法将脂肪酸中 EPA 和 DHA 的含量由 12.4％提高到了 37.4％。此低温结晶法具有设备简单，操作方便安全，有效成分不易发生氧化、聚合、异构化等变性反应的优点，但该法需使用大量有机溶剂，而且溶剂有残留，产率较低，不适合大规模生产。

2. 尿素包合法

尿素包合法是富集 PUFA 研究中的一个重要手段。从 20 世纪 80 年代到现在，尿素包合法一直被用来富集 EPA 和 DHA。尿素可以形成致密的正方晶体，从而可与直链的脂肪族化合物形成包合物，但碳链短或不饱和度高的脂肪酸如 DHA、EPA 很难与尿素形成稳定的包合物。鱼油脂肪酸经尿素包合后，饱和及低不饱和脂肪酸与尿素形成包合物析出，可过滤除去，DHA 与 EPA 仍留于滤液中。其反应过程可简单表述如下：

$$脂肪酸混合物＋尿素 \longrightarrow 脲包物＋PUFA$$

唐忠林等利用尿素包合法提取及纯化鲢鱼油中 PUFA，随着尿素量的增加，PUFA 的相对含量也上升，但提取率下降，当加入 3 倍量的尿素进行包合后，其 PUFA 的相对含量达到 95.18%。顾小红等研究了尿素与脂肪酸的质量比、结晶时间和结晶温度三因素对尿素包合法富集 PUFA 效果的影响，得到了适宜的尿素包合条件：尿素/脂肪酸的质量比 4：1，结晶时间 20h，结晶温度 4℃，在此条件下未包合脂肪酸中 EPA、DPA 和 DHA 的总含量可从 21.1% 提高至 73.32%，富集得率为 17.91%。N. Gamez-Mezaa 等先通过化学或酶解方法得到沙丁鱼鱼油中的 EPA 和 DHA，然后通过尿素包合的方法进行浓缩，得到 EPA 和 DHA 的浓度可分别达到 46.2% 和 40.3%。

尿素包合法能够得到 EPA 和 DHA 含量相当高的产品，但该方法操作步骤较多，工艺复杂，得率较低，生产成本比较高。

3. 分子蒸馏法

分子蒸馏是一种在高真空下操作的蒸馏方法，这时蒸气分子的平均自由程大于蒸发表面与冷凝表面之间的距离，从而可利用料液中各组分蒸发速率的差异，对液体混合物进行分离。目前分子蒸馏已在油脂化学工业（如单甘酯、双甘酯、长链脂肪酸、维生素 E、高碳醇、甾醇等的浓缩和提取）、精细化工、医药、食品、油脂和造纸中得到广泛应用。

不同碳链长度和饱和程度的脂肪酸在特定的真空条件下具有不同的沸点，分子蒸馏时，饱和脂肪酸与单不饱和脂肪酸首先蒸出，而双键较多的不饱和脂肪酸最后蒸出。利用对分子蒸馏温度和压力及流量的控制调节进行多级分子蒸馏，可以得到含有不同 EPA 和 DHA 配比的产品。其过程一般是先制备得到乙酯型的鱼油产品，再通过分子蒸馏除去其中饱和及低不饱和度的脂肪酸乙酯，得到 PU-FA 浓度较高的乙酯产品。

分子蒸馏法特别适合于像深海鱼油类的热敏性及易氧化物质的分离，能根据鱼油中的脂肪酸碳链长度和饱和程度的不同,在高真空条件下进行液相分离,不仅降低了待分离物的沸点,大大缩短分离时间,还可将鱼油脂肪酸分成以长碳链不饱和脂肪酸为主的重相和以碳链数目为 14、16、18 脂肪酸为主的轻相,从而实现包括 EPA 和 DHA 为主要成分的重相富集。

薛长湖等使用甘油酯型鱼油在加入催化剂的条件下进行酯交换反应,直接得到乙酯型鱼油,再通过分子蒸馏可使鱼油中 EPA 和 DHA 的总含量达到 70.1%。徐世民等经过一级分子蒸馏,使海狗油中 EPA、DPA 和 DHA 的总含量达到 54.86%,收率为 92.7%。傅红等通过对压力和温度的控制得到不同 PUFA 含量的各级鱼油产品,当蒸馏温度为 110℃ 以上、蒸馏压力为 20Pa 以下时,经过三级串联分子蒸馏,得到高碳链不饱和脂肪酸质量分数为 90.96% 的鱼油产品(其中 EPA 和 DHA 的浓度分别为 8.64% 和 53.02%)。

分子蒸馏技术制备鱼油中的 PUFA,具有提取率高、环境污染小、易于工业化连续生产的特点,发展前景良好。但由于分子蒸馏法需要在高真空度、较高温度下进行,易引起 PUFA 的降解,这在一定程度上限制了该技术在鱼油富集中的应用。

4. 其他方法

金属盐沉淀法是利用饱和脂肪酸金属盐在有机溶剂中的溶解度小的特点来进行分离,多采用钠盐或者锂盐丙酮法。此法操作简单,大多工序是在常温下完成,无需使用大量的有机溶剂,选择性强,成本较低,是分离鱼油 PUFA 的一个比较常用的方法。银离子络合法则是利用银离子与含有双键的化合物发生反应,生成以双键化合物为配位的络合物,利用 Ag-EPA 络合物和 Ag-DHA 络合物的稳定性不同,水洗后使用有机溶剂进行萃取,可分离出含 DHA 量很高的产品以及 EPA 含量高于 DHA 的产品。邱榕等对银离子与碳-碳双键的络合机理进行了论述,并综述了基于该机理富集鱼油中 EPA 和 DHA 的三种方法:$AgNO_3$ 层析法、$AgNO_3$ 络合法结合超临界 CO_2 萃取法和 $AgNO_3$ 膜分离法。银离子络合法富集 EPA 和 DHA 也面临着一系列难题,如 Ag^+ 在产品中的残留;Ag^+ 不稳定,遇光或多烯有机物易被还原成 Ag;$AgNO_3$ 的腐蚀性;$AgNO_3$ 的回收与再生等。

二、酶在 ω-3 PUFA 甘油酯制备中的应用

Lawson 等和 Ikuo Ikeda 等的研究结果表明,ω-3 PUFA 乙酯在人体中不仅消化和吸收比较困难,而且可能存在安全隐患。游离型 ω-3 PUFA 易于被人体消化和吸收,但易氧化产生对人体有害的过氧化物,直接食用难以被人们接受。甘油酯型是 ω-3 PUFA 在鱼油中的天然存在形式,易于被人体消化和吸收,且不存

在安全性问题，因此 ω-3 PUFA 的甘油酯型是作为食用的最好的产品形式，但是天然鱼油中 ω-3 PUFA 含量较低。以甘油酯的形式存在于深海鱼类的脂肪组织中的 DHA 和 EPA 总量为 14%～30%，单纯采用化学或者物理提取方法很难将其中的 ω-3 PUFA 含量大大提高。这些物理或化学的方法使 DHA 或 EPA 处于高温、高压或不适当的 pH 环境中，致使 DHA 或 EPA 分子的部分双键氧化、全顺式构型异构化、双键移位或双键聚合等副反应的发生，不适合现代工业生产，或是由于能耗大、操作成本较高（制备型高效液相色谱），而难以满足工业化要求。因此，反应条件温和、能耗低、操作成本低的脂肪酶富集 DHA 和 EPA 工艺引起了人们的重视。

1. 制备方法

PUFA 甘油酯的合成一般先把天然鱼油转化成乙酯或游离型脂肪酸，浓酸富集后制得高纯度的 EPA 和 DHA 产品，再利用脂肪酸催化将其转化成甘油酯的形式，可以获得以甘油三酯为主的高 EPA/DHA 含量的甘油酯。近年来，利用微生物酶富集 ω-3 PUFA 的方法逐渐受到人们的重视。与物理和化学方法相比，酶法有一系列的优点：首先，酶催化效率高，在大规模的生产中用量很少，且固定化酶能多次的重复利用；再则，酶催化反应在温和的 pH、温度和压力下进行，这对不稳定的长链 ω-3 PUFA 来说尤为重要；最后，酶催化反应能降低能量的消耗，这在能源短缺的时代是非常必要的。进一步来说，由于酶催化反应能在无溶剂条件下进行，可以避免庞大的设备和繁杂的工艺流程，操作人员也能在安全的条件下工作。

脂肪酶即甘油三酯水解酶，催化天然底物油酯水解，生成脂肪酸、甘油和甘油单酯或二酯。研究发现，大多数脂肪酶催化油酯水解时，具有对底物选择的特异性，主要催化由长链脂肪酸（8～18 碳链），特别是软脂酸、硬脂酸、油酸、亚油酸等构成的甘油酯的水解，而对长链的 PUFA 构成的甘油酯则无水解作用或水解能力差，利用脂肪酶的催化特性，对鱼油进行水解处理，就可以降低甘油酯中饱和脂肪酸的含量，分离除去游离饱和脂肪酸，从而提高鱼油中 PUFA 甘油酯，该种形式比相应乙酯或者游离脂肪酸状态更有利于人体吸收与利用。

EPA 和 DHA 的物理化学方法制备工艺存在溶剂残留、PUFA 易降解、环境污染大等缺点。以特异性脂肪酶为催化剂的生物催化工艺，可克服上述缺点，因此其工艺应用前景广阔。日本、欧美等国在生物酶法制备功能油脂方面取得较大进展，但原料大多依赖深海鱼油，原料成本较高。我国利用脂肪酶从原料油中富集功能油脂的研究起步较晚，近年来才开展此方面的研究。鱼油下脚料是我国分布较广的一种废弃资源，其中含有丰富的多不饱和脂肪酸，直接排放会造成环境污染和资源浪费。甘油酯型 EPA 和 DHA 是它们在鱼油中的天然存在形式，但

是天然鱼油中 ω-3 PUFA 含量较低，故此一般采用物理或者化学的方法难于将其中的 ω-3 PUFA 含量大大提高。如何利用现代生物技术提高 ω-3 PUFA 在甘油酯中的含量是一个关键问题，近年来，利用微生物脂肪酶富集含 EPA、DHA 甘油酯的方法逐渐受到人们的重视。

近十年中，有许多利用酶催化从海鱼油或植物油中富集长链 PUFA 的方法和酶催化反应合成高纯度长链 PUFA 甘油酯工艺的报道。目前，利用脂肪酶将 ω-3 PUFA 富集在甘油酯中的方法主要有脂肪酶选择性水解法、脂肪酶选择性酯交换法和脂肪酶选择性酯合成法。

（1）水解法

一般认为，ω-3 PUFA 如 EPA、DHA 等大多连接在甘油三酯中甘油骨架的第 2 位上，而其 1 和 3 位上连接着饱和或低不饱和度的脂肪酸，这样鱼油甘油三酯分子的 3 个酯键呈现空间上的差异。利用某些具有 1、3 位置选择性的脂肪酶针对性地水解掉 1、3 位上的饱和或低不饱和度的脂肪酸，保留在甘油酯的 2 位上的 ω-3 PUFA，从而使甘油酯中 ω-3 PUFA 占总脂肪酸的比例大大提高，起到富集的作用。也有的脂肪酶虽然对甘油酯无位置选择性，但对酰基碳链有选择性，就可水解掉任何位置的非 ω-3 PUFA 脂肪酸，得到富含 ω-3 PUFA 的单甘油酯、甘油二酯和甘油三酯的混合物。Bottino 等的研究表明，脂肪酶对酰基碳链的选择性与鱼油中 ω-3 PUFA 对脂肪酶水解的"抵抗效应"有关。不饱和脂肪酸分子中存在碳碳双键和全顺式构型，引起整个链的弯曲，因此在甘油酯分子上不饱和脂肪酸中靠近酯键的最末端甲基对脂肪酶的"进攻"形成了空间阻碍。DHA 和 EPA 分子中分别有 6 个和 5 个双键，导致全顺式构型的整个链高度弯曲，加强了这种空间阻碍作用，使得脂肪酶难以接触到 DHA 和 EPA 与甘油形成的酯键，故脂肪酶对甘油酯上的 DHA 和 EPA 酰基作用较弱，然而饱和的和单不饱和的脂肪酸在空间上对酶分子不存在这样的空间阻碍，因而很容易被水解掉。

通过脂肪酶的选择性水解来富集 ω-3 PUFA 甘油酯，关键之一就是要筛选出具有良好选择性的脂肪酶。Hur 等在研究中阐述了脂肪酶对 1、3 位的特殊选择性的重要性。对于脂肪酶的筛选，Udaya N. Wanasundara 等对多种商业化的脂肪酶（分别来自 *Aspergillus niger*、*Mucor miehei*、*Rhizopus oryzae*、*Rhizopus niveus*、*Candida cylindracea*、*Chromobacterium viscosum*、*Geotrichum candidum*、*Pseudomonas* sp.）进行筛选，发现柱形假丝酵母（*Candida cylindracea*）脂肪酶水解富集 ω-3 PUFA 的效果最好，可使海豹油中 ω-3 PUFA 含量提高至 43.5%（9.75% EPA、8.61% DPA、24.0% DHA），使鲱鱼油中 ω-3 PUFA 含量提高至 44.1%（18.5% EPA、3.62% DPA、17.3% DHA）。Yukihisa Tanaka 等在筛选 6 种脂肪酶（来自 *Candida cylindracea*、*Aspergillus ni-*

ger、*Pseudomonas* sp.、*Rhizopus delemar*、*Rhizopus javanicus*、*Chromobacterium viscosum*）的选择性水解金枪鱼油的能力中发现也是柱形假丝酵母脂肪酶水解富集 DHA 的效果最好。当水解度为 70％时，甘油酯中 DHA 含量由 25％增加到 53％，而 EPA 的含量没有明显的变化，而其他 5 种酶，在同样水解度下，并没有使 DHA 含量明显增加。为了增加选择性水解富集 DHA 和 EPA 的效率，Yuji Shimada 等采用逐步酶水解法，在实验室自制的 *Geotrichum candidum* 脂肪酶催化下，经第一步水解后，提取出甘油酯，再进一步在同样的条件下水解，甘油酯中 DHA 和 EPA 含量可增加至 57.5％，与此同时研究者利用柱形假丝酵母脂肪酶与 *Geotrichum candidum* 脂肪酶做了对比，经两步水解后，甘油酯中 DHA 和 EPA 含量可增加至 65.6％，但两步的总得率只有 16.5％。Yadwad 等用具有 1、3 位特异性的脂肪酶 *Rhizopus niveus* 水解鳕鱼肝油，30℃，pH 7.0，200r/min 条件下反应 72h 后，DHA 含量由原油的 9.64％提高到 29.17％，游离脂肪酸、甘油三酯、甘油二酯含量分别为 5.72％、9.95％和 15.16％。

石红旗等用国产解脂假丝酵母脂肪酶对鱼油进行选择性水解实验，研究者选用氢氧化钙作为乳化剂，使产品中 DHA 和 EPA 含量分别为 34.0％和 13.9％，总含量为 47.9％。吴可克等研究了假丝酵母脂肪酶催化鱼油选择性水解反应，他们把水解率控制在 53％左右，经低温脱酸分离，制得 EPA 和 DHA 含量大于 50％的鱼油甘油酯型产品。郑毅等在 5 种不同来源脂肪酶（扩展青霉脂肪酶、圆弧青霉脂肪酶、解脂假丝酵母脂肪酶、米曲霉脂肪酶、胰脂肪酶）中筛选出米曲霉脂肪酶为鱼油水解富集 EPA 和 DHA 的最佳酶种，分别用非固定化和固定化酶的形式，在最佳工艺条件下使鱼油中 EPA 和 DHA 的总含量由 7.3％分别提高到 25.5％和 21.5％。

脂肪酶选择性水解是一种最为简单的富集鱼油中 ω-3 PUFA 的方法，但富集的效率并不高，ω-3 PUFA 在甘油酯中含量仅能达到 50％左右。两步富集法虽然可以提高甘油酯中 EPA 和 DHA 的含量，但面临着得率低的问题，如果在提高 EPA 和 DHA 含量的同时，能够保证有较高的得率，水解法仍不失为一种优良的方法（图 7-2）。

（2）酯交换法

脂肪酶是一种特殊的酰基水解酶，除了能够催化脂肪酸与醇形成的酯的水解，在一定的条件下还能催化酯交换反应。具有酯交换活力的脂肪酶可以催化鱼油中的甘油酯与游离的脂肪酸、醇或另一种脂肪酸酯发生酰基交换反应，结果使反应体系中 ω-3 PUFA 较多地分布在甘油酯中，以达到将 ω-3 PUFA 富集到甘油酯中的目的（图 7-3）。

按照底物的不同，酯交换法可以分为酸解法、醇解法和酯-酯交换法。一般来说，酯-酯交换法是利用脂肪酶选择性催化甘油酯中 1、3 位的酰基与 ω-3 PU-

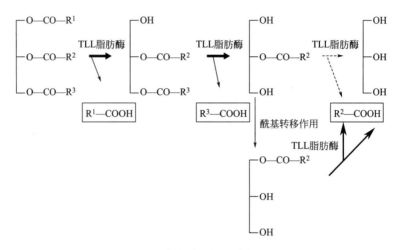

图 7-2　脂肪酶选择性水解机理

FA 的乙酯发生酰基交换反应，得到 ω-3 PUFA 含量更高的甘油三酯，目前该方法的报道还很少，但该方法可能是最适于工业生产的方法。

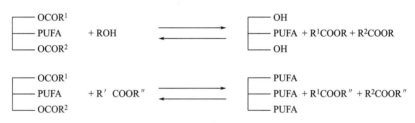

图 7-3　脂肪酶选择性酯交换机理

1) 酸解法　酸解反应是脂肪酸酯与游离脂肪酸之间的酰基交换反应，在脂肪酶的作用下，利用高浓度的 ω-3 PUFA 置换出甘油酯 1、3 位上的饱和脂肪酸或低不饱和度的脂肪酸，从而将 ω-3 PUFA 富集在甘油酯上。Takashi 等在底物比 6∶1（ω-3 PUFA∶鱼油）、固定化脂肪酶 30％、水分含量 5％的条件下，经酸解富集甘油酯中 ω-3 PUFA 含量增至 62％。利用固定化脂肪酶 Lipozyme IM-60催化含 EPA 和 DHA 分别为 31.6％和 55.0％的脂肪酸与鳕鱼油（含 8.6％ EPA和 12.7％ DHA）的酸解反应，当底物质量比为 1∶1 时，反应至 48h，得到鳕鱼油甘油酯中 ω-3 PUFA 含量达到 50％以上。Yamane 等在无溶剂体系中利用脂肪酶 Lipozyme IM-60 催化酸解反应得到了 DHA 和 EPA 含量分别为 40％和 25％的鱼油。Akimoto 等人使用 Lipozyme IM 酶催化豆油和从沙丁鱼油中富集到的 ω-3 PUFA 的酯化反应，使用庚烷作为有机溶剂，72h 后油脂中 ω-3 PUFA 的比例可以达到 34.1％。Fajardo 等人通过研究使用 Lipozyme IM-60 催化棕榈油和 ω-3

PUFA 的反应，使用正己烷作为有机溶剂，24h 后反应产物含 20.8％的 EPA 和 15.6％的 DHA。于晨旭等对脂肪酶促酯交换反应进行了研究，发现当底物配比 5：1（PUFA：鱼油，质量比），32℃以正己烷为溶剂的反应体系，对富集富含 DHA 和 EPA 的甘油酯最为有利。

在酸解反应中，水分含量和脂肪酶的活性是影响反应效率的两个重要因素。有研究者认为，酸解反应过程实际上由两个步骤组成，脂肪酶首先将甘油酯 1、3 位上的脂肪酸水解下来，暴露出羟基，再与脂肪酸发生酯键合成反应。因此适于催化酸解反应的脂肪酶除了具有一定的 1、3 位选择性，还应具有催化酯合成反应的活性。虽然脂肪酶在非水相体系发挥作用需要一定量的水来保持活性中心的"柔性"，但酸解反应体系中水的存在不仅是为了维持脂肪酶的活性。酸解反应存在一个最适的水量，在脂肪酶能够保持酸解活性的前提下，又不至于使甘油酯大量水解。

酸解反应的最大的难点在于如何控制脂肪酶的水解和酸解活力，另外酸解法富集 PUFA 的前提是能够得到浓度较高的 ω-3 PUFA。

2）醇解法　与水解法的机理类似，醇解法富集 ω-3 PUFA 同样利用脂肪酶的 1、3 位置选择性，使连接在 1、3 位的饱和脂肪酸和低不饱和度的脂肪酸与一些较短链的醇发生酯化作用而脱离甘油骨架，从而使位于甘油骨架 2 位上的 ω-3 PUFA 得到相对的富集。Haraldsson 等在无溶剂体系试验了 17 种来源不同的脂肪酶，发现来自 *Pseudomonas fluorescens* 的脂肪酶是催化醇解反应最好酶种，在脂肪酶添加量为 10％、20℃、反应 24h 的条件下，甘油酯中 ω-3 PUFA 的含量增至 50％左右。由于乙醇容易使脂肪酶失活，Yuji Shimada 等认为采用逐步加入乙醇的方法可以避免这种情况发生。杨博等利用固定化脂肪酶催化鱼油部分醇解反应，逐步添加乙醇，在优化的条件下，可以使鱼油中 EPA、DHA 的含量由 26.1％升至 43.0％，对鱼油醇解产物进行了分子蒸馏提纯，得到了富含 EPA、DHA 的甘油酯型鱼油产品。

有研究者认为水分含量和脂肪醇的类型是影响醇解反应的两个关键因素。水分含量过低，则脂肪酶得不到发挥活性的"必需水"，从而酶活不高；水分含量较高，由于乙醇的存在导致脂肪酶失活。对于适于醇解反应的脂肪醇类型，Li 等对 10 种醇进行筛选，发现异丙醇和乙醇用于醇解最合适。

（3）酯合成法

由于受天然鱼油中 ω-3 PUFA 含量低的限制，要通过前面介绍的各种酶法得到纯粹的长链 ω-3 PUFA 甘油三酯是非常困难的，因此，人们提出了用酶法合成长链 ω-3 PUFA 甘油三酯。酯合成法是利用脂肪酶选择性地催化游离脂肪酸中的饱和脂肪酸和单烯脂肪酸，使之先于 DHA 或 EPA 与醇反应生成酯，而 PUFA 较多地以游离态残留在未反应的脂肪酸中；或是选择性地催化游离脂肪酸中的

PUFA，使之先于其他的饱和或单烯脂肪酸与醇反应生成酯，而 PUFA 富集在酯分子上，从而将其与其他脂肪酸分离；还有的脂肪酶不具有脂肪酸或者位置选择性，利用富含 EPA 和 DHA 的游离脂肪酸与甘油酯发生酯交换反应，得到甘油酯中的脂肪酸组成与所用的游离脂肪酸几乎没有明显变化。在具体富集 DHA 和 EPA 的应用中，单用一种酶催化一步反应难以将 DHA 和 EPA 富集到所需要的含量。而水解、酯交换和酯化反应相结合的多步酶催化富集往往可以达到较好的浓缩效果。目前该方法一般先将鱼油甘油酯完全水解，浓缩富集制得高纯度的 ω-3 PUFA，或者将富含 EPA 和 DHA 的鱼油乙酯皂化得到游离脂肪酸，再在脂肪酶的催化下与甘油发生酯化反应（图 7-4）。刘书成等研究了脂肪酶种类（Novozym 435、Lipozyme TL IM、Lipozyme TL 100L）、有机溶剂种类（正己烷、正庚烷、苯、甲苯、丙酮、氯仿、异辛烷）和温度时间等对游离型的 ω-3 PUFA 与甘油发生酯化反应生成甘油酯的影响，得到最优的反应条件：利用脂肪酶 Novozym 435，在 6mL 正己烷中，反应温度 40℃，甘油用量 2g，ω-3 PUFA 0.4g，初始水分含量 0.5%，在反应 1h 后添加 1g 分子筛，酶添加量 25mg，振荡频率 150r/min，在此条件下反应 24h，酯化度可达 90% 以上，产物中以甘油二酯（56.06%）为主，其次是甘油三酯（31.25%）和单甘油酯（12.07%），游离脂肪酸（0.39%）的含量比较低。Cerdan 等考查了脂肪酶 Lipase PS、Lipozyme IM 和 Novozym 435 在正己烷体系催化脂肪酸（含 26.2% EPA 和 47.8% DHA）与甘油的酯合成反应，其中脂肪酶 Novozym 435 催化效果最好，在 9mL 正己烷中，加入脂肪酶 100mg 和 0.5% 水，60℃ 条件下反应，产物中甘油三酯的含量达到 84.4%，且甘油三酯中 EPA 含量为 27.4%，DHA 含量为 45.1%。He 等对多种脂肪酶进行酯化反应筛选，发现来源于 *Chromobacterium viscosum* 的脂肪酶

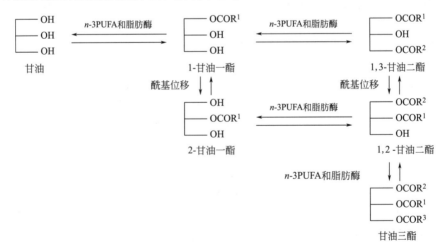

图 7-4　脂肪酶催化酯化机理

酯化富集的效果最好。陈小娥等在有机溶剂体系利用 Novozym 435 催化 EPA 和 DHA 与甘油酯合成反应，酯化度分别可达 95.0％和 94.5％。M. Linder 等利用 Lipozyme IM 催化甘油和 ω-3 PUFA 的酯化反应，得到了 97％的酯化率。孙素玲 等研究了在脂肪酶 Novozym 435 的催化作用下，游离 PUFA 与甘油酯化合成的工艺，分别考查了甘油与脂肪酸的质量比、反应时间、反应温度、酶用量、初始加水量等单因素对酯化效果的影响，其最优条件下，酯化率为 96.58％，且反应前后各脂肪酸含量变化不大。

影响酯化反应的因素较多，但关键因素是脂肪酶。目前用于酯合成法的脂肪酶多为 Novozym 435，这是一种来源于南极假丝酵母的脂肪酶，一般情况下没有位置选择性。酯合成法能得到与游离脂肪酸中 EPA 和 DHA 含量相近的甘油酯。但脂肪酶 Novozym 435 的价格昂贵，这是制约其应用的最重要因素；另外，由于脂肪酸和甘油难于形成均一反应体系，往往需要在选用适宜的有机溶剂体系的同时加强搅拌。

2. 影响因素

在酶法富集 DHA 和 EPA 的过程中，脂肪酶的种类、使用状态（游离或固定化）、酶量、酶催化反应时间、温度、pH、反应体系、起始反应物的比例等都影响最终富集产品的产率、PUFA 的含量和回收率。

（1）脂肪酶的种类与状态

脂肪酶（lipase, triacylglycerol hydrolases, EC 3.1.1.3）即三脂酰甘油水解酶，酯键就是其水解部位，根据脂肪酸的不同又存在多种脂肪酶。脂肪酶广泛地存在于原核生物（如细菌）和真核生物（如霉菌、哺乳动物、植物等）中，脂肪酶是生物体内必不可少的一类水解酶，脂类的消化分解、合成储存、细胞内脂类代谢都少不了其作用，动物细胞膜主要成分是磷脂。研究者发现，在油水界面上，脂肪酶酶促反应较容易进行。通过对脂肪酶一级结构及活性基团的研究，认为：脂肪酶的一级结构都很相似，都存在相似的活性部位（His-Gly-X-Ser-Gly 或 Gly-X-Ser-X-Gly）；正常情况下，活性区域的丝氨酸隐藏在 α 螺旋内部，当界面存在时，α 螺旋打开，暴露出活性区域，同时形成疏水区，增加了与脂类底物的亲和力并增加酶与底物复合物的稳定性。依靠微生物发酵来制取脂肪酶是目前商业用酶的主要生产方法，其次为大型动物肝胰脏酶类（表 7-4）。

表 7-4　富集效果好的脂肪酶

脂肪酶来源	底物	反应类型/介质	富集产物	含量	回收率
Pseudomonas sp.	金枪鱼油	水解/水	DHA-FFA	24％	83％
R. delemar	PUFA-FFA、月桂醇	酯化/水	DHA-FFA	72％	83％
C. antarctica	PUFA-FFA、甘油	酯化/乙烷	DHA/EPA-TG		84.7％

续表

脂肪酶来源	底物	反应类型/介质	富集产物	含量	回收率
C. rugosa	鱼油、鱼肝油	水解/水	DHA-TG	48.9%	
G. candidum	鱼油	水解/水	DHA/EPA-TG	46%	
R. miehei	DHA-FFA、DHA-TG	转酯/水	DHA/EPA-TG		95%
M. miehei	DHA、EPA、丙二醇	酯化/乙烷	含 EPA 或 DHA 的丙二醇单酯		
Pseudomonas sp.	鱼油、乙醇	醇解	DHA/EPA-TG/DG/MG	50%	DHA80% EPA90%

细菌有 28 个属、放线菌有 4 个属、酵母菌有 10 个属、其他真菌有 23 个属的微生物可以产生脂肪酶，不同脂肪酶对不同底物的专一性也不同，比如猪胰脂肪酶、黑曲霉、解脂假丝酵母和根霉的脂肪酶仅催化 1（或 3）位酯键水解，而对 2 位酯键无作用，且先水解不饱和脂肪酸，而白地霉、圆弧青霉以及南极假丝酵母脂肪酶等可以水解所有位置的脂肪酸；圆弧青霉脂肪酶对短链（C_8 以下）脂肪酸、黑曲霉和根霉脂肪酶对中链长（$C_8 \sim C_{12}$）脂肪酸、猪胰脂肪酶对短链脂肪酸，特别是三丁酸甘油酯水解专一性高。脂肪酶不同活性的发挥依赖于反应体系的特点，如在油水界面促进酯键水解，而在有机相中可以酶促合成和酯交换。

目前商品化的微生物脂肪酶已经有 20 类以上，目前国际知名的脂肪酶生产商有诺维信、杰能科、天野等。其中诺维信公司生产的 Lipozyme 系列酶是将来源于微生物 *Mucor miehei* 的脂肪酶，采用吸附法固定在离子交换树脂上的一种较为广泛应用的商品酶，目前广泛用于 PUFA 的富集研究中；而 Novozym 435 则是一种来源于南极假丝酵母、固定于大孔吸附树脂上的无专一性脂肪酶，主要用于酯化法合成甘油酯的研究中。

不同来源的脂肪酶适合催化的反应类型不同，相应地对 DHA 和 EPA 的富集效果也不同。一般在进行研究之初，需要根据选定的反应类型，结合现有的资料对脂肪酶进行筛选。在筛选催化水解反应的脂肪酶时，在已报道具有选择性的脂肪酶中进行筛选，目前已报道具有较好选择性的脂肪酶有来源于 *Candida cylindracea*、*Geotrichum candidum*、*Candida rugosa* 等的脂肪酶，这些脂肪酶可以较好地保留 2 位上的 ω-3 PUFA，水解饱和脂肪酸和低不饱和度的脂肪酸，故可以用来作为水解法富集 DHA 和 EPA 的催化剂。已有报道表明，脂肪酶的酯交换活性与酯合成活性具有一定的相关性，因此在筛选用于酯交换或酯合成反应的脂肪酶时，可以互相参考，已知来源于 *Mucor miehei*、*Chromobacterium viscosumz*、*Candida antarctica* 等的脂肪酶适合酯交换或酯化反应。但应当注意，有的脂肪酶虽然具有较好酯交换和酯合成活性，但也具有位置选择性。脂肪酶的位置选择性对酯合成反应不利。

当在非水体系使用脂肪酶作为催化剂时，由于体系中含水量很少，酶的稳定性和重复利用性都比水相体系好，因此有研究者提议直接使用酶粉代替固定化酶。酶粉的比活力一般远远高于固定化酶，且酶粉粒度较小，更容易分散于体系中。但依然有研究者认为，与使用酶粉相比，使用固定化脂肪酶有许多无可比拟的优点，如脂肪酶不易结块、酶的利用效率高、便于产物的分离和提纯、便于酶的回收和利用，而且固定化脂肪酶在各种条件下稳定性好，可多次重复使用。Shimada 在研究中发现使用固定化 Lipozyme RM IM 100 次（每次 24h）后，仍有较好的富集能力。Shishikura 用固定化 *Mucor miehei* 脂肪酶在超临界 CO_2 中催化反应 10h，未见酶活性有明显损失；反应 70h 之后，才有轻微失活。王运吉用固定化胞内脂肪酶选择性水解鱼油，使其 ω-3 PUFA 的含量由 27％提高到 53％以上。Yamane 等利用固定化脂肪酶将 DHA 和 EPA 富集到甘油酯中；Nakada 等利用被修饰了的柱形假丝酵母脂肪酶将 DHA 和 EPA 富集到甘油酯中。

由于脂肪酶目前还是比较昂贵的酶种，因此应考虑从固定化酶方面提高酶利用次数，降低相应成本。采用固定化脂肪酶进行酶法富集 PUFA 具有脂肪酶可以回收、重复使用、稳定性高、产品质量高、降低用酶成本等优点，是酶法工艺必由之路。

（2）反应体系

传统的有机化学反应，常常在有机溶剂中进行，因为有机溶剂能很好地溶解有机反应物，使反应物分子在溶液中均匀分散，稳定地进行能量交换。随着有机介质中脂肪酶促反应研究的深入，有人开始将水相中的脂肪酶富集不饱和脂肪酸的反应扩展到有机介质中进行研究，并取得了较满意的结果。Yu 等研究在酶催化合成反应中使用有机溶剂的重要性，选择合适的有机溶剂体系可为底物提供均一的系统，改变酶分子对底物的选择性和亲和力，产生各种各样的物理化学效应。有机溶剂通过影响底物、产物在水相和有机相中的分配，从而影响其在必需水层的浓度来改变酶催化反应速率；有机溶剂通过增大酶反应活化能来降低酶反应速率，或者降低酶活性中心内部极性并加强底物与酶之间形成的氢键，使酶活性下降；有机溶剂还会造成酶的正常三级结构变化，间接改变酶活性中心的结构而影响酶活性。目前较为常用的有机溶剂为正己烷，最佳溶剂因底物和脂肪酶而异。Hosokawa 等以高极性的水模拟乙二醇作溶剂，利用 *Mucor miehei* 脂肪酶使 EPA 富集在大豆卵磷脂上，EPA 含量达 40％，收率 80％。He 等采用脂肪酶 LP24012 AS 催化游离不饱和脂肪酸浓缩物（海豹油制得）与甘油在异辛烷中反应，酯化率达 85％。

人们研究了在有机溶剂中脂肪酶的催化合成反应体系，但能扩大到商业规模的很少，原因是有机溶剂的毒性、挥发性和昂贵的价格，或必须使用表面活性剂才能实现良好的混合，人们又把目光转移到了无溶剂体系。无溶剂体系酶促反应不仅解决了有机溶剂的毒性或表面活性剂问题，而且减少了纯化过程的许多步骤，有很好的应用前景。

在无溶剂体系中，酶直接作用于反应底物，因此无溶剂体系能够提高反应底物浓度和产物浓度，反应速度快，产物收率高，反应体积小，减少了产物分离提纯的步骤，使纯化容易，因不用或少用有机溶剂而大大降低了对环境的污染，降低了回收有机溶剂的成本，为反应提供了与传统溶剂不同的新的分子环境，有可能使反应的选择性或转化率得到提高。在脂肪酶催化的酯交换反应和酯合成反应中，常使用无溶剂系统。Brenda 等考虑到正己烷的毒性、可燃性、溶剂成本以及导致的分离纯化时间加长，认为在食品工业中，无溶剂体系是更好的选择。Arnar 等在利用鱼油脂肪酸和甘油的酯合成反应分离 DHA 和 EPA 也采用无溶剂体系，在 40℃条件反应 48h 后，得到含有 78% DHA 和 3% EPA 的脂肪酸，而绝大部分 EPA 则结合于甘油上。Yamane 等在无溶剂体系中催化酸解反应得到了 DHA 和 EPA 含量分别为 40% 和 25% 的鱼油。孙素玲等也利用无溶剂系统催化富含 PUFA 的脂肪酸和甘油的酯合成反应，经 48h 酯化率达到 96.58%。

无溶剂体系酶反应产品的后处理简单，环境污染小，可满足产品和生产的安全性需要，对酶的活性和选择性影响不大。同时，由于没有溶剂等的稀释作用，底物浓度较高，反应速度快。在某种程度上，无溶剂体系与有机溶剂体系相似，因为反应物或产物可以看作反应的"溶剂"。在无溶剂体系中，底物或产物比例过高会明显地影响反应介质"溶剂"的组成、性质，比如在该体系下，反应混合物黏度大，往往需要较高的温度，这是其不利的一面。

近年来，超临界流体的研究方兴未艾，有研究者利用超临界流体作为富集 ω-3 PUFA 的体系。Shishikura 在超临界 CO_2 中用固定化来源于 *Mucor miehei* 的脂肪酶催化游离 DHA 和 EPA 与中等链长甘油三酯发生酸解反应，甘油三酯中 EPA 的含量高达 62%，收率为 85%。

（3）反应体系的水分含量

反应体系的水分含量的影响因采用的反应体系和富集方法不同而有所差别。当采用酯合成法富集 PUFA 于甘油酯中时，需向反应体系中加入适量水分保证脂肪酶的活性。由于水是酯化反应的产物之一，随着反应的进行，则需要采取措施移除体系中过多的水分，防止较大量的水导致已富集了 DHA 和 EPA 的甘油酯被水解。当采用醇解法时，应当特别注意体系中的水分含量，防止乙醇使脂肪酶变性。当采用酸解法时，如前文所述，在酸解反应中，水分含量和酶活性是影响反应效率的两个重要参数，如果底物中水分含量太高，酸解会向水解的副反应方向进行，降低富集效率和甘油酯的得率；另一方面如果水分太低，它又会影响酶活性。由于水是水解反应的必须反应物，当采用水解法时，适当增加反应物中的水含量有助于水解反应向生成产物的方向进行。在有机相中，痕量的必需水是维持脂肪酶正常催化结构和功能的先决条件，因此，水含量的控制在脂肪酶富集DHA和EPA中十分重要。

在酯化法中，通常在反应到一定程度时，向体系中加入脱水的分子筛来吸收多余的水，以抑制水解副反应的进行。在He的酯化反应试验中，向反应物中加入0.5g的分子筛，酯化率可从未加分子筛的85％提高到88.9％。

三、酶在ω-3 PUFA型磷脂制备中的应用

近年来的研究发现，DHA和EPA的生理功能因其在脂肪中的分子形式不同而不同，有关结合有ω-3 PUFA的磷脂（ω-3 PUFA磷脂，ω-3 PUFA-PL）的生理功能的研究越来越多。与甘油三酯（TG）形式的ω-3 PUFA相比，磷脂型ω-3 PUFA表现出更多优势：①ω-3长链多不饱和脂肪酸EPA和DHA的比例更高；②EPA和DHA的生物利用率较高；③具备磷脂和ω-3 PUFA双重活性；④更好的抗氧化稳定性。天然的富含EPA/DHA的磷脂主要存在于海产动物的卵、南极磷虾等。深海鱼的鱼卵中含有丰富的ω-3 PUFA型磷脂，例如，鲱鱼、三文鱼、鳕鱼、飞鱼的鱼卵中脂质含有38％～75％ DHA/EPA型磷脂酰胆碱（PC）。磷虾油中磷脂含量在40％左右，这些磷脂中富含DHA/EPA的主要是PC。海洋磷脂以PC为主，其次为磷脂酰乙醇胺（PE）、磷脂酰肌醇（PI）和磷脂酰丝氨酸（PS），鞘磷脂（SM）含量较少。

自20世纪90年代以来，不断有研究者尝试采用酶法制备，即在脂肪酶或者磷脂酶的作用下，催化富含EPA和DHA的游离脂肪酸与大豆磷脂或蛋黄磷脂发生酸解反应，而富含EPA和DHA的游离脂肪酸通常采用皂化乙酯型鱼油的方法得到。在酶法制备PUFA型磷脂的工艺中，可以利用磷脂酶催化大豆磷脂和乙酯型鱼油直接进行酯交换反应，而不必先将乙酯型鱼油皂化得到游离脂肪酸后再进行反应，从而简化了制备工艺。

目前市面上的虾油产品一般都是以南极磷虾干粉为原料，通过95％的乙醇浸提制得，提取时间久，营养物质降解，提取的磷虾油中磷脂含量不高，导致虾油品质降低。已有一些提取南极磷虾虾油的研究，包括徐文思等用三级逆流浸出的方式提取磷脂含量较高的南极磷虾油。曹文静等用混合溶剂萃取法得到虾油，但其酸值、水分和氟含量偏高，需要进一步精制；刘坤等用超临界CO_2萃取法从湿基中提取虾油，但超临界CO_2萃取设备相对成本较高，没有得到广泛应用。酶解法的出现为南极磷虾脂质的提取提供了新的思路。徐晓斌等以复合蛋白酶为工具酶，研究采用酶解法从南极磷虾中提取油脂。周长平等采用酶解法结合溶剂萃取从南极磷虾中提取了营养价值更高的虾油。

　　除了提取虾油，Xuan 等直接使用固定磷脂酶 A1（PLA1），以南极磷虾和鱼中脂肪酸中的 PC 为底物，以超临界 CO_2 为溶剂，通过纳入来自鱼油的 DHA，成功地修改了南极磷虾的 PC 组分，制备富含 DHA 的 PC，增加磷脂的营养价值。张芹等通过单因素及正交试验优化了制备 PS 的工艺条件，PS 合成率可以达到 97.65%。Lee 等通过用固定化的脂肪酶进行磷酸解磷生产单甘油酯和甘油二酯，并评估了各种参数对酶促乙醇溶解的影响。

　　作为一种非常好的膳食补充剂，天然的 DHA/EPA 型磷脂并不丰富，而且提取技术要求严格，提取出来的产品中 DHA/EPA 的含量也并不高。因此，急需一种更好的合成方法制备高含量的 DHA/EPA 型磷脂。目前，普遍认为利用生物酶催化制备 DHA/EPA 型磷脂是一种高效、环保、可行的方法。在制备 DHA/EPA 型磷脂的过程中，最常用的方法是酸解反应和酯交换反应，用到的酶主要是脂肪酶和磷脂酶。李响采用几种不同类型的树脂对磷脂酶 A1 进行固定化，优化制备工艺得到固定化磷脂酶 A1，并探讨了利用该固定化酶催化合成富含 DHA/EPA 磷脂的可行性，建立了对应的工艺条件，系统地研究了各种因素对酶促酯交换反应的影响规律。

　　关于制备 DHA/EPA 型磷脂已有的主要研究结果如表 7-5 所示。由表可见，磷脂酶 A1 和磷脂酶 A2 表现出了很好催化效果（DHA/EPA 结合率≥20%），然而，脂肪酶催化效率明显较低。比如，利用 Lipozyme TL IM 做催化剂，在酸解反应体系中，DHA/EPA 结合率只有 18.9%，利用 Lipozyme RM IM 做催化剂，在酯交换反应体系中，DHA/EPA 的结合率只有 12.3%。同酸解反应（游离脂肪酸和磷脂作为底物）相比，酯交换反应（甘油三酯/乙酯和磷脂作为底物）底物之间的互溶性更好，有利于酶催化反应的进行。目前，在酯交换反应体系下，制备 DHA/EPA 型磷脂的研究报道还很少，因此，为了提供更好的制备工艺，关于酯交换反应制备 DHA/EPA 型磷脂的研究是必不可少的。

表 7-5　酶法催化合成 ω-3 PUFA 磷脂的研究

工艺	结合率/%	反应底物	加酶量	反应体系
酯交换反应	12.3	乙酯①/PL	10% Lipozyme RM IM	正己烷
酶解反应	43	FFA②/PC	15% Immobilized PLA₁	无溶剂体系
酸解反应	35	FFA③/PC	10% Immobilized PLA₁	无溶剂体系
酸解反应	28	FFA②/PC	10% 液体 PLA₁	无溶剂体系
酸解反应	20	FFA④/PC	30% Immobilized PLA₂	无溶剂体系
酸解反应	18.9	FFA⑤/PC	20% Lipozyme TM IM	无溶剂体系

　　①52% EPA，20% DHA；②12.2% EPA，60.7% DHA；③78.4% EPA+DPA+DHA；④纯度大于99%的 DHA；⑤35% EPA，25% DHA。

　　磷脂和DHA/EPA都是重要的生理活性物质，对于预防和治疗多种疾病都有着显著的效果。因此，制备DHA/EPA型磷脂具有重大的意义。目前，关于制备DHA/EPA型磷脂的研究主要集中在利用脂肪酶或磷脂酶，催化磷脂和游离的DHA/EPA反应。该方法制备DHA/EPA型磷脂时存在两个问题。第一，选用游离的DHA/EPA作为底物加大了工业化的难度，需要制备高含量的DHA/EPA，而且游离的DHA/EPA极易被氧化，也增大了储存的难度，不利于产业化的进行。第二，水解副反应严重，导致目标产物产率低。若选用DHA/EPA乙酯作为底物，不仅使底物乙酯和磷脂之间互溶性更好，也更有利于产业化的进行。但是，反应过程中水解反应仍然很严重，而且因为时间的关系，对于后续产物的分离、稳定性的研究以及放大反应都需要进行进一步的探讨。

　　酶技术在水产加工业中的应用不断普及，尤其是随着渔业资源的衰退，利用一些水产品加工下脚料或低值鱼来生产高附加值的产品已显得越来越重要。采用酶技术可改变传统的加工方法，丰富水产品市场，提高市场竞争能力。随着酶技术的发展，酶在水产品加工业中的应用将会越来越广泛。

参考文献

[1] Rubio-Rodríguez N, Beltrán S, Jaime I, et al. Production of omega-3 polyunsaturated fatty acid concentrates: A review. Innovative Food Science and Emerging Technologies, 2010, 11: 1-12.

[2] Dunbar B S, Bosire R V, Deckelbaum RJ. Omega 3 and omega 6 fatty acids in human and animal health: An African perspective. Molecular and Cellular Endocrinology, 2014, 398: 69-77.

[3] Pedersen A M, Olsen BVRI. Oil from calanus finmarchicus-composition and possible use: A review. Journal of Aquatic Food Product Technology, 2014, 23 (23): 633-646.

[4] Gong Y, Wan X, Jiang M, et al. Metabolic engineering of microorganisms to produce omega-3 very long-chain polyunsaturated fatty acids. Progress in Lipid Research, 2014, 56: 19-35.

[5] 邵佩霞. 富含多不饱和脂肪酸甘油酯的酶法制备. 华南理工大学硕士论文, 2010.

[6] Jans A, Konings E, Goossens G H, et al. PUFAs acutely affect triacylglycerol-derived skeletal muscle fatty acid uptake and increase postprandial insulin sensitivity. The American journal of clinical nutrition, 2012, 95 (4): 825-836.

[7] Kassis N, Drake S R, Beamer S K, et al. Development of nutraceutical egg products with omega-3-rich oils. LWT-Food Science and Technology, 2010, 43 (5): 777-783.

[8] Coelho I, Casare F, Pequito D C, et al. Fish oil supplementation reduces cachexia and tumor growth while improving renal function in tumor-bearing rats. Lipids, 2012, 47 (11): 1031-1041.

[9] Linehan L G, Oconnor T P, Burnell G. Seasonal variation in the chemical composition and fatty acid profile of Pacific oysters (Crassostrea gigas). Food Chemistry, 1999, (64): 211-214.

[10] Abad M, Ruiz C, Martinez D, et al. Seasoanl variation in flat oyster, Osterea edulis, from San Cibran (Galicia, Spain). Comparative Biochemistry and Physiology, 1995, 110C (2): 109-118.

[11] Xue C, Wang Y, Li Z, et al. Changes in lipids of mussel during storage. Journal of Fishery Science of China, 1995, 2 (4): 56-63.

[12] 胡爱军, 郑捷. 食品工业酶技术. 北京: 化学工业出版社, 2014.

[13] 郭毛毛, 谢春阳. 利用酶解法从泥鳅鱼和鳙鱼中提取混合鱼油的研究. 农业与技术, 2010, 30 (2): 36-39.

[14] Ivanovs K, Bumberga D. Extraction of fish oil using green extraction methods: a short review. Energy Procedia, 2017, 128: 477-483.

[15] Qian J, Zhang H, Liao Q. The properties and kinetics of enzymatic reaction in the process of the enzymatic extraction of fish oil. Journal of Food Science and Technology, 2011, 48 (3): 280-284.

[16] 郑毅, 郑楠, 卓进锋, 等. 利用脂肪酶提高鱼油中多不饱和脂肪酸 (PUFAs) 甘油酯. 应用与环境生物学报, 2005, 11 (5): 571-574.

[17] 李丽帆, 唐乾利, 蒋满洲, 等. 固定化脂肪酶选择性水解废弃鱼油富集 DHA 和 EPA 甘油酯. 生物加工过程, 2009, 7 (6): 25-30.

[18] 孙兆敏. 酶法制备 ω-3 多不饱和脂肪酸甘油三酯的工艺. 中国海洋大学硕士论文, 2010.

[19] 郑毅, 郑楠, 吴松刚. 固定化脂肪酶选择性富集鱼油 ω-3 多不饱和脂肪酸甘油酯. 化工学报, 2006, 57 (2): 353-358.

[20] 孙兆敏, 李金章, 丛海花, 等. 酶法制备 ω-3 多不饱和脂肪酸型磷脂的工艺. 中国油脂, 2010, 35 (4): 33-36.

[21] Deng C, Watanabe K, Yazawa K, et al. Potential for utilization of the lipid and DHA-richfatty acid of integument of squid Ommastrephes bartrami. Food Research International, 1998, 31 (10): 697-701.

[22] Blanchier B, Boucaud-camou E. Lipids in the digestive gland and the gonad of immature and mature Sepia officinalis (Mollusca: Cephalopoda). Marine Biology, 1984, (80): 39-43.

[23] Sinanoglou V J, Miniadis-meimaroglou. Fatty acid of neutral and polar lipids of (edible) Mediterranean cephalopods. Food Research International, 1998, 31 (6-7): 467-473.

[24] Takama K, Suzuki T, Yoshida K, et al. Phosphatidylcholine levels and their fatty acid compositions in teleost tissues and squid muscle. Comparative Biochemistry and Physiology Part B, 1999, 124: 109-116.

[25] Igarashi D, Hayashi K, Kishimura H. Positional distribution of DHA and EPA in phosphatidylcholine and phosphatidylethanolamine from different tissues of squids. Journal of Oleo Science, 2001, 50 (9): 729-734.

[26] Phillips K L, Nichols P D, Jackson G D. Lipid and fatty acid composition of the mantle and digestive gland of four Southern Ocean squid species: implications for food-web. Antarctic Science, 2002, 14 (3): 212-220.

[27] Hayashi K, Bower J R. Lipid composition of the digestive gland, mantle and stomach fluid of the gonatid squid Berryteuthis anonychus. Journal of Oleo Science, 2004, 53 (1): 1-8.

[28] 钱云霞, 蒋霞敏, 王春琳, 等. 黑斑口虾蛄营养成分的研究. 中山大学学报 (自然科学版), 2000, 39: 265-268.

[29] 杨文鸽, 娄永江, 董明敏. 葛氏长臂虾 Palaemon gravieri 磷脂成分的分析. 海洋科学, 2001, 25 (7): 45-47.

[30] 卢洁, 黄凯, 臧宁, 等. 气相色谱全分析海水和淡水养殖南美白对虾组织中脂肪酸组成与含量. 色谱, 2005, 23 (2): 193-195.

[31] 向怡卉，苏秀榕，董明敏. 海参体壁及消化道的氨基酸和脂肪酸分析. 水产科学, 25（6）: 280-282.

[32] 刁全平，侯冬岩，回瑞华，等. 海参脂肪酸的气相色谱-质谱分析鞍山师范学院学报, 2008, 10（6）: 33-35.

[33] 邹耀洪. 海参脂肪酸化学修饰气相色谱-质谱分析. 食品科学, 2007, 28（6）: 293-297.

[34] 高菲，杨红生，许强. 刺参体壁脂肪酸组成的季节变化分析. 海洋科学, 2009, 33（4）: 14-20.

[35] Zhong Y, Khan M A, Shahidi F. Compositional characteristics and antioxidant properties of fresh and processed sea cucumber（Cucumaria frondosa）. Journal of Agricultural and Food Chemistry, 2007, 55: 1188-1192.

[36] 杨洋. 酶法催化合成不饱和脂肪酸结构脂工艺的研究. 北京化工大学, 2015.

[37] 刘春娥，刘峰，许乐乐. 鱼油提取方法研究进展. 水产科技, 2009: 7-10.

[38] 王乔隆，邓放明，唐春江，等. 鱼油提取及精炼工艺研究进展. 粮食与食品工业, 2008, 15（3）: 10-12.

[39] Aidos I, Kreb N, Boonman M, et al. Influence of production process parameters on fish oil quality in a pilot plant. Journal of Food Science, 2003, 68（2）: 581-587.

[40] 陈英乡. 水法提取鱼油的生产工艺研究. 食品科学, 1996, 17（3）: 15-18.

[41] 杨官娥，杨琦，赵建滨，等. 氨法提取鱼油工艺的研究. 中国海洋药物, 2002（3）: 25-27.

[42] 杨官娥，杨琦，赵建滨，等. 钾法提取鱼油工艺的研究. 山西医科大学学报, 2001, 32（1）: 31-33.

[43] Sahena F, Zaidul IM, Jinap S, et al. Fatty acid compositions of fish oil extracted from different parts of Indian mackerel（Rastrelliger kanagurta）using various techniques of supercritical CO_2 extraction. Food Chemistry, 2010, 120: 879-885.

[44] Kiriil L, Stefan K, Zoran Z, et al. Influence of operating parameters on the supercritical Carbon dioxide extraction of bioactive components from common carp（Cyprinus carpio L.）viscera. Separation and Purification Technology, 2014, 138: 191-197.

[45] Hao S, Wei Y, Li L, et al. The effects of different extraction methods on composition and storage stability of sturgeon oil. Food Chemistry, 2015, 173: 274-282.

[46] De Oliveira D A, Minozzo M G, Licodiedoff S, et al. Physicochemical and sensory characterization of refined and deodorized tuna（Thunnus albacares）by-product oil obtained by enzymatic hydrolysis. Food Chemistry, 2016, 207: 187-194.

[47] Vaisali C, Charanyaa S, Belur D P, et al. Refining of edible oils: a critical appraisal of current and potential technologies. International Journal of Food Science and Technology, 2015, 50: 13-23.

[48] Menegazzo M L, Petenuci M E, Fonseca G G. Production and characterization of crude and refined oils obtained from the co-products of Nile tilapia and hybrid sorubim processing. Food Chemistry, 2014, 157: 100-104.

[49] Aspmo S I, Horn S J, H Eijsink V G. Enzymatic hydrolysis of Atlantic cod（Gadus morhua L.）viscera. Process Biochemistry, 2005, 40（5）: 1957-1966.

[50] Kechaou E S, Dumay J, Donnay-Moreno C, et al. Enzymatic hydrolysis of cuttlefish（Sepia officinalis）and sardine（Sardina pilchardus）viscera using commercial proteases: Effects on lipid distribution and amino acid composition. Journal of Bioscience and Bioengineering, 2009, 107（2）: 158-164.

[51] Batista I, Ramos C, Coutinho J, et al. Characterization of protein hydrolysates and lipids ob-

tained from black scabbardfish (*phanopus carbo*) by-products and antioxidative activity of the hydrolysates produced. Process Biochemistry, 2010, 45（1）：18-24.

[52] 吴燕燕, 李来好, 李刘冬, 等. 罗非鱼油的制取工艺及其氧化防止方法. 无锡轻工大学学报, 2003, 22（1）：86-89.

[53] 吉宏武, 洪鹏志, 章超桦, 等. 罗非鱼油的制备及其脂肪酸组成分析. 福建水产, 2005, 7：38-42.

[54] 张华伟, 诸燕, 范琛, 等. 酶解法提取鲲鱼油的工艺研究. 粮油食品科技, 2010, 18（1）：27-30.

[55] 陆剑锋, 林琳, 张伟伟, 等. 水酶法提取斑点叉尾鮰内脏油的工艺研究. 食品科学, 2010, 31（22）：75-80.

[56] Liu Q Y. Dietary fish oil and vitamin E enhance doxorubicin effects in P388 tumor-bearing mice. Lipids, 2002, 37（6）：549-556.

[57] 洪志鹏, 刘书成, 章超桦, 等. 酶解法提取鱼油的工艺参数优化. 湛江海洋大学学报, 2006, 26（3）：45-49.

[58] 吴祥庭. 响应面法优化酶法水解提取鲨鱼鱼油条件. 中国粮油学报, 2007, 22（1）：91-94.

[59] 郝淑贤, 石红, 李来好, 等. 酶法提取鲟鱼鱼油工艺的研究. 食品科学, 2009, 20（2）：38-41.

[60] 汤小会. 竹荚鱼加工废弃物中鱼油的分离提取. 食品工业科技, 2009, 30（5）：251-252.

[61] Michel L, Jacques F, Michel P. Proteolytic ex-traction of salmon oil and PUFA concentration by lipases. Marine Biotechnology, 2005, 7（1）：70-76.

[62] 郝记明, 刘书成, 张静, 等. 利用罗非鱼下脚料提取鱼油的工艺研究. 食品工业科技, 2009, 30（07）：207-211.

[63] 李和, 李佩文, 杨亦平. 低温结晶富集鱼油中 EPA 和 DHA 的方法. 中国海洋药物, 1997, 4：50-52.

[64] 陶海荣, 李和. 从鱼油中分离高纯度的 EPA 和 DHA. 中国海洋药物, 2000, 5：24-26.

[65] 唐忠林, 汪之和. 鲢鱼油多不饱和脂肪酸的提取及纯化的研究. 食品工业科技, 2008, 29（8）：221-223.

[66] 郑公铭, 齐凯琴, 李德豪, 等. 皂化-尿素包合法制备高含量 EPA、DHA 产品研究. 中国油脂, 2001, 26（6）：61-63.

[67] 顾小红, 孙素玲, 汤坚, 等. 尿素包合法富集海狗油中的多不饱和脂肪酸. 食品与机械, 2005, 22（4）：15-18.

[68] 刘书成, 李德涛, 欧冠强, 等. 尿素包合法富集蛇鲻鱼油中 EPA 和 DHA 的研究. 广东海洋大学学报, 2008, 28（3）：61-65.

[69] 朱世云, 包宗宏, 云志, 等. 尿素包合法富集鱼油中的 EPA 和 DHA 的研究. 中国油脂, 1997, 22（5）：54-56.

[70] Gamez-Mezaa N, Noriega-Rodr J A, et al. Concentration of eicosapentaenoic acid and docosa-hexaenoic acid from fish oil by hydrolysis and urea complexation. Food Research International, 2003, 36（7）：721-727.

[71] Medina A R, Gimnez A G, et al. Concentration and purification of stearidonic eicosapentaenoic and docosahexaenoic acids from cod liver oil and the marine microalga isochrysis galbana. Journal of American Oil Chemists' Society, 1995, 72（5）：575-583.

[72] 薛长湖, 陈休白, 李兆杰, 等. 从鲲鱼油中提取高不饱和脂肪酸的研究. 中国水产科学, 1994, 1（1）：55-59.

[73] 徐世民, 刘颖, 胡晖. 分子蒸馏富集海狗油中多不饱和脂肪酸. 化学工业与工程, 2006, 23（6）：495-498.

[74] 傅红，裘爱咏. 分子蒸馏法制备鱼油多不饱和脂肪酸. 无锡轻工大学学报，2002，21（6）：617-621.

[75] 陈钧，新井邦夫. 银离子络合萃取法及其在分离鱼油活性成分中的应用. 江苏理工大学学报：自然科学版，2000，21（6）：18-22.

[76] 邱榕，陈庶来. 银离子络合法分离鱼油中 EPA 和 DHA. 江苏理工大学学报：自然科学版，1998，19（4）：23-27.

[77] Adlof R O, Emken E A. The isolation of omega-3 ployunsaturated fatty acid and methyl esters of fish oils by silver resin chromatography. Journal of the American Oil Chemists' Society, 1988, 52（9）：1592-1597.

[78] Lawson L D, Hughes B G. Human absorption of fish oil fatty acids as triacylglycerols, free acids, or ethyl esters. Biochemical and Biophysical Research Communications, 1988, 152（1）：328.

[79] Ikeda I, Sasaki E, Yasunami H, et al. Digestion and lymphatic transport of eicosapentaenoic and docosahexaenoic acids given in the form of triacylglycerol, free acid and ethyl ester in rats. Biochimica et Biophysica Acta, 1995, 1259: 297-304.

[80] Yang L Y, Kuksis A, Myher, Lumenal J. Hydrolysis of menhaden and rapeseed oil and their fatty acid methyl and ethyl esters in the rats. Biochem Cell Biol, 1989, 67: 192.

[81] Hao L P, Cao X J, Hur B K. Separation of single component of EPA and DHA from fish oil using silver ion modified molecular sieve 13X under supercritical condition. Journal of Industrial & Engineering Chemistry, 2008, 14（5）：639-643.

[82] Bottino N R, Vandenburg G A, Reiser R. Resistance of certain long-chain polyunsaturated fatty acid of marine oil to pancreatic lipase hydrolysis. Lipid, 1967, 2: 489-493.

[83] Hur B K, Woo D J, Chong B. Hydrolysis mechanism of fish oil by lipase 100T. J Microbiology and Biotechnology, 1999, 9（5）：624-630.

[84] Udaya N Wanasundara, Fereidoon Shahidi. Lipase-assisted concentration of n-3 PUFA in acylglycerols from marine oils. Journal of American Oil Chemists' Society, 1998, 75: 945-957.

[85] Yukihisa T, Tadashi F, Jim H, et al. Triglyceride specificity of *Candida cylindracea* lipase: effect of DHA on resistance of triglyceride to lipase. Journal of American Oil Chemists' Society, 1993, 70: 1031-1034.

[86] Yukihisa T, Jim H, Tadashi F. Concentration of DHA in glyceride by hydrolysis of fish oil with *Candida cylindracea* lipase. Journal of American Oil Chemists' Society, 1992, 69: 1210-1214.

[87] Yuji S, Kazuaki M, Suguru O, et al. Enrichment of polyunsaturated fatty acids with *Geotrichum candidum* lipase. Journal of American Oil Chemists' Society, 1994, 71: 951-955.

[88] Yadwad V B, Ward O P, Noronha L C. Application of lipase to concentrate the docosahexaenoic acid（DHA）fraction of fish oil. Biotechnology and Bioengineering, 1991, 38（8）：956-959.

[89] 石红旗，缪锦来，李光友，等. 脂肪酶催化水解法浓缩鱼油 DHA 甘油酯的研究. 中国海洋药物，2001，（4）：15-21.

[90] 吴可克. 酶促鱼油选择性水解制 EPA、DHA 甘油酯的研究. 中国油脂，2002，23（3）：91-93.

[91] 郑毅，郑楠，卓进德，等. 利用脂肪酶提高鱼油中多不饱和脂肪酸（PUFAs）甘油酯. 应用与环境生物学报［J］，2005，11（5）：571-574.

[92] 郑毅，郑楠，吴松刚. 固定化脂肪酶选择性富集鱼油 ω -3 多不饱和脂肪酸甘油酯. 化工学报，2006，57（2）：452-457.

[93] Takashi T, Setsuko H, Yoichroi T. Preparation of polyunsaturated triacylglycerols via transes-

terification catalyzed by immobilized lipase. Yukagaku, 1993, 42: 30-35.

[94] Yamane T, Suzulsi T, Sahashi Y, et al. Production of n-3 PUFA enriched fish oil by lipase-cata-lyzed acidolysis without solvent. Journal of American Oil Chemists' Society, 1992, 69: 1104-1107.

[95] Akimoto M, et al. Lipase-catalyzed interesterification of soybean oil with an omega-3 polyunsat-urated fatty acid concentrate prepared from sardine oil. Applied Biochemistry and Biotechnolo-gy, 2003, 104(2): 105-118.

[96] Fajardo A, Akoh C C, Lai O M. Lipase-catalyzed incorporation of n-3 PUFA into palm oil. Journal of the American Oil Chemists' Society, 2003, 80(12): 1197-1200.

[97] 于晨旭, 张苓花, 王运吉. 鱼油多烯脂肪酸的纯化及酶促酯交换反应. 大连轻工业学院学报, 1997, 16(4): 62-66.

[98] Haraldsson G, Kristinssun B, Siguadardottir R, et al. The preparation of concentrates of EPA and DHA by lipase catalyzed transesterification of fish oil with ethanol. Journal of American Oil Chemists' Society, 1997, 74: 1419-1423.

[99] Shimada Y, Sugihara A, Yodono S, et al. Enrichment of ethyl DHA by selective alcoholysis with immobilized *Rhizopus delemar* lipase. Journal of Fermentation and Bioengineering, 1997, 84: 138-143.

[100] 杨博, 杨继国, 吕扬效, 周华伟, 林炜铁. 脂肪酶催化鱼油醇解富集 EPA 和 DHA 的研究. 中国油脂, 2005, 30(8): 64-67.

[101] Li Z Y, Ward O P. Lipase catalyzed alcoholysis to concentrate the PUFA of cod liver oil. Enzyme and Microbial Technology, 1993, 15: 601-606.

[102] Yu Z, Peng K, Tang Y, et al. Lipase-catalyzed esterification of glycerol PUFA of fish oil in or-ganic solvent. Journal of Food Science, 1995, 16: 3-7.

[103] 刘书成, 章超桦, 洪鹏志, 等. 有机溶剂中酶促酯化合成 n-3 PUFA 甘油酯的研究. 中国粮油学报, 2006, 21(3): 146-151.

[104] Gerdan L E, Medina A R, Gimenez A G, et al. Synthesis of PUFA enriched triglycerides by li-pase-catalyzed esterification. Journal of American Oil Chemists' Society, 1998, 75: 1329-1337.

[105] He Y H, Fereidoon S. Enzymatic esterification of n-3 fatty acid concentration from seal blubber oil with glycerol. Journal of American Oil Chemists' Society, 1997, 74: 1133-1136.

[106] 陈小娥, 方旭波, 陈洁, 等. 高纯度 EPA/DHA 甘油三酯的酶法合成. 过程工程学报, 2009, 9(3): 552-557.

[107] Linder M, Kochanowski N, Fanni J. Response surface optimisation of lipase-catalysed esterifi-cation of glycerol and n-3 polyunsaturated fatty acids from salmon oil. Process Biochemistry, 2005, 40: 273-279.

[108] 孙素玲, 张干伟, 汤坚, 等. 酶促酯化合成多不饱和脂肪酸甘油酯. 食品工业科技, 2006, 27(8): 139-143.

[109] Shimada Y, Maruyama K, Sugihara A, et al. Purification of ethyl docosahexaenoate by selec-tive alcoholysis of fatty acid ethyl esters with immobilized *Rhizomucor miehei* lipase. Journal of American Oil Chemists' Society, 1998, 75: 1565-1571.

[110] Shishikura A, Fujimoto K, Suzuki T, et al. Improved lipase-catalyzed incorporation of long-chain fatty acids into medium-chain triglycerides assisted by supercritical carbon dioxide ex-

traction. Journal of American Oil Chemists' Society, 1994, 71: 961-967.

[111] 王运吉, 张苓花, 张传明, 等. 固定化胞内脂肪酶选择性水解鱼油. 食品工业科技, 2003, (1): 30-33.

[112] Yamane T, Suzulsi T, Sahashi Y, et al. Production of n-3 PUFA enriched fish oil by lipase-catalyzed acidolysis without solvent. Journal of American Oil Chemists' Society, 1992, 69: 1104-1107.

[113] Yamane T, Suzulsi T, Sahashi Y, et al. Increasing n-3 PUFA content of fish oil by temperature control of lipase-catalyzed acidolysis. Journal of American Oil Chemists' Society, 1993, 70: 1285-1287.

[114] Cerdan L E, Medina A R, Gimenez A G, et al. Synthesis of polyunsaturated fatty acid-enriched triglycerides by lipase-catalyzed esterification. Journal of American Oil Chemists' Society, 1998, 75: 1329-1337.

[115] Hosokawa M, Takahashi K, Miyazaki N, et al. Application of water mimics on preparation of eicosapentaenoic and docosahexaenoic acids containing glycerolipids. Journal of American Oil Chemists' Society, 1995, 72: 421-425.

[116] He Y H, Shahidi F. Enzymatic esterification of n-3 fatty acid concentrates from seal blubber oil with glycerol. Journal of American Oil Chemists' Society, 1997, 74: 1133-1136.

[117] Jennings B H, Akoh C C. Enzymatic modification of triacylglycerols of high eicosapentaenoic and docosahexaenoic acids content to produce structured lipids. Journal of American Oil Chemists' Society, 1999, 76(10): 1133-1137.

[118] Bourre J M, Bonneil M, Chaudière J, et al. Structural and functional importance of dietary polyunsaturated fatty acids in the nervous system. Advances in Experimental Medicine & Biology, 1992, 318: 211-229.

[119] Breckenridge W C, Morgan I G, Zanetta J P, et al. Adult rat brain synaptic vesicles. II. Lipid composition. Biochim Biophys Acta, 1973, 320(3): 681-686.

[120] Grandgirard A, Bourre J M, Julliard F, et al. Incorporation of trans long-chain n-3 polyunsaturated fatty acids in rat brain structures and retina. Lipids, 1994, 29(4): 251-258.

[121] Jones C R, Arai T, Rapoport S I. Evidence for the involvement of docosahexaenoic acid in cholinergic stimulated signal transduction at the synapse. Neurochemical Research, 1997, 22(6): 663-670.

[122] Suzuki H, Manabe S, Wada O, et al. Rapid incorporation of docosahexaenoic acid from dietary sources into brain microsomal, synaptosomal and mitochondrial membranes in adult mice. International Journal for Vitamin and Nutrition Research, 1997, 67(4): 272-278.

第八章

酶在水产调味料加工中的应用

随着食品工业的发展，我国调味品行业空前繁荣，连续 10 年年增长率在 10% 以上，成为食品行业中新的经济增长点，并逐步向高档化、天然化发展。随着大众对食品营养和安全的日益关注，很多消费者开始拒绝味精及合成鲜味剂，因此天然鲜味剂成为当下的研究热点之一。水产品中富含蛋白质，在酶的作用下蛋白质、脂质等大分子被分解，产生呈味氨基酸和风味肽以及核苷酸等风味前体物质，赋予酶解物鲜味突出、口感丰富等特征，酶解产物更易被人体消化吸收及利用，且具良好的营养性、安全性及功能保健性。与此同时，蛋白质被降解产生的游离氨基酸以及小分子低聚肽还可利于后续美拉德（Maillard）反应，增香产生多种风味物质。因此以海洋天然产物特征风味为主流的风味型调味料满足了大众对调味品的要求，已成为调味料行业中迅速发展的重要品种系列。

就水产调味品自身而言，它面临着更新换代和功能细分的发展趋势，并且已经呈现出种类增加和风味细化的发展态势。随着越来越多的高新技术如生物酶解技术、生物发酵技术、微胶囊技术、超临界流体萃取技术等在海鲜调味料生产中的应用，传统的蚝油、鱼露和虾酱等已出现不同等级和口味。通过技术加工，多种化学成分综合、协同作用，由此形成海鲜特征风味。其风味形成的主要途径及机理如表 8-1 所示。

表 8-1 海鲜调味料风味形成的主要途径及机理

风味形成途径	风味形成机理
美拉德反应	氨基酸和还原糖通过多种途径的作用,反应产物之间也可相互作用或与海鲜中其他成分反应,最后生成有挥发性风味物质产物。此反应一般包括起始、中间和最终三个阶段
氨基酸和肽热降解	当温度较高时,氨基酸会直接经特雷克尔氨基酸反应产生脱羧、脱氨,形成烃、醛、胺等。而在温度高于 125℃ 时,氨基酸和肽即可发生此反应

风味形成途径	风味形成机理
硫胺素降解	硫胺素受热降解可生成多种含硫和含氮的挥发性香味物质。硫胺素的降解首先是噻唑环中 C-N 和 C-S 键断裂,生成的羟甲基硫基酮,接着进一步反应得到一系列的含硫杂环化合物,这些杂环化合物即是海鲜挥发性香味成分的重要组成部分。硫胺素分解物还可以与其他物质反应生成更多的风味物质
碳水化合物降解	碳水化合物在较高温度下会发生焦糖化反应。戊糖生成糠醛,己糖生成羟甲基糠醛。若进一步加热,便会产生具有芳香气味的醇类、呋喃衍生物、羰基化合物、脂肪烃以及芳香烃类
脂类的氧化和降解	含羟基脂肪酸经过脱水环化而生成特有香气的内酯类化合物;热降解产物还可以与脂肪间少量的氨基酸、蛋白质发生非酶褐变反应,得到多种具有海鲜特征香味的杂环化合物
核苷酸降解	肌苷单磷酸盐等核苷酸受热后产生 5-磷酸核糖,然后经脱水、磷酸化,生成 5-甲基-4-羟基-呋喃酮。羟甲基呋喃酮类化合物很容易与硫化氢反应,产生很强烈的海鲜香气

水产调味品的生产多采用发酵法和酶解法。发酵型调味品是通过控制发酵条件，主要是利用水产品自身所含的多种蛋白酶以及微生物产生的酶，将水产组织蛋白分解制得的一类调味品。酶解型调味品是以天然水产品为原料，利用外加的蛋白酶，控制一定的酶解条件得到产物，然后再经调配而得。酶是水产调味品生产环节中不可或缺的重要一环，因此，研究并开发天然水产调味料的生物酶解技术具有很好的市场价值和应用前景。

第一节　酶的赋味特性

水溶性成分是味道的来源，也可被视为组成调味品"风味"的成分。水产调味品中的滋味物质，包括游离氨基酸、核酸类、有机碱、糖类、有机酸等，研究发现酶参与了大多数滋味物质的形成。

在蛋白酶的作用下水产原料中蛋白质被降解产生多种氨基酸，其中甘氨酸、丙氨酸、脯氨酸、丝氨酸构成了水产调味品甜味的主体，甘氨酸、丙氨酸的含量与其酯味息息相关，谷氨酸、天冬氨酸则是其鲜味的主要贡献者。蛋白质被酶解后，除产生单分子的氨基酸外，还会有不同聚合度的感官特性肽如甜味肽、苦味肽、酸味肽、咸味肽和风味增强肽等产生，为水产调味料的感官特性及风味增强等提供了作用。核糖核酸经磷酸二酯酶酶解后产生 5′-肌苷酸，该物质具有呈味力强、呈味丰富等特点，对水产调味品的呈味影响较大。研究表明，经酶解产生的 L-谷氨酸和 5′-核苷酸有显著的相乘作用，可增加可口浑厚的味道，赋予酶解物鲜味突出自然、口感圆润的特征。水产原料中的脂类在微生物酶的作用下，可生成具有微甜酯味的 γ-丁基内酯、γ-己酸内酯、4-羟基戊酸酯等挥发性成分，赋予了水产调味品浓郁的肉味和黄油味。在多糖降解酶的作用下，糖原 $(C_6H_{10}O_5)_n$ 被降解产生葡萄糖、果糖、半乳糖等，果糖、半乳糖不仅能够改善调味品的口味，还能赋予其较好的形态。

酶在水产调味品风味形成过程中起了关键性作用。并且通过外加酶和内源酶的结合不仅可以使调味品发酵周期缩短，生产成本较低，还可以将不同的氮源物质（不同的水产原料）定向水解成为具有特定风味的风味前驱体海鲜调味料。因此，酶在水产调味品加工中的应用具有广阔的市场前景和经济价值。

第二节　酶在鱼类调味料加工中的应用

鱼露是传统发酵型调味料的代表，以低值鱼和加工下脚料为主要原料，在高盐浓度下利用原料自身的内源酶和环境存在的酶及微生物产生的酶对原料中的蛋白质等成分进行发酵分解、酿制而成的氨基酸调味液。从古至今，鱼露作为一种传统的调味品，无论东方还是西方，人们都有食用鱼鲜调料的历史。古罗马时代鱼露已经出现，早在 1854 年 Badham 就记载过"Garum"发酵鱼是罗马人喜爱的一种调味品，并开始在地中海地区大规模生产。发酵鱼产品在泰国、越南、马来西亚和菲律宾等东南亚国家也一直是饮食的重要组成部分。表 8-2 列出了世界各国传统鱼露的名称与加工工艺。

表 8-2　世界各国传统鱼露产品与加工工艺

国家	名称	原料鱼	发酵工艺	发酵时间
日本	Shottsuru	沙丁鱼、鱿鱼	鱼：盐(5∶1)＋发芽大米和酒曲(3∶1)混合	6 个月
越南	Nuoc-mam	鳀、鲭、蓝圆鲹	鱼：盐(3∶1～3∶2)	4～12 个月
韩国	Jeot-kal	各种鱼	鱼：盐(4∶1)	6 个月
泰国	Nam-pla	鳀、鲭、鲮	鱼：盐(5∶1)	5～12 个月
马来西亚	Budu	鳀	鱼：盐(5∶1～3∶1)＋棕榈糖＋罗望子	3～12 个月
	Bakasang	鳀、沙丁鱼	鱼：盐(5∶2)	3～12 个月
缅甸	Ngapi	各种鱼	鱼：盐(5∶1)	3～6 周
印度尼西亚	Ketjap-ikan	鳀、鲱、纹唇鱼	鱼：盐(5∶1)	6 个月

国家	名称	原料鱼	发酵工艺	发酵时间
中国	鱼露	沙丁鱼、鳀鲦、泥鳅	鱼∶盐(3∶1或2∶1)	3～12个月
菲律宾	Patis	鳀、鲱、蓝圆鲹	鱼∶盐(3∶1～4∶1)	3～12个月
印度	Colombo	鲭、鲱、马鲛鱼	取出内脏的鱼＋罗望子鱼∶盐(6∶1)	12个月
希腊	Garos	鲐	只用肝脏,鱼∶盐(9∶1)	8天
柬埔寨	Nuoc-mam	鳀、鲭、蓝圆鲹	鱼∶盐(3∶1～3∶2)	2～3个月

目前，我国的鱼露生产集中在东部及东南沿海地区。在辽宁、山东、江苏、天津、福建、浙江、广东、广西等地均有生产。其中以生产规模较大的潮汕、福州的鱼露较为有名。鱼露在家庭烹调的使用一般仅限于福建、广东等沿海地区，但是鱼露由于滋味鲜美、风味独特的特征也在餐饮行业和食品加工业中广泛使用，也可作为其他海鲜调味料的重要组成部分。鱼露作为我国传统食品中的瑰宝，近几年来，一些沿海厂家为加速鱼露产业的发展主动引进新兴的鱼露生产工艺，进一步促进了鱼露产业的发展。

一、酶在传统发酵鱼露中的应用

传统鱼露的生产主要采用天然发酵，将经过高盐腌制的原料放置于日晒夜露的条件下，利用光、氧、原料自身及环境中存在的酶系和耐盐乳酸菌、酵母菌、醋酸菌等微生物产生的酶系共同作用发酵制成。发酵分为三个过程，即前期发酵、中期发酵、后期发酵，生产周期较长，一般都是1～3年，在酶的作用下鱼蛋白被分解成各种氨基酸及小分子肽。相关研究表明，这种方法制备的鱼露中的小分子肽含量占总含氮量70%以上。这些小肽具有多种生物学功能，如抗氧化肽、血管紧张素转化酶抑制肽等。经测定鱼露中含有18种以上的氨基酸，其中包括人体所需的8种必需氨基酸和特有成分牛磺酸，谷氨酸占总氨基酸含量的15%～20%，赖氨酸占13%～19%，这些氨基酸和小分子肽赋予了鱼露极其鲜美的味道。鱼露还含有丰富的有机酸，如丙酮酸、柠檬酸、琥珀酸和富马酸等，人体必需的Cu、Zn、Cr、Se等微量元素以及Ca、Mg、Fe、I等多种矿物质和维生素以及大量的挥发性风味成分，包括醛、酮、醇、酸、酯、含氮及含硫化合物等。

下面以鱼露加工为例，其工艺流程如下。

我国传统鱼露的生产工艺：原料鱼或虾与盐混合（3∶1或2∶1）→前期发酵（腌制和自溶）→中期发酵（日晒夜露）→后期发酵（保温一周，40～50℃）→调配→过滤→检验→灭菌→包装→成品。

1. 前期发酵

为防止鱼体腐败变质，原料在捕获数小时后应立即拌入海盐以抑制腐败微生物的生长。随后放入浸泡池内，用盐封闭，在日光下盐渍发酵。盐渍时间一般是半年到一年，甚至更长时间。为使盐渍发酵均匀，期间需多次翻拌。前期发酵阶段也是腌制和自溶阶段。

2. 中期发酵

把成熟的鱼胚醪移到露天的发酵池或陶缸中并多加搅拌，这样可促进发酵并去除腥臭味。发酵成熟时间由盐渍时间的长短决定，一般来说，盐渍时间越长则中期发酵时间越短；相反，盐渍时间越短，则发酵时间越长。

3. 后期发酵

一般需 1～3 个月，在该过程中应经常测定发酵液氨基酸含量。当氨基酸的增量趋于微小甚至为零，发酵液上层澄清，口味鲜美、香气浓郁醇厚时，即为发酵成熟（此时也可用三氯醋酸或碱性硫酸铜检查发酵液是否还有蛋白质存在）。另外，为了提高产品的色泽、风味和稳定产品品质，对发酵成熟的样品还需进行保温发酵一周，温度为 40～50℃。

二、酶在现代速酿鱼露中的应用

在传统鱼露发酵过程中，生产中工具设备比较简单，工艺参数模糊，发酵池中的温度、湿度等外部因素难控制，该过程会产生亚硝基化合物和胺类前体物质，可在人体中生成亚硝基胺类物质，对人体不利。近年来，为缩短鱼露的发酵周期，提高生产效率，技术人员在传统发酵工艺生产机理的基础上进行改进研究，提出了一系列快速发酵方法，即通过保温、加酶、加曲等手段将传统方法与现代方法相结合，以达到缩短鱼露生产周期、降低盐度、减少腥味的目的。

1. 加酶发酵

高浓度盐会导致鱼体的内源酶和微生物分泌酶的活性降低，减缓蛋白水解速率。加酶发酵主要是通过添加外源蛋白酶和富含蛋白酶的鱼内脏来酶解原料中的蛋白质，从而使发酵周期缩短。这种方法是近年来研究较多的一种方法。目前，常用的外源蛋白酶主要包括胃蛋白酶、胰蛋白酶、木瓜蛋白酶、中性蛋白酶、碱性蛋白酶和链霉蛋白酶等。由于单酶法工艺水解蛋白质不完全，产生许多苦味肽致使鱼露风味不足等问题，研究人员一般采用多酶法工艺生产，这一定程度上可以改善单酶法工艺带来的问题，经多酶水解和适当调配可制得风味较好的鱼露。胡兴等人通过复合酶水解斑点叉尾鮰可制取有稳定品质、风味良好的鱼露。另外，有相关研究者利用加入富含蛋白酶的鱼内脏发酵鱼露，如 Klomklao 等人发现在金枪鱼的脾脏中除含有消化酶，还含有丝氨酸蛋白酶。Sappasith 等人在不同盐浓度下利用添加金枪鱼的脾脏快速发酵沙丁鱼，研究发现加入 25％脾脏和 15％盐时蛋白质水解最快，在发酵早期，沙丁鱼自身蛋白酶和金枪鱼脾脏蛋白酶共同作用，同时所得产品的总氮及氨基态氮含量明显高于未添加的实验组。Asbjùrn Gildberg 等在北极毛鳞鱼的加工下脚料中添加富含蛋白酶的鳕鱼幽门盲囊实现了快速发酵，也取得了理想的发酵效果。

水解鱼蛋白加工中的关键步骤是酶的选择、酶的用量和酶的作用条件，这些均直接影响水解蛋白酶解物的成分和得率，因此，酶解发酵制备鱼露过程中，一定要控制好条件才能生产出滋味鲜美的产品。此外，虽然通过添加外源酶及富含酶的内脏可加快组织中蛋白质的降解，让鱼露的总可溶性氮和氨基酸态氮含量在短期内达到要求。但酶解发酵制造鱼露的风味较差，甚至会产生异味。再加之商业酶的成本较高，这就局限了外加酶在实际生产中的应用。

2. 加曲发酵

加曲发酵是向盐渍的原料鱼中接入曲种，利用曲种繁殖时所分泌的蛋白酶进行水解发酵，加速原料鱼蛋白质及其他大分子物质的降解。加曲发酵不仅可明显缩短鱼露的发酵周期，而且能改善产品的风味，使鱼露品质更佳。速酿鱼露中使用最广泛的菌种是酿造酱油用的米曲霉（*Aspergillus oryzae*），米曲霉通过发酵繁殖分泌出许多丰富的酶系，包括蛋白酶、脂肪酶和淀粉酶等，这些酶可以使原料鱼中的蛋白质、脂肪和碳水化合物等充分分解，产生滋味鲜美、风味独特的鱼露。晁岱秀研究表明，发酵中期添加米曲霉，制得鱼露中的氨基酸态氮总含量和可溶性氮含量分别提高了 33.1％和 24.8％，而 TVB-N（挥发性盐基氮）含量降低了 17.8％，且增加了游离氨基酸总量和鲜味氨基酸含量。

3. 复合法

因加酶、加曲、保温发酵方法的单独使用均存在一定缺陷，因此将这三种方法有机结合使用会取得较好的效果。因此，复合法是鱼露快速发酵的主要方法。如加酶及加曲的结合，降低盐保温发酵与加曲发酵的结合等。晁岱秀等以腌渍鱼为研究对象，采用分段式快速发酵鱼露工艺，应用生物酶解技术促进鱼露前期发酵，中期发酵采用自然发酵或添加米曲霉发酵方式促进蛋白质的进一步降解以及风味的形成，后期发酵采用保温处理促进鱼露品质的成熟。

现代速酿工艺不仅能有效缩短鱼露生产周期，而且在一定程度上可降低产品盐度，同时又减少产品的腥臭味，但由于发酵时间缩短，如果运用的措施不当，鱼露的风味可能会较差，甚至带来异味。所以研究者将加酶、加曲、保温发酵三种方法有效结合利用显得尤为重要，不仅能缩短鱼露发酵周期，而且使制备出的鱼露风味不比传统发酵法差。

三、生物酶解技术在鱼调味料中的应用

鱼类深加工过程中产生大量下脚料，如金枪鱼在加工成鱼柳及金枪鱼罐头

时，会产生大量蒸煮液，蒸煮液中的蛋白质、核苷酸、氨基酸等是生产调味品、蛋白营养强化剂等食品的优质原料。在我国，这类蒸煮液大都未经处理直接排放，不仅极大地浪费蛋白质资源，而且污染环境。通过生物酶的催化作用，蒸煮液中的大分子物质可以被降解为各种呈味物质以增加水产调味基料风味。因此，引用酶解技术不仅能够解决资源浪费和环境污染的问题，还能够增加其附加值，实现其高值化利用。

酶的种类对鱼类的酶解度及风味的影响具有较大差异，因此酶的选择决定了最终产品的呈现样式。研究发现，复合酶能够集合多种酶的优势，在海产鱼类的酶解应用中产生更理想的效果。闫虹等采用复合蛋白酶和风味蛋白酶对阿拉斯加狭鳕鱼进行复配，通过响应面分析法优化工艺条件，得到水解度为 38.74% 的腥味弱化酶解液。Witono 等发现半胱氨酸修饰酶与木瓜蛋白酶能够协同作用，可提高白斑天竺鲷水解过程，产生 L-氨基酸以及各种各样的肽和核苷酸等多种"鲜味"物质。Murna 等利用碱性蛋白酶和风味蛋白酶水解鱼副产品时发现，碱性蛋白酶水解液中的蛋白质含量（82.66%）要大于风味蛋白酶水解液（73.51%），而且其溶解性、乳化和起泡性能也比风味蛋白酶水解蛋白要好。Imm 等利用风味酶和脂肪酶在 pH 6.8、料液比 5：2 的条件下对红鳕鱼进行酶解，水解产物中游离氨基酸含量明显升高，其中谷氨酸的浓度是水煮液的 6～9 倍，并且其鲜味和甜味远高于水煮液。李铁晶等的研究表明，在水解温度为 55℃、风味蛋白酶添加量为 3%、pH 5.5 的条件下酶解鳕鱼蛋白，产物的苦味明显减弱而鲜味提高。有专利文献报道，以天然干鲍鱼（15.0～45g）为原料，用复合蛋白酶（0.06%～0.30%）、风味蛋白酶（0.06%～0.30%）进行酶解，加入脯氨酸（2.0%～10.0%）、丙氨酸（1.0%～9.0%）、甘氨酸（2.0%～10.0%）进行美拉德反应，制备出来的鲍鱼香精不仅基本没有腥味，而且鲍鱼香味浓郁，口感细腻。

下面以鱼糜加工为例说明生物酶解技术的应用。

本例以低值鱼肉及其蒸煮液为原料，探究木瓜蛋白酶、Alcalase 2.4L、Protamex 和 Flavourzyme 500MG 4 种蛋白酶对鱼肉的酶解情况，综合游离氨基酸态氮含量（C_n）、可溶性短肽含量（C_p）值和蛋白质利用率 3 个指标分析酶解过程的变化。本实验所选用的蛋白酶及其性质见表 8-3。

表 8-3　实验所选用的蛋白酶及性质

蛋白酶名称	温度/℃	pH 范围	作用位点	酶活力
木瓜蛋白酶	60	6.0	作用位点广泛	80 万 U/g
Alcalase 2.4L	60	8.0	Ala-、Leu-、Val-、Tyr-、Phe-、Trp-	28 万 U/mL
Protamex	55	7.5	作用位点广泛	20 万 U/g
Flavourzyme 500MG	50	7.0	作用位点广泛	5 万 U/g

1. 酶解工艺

罗非鱼肉→清洗绞碎→按比例加水匀浆→调最佳 pH 值→蛋白酶保温酶解→沸水浴灭酶 15min→4000r/min 离心 10min→上清液过滤→酶解液。

2. 不同酶对鱼肉酶解情况影响

固定料液比［鱼肉与水的比例（质量/体积）为 1：1］，采用四种酶，分别设置三个加酶量（250U/g、500U/g、750U/g），水解时间 12h（酶解时间过长会导致酶解液有异味发臭的现象），每隔 2h 进行取样，测定其 C_n、C_p 和蛋白质利用率。以下为各种酶的分析结果。

（1）木瓜蛋白酶对低值鱼酶解情况影响

木瓜蛋白酶是一种混合蛋白酶，其中含有多种蛋白酶，作用位点广泛。木瓜蛋白酶水解过程中多酶的作用位点不同，对肽链的作用存在多种选择性。对水解液以 C_n、C_p 值和蛋白质利用率三个评价指标进行测定，结果见图 8-1、图 8-2（实线：C_n 值；虚线：C_p 值，下同）。

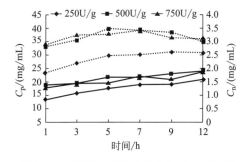
图 8-1 木瓜蛋白酶酶解鱼肉的 C_n、C_p 值

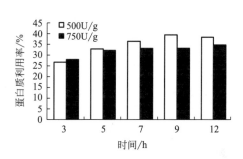
图 8-2 木瓜蛋白酶酶解鱼肉的蛋白质利用率

图 8-1 中可以看出 C_n 值在整个水解过程中一直增加，水解 12h 后 C_n 值达到峰值为 1.89mg/mL；C_p 值在 5h 时达到最大为 39.81mg/mL，然后出现下降，水解 12h 后为 34.90mg/mL，这些游离氨基酸和可溶性短肽协同增加了酶解液的鲜味。加酶量为 500U/g 时酶解效果优于其他两种添加量，这种加酶量可能使酶和底物达到最佳的作用效果，故生成的 C_n、C_p 值较高。蛋白质利用率在酶解前 7h 有较大的升高，酶解后期升高速度较为缓慢。酶解结束后，鱼肉蛋白质利用率最大为 39.22%。

（2）Alcalase 2.4L 对低值鱼酶解情况影响

Alcalase 2.4L 是一种深度水解的碱性内切蛋白酶，作用位点为 Ala-、Leu-、Val-、Tyr-、Phe-、Trp-。蛋白酶的水解催化能力与酶本身的性质（活力和稳定性）有关，但底物的种类（底物的氨基酸序列）也会对水解效果产生影响。同样

以水解液的 C_n、C_p 值和蛋白质利用率对酶解效果进行评价，结果见图 8-3、图 8-4。图 8-4 中蛋白质利用率最初 5h 变化较大，随后增加趋势缓慢。

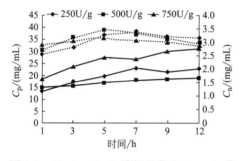

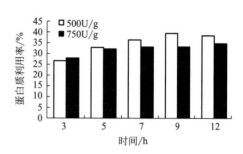

图 8-3　Alcalase 2.4L 酶解鱼肉的 C_n、C_p 值　　图 8-4　Alcalase 2.4L 酶解鱼肉的蛋白质利用率

（3）Protamex 对低值鱼酶解情况影响

Protamex 是一种复合型的内切蛋白酶，与其他多种内切蛋白酶不同，Protamex 即使在低水解的情况下也不会产生苦味的蛋白质水解物，能最大限度地避免苦味肽的产生。从图 8-5 中发现酶解产物中小分子肽的含量逐渐降低。从图 8-6 中可以看出，蛋白质利用率逐渐增大。

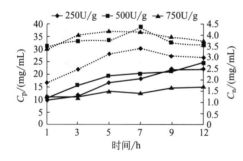

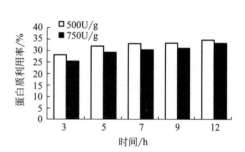

图 8-5　Protamex 蛋白酶酶解鱼肉的 C_n、C_p 值　　图 8-6　Protamex 酶解鱼肉的蛋白质利用率

（4）Flavourzyme 500MG 对低值鱼酶解情况影响

Flavourzyme 500MG 由米曲霉菌种经发酵而制得的，所含酶的种类复杂，其中包含有内切蛋白酶和外切蛋白酶等多种蛋白酶，能够进行比较彻底地酶解，特点是产物风味比较好。图 8-7 中产物的 C_n 值在整个酶解过程中保持比较快的增加趋势，图 8-8 中蛋白质利用率呈逐渐上升趋势，水解 12h 后达到最大 37.54%（750U/g 加酶量）。

综上所述，将四种酶的水解液以 C_n、C_p 值和蛋白质利用率为指标进行比较，结果见表 8-4。

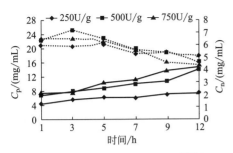

图 8-7　Flavourzyme 500MG 酶解
鱼肉的 C_n、C_p 值

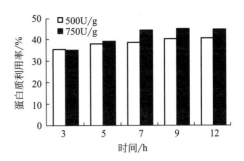

图 8-8　Flavourzyme 500MG 酶解鱼肉的
蛋白质利用率

表 8-4　四种蛋白酶酶解效果的比较

酶的名称	固液比	最大 C_n /(mg/mL)	最大 C_p /(mg/mL)	最大蛋白质利用率
木瓜蛋白酶	1：1	1.89(500U/g)	39.82(500U/g)	39.10%(500U/g)
Alcalase 2.4L	1：1	2.77(750U/g)	38.95(500U/g)	34.73%(500U/g)
Protamex	1：1	2.75(500U/g)	38.03(500U/g)	44.74%(750U/g)
Flavourzyme 500MG	1：1	4.25(750U/g)	25.15(500U/g)	37.54%(750U/g)

注：括号内数值为所选用的加酶量。

其中，Flavourzyme 500MG 水解程度较高，生成游离氨基酸态氮含量最高（12h 后达到 4.25mg/mL），其次是 Alcalase 2.4L、Protamex、木瓜蛋白酶；木瓜蛋白酶生成短肽含量最高（5h 后达到 39.82mg/mL），其次是 Alcalase 2.4L、Protamex，最后是 Flavourzyme 500MG。Protamex 的蛋白质利用率最高为 44.74%，其次依次是木瓜蛋白酶、Flavourzyme 500MG、Alcalase 2.4L。

因此根据以上数据对四种酶的酶解过程变化进行分析，C_n 值均随着酶解时间的延长逐渐增加；但是由于酶的种类不同、作用位点不同，酶解过程中短肽含量不同，且 C_p 值变化的规律一般是先逐渐增大然后达到一定数值以后逐渐减小，这是因为随着水解的进行，大分子蛋白质逐渐被水解成游离氨基酸。而有的 C_p 值是一直缓缓增加，可能是大分子蛋白质先被水解成分子量较大的肽，随着水解的进行，这些多肽被水解成分子量更小的肽。

通过分析，若以获得含量较高的游离氨基酸水解液为目标应选用 Flavourzyme 500MG、Protamex；若以获得高含量功能性短肽为目标则应选用木瓜蛋白酶、Alcalase 2.4L。

四、酶对鱼类调味料风味的影响

1. 酶对鱼露风味的影响

一般认为，鱼露风味由氨味、肉香味和奶酪味组成。其中，氨味主要由氮及胺类物质通过酶解生成。干酪味主要来自低分子量的挥发性脂肪酸（包括甲酸、乙酸、丙酸、正丁酸、正戊酸和异戊酸等）。肉香味形成原因较为复杂，目前尚未确定组成成分。鱼露某些挥发性风味前体物大多都是蛋白质或者脂肪在微生物和酶的共同作用下经过复杂酶解反应形成的各种挥发性化合物，其中包括醛酮类、酸类、酯类、醇类、酚类、含氮化合物、含硫化合物等。伴随检测技术的发展，对鱼露风味的了解也不断加深，表8-5列举了鱼露中检测出的挥发性风味物质及对应的风味描述，这些物质赋予鱼露独特浓郁的气味。

表8-5　鱼露中检测出的挥发性风味物质及对应的风味描述

风味物质	风味描述	风味物质	风味描述
乙酸	刺激性的酸味	2-甲基丁醛	强烈的炙烤味
丙酸	辛辣味	苯甲醛	杏仁味
丁酸	奶酪味	苯乙醛	不新鲜啤酒味
戊酸	辛辣味	2(3H)-呋喃酮	肉味
4-甲基一戊酸	刺激性的酸味	苯酚	药味
丙酮	薄荷香味	二甲基硫	鱼香味
1-丁醇	奶酪味	5-乙基二氢化-2(3H)-呋喃酮	肉味

从表8-5可以看出：要使鱼露呈现鲜味、酸味、咸味、肉香味、奶酪味以及氨味等独特风味，鱼露需在酶解作用及微生物发酵的共同作用下产生丁酸、丙酮、1-丁醇、2(3H)-呋喃酮等挥发性风味物质。因此，酶在鱼露产生独特风味过程中起到了不可或缺的作用。

2. 酶对新型鱼调味汁风味的影响

李琳等以低值鱼（海产小杂鱼等）为原料，综合氨基氮、挥发性盐基氮及感官评分等指标，选择双酶两步水解法（Alcalase单酶水解2h后加入Flavourzyme），酶解时间为8h。发现，低值鱼原料中的鲜味氨基酸（谷氨酸及谷氨酰胺）比例较高（15.33%），而未经酶解的鱼糜上清液中谷氨酸的含量为2.15mg/mL，无论是采用Protamex酶解还是采用Alcalase酶解，鱼糜液中鲜味氨基酸（谷氨酸及谷氨酰胺）的比例均逐渐增加，由0h的5.62%增加至8h的10.37%（11.45mg/mL），因此酶解至8h的酶解液可表现出较强的鲜味。

目前我国对低值鱼水产品及其下脚料的综合开发利用主要集中在通过外加种曲发酵以及外加酶酶解原料，从而改善产品风味，达到促进产品的综合利用、提高附加值的目的。另外，不同的酶对于鱼类酶解液的赋味程度存在差异，可根据需求进行调整与复合。

第三节　酶在虾调味料加工中的应用

我国每年对虾产量平均保持在 100 万吨以上，其中南美白对虾 90 多万吨，对虾加工产品主要是虾仁和冷冻去头虾，在加工过程中产生了大量的虾副产品（约占原料 1/3）。虾头中的氨基酸种类齐全，含有人体 8 种必需氨基酸、4 种呈味氨基酸，其中，必需氨基酸占氨基酸总量的 41%；丰富的矿质元素，尤其 Ca 含量较高，以及对人体有益的 7 种微量元素。亚油酸、油酸、EPA 和 DHA 含量丰富，不饱和脂肪酸约占游离脂肪酸总量的 55.57%（以干基计）。从经济角度看，对虾副产物是值得关注的资源，也是食品加工领域、蛋白风味物质以及功能活性物质开发的重要资源，利用其来制备海鲜调味料是提高海洋资源利用率的一个有效途径之一。

虾调味品的加工原料主要是虾的副产物，该类调味品的生产在一定程度上可解决虾加工副产物整体利用水平不高的行业问题。虾副产物主要是指对原料虾筛选后加工成虾尾、虾仁及整肢虾等产品的下脚料，包括无法加工利用的低值小虾、虾足、虾壳及虾头部分。以副产物生产的虾调味品是一种高蛋白、低脂肪、低热量的食品，其营养丰富，氨基酸种类齐全且比例平衡，富含人体必需的 8 种氨基酸和钙、磷等矿物质元素，还含有人体必需的脂肪酸。

一、酶在虾发酵调味品中的应用

虾发酵调味品在山东、天津、福建等沿海地区较为常见，常见的虾类发酵食品有虾酱、虾油和虾头酱。这几类调味品大多是由低值小虾或虾的不易食用部位发酵而成，营养丰富，鲜香味美。据记载，威海地区的蜢子虾酱最早可以追溯到新石器时代，再比如天津的北塘虾酱，起源于清朝年间，至今已有几百年的历史。虾酱并不是中国所特有的食物，在韩国、日本、东南亚等地区的人们也有食用。由此可见，虾发酵调味品不仅味香鲜美，历史悠久，而且食用范围广泛。在现代，其制作方法经过人们不断地优化改进，虾酱等虾类调味品更是成为一种营养丰富，味道鲜美，受人欢迎的调味佐餐佳品。

经过世代传承和人们的不断改进，不仅传统工艺得以传承，而且出现了许多新工艺，例如向其中加入发酵剂取代自然发酵，或是直接用各种酶进行水解来代替发酵等，都推进了虾发酵调味品的产业化生产。目前工艺中原料加工方法主要有三种，分别是传统自然发酵法、现代自然发酵法和加酶发酵法。

1. 传统自然发酵法

传统自然发酵法源自于民间传统方法，制作过程中仔虾原料很少按卫生标准进行去杂和清洗，含菌量达数亿/克，发酵产品的组成因产地、加工条件和加工者而异。一般均在30%的高盐条件下任其自然发酵，日晒夜露，间或搅拌，通常约在一月左右发酵完成。该方法多在敞口容器中操作，极易污染。虽然传统自然发酵法制成的虾酱味道鲜美，但其制作过程中极易发生污染，且盐含量很高，不符合现在低盐饮食的健康之道。

2. 现代自然发酵法

现代自然发酵法是目前制作虾酱采用的最主要的方法，天然仔虾体内含有的多种酶，如蛋白酶、糖化酶和脂肪酶等，是自然发酵的基础。将刚捕捞的仔虾水洗至虾体呈半透明青灰色后沥干，加15%食盐，置于不锈钢发酵罐内37℃水浴加热恒温4d，其间每日搅拌20min使发酵产生的气体逸出。虾体中虾青素部分转化为虾红素，颜色渐转红黄，蛋白质转化为多肽和氨基酸，部分碳水化合物转化为寡糖或单糖，最后形成特有浓郁风味虾酱。其工艺流程如图8-9所示。

图8-9　现代自然发酵法流程图

3. 加酶发酵法

加酶发酵法主要适用于以虾皮为原料生产的虾酱。以鲜毛虾生产虾酱易受季节限制，因此常将鲜毛虾制成虾皮，但是该过程会造成毛虾体内大部分组织酶的失活，尤其是蛋白酶高温被灭活，故发酵过程中需外加蛋白酶。将虾皮粉碎后加10%食盐和0.5%蛋白酶在混合器内充分混合，而后移至不锈钢发酵罐40℃水溶恒温约3h，虾香浓郁时即可停止发酵。

在发酵过程中，酶经常会发生活力降低的现象，因此在使用前要对酶活力进行测定。近年来，越来越多的研究报道了通过加酶发酵法生产虾酱的方法。梁郁强等利用中性蛋白酶水解虾头，优化后的最佳条件为酶用量1.4%、水解时间20h、水解温度40℃、pH 6.8，在此条件下，虾头的水解率为33.6%。水解液具有浓郁的虾风味，可作为调味汁。郑捷等利用风味蛋白酶和碱性蛋白酶的复合酶对虾下脚料进行了酶解，确定最佳反应条件：起始pH7.0，酶解温度50℃，加酶量为1.2%，风味蛋白酶∶碱性蛋白酶为1∶3（质量比）。随后在pH7.0、温度110℃、反应时间30min的条件下进行了美拉德反应，反应后的产物经与其他佐料调配，制品味道鲜美，虾味浓郁。陈志锋以氨基氮含量和感官评价为指标，对比了5种常用蛋白酶对生晒毛虾的酶解效果，结果表明，生晒毛虾酶解液中含有17种氨基酸，其中包括7种鲜甜味氨基酸，并富含牛磺酸、精氨酸、甲硫氨酸等多种虾风味的重要前体物质，是一种理想的虾风味基料。刘安军等研究制备了水产调味液，其将废弃虾头回收利用，经过酶解后，加入一定比例的还原糖和氨基酸进行美拉德反应，制备出味道鲜美、香味浓郁的水产调味液。

南极磷虾海鲜酱油是利用生物酶法在温和条件下酶解南极磷虾制备得到，在生物酶的作用下，蛋白质被降解为具有更高的营养价值和较强的功能活性的多肽和氨基酸。吕传萍等以 Alcalase 酶水解南极磷虾制得的酶解液为原料，经降氟、调配、灭菌、包装后制成南极磷虾酱油。该工艺作为南极磷虾加工成食品的途径之一，为人类提供了新的功能性调味品。

高含量的蛋白质在蛋白酶的作用下变成较短的肽链或游离氨基酸，使虾酱中充满了海鲜类食品的鲜味，同时由于蛋白质已经被充分水解，更加适合胃肠道的吸收，是老少皆宜的食品。酶法制备低盐虾酱改变了传统虾酱的高盐口味，更符合大众口味，生产周期短，产品的成本降低，且在生产过程当中不易污染，比较卫生。

二、酶对虾类调味料风味的影响

1. 虾酱的风味形成

虾酱风味物质的形成主要来源于两个方面：一是微生物的作用；二是醇类、酯类、醛类等物质的形成及辅料的作用。

（1）微生物的作用

虾酱中微生物菌群的多样性使之形成了稳定的微生物区系和菌群的相互作用关系，微生物与微生物、微生物与原料成分之间相互影响，通过各种微生物代谢及其酶的作用，使原料经过复杂深刻的化学变化而演变成虾酱产品，形成了相对稳定的内部环境和产品状态。其中，米酒乳杆菌的代谢产物中含有一定的蛋白酶和酯酶活性，并含有极为丰富的肽酶和质粒依赖型细菌素，对改善虾酱的风味、提高产品的贮藏性能都具有重要作用。乳酸片球菌具有较强的食盐耐受性，通过自身的酶系统能将硝酸盐和发酵糖类物质还原产生双乙酰等风味物质；而球拟酵母的大量存在，赋予了产品特有的酱香味；另外，乳酸菌等产酸菌使虾酱具有特殊的酸味。

（2）醇类、酯类、醛类等物质的形成及辅料的作用

在微生物的作用下，虾酱原料发生分解，产生风味化合物，改变原料的风味和香气。如在发酵温度下，部分蛋白质、脂肪经微生物分解，形成醇类、酯类、醛类等产物，具有独特的芳香气味，使虾酱的风味独特，同时加工中加入的辅料，如炒制过的糯米、花生、芝麻以及花椒、辣椒、生姜、大蒜等香辛料，也为虾酱提供了独特的香味和滋味。

2. 现代虾调味品的风味形成

以肉类和鱼类等动物蛋白为原料，采用发酵或酶法水解技术获得具有呈味特

性的氨基酸和短肽类水解物，再通过美拉德反应制成具有丰富风味的调味基料，是近年来天然调味品行业的一大发展趋势。非挥发性呈味成分是指那些水溶性的、低分子量的化合物，最重要的是氨基酸和核苷酸，核苷酸为虾提供鲜味时，通常与其他物质如游离氨基酸协同作用，滋味成分若继续参与热反应会再次生成风味物质（图 8-10）。因此，对于滋味成分尤其是游离氨基酸和核苷酸等的检测是评价虾及虾产品基本风味的一个重要因素。挥发性风味成分对风味的贡献决定于它们的识别阈值和浓度，虾及虾产品的特征风味研究离不开对挥发性风味成分进行测定。

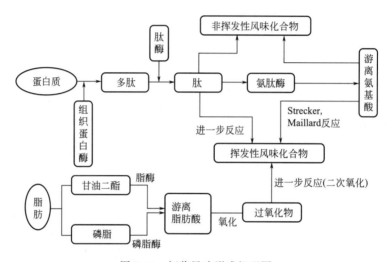

图 8-10　虾酱风味形成机理图

醇类化合物具有低阈值和高风味活性的特点，虾头浆液和酶解液的含量分别为 7.13％和 4.55％，经 Maillard 反应后，酶解液的呈味物质更为丰富，其中主要含具有蘑菇味、肉味和温和油脂风味的 1-戊烯-3-醇、2-乙基-1-己醇和 1-辛烯-3-醇，它们对虾头风味有较大的贡献，这也是 Maillard 反应后的特征风味。

胺类化合物为水产品特征风味的贡献因素，主要有三甲基胺、二甲基胺、2-甲基-2-五亚乙基六胺等，其主要香气特征为鱼腥、氨味、虾味，Maillard 反应后其含量由 35.89％下降到 20.98％，并且检出了呈坚果香、炒土豆和炸薯条味的 N,N-二甲基-甲酰胺，其一定程度掩盖了氨味、腥味，改善了整体风味。

酮类化合物主要有具有甜味及新鲜蘑菇风味的（顺，反）3,5-辛二烯-2-酮和（反，反）3,3-辛二烯-2-酮，丰富的酮类化合物贡献于虾的甜的花香和果香风味。丁酮、2-戊酮、6-甲基-2-庚酮、6-辛烯-2-酮在 Maillard 反应后明显降低或未检出，其香气特征表现为水果气味、花香味，Maillard 反应后酮类化合物含量显著降低使风味偏于肉感醇厚、熟虾味浓、清新感减弱。

　　脂类化合物常被认为是脂质代谢生成的羧酸和醇的酯化作用的产物，带有一种甜的水果香。如具有代表性的醋酸乙酯和醋酸甲酯，在虾调味品不同阶段中均含有，反应后其含量有所降低，酯类化合物同样以甜的果香风味特征使虾调味品的风味更加浓郁。

　　吡嗪类化合物是一类具有低风味阈值的重要挥发性成分，有坚果香、烘烤香的特征；在热加工过程中，可由 Maillard 反应和热解反应通过 Strecker 降解反应产生。虾头酶解液仅检测到 1 种，含量仅有 0.24%，而 Maillard 热反应后，吡嗪类化合物显著增加，种类达到 14～16 种，含量最高达到 43.22%。可见，吡嗪类化合物是 Maillard 反应风味成分的主要贡献者。

　　生物酶技术获得的水解物，能避免酸、碱水解产生的氨基酸破坏及氯丙醇毒性问题，使虾调味品中氨基酸配比组成更趋合理。另外，通过选用合适的蛋白酶不仅能提高水解度，增加水解液的营养价值，也可以改善水解液的口感和风味，尤其是苦味的改善。因此将酶解技术与现代加工新技术相结合，可以更高效地开发虾产品，酶在虾蛋白加工中具有广阔的开发前景和应用价值，具有巨大的市场开发潜力。

第四节　酶在贝类调味料加工中的应用

　　我国拥有丰富的贝类资源，贝类富含蛋白质、维生素、微量元素和牛磺酸等成分，营养和药用价值极高。而且贝类滋味鲜美，风味独特，是生产海鲜调味品的理想原料。贝类调味基料是以贝类肌肉、煮汁或下脚料为原料，经浓缩、酶解等工艺制得贝类提取物：蚝水，鲜贝精，粉状体、膏状体或浓缩液等各种调味基料产品，如贻贝露、牡蛎酱、水解贝类蛋白粉等。

　　目前，生产贝类调味料品主要有两种方法，一是利用贝类蒸煮后的汤汁，经过滤，适当浓缩，添加辅料后调配制成，这种调味品虽最大程度保留了贝类原有的特殊风味，但制备时间长，氨基酸的成分和含量有所损失；另一种是利用生物酶解技术将贝类蛋白水解成低聚肽和氨基酸，后将酶解液浓缩调配后制成。酶解法制备的调味料营养丰富，虽存在腥苦味等问题，但通过最优酶解工艺和发酵工艺问题可以解决。因此，如何最大限度地保留贝类的特殊风味，同时制造出营养丰富的天然调味料是需解决的技术难题。所以我们要利用现代酶解新技术，研究贝类高鲜度调味料的生产工艺，对贝类进行深度开发利用，以促进调味料加工业的技术升级和高值化利用。

一、酶在不同贝类调味品加工中的应用

　　贝类富含蛋白质、糖原、核苷酸、维生素、微量元素等物质，蛋白质经酶解

作用后产生氨基酸和短肽，包括呈鲜甜味的氨基酸（如谷氨酸、天冬氨酸、甘氨酸等）和呈味肽，这不仅增加贝类呈味物质的含量还能促使人体对营养物质的吸收利用。近些年来，人们对扇贝资源的开发利用逐渐增多，主要侧重于对扇贝加工废弃物的再利用，即扇贝副产物的再利用。其产品形式多样化，常见的扇贝深加工产品有扇贝酱、扇贝调味料、扇贝调味料汁等。

1. 扇贝酱

扇贝酱多以扇贝柱、扇贝裙边为主要原料，利用曲霉发酵或生物酶解技术制得，其开发研制为水产品副产物的综合利用开辟了新途径。

传统扇贝酱的制作主要以曲霉发酵为主。纪蓓等以扇贝裙边为原料，通过加入米曲霉进行发酵，得到最佳发酵工艺参数为：扇贝裙边起始含水量40％左右，空气湿度60％～70％，加盐量8％～10％，在30℃下先发酵2d，然后60℃下发酵1d，最后将温度再降至10℃以下后熟5～6d。最终制得的扇贝酱中，氨基态氮含量丰富，为0.64％～0.69％，具有典型的海鲜风味。

楚水晶等利用生物蛋白酶水解扇贝裙边的方法制得扇贝酱。中性蛋白酶与木瓜蛋白酶的比例为1∶1，在加酶量2000U/g、温度50℃、pH6.5的条件下水解5h；再添加250U/g酸性蛋白酶，在温度45℃、pH2.5条件下继续水解5.5h后酶解结束。将蛋白酶解液离心后，通过添加各种调味辅料制得扇贝酱。本法制得的扇贝酱色泽鲜亮、风味独特、口感较细腻。

为了提高扇贝酱的发酵效率，降低产品生产成本，王晓茹等将生物酶解技术与曲霉发酵技术相结合，生产出的扇贝酱营养物质丰富、风味典型。该扇贝酱主要以扇贝裙边为原料，经米曲霉和豆粕制曲，并加入中性蛋白酶、食盐，接种耐盐四联球菌，在恒温培养箱中进行发酵。经检测，此法所制得的扇贝酱中氨基酸态氮含量、游离氨基酸和必需氨基酸总量均显著高于其他方法所制备的扇贝酱，且产品具有蛋白高、脂肪低、总糖低的特点，更符合当代人们的饮食习惯。

2. 扇贝调味料

朱麟等以扇贝裙边为基本原料，利用中性蛋白酶与木瓜蛋白酶（浓度1∶1）水解5h，接着使用酸性蛋白酶继续水解5.5h，使水解度达到62.59％，水解液经过灭活离心、过滤浓缩、调配干燥的过程，制成营养丰富的海鲜调味料。其主要工艺流程为：扇贝裙边→预处理→酶水解→酶灭活→离心→过滤→浓缩→调配→干燥→包装→灭菌。

3. 扇贝调味料汁

扇贝调味料汁是以扇贝裙边为原料，将获得的酶解液经调配而制成的一种调味料。耿瑞婷通过研究，确定了最合适的预处理方法以及酶解工艺，克服了水产品蛋白酶解产物具有腥味、苦味的缺点，并通过美拉德反应，最终开发了一款色泽鲜艳、富含营养的海鲜调味汁。结果显示，最适原料预处理工艺为在115℃高压蒸煮锅中蒸煮25min；最适酶解工艺为先使用中性蛋白酶和木瓜蛋白酶（浓度1∶4）在温度45℃和pH6.5的条件下水解，然后再添加风味蛋白酶，在温度45℃、pH6.0的条件下继续水解；最适脱腥脱苦工艺为超滤法和掩蔽法联合处理。酶解结束后进行美拉德反应，经试验发现最适美拉德反应工艺为添加4.5%葡萄糖、2.5%甘氨酸，在pH7的环境下，密封加热到120℃，反应50min。杨晋用木瓜酶、风味酶、中性酶水解，在文蛤酶解液中加入5%葡萄糖，3%NaCl，0.75%维生素B1，0.1%维生素C和0.1%蒜粉，在108℃条件下进行美拉德反应得到浓郁海鲜味的黄色液体。陈美花用中性蛋白酶水解得珠贝肉浓缩液，美拉德反应条件为葡萄糖添加量3g/100mL、提取物含水量70%（质量分数）、反应起始pH6.5、反应温度100℃、反应时间22min，优化后的条件使提取物的挥发性气味得到了明显的改善。

利用生物酶技术水解贝类制备调味料具有反应时间短、专一性强、水解条件温和、易于控制水解进程且产品纯度高等优点，因此该技术广泛应用在制备水产调味料中。这种方法多用于改进传统的水抽提法工艺，以提出鲜味物质为主要目的，同时通过酶解大分子蛋白质得到易被人体吸收利用的可溶性氨基酸和短肽，也产生有机酸、核苷酸等呈味成分，赋予调味料很好的风味。另外，对蛋白质的适度水解会产生许多利于人体健康的活性物质如活性肽，这些活性肽具有调节免疫系统、抗菌、抗血栓形成、抗癌、清除自由基、促进矿物质元素吸收等重要生理功能等。因此，通过生物酶技术能制备营养丰富、风味良好的调味料，具有可观的社会价值和广泛的应用前景。

二、酶对贝类调味料营养物质生成的影响

贝类富含多种营养物质，经酶解反应后使大分子物质降解为小分子更易被人体吸收利用，赋予调味料丰富的营养成分。刁石强等测定与评价了合浦珠母贝肉的营养成分，结果表明合浦珠母贝肉蛋白质含量高达81.2%（干重），且含有丰富的不饱和脂肪酸、糖原、多种人体必需的微量元素和牛磺酸等营养物质。吴燕燕等应用生物酶技术在最优条件下制备合浦珠母贝肉营养液并对其营养价值做出了评价，结果显示，合浦珠母贝肉酶解液和合浦珠母贝肉一样，也是一种富含有益成分的营养液，蛋白质含量为73.6mg/mL，氨基酸种类齐全，含有8种人体必需氨基酸，其含量为20.26mg/mL，富含谷氨酸、精氨酸等多种呈味氨基酸。而且与合浦珠母贝肉相比，酶解作用制得的营养液滋味更加鲜美浓郁。

陈超等人采用最佳工艺条件酶解牡蛎汁和蛤蜊汁，并与扇贝裙边酶解液混合制备的复合调味料营养丰富，产品颜色为浅褐色，呈半流体状，具有海产品特有香气，滋味鲜美。另外，该复合海鲜调味料中游离氨基酸态氮的含量高达

15.6mg/mL。该调味料氨基酸含量丰富，总游离氨基酸含量高达142.8mg/mL，其中，谷氨酸、天冬氨酸、甘氨酸、丙氨酸、苏氨酸、脯氨酸和丝氨酸7种氨基酸是重要的呈鲜、甜味氨基酸，其总含量高达70.78mg/mL，大约为游离氨基酸总量的50%。表8-6是复合海鲜调味料的成分分析。

表8-6　复合海鲜调味料的成分

成分	氨基态氮 /(mg/mL)	总氮含量 /(mg/mL)	粗脂肪 /(mg/mL)	Pb /(mg/L)	Hg /(mg/L)	Cd /(mg/L)	As /(mg/L)
含量	15.6	18.5	18	0.12	0.009	0.21	0.26

肽链内切酶和肽链外切酶共同完成了蛋白质的酶解过程，内切酶的水解产物是多肽，而外切酶的产物是游离氨基酸。水产原料本身含有肽链外切酶，因此可通过添加内切酶或再添加外切酶来提高酶解能力。由于不同水产原料中的蛋白质种类不同，氨基酸构成及比例各异，酶的选择和酶的水解工艺条件对调味料的生产至关重要。酶法制备调味料一般有单酶水解、双酶水解和复合酶水解三种方法。张艳萍等确定碱性蛋白酶水解贻贝程度最高，贻贝粗蛋白中富含谷氨酸、天冬氨酸、亮氨酸、赖氨酸、甘氨酸、精氨酸等呈味氨基酸。但是酶解液的鲜味虽重，同时苦味也较重，水解液不适合直接用作调味料。因为单酶法水解程度受限制，所以工业上一般采用双酶法和复合酶法工艺制备调味料。

魏玉西等人研究酶水解扇贝加工废弃物工艺条件时，确定了枯草杆菌蛋白酶和胰蛋白酶的双酶水解的最佳工艺条件，其中，必需氨基酸占游离氨基酸含量的45.7%，该酶解液可用来制备海鲜调味料。邓尚贵等采用双酶法技术水解翡翠贻贝并制备海鲜调味料，两种外源酶枯草杆菌中性蛋白酶和胃蛋白酶对贝肉蛋白水解可获得水解率高达82%的水解效果。汪涛等以扇贝加工废弃物扇贝裙边为原料，以混合内肽酶（胰蛋白酶和枯草杆菌中性蛋白酶）和风味蛋白酶为工具酶，在酶添加量250U/g、55℃、pH6.5的条件下进行分段水解5.5h，产物中的氨基酸含量丰富，水解度高达68.2%，且具有贝类独特的鲜美风味。酶解液经其他佐料调配后可有效掩盖不良气味，同时鲜味也能很好的保持。郝记明等酶解珍珠贝肉后在水解液中加入食盐、淀粉、糊精等进行调配，经浓缩干燥制得海鲜味干粉。庄桂东等用贻贝酶解液中按配方加入糖、盐和防腐剂等，加热至沸腾后，即得棕褐色、油状、海鲜味很浓的调味料。

三、酶对贝类调味品风味的影响

氨基酸类、核苷酸类和有机酸类是被公认的三大具有鲜味的物质，水产品主要的鲜味呈味物质为游离氨基酸如谷氨酸、天冬氨酸、甘氨酸，丙氨酸是重要的甜味呈味剂，而脯氨酸和苯丙氨酸有苦味。

酶法制备贝类调味品过程中，水解产生许多呈味氨基酸，其中主要是鲜味氨基酸，因此赋予调味料鲜美纯正的浓郁风味。另外，酶法工艺生产中要特别注重酶的选择，不同种类的酶水解对调味料的风味和营养成分会产生明显的差异。蛋白水解度与苦味产生呈正比例关系，水解度越高，苦味越大，苦味肽的产生是蛋白广泛水解的结果。因为水解液苦味的产生者主要是疏水性氨基酸，当蛋白未酶解时，肽中疏水性一端不与味蕾接触，尝不到苦味。随着水解度的逐步增大，肽链含有疏水性氨基酸的一端就会暴露得越多，导致苦味变大，掩盖了酶解液原有的鲜味。因此，在选择工具酶时，水解度过大的酶不适用于制备调味料。

贝类调味料品滋味鲜美浓郁，营养丰富，不仅能用作鲜味剂，也含有功能性保健功能，是家庭烹饪、食品增鲜的上等调味品。利用生物酶技术能制备出营养丰富、味道鲜美的复合调味料，其工艺简单、操作方便、便于推广，具有一定的社会效益和经济价值。

第五节　酶在藻类调味料加工中的应用

在海洋性食物来源中，海藻作为一个重要类别一直受到各国研究人员的广泛关注。我国的海藻资源非常丰富，年产量达 700 多万吨，占世界总产量的一半以上。褐藻的养殖量在我国有着全面性的优势，海带平均年产总量可达 414 万吨、裙带菜产量可达 169 万吨，为海藻类市场提供了充足的原料来源。海藻既是海洋水产养殖的重要环节，也是环境保护的重要环节，同时也是部分工业生产的海洋药物、功能食品和食品添加剂的重要原料。然而目前在海藻产品加工过程中普遍存在副产品弃置、利用率低下等问题。因此，利用海藻产品生产过程中的副产品为原料开发新型食品对于提高海藻利用率具有重要的现实意义。藻类调味基料是众多的为提升海藻附加值的产品之一，藻类调味基料多指海带、紫菜经过热水提取或酶解工艺，可以制备海带汁、紫菜汁，这两个调味料可以应用到汤料、火锅调料、面汤、拌面及其他方便食品，在海鲜酱油上也有应用。

一、酶在不同藻类调味品中的应用

现有研究人员利用中性蛋白酶对浒苔进行水解，确定最佳酶解条件制得浒苔水解液，其次对其进行调配，以感官指标确定最佳配料配比条件，从而制得新型浒苔海鲜调味汁。这为浒苔的深加工及综合利用提供了理论依据，将浒苔的营养价值和人们对调味品的需要相结合，为植物资源的利用提供了更广阔的空间，为调味品市场的多元化再引入新的元素，为消费者提供了更多的选择机会，带动了食品行业经济发展。

李裕博等利用三种工具酶（菠萝蛋白酶、动物蛋白酶和风味蛋白酶）对裙带菜孢子叶副产物进行酶解，通过对三种酶解产物中风味物质进行对比发现，在酶解产物中具有不良风味的醋酸和甲醛消失了，说明酶解改善了裙带菜孢子叶副产物的风味，并增加风味物质的总类。通过对酶解产物挥发性风味物质分析结果对比发现，菠萝蛋白酶和动物蛋白水解酶的酶解产物中风味物质在种类上增加较少，与风味蛋白酶相比酶解效果较差。

二、酶对藻类调味品风味的影响

藻类经酶解后，酶解产物主要的风味特点是海藻味，其特征性风味物质可能来自己醛、庚醛、壬醛和雪松醇这些呈现植物类青香风味的化合物；其次的风味特点是虾味，其特征风味物质可能来自己醛、壬醛、2-壬烯和4-二癸烯醛这类呈现油脂风味的化合物；而甜味并未如甜味游离氨基酸含量所占比例而给出明显的甜味特点，原因可能在于酶解过程中产生苦味短肽影响了甜味氨基酸的呈味效果。

通过对裙带菜孢子叶副产物酶解产物进行热反应，可以发现其挥发性风味物质种类有较大数量的提升，在所有挥发性风味物质中有 10 种醛类物质、5 种醇类物质、3 种芳香类物质、4 种烷类物质、2 种有机酸类物质、1 种酯类物质、1 种酮类物质，在这些物质中醛类物质所占比例最大，为 83.91%，构成了热反应产物主要的挥发性风味组成，其中糠醛含量最高，赋予了热反应产物焙烤风味中的焦糖气味，并混合了较淡的肉类、油脂、青香等气味，为海鲜调味料提供了较好的风味。

下面以浒苔酶解工艺为例说明酶对藻类调味品风味的影响。

1. 浒苔水解的工艺流程

工艺流程如下：

中性蛋白酶

↓

浒苔悬液→调 pH→酶解→灭酶→离心→甲醛滴定→计算浒苔的水解度。

2. 调味汁调配工艺流程

浒苔水解液→调配→装瓶→灭菌→成品。

3. 操作要点

将浒苔样品用温水清洗 3 次，放入沸水中漂烫 5min，捞出沥干放入恒温干燥箱干燥 24h，用高速粉碎机粉碎，过筛（取 20～40 目），收集浒苔粉末备用，用水调配成不同浓度的悬液；调整悬液的 pH 为 7.0，加入中性蛋白酶，在不断搅拌下慢速升温至 50℃，2.5h 恒温酶解，每隔 0.5h 取样，测定水解液中氨基酸态氮含量，计算水解度；100℃，10min 灭酶；过滤除去蛋白质水解液中的不溶物和悬浮物，进一步离心取上清液；根据配方需要加入酱油、饴糖、五香粉、黄原胶搅拌均匀；调节 pH 至 7.0～7.5 后，置于 200mL 玻璃瓶中，密封，115℃ 灭菌 40min，冷却，即得浒苔味海鲜调味汁。

4. 结果

浒苔酶解工艺的最佳条件为料液比 1∶35、酶解 pH7.5、酶的添加量 0.25g/100g、酶解温度 55℃、酶解 2.5h。浒苔味海鲜调味汁配制最佳比例为浒苔水解液 50％、水 29％、五香粉 1.0％、酱油 12.0％、饴糖 5.0％、黄原胶 2.0％。制得的调味汁呈红褐色，无分层，香气浓郁，味道鲜美，各项指标均达到相关标准的要求。

第六节　酶在其他调味料加工中的应用

梭子蟹属大型海产经济蟹类，肉质鲜美，蛋白质含量高，8 种必需氨基酸齐全，脂肪酸、维生素 A、维生素 D 含量也极为丰富。目前梭子蟹的加工主要是取其蟹肉加工成蟹肉罐头和蟹酱、蟹黄酱和蟹油等产品。蟹加工时产生大量的包括背壳和小腿的下脚料，这些蟹的下脚料中富含蛋白质、脂肪、矿物质等营养与功能性成分，极具开发利用价值。因此开发了酶法水解梭子蟹下脚料制备蛋白质水解液，再将其加工成海鲜调味料的工艺。

下面以梭子蟹海鲜调味料生产为例，展示其工艺过程。

1. 工艺流程

梭子蟹下脚料→粉碎→匀浆→加酶水解→灭酶→过滤离心→水解液→真空浓缩→蛋白浓缩液（固形物含量约 18％）→加辅料调配→过滤→装罐→杀菌→海鲜调味料。

2. 水解蛋白酶的筛选

以中性蛋白酶、碱性蛋白酶、木瓜蛋白酶、风味蛋白酶、复合蛋白酶作为备选酶，水解度为评价指标，首先对 5 种单酶进行筛选。水解条件按照各种酶的特性确定：液料比 2∶1，加酶量 1000U/g，温度依次为 50℃、55℃、50℃、50℃、50℃，pH 值为 7.0、8.0、6.5、6.0、6.0。由于复合酶的水解效果优于单酶，再在单酶基础上，通过组合实验选出最适的复合酶。

3. 海鲜调味料调配工艺的优化

根据海鲜调味料的呈味特点及调味原理，以固形物含量约 18％ 的蟹蛋白浓缩液为基料，选择食盐、白砂糖、味精、姜粉、变性淀粉为辅料加工成海鲜调味料。采用 L16（4^5）正交试验，通过对色泽、香气和滋味的感官评分，确定海鲜调味料的最佳配方。

4. 结果

中性蛋白酶与风味蛋白酶的复合酶较适合梭子蟹下脚料中蛋白质的水解，最适水解条件为：温度 50℃，pH 值 7.0，加酶量 1400U/g，时间 3.0h，酶的复合比 2∶1，液料比 3∶1。海鲜调味料的最佳配方为：食盐 10％，白砂糖 5％，味精 5％，姜粉 0.2％，变性淀粉 1％。调配后测定结果表明产品氨基酸总量为 13950mg/L，8 种必需氨基酸 4967mg/L，占氨基酸总量的 35.61％，微生物指标和理化指标均能达到相关标准的规定。

酶在水产品加工中，占据越来越重要的位置，如何有效合理地利用酶来实现海产品的高值化利用这仍是我们需要不断探究的问题。酶在应用过程中有许多影响其发挥效能的因素，很多研究者在寻求方法改变酶的条件来尽可能地增加酶效。最常见的是改变反应温度、pH、反应时间、金属离子、有机溶剂等来找寻酶的最佳反应条件。未来将会有更多研究集中在新技术、新的因子对酶效提高的作用上。

采用生物酶解技术将鱼类、虾类、贝类、藻类及其他海鲜蛋白质分解为氨基酸和肽，制备海鲜调味料风味前体物质，生产工艺简单，便于大规模工厂化生产，且反应条件温和，不存在安全隐患。以此酶解液为基础，可进一步通过调配或再与还原糖类物质发生热反应来制备海鲜调味料，使产品兼具浓郁海鲜风味和营养功能，应用前景广阔，可为水产品的深加工提供方法借鉴。因此，运用现代食品新技术改善调味品加工工艺条件，保留原料中原有营养和风味，制备天然营养、风味独特的高档调味料，对于提高我国调味品的市场竞争力，既有巨大的经济价值，又有良好的社会效益。

参考文献

[1] 杨晋. 利用酶解技术和美拉德反应制取海鲜调味料的研究. 上海：上海水产大学硕士论文, 2007.

[2] 陈美花, 吉宏武, 励建荣, 等. 马氏珠母贝酶法抽提物美拉德反应产物呈味成分. 中国调味品, 2010, 35（9）：42-47.

[3] 刘安军, 魏灵娜, 曹东旭, 等. 美拉德反应制备烧烤型虾味香精及气质联用分析. 现代食品科技, 2009, 25（6）：674-677.

[4] 任艳艳, 张水华. 虾头酶解及反应型虾味香料的研究. 中国食品添加剂, 2005,（6）：38-45.

[5] Klomklao S, Benjakul S, Visessanguan W. Comparative studies on proteolytic activity of spleen extracts from three tuna species commonly used in Thailand. Journal of Food Biochemistry, 2004, 28: 355-372.

［6］Klomklao S, Benjakul S, Visessanguan W, et al. Effects of the addition of spleen of skipjack tuna（*Katsuwonus pelamis*）on the liquefaction and characteristics of fish sauce made from sardine（*Sardinella gibbosa*）. Food Chemistry, 2006, 98（3）: 440-452.

［7］Gildberg A. Utilisation of male Arctic capelin and Atlantic cod intestines for fish sauce production evaluation of fermentation conditions. Bioresource Technology, 2001, 76（2）: 119-123.

［8］闫虹. 狭鳕鱼排美拉德反应制备肉香型风味物及其抗氧化活性研究. 合肥工业大学硕士论文. 2015.

［9］Witono Y, Taruna I, Windrati W S, et al. 'Wader'（*Rasbora jacobsoni*）protein hydrolysates: production, biochemical, and functional properties. Agriculture & Agricultural Science Procedia, 2016, 9: 482-492.

［10］Imm J Y, Lee C M. Producion of seafood flavor from red hake（*Urophycis chuss*）by enzymatic hydrolysis. Journal of Agricultural and Food Chemistry. 1999, 47: 2360-2366.

［11］李铁晶, 陈智斌, 赵新淮. 鳍鱼蛋白水解液的风味改良. 农机化研究, 2005, 5: 193-194.

［12］刘洋, 王长云, 薛长湖, 等. 鳀鱼水解蛋白脱苦方法的研究. 海洋科学, 1995, 19（5）: 1-3.

［13］Park J, Watanabe T, Endoh K, et al. Taste-active components in a Vietnamese fish sauce. Fisheries Science, 2010, 68（4）: 913-920.

［14］Smriga M, Mizukoshi T, Iwahata D, et al. Amino acids and minerals in ancient remnants of fish sauce（garum）sampled in the "Garum Shop" of Pompeii. Journal of Food Composition and Analysis, 2010, 23（5）: 442-446.

［15］J-N P, Ishida K, Watanabe T, et al. Taste effects of oligopeptides in a Vietnamese fish sauce. Fisheries Science, 2002, 68（4）: 921-928.

［16］王婧, 胡梦欣, 应苗苗, 等. 酶法制备小黄鱼下脚料调味料的风味前体物质. 食品科学, 2010, 31（20）: 37-42.

［17］汤丹剑, 吴汉民, 娄永江. 酶法制备虾头调味品的研究. 浙江水产学院学报, 1998, 17（1）: 19-24.

［18］任仙娥, 杨锋, 温卫衡, 等. 利用虾壳研制虾味调料的研究. 中国调味品, 2009, 34（5）: 84-85.

［19］梁郁强, 孙俊华. 酶法水解虾头生产虾调味汁. 中国调味品, 2001（9）: 20-21.

［20］郑捷, 王平, 尹诗, 等. 酶解虾下脚料制备海鲜味复合调味料. 中国调味品, 2011, 36（11）: 48-50.

［21］陈志锋. 生晒毛虾酶解制备虾风味基料的研究. 食品与机械, 2012, 28（4）: 19-22.

［22］吕传萍, 李学英, 杨宪时, 等. 南极磷虾海鲜酱油的品质评价. 食品工业科技, 2012, 33（11）: 161-164.

［23］纪蓓, 周坤. 扇贝酱发酵工艺研究. 中国调味品, 2007（7）: 44-47.

［24］楚水晶, 农绍庄, 王珊珊, 等. 扇贝裙边水解液制备海鲜酱的加工工艺. 中国酿造, 2010, 29（1）: 146-147.

［25］王晓茹. 扇贝裙边酱的多菌种阶梯发酵工艺及风味变化研究. 河北农业大学硕士论文, 2012.

［26］耿瑞婷, 王斌, 马剑茵, 等. 扇贝蛋白酶解液脱腥脱苦工艺研究. 中国调味品, 2014（4）: 37-43.

［27］刁石强, 李来好, 陈培基, 等. 马氏珠母贝肉营养成分分析及评价. 湛江海洋学院学报（自然科学报）, 2000, 19（1）: 42-46.

［28］尚军, 吴燕燕, 李来好. 合浦珠母贝肉酶解营养液风味改良研究. 食品科技, 2010（5）: 104-108.

［29］陈超, 魏玉西, 刘慧慧, 等. 贝类加工废弃物复合海鲜调味料的制备工艺. 食品科学, 2010, 31（18）: 433-436.

［30］魏玉西, 田学琳. 扇贝裙边酶水解工艺条件的研究. 海洋科学, 1993（4）: 5-7.

［31］邓尚贵, 章超桦. 双酶法在水产品水解动物蛋白制作工艺中的研究. 水产学报, 1998, 4: 352-356.

［32］汪涛，曾庆祝，谢智芬.内肽酶与端肽酶水解扇贝边蛋白质工艺的研究.大连水产学院学报，2003，18
（3）：125-129.

［33］郝记明，张静，洪鹏志，等.酶法水解珍珠贝肉蛋白质的工艺探讨.食品科学，2002，23（4）：51-53.

［34］庄桂东，安桂香，韩荣伟，等.贻贝调味料的开发.现代商贸工业，2004，（3）：45-47.

［35］李裕博，许喆，李冬梅，等.裙带菜孢子叶副产物酶解液制备的研究.食品科技，2016（10）：
240-245.

［36］陶学明，王泽南，余顺火，等.梭子蟹下脚料加工海鲜调味料的工艺研究.食品科技，2009（7）：
217-220.

第九章

酶在甲壳素加工中的应用

甲壳素（chitin）又名几丁质，是一种广泛分布于自然界中的天然多糖聚合物，年产量约为100亿吨，居世界第二，仅次于纤维素，同时也是地球上数量最大的含氮有机物。甲壳素广泛分布于自然界中的多种生物体内，包括节肢动物（主要是甲壳纲如虾、蟹等，甲壳素含量高达58%~85%）、软体动物、环节动物、原生动物、腔肠动物、海藻及真菌等，另外，在动物的关节、蹄、足的坚硬部分，动物肌肉与骨结合处，以及低等植物中也有存在。甲壳类动物（虾蟹类）是甲壳素的主要来源之一，而虾蟹类也是人们日常生活中常见的食物，这些水产品的不可食用外壳，大部分被人们丢弃，一部分被小型企业通过粗加工制成虾蟹壳粉，作为饲料或饲料添加剂出售，但是其产品价值较低，应用功能可被其他产品代替，从而导致其经济效益较低，制约了甲壳类废弃物资源的最大化利用。甲壳素及其衍生物应用广泛，在医药、农业、食品等领域有潜在的应用价值，因此提取虾蟹类中的甲壳素，再对其进行精深加工，今后无疑是虾蟹壳废弃物高值化利用的发展方向。

目前关于虾蟹中甲壳素及其衍生物的制备，主要分为化学法、微生物法、酶法，相比于其他方法，酶催化则是相对绿色可持续的制备方法。

第一节　甲壳素的简介及应用

一、甲壳素

甲壳素是由 N-乙酰-D-葡萄糖胺（N-acetylg lucosamine，GlcNAc）通过 β-1,4-糖苷键连接而成的线性大分子聚合物（结构式如图9-1）。甲壳素根据其在自然界中的晶型存在形式，分为 α-甲壳素、β-甲壳素和 γ-甲壳素。α-甲壳素多存在于虾蟹类动物中，其甲壳素链呈反平行排列；β-甲壳素多存在于软骨类动物中，其甲壳素链平行排列；γ-甲壳素则既有平行排列也有反平行排列。

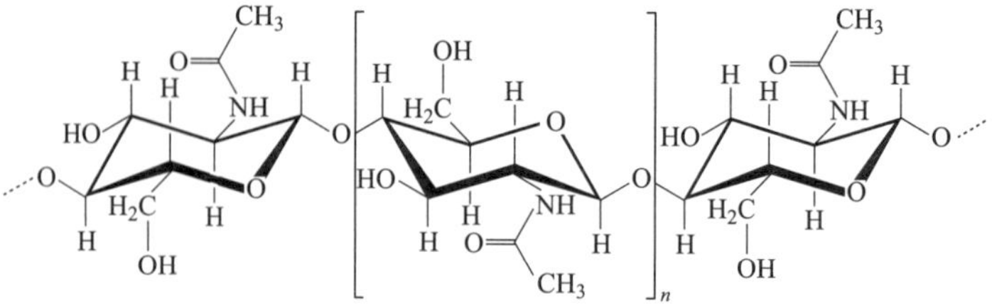

图 9-1　甲壳素的结构图

　　甲壳类动物（虾蟹类）是甲壳素的主要来源之一，随着我国虾蟹消费量日益增大，造成其废弃物的大量丢弃，从而产生难闻的气味，同时造成环境的污染。近年来，也有一部分虾蟹壳类被小型企业回收，经过清洗、烘干、粉碎以及消毒，制成虾蟹粉，作为饲料或饲料添加剂进行对外销售。由于这种方式制成的产品应用价值较低，其功能可被其他产品代替，其经济效益较低，因此，这种虾蟹类的回收方式并没有被有效地推广，从而不能使虾蟹类的甲壳素资源最大化利用。另一方面，近年来，甲壳素及其衍生物已被应用于医药、农业、食品、化工、造纸、烟草、化妆品、印染、水处理、环保、生物医学、酶制剂、保健品、金属回收及提取、纺织业等多个领域，而且其应用价值较高，因此，对虾蟹类等水产品进行精深加工，提取纯度较高的甲壳素，再以甲壳素为原料生产其衍生物是使水产品甲壳素高值化利用的有效途径。

二、甲壳素的应用

　　甲壳素具有良好的生物黏合成膜性，在食品方面可作为水果蔬菜的保鲜剂。在医药方面，由于甲壳素是一种具有良好生物相容性的天然生物材料，可用于抗肿瘤、制作手术缝合线、人造皮肤以及人工肾膜等，同时也可作为生物医学组织工程中的支架材料等。其中甲壳素的抗肿瘤作用是通过增强机体非特异性免疫对肿瘤的抑制作用。其机制是促进巨噬细胞活性，作用途径是影响非杀伤性细胞（NK）活性 IL22 的分泌。因此提高机体的非特异性免疫功能，是其抗癌作用的主要机理之一。甲壳素在抗癌治疗中有很好的辅助作用，有专家学者通过不同方式证实了甲壳素的酯类和金属络合物都具有抗病毒和抑制肿瘤的活性。如甲壳素硫酸酯具有抗病毒活性。DerekHorton 等证明氨基上含有 SO_4^{2-} 的甲壳素衍生物对血液病毒有显著抑制作用。李岩等制备了低聚壳聚糖金属卟啉络合物，并采用 SRB 细胞染色法对低聚壳聚糖金属卟啉络合物的抗肿瘤细胞活性进行了研究，发现不同浓度此类化合物均对人体肝癌细胞 Bel-7402 有较强的抑制生长活性，IC_{50}

（半抑制浓度）值均小于 100mg/mL，在 10～30mg/mL 范围内。其中，低聚壳聚糖增加了络合物的生物相容性，能降低铜卟啉络合物的毒活性。许向阳等制备了 N-正辛基-N'-琥珀酰基壳聚糖并通过实验表明其对人肝癌细胞、人白血病细胞、人肺癌细胞和人胃癌细胞有较好的亲和性，并对这几种癌细胞有一定的抑制作用。可见，可以利用甲壳素的衍生物来合成抗癌药物。在农业方面甲壳素可被用作土壤改良剂、植物病害抑制剂、种衣剂、饲料添加剂、植物生长调节剂、抗寒剂以及农药载体。甲壳素也可被结构修饰或以其作为基础制成复合材料，作为处理污水的絮凝剂、吸附剂；也可制成纤维材料应用于纺织业。但是由于甲壳素的高度不溶性，限制了其应用，因此，制备甲壳素的衍生物也是促进甲壳素高值化利用的有效途径。

三、甲壳素的提取

虾蟹类产品中甲壳素的含量占 20%，钙盐占 50%～70%，蛋白质占 10%～30%，甲壳素主要是和蛋白质、钙盐以结合态的形式存在。目前关于虾蟹类废弃物中甲壳素的提取方法，主要分为化学法、微生物法和酶法。化学法主要是酸碱提取。提取法的工序一般可分为：虾蟹壳→洗涤→晒干→脱钙→洗涤→脱蛋白质→洗涤→干燥→粉碎→甲壳素。对虾蟹类中甲壳素的提取主要是脱盐、脱蛋白质和脱色。酸碱降解法是目前国内外工业生产最主流的方法，主要分为稀酸脱盐、稀碱脱蛋白质以及氧化脱色，得到片状白色产品或白色粉末。化学法虽然工艺简单、成本较低，但是由于大量化学试剂的使用，给环境造成严重的负担，此外，反应条件较剧烈，反应过程不可控，从而造成副产物的产生，导致产品纯度不高。微生物法主要是利用微生物发酵产生的酶和乳酸，溶解虾蟹类废弃物中的蛋白质和钙盐。该法便于大规模工业化生产，而且避免了化学试剂对环境的污染，符合可持续发展的理念，但是微生物发酵法的发酵条件要求严格，操作较复杂，生产周期较长。酶法主要是生物酶法，利用商业酶或微生物发酵产生的酶，对虾蟹废弃物中的蛋白质和钙盐进行溶解。由于酶反应条件温和，产生的废弃物、废液少，环境污染少等优势，酶法制备已经成为发展潜力巨大的制备甲壳素及其衍生物的方法。

酶法提取甲壳素主要是利用蛋白酶脱除蛋白质，再用柠檬酸脱除矿物质（主要是钙盐），然后用酒精脱色，后续可用甲壳素酶和甲壳素脱乙酰酶制备壳寡糖。酶法脱蛋白质可以分为内源酶酶解法和外源酶酶解法。对虾虾头中有大量的内源蛋白酶，可有效降解其中的蛋白质，降解后所获得的酶解液可以进一步加工成蛋白质调味品或者虾蛋白粉。回收脱钙后的废液，可加工制备成柠檬酸钙晶体，作为食品补钙剂应用于食品中。此法效率高、条件温和、反应过程容易控制，可生成理想的产物；但是，若用单一酶降解，则效率低，若用复合酶降解，则工艺复杂、成本高，且无法同步脱除矿物质，难以给企业带来可观的经济效益。利用发酵法制备甲壳素的工艺主要是利用乳酸菌发酵新鲜虾壳，用发酵过程产生的乳酸脱去虾壳中的矿物质和蛋白质等，发酵产物经过固液分离即得到甲壳素。这种工艺也避免了强酸强碱的使用，发酵废水中富含多种营养素，可作为水产动物饲料的原料及饲料添加剂，洗水还能循环进入下一次发酵。因此，这种方法也基本上不产生二次污染。此法用葡萄糖作为发酵的限制性底物，成本低廉，当大规模生产甲壳素时，还可以用蔗糖代替葡萄糖，更加降低了生产成本，大大提高了经济效益。

四、甲壳素的生物合成与水解

甲壳素的生物合成主要由甲壳素合成酶（chitin synthesase，EC 2.4.1.16）控制，将分散在细胞质中的 N-乙酰葡糖胺（GLcNAc）聚合成长链甲壳素。此酶存在于细胞质或细胞膜附近的液泡中，本身为一种酶原，需经位于细胞膜附近的特殊蛋白酶活化，才具有催化活力。甲壳素合成酶是一种糖蛋白，在活性状态时非常不稳定，在其活化过程中二价金属离子（如 Mg^{2+} 和 Mn^{2+} ）是至关重要的，且受反应物尿苷二磷酸-N-乙酰葡糖胺（uridine-diphospho-GLcNAc UDP-GLcNAc）、GLcNAc 和 N, N'-二乙酰壳二糖（N, N'-diacetylchitobiose）所活化，缺乏底物时该酶将发生不可逆失活，产物尿苷二磷酸（UDP）对其具有很强抑制作用。甲壳素合成酶因与脂肪和蛋白质结合力强，难以被分离和纯化。目前，已从酿酒酵母、担子菌、灰盖鬼伞（*Coprinus cinereus*）和鲁氏毛霉（*Mucor rouxii*）的细胞壁组成中分离出部分纯化的甲壳素合成酶。Machida 和 Saito 从灰绿犁头霉（*Absidia glauca*）中纯化得到 30kDa 的甲壳素合成酶的酶原，当被胰蛋白酶（trypsin）部分降解后转变为一种 28.5kDa 的活性多肽。他们首次清楚地证实了甲壳素合成酶与激活蛋白酶之间的相互作用，向阐明甲壳素合成酶的作用机制迈进了一步。甲壳素合成酶除合成甲壳素外，也与甲壳素脱乙酰酶（chitin deacetylase）共同催化合成壳聚糖（chitosan）。首先 UDP-GLcNAc 受甲壳素合成酶催化进行聚合反应以生成甲壳素，然后脱乙酰酶再与甲壳素结合发生脱乙酰反应而生成壳聚糖。在细胞表面究竟是合成甲壳素还是壳聚糖，主要取决于甲壳素合成酶在细胞膜上排列的紧密程度。在鲁氏毛霉细胞表面合成甲壳素过程中，若甲壳素合成酶紧密排列在细胞膜上时，形成的甲壳素会结晶化成纤维状，对脱乙酰酶的抵抗性较高；反之，分散式的甲壳素合成酶合成较松散的甲壳素链或为过渡态的链状聚合物，对脱乙酰酶具有较高的亲和性，结果生成壳聚糖。此外，与许多糖酶一样，甲壳素合成酶具有形成新的糖苷键的转糖苷作用也已得到证实，该酶可使四聚体或五聚体聚合成六聚体和七聚体。

甲壳素被水解成 GLcNAc 是由甲壳素水解酶体系来完成的，该酶系一般被诱导为多酶复合体。传统上被分为两大类：①内切甲壳素酶（endo-chitinase，EC 3.2.1.14），随机地将甲壳素降解，最终产物为（GLcNAc）$_2$ 和少量（GLc-NAc）$_3$；②N-乙酰葡糖胺酶（N-acetylgluosaminidase，EC 3.2.1.30），也称为甲壳二糖酶（chitobiase），将甲壳二糖降解为游离 GLcNAc，其中也有一些酶能从甲壳素链的非还原末端水解生成 GLcNAc。但也有人提出存在第三类酶即外切甲壳素酶（exo-chitinase），该酶从甲壳素链的非还原末端水解连续释放出甲壳二糖或低聚糖。这些酶存在于微生物、植物和动物中。A. Perrakis 等人对所收集的56 种甲壳素酶和相应的基因进行研究，发现可将它们分为两类：一类具有相同的大小，平均均为 300 个氨基酸残基，一级结构相似，都来源于植物；另一类氨基酸残基为 290～820，大小差异很大，但都有一个包含几个高度保留区域的中心部位，它们存在于细菌、真菌和动物中。这两类酶相对应于糖基水解酶的 18 和19 族。而第一类酶又可分为两组：A 组具有一个富半胱氨酸的 40 个氨基酸的 N末端，通过富甘氨酸的铰链区与主结构相连；B 组既没有富半胱氨酸区也没有铰链区，但完全与 A 组结盟。从而表明了这类酶的亲缘关系。最近，在海洋弧菌（*Vibrio furnissii*）中发现一种未知酶，它只能水解聚合度为 4～6 的甲壳低聚糖，却不能水解甲壳素和（GLcNAc）$_2$ 或（GLcNAc）$_3$。这种酶被称为甲壳糊精酶（chitodextrinase）。显然，能够水解 GLcNAc 糖苷键的酶种类比国际生化协会酶委员会已命名种类的数量要多得多，这就需要更加仔细地研究酶的纯化，探讨各种底物类似物及抑制剂与酶相互作用的方式。Hara 等人用各种部分 O-甲基化甲壳二糖与一种来源于链霉菌（*Streptomyces erythraeus*）的甲壳素酶作用，发现该酶与鸡蛋白溶菌酶对 N,N'-二乙酰壳二糖（N,N'-diacetylchitobiose）具有相似的结合方式：还原末端糖中 C6 和非还原末端糖中的 C3 和 C4 上的羟基对酶作用是不重要的，而还原末端糖中的 C2 上的乙酰氨基和 C3 上的羟基以及非还原末端糖中 C6 上的羟基与酶分子发生定向效应。最近，分子质量分别为 20kDa、30kDa、47kDa、70kDa、90kDa 的 5 种甲壳素酶从橄榄绿链霉菌（*Strep. oliva-ceoviridis*）中被分离纯化。

第二节 酶在甲壳素脱乙酰中的应用

一、壳聚糖的简介及应用

1. 壳聚糖简介

壳聚糖，又称甲壳胺、脱乙酰甲壳素，是自然界唯一的碱性多糖，是甲壳素脱去糖基上 N-乙酰基后的产物，由于含有氨基，是一种阳离子化合物，是甲壳素的重要衍生物之一（结构如图 9-2 所示）。脱乙酰度是表征甲壳素和壳聚糖的指标，当脱乙酰度达到 55％ 以上就称为壳聚糖，在工业上要求脱乙酰度达到 70％ 以上。由于壳聚糖结构中有游离的氨基，使之能够溶于稀酸溶液中，形成黏稠的透明状胶体溶液，而且其溶解性与壳聚糖的脱乙酰度有关，脱乙酰度越高，溶解性越高。

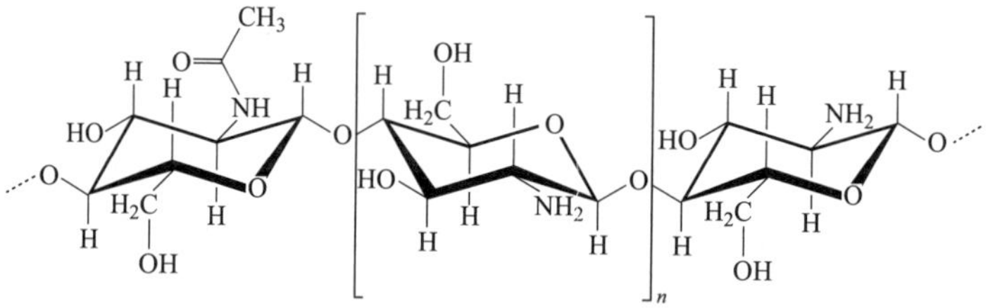

图 9-2　壳聚糖的结构图

2. 壳聚糖的应用

壳聚糖与甲壳素的应用有部分重叠，但是由于壳聚糖较甲壳素有更好的溶解性，其应用范围比甲壳素更广泛。主要表现在以下几方面。

（1）医药方面

壳聚糖可作为载药纳米微粒（10～1000nm），其微粒细小的特点使药物的稳定性更高，可以促进药物的吸收从而提高药物的利用率。此外，由于壳聚糖有良好的生物相容性、生物可降解性及特殊的跨膜能力，因此，壳聚糖是近年来国内外在药物控制技术与靶向给药技术方面研究的热点。由于其抗菌消炎以及血液凝固作用，可将其用于医用辅料，可以吸收伤口渗出物、促进伤口的愈合。其中，用壳聚糖醋酸溶液制成的壳聚糖无纺布，透气透水性能极佳，可用于大面积的烧、烫伤，效果很好。由于壳聚糖在生物体内可以被质子化，它可以和许多带负电的生物大分子如黏多糖、磷脂及细胞外基质蛋白发生静电作用而形成血栓，从而起到止血作用。壳聚糖止血性质还与其分子量、脱乙酰度、质子化程度和结晶度等有关。高度有序的分子链三维结构赋予了甲壳素优良的止血能力。利用这种特性，甲壳素和壳聚糖可制备成多种应用形式，包括溶液、粉末、涂层、膜状和水凝胶等，根据不同的伤口类型和治疗技术，各种形式的止血材料均表现出有效的止血效果。除溶液以外，其他应用形式的壳聚糖必须要有较高的分子量，这样才能保证壳聚糖的不溶性以及较好的黏附性能和表面强度。目前，已有报道制成了部分甲壳素基止血材料如 Syvek 纱布、RDH 绷带和 HemCon 止血敷料等都通过了美国 FDA 认证。由于甲壳素和壳聚糖具有无毒、无抗原性和生物相容性，可在体内降解、吸收等一系列理想止血剂的性质，使得甲壳素和壳聚糖基止血材料逐步成为甲壳素和壳聚糖应用研究的热点。在药物缓释载体剂型和作为药物载体的应用方面，药物载体剂型包括壳聚糖纳米粒、壳聚糖膜、壳聚糖微球、壳聚糖片剂、壳聚糖微胶囊等。壳聚糖作为药物载体的应用包括壳聚糖作为结肠靶向载体，壳聚糖作为治疗慢性病的药物缓释载体，壳聚糖作为抗肿瘤药物载体，基因运载工具等。由于一般的药剂直接进入胃肠会对胃肠道黏膜有刺激作用，制成缓释片后，药物缓慢释出，在很大程度上可缓解其对胃肠道黏膜的刺激性。有学者对壳聚糖改性得到羧甲基壳聚糖，然后用戊二醛交联制备羧甲基壳聚糖水凝胶（CMCS-GA），研究表明，制备的 CMCS-GA 载药凝胶在 1~96h 内可缓慢释放，并且释放率可达 99%，具备优良的缓释性能。因为壳聚糖对生物体无毒和可生物降解的特性，现在已经应用于缝合线、人造皮肤、骨组织修复、神经组织修复、止血剂等领域。如羧甲基壳聚糖复合磷酸钙骨水泥，在羧甲基壳聚糖添加的一定范围内，成功地克服了传统磷酸钙骨水泥缺乏韧性、固定化时间长、降解速度慢、抗压强度低等缺点。

（2）食品方面

由于壳聚糖无色、无味、无毒，具有良好的抑菌杀菌能力、优良的成膜性能，并且还可以生物降解，因此在食品保鲜方面应用广泛。壳聚糖具有亲水性、成膜性、抑菌性以及生物安全性，可将其制成食品保鲜膜和防腐剂，用于食品的保鲜；壳聚糖还可添加于减肥食品中，减少人体对脂肪的吸收，促进脂类排出体外。例如，羧甲基壳聚糖和叶绿素铜钠一起复配，用丙二醇作为成膜助剂，可制备一种新型的可食用的涂膜保鲜剂，在草莓的保鲜上效果良好，有望在其他水果蔬菜的保鲜上广泛应用。利用羧甲基壳聚糖水溶液添加甘油对西兰花进行了保鲜的研究，在失水率、维生素 C 含量、总糖度、总酸度变化这四方面都显示了羧甲基壳聚糖-甘油水溶液具有优良的保鲜性能，也是一种值得推广的保鲜剂。

（3）纺织工业方面

壳聚糖溶液对纺织纤维有着良好的黏附性和亲和性，可作为纺织品的上浆剂和整理剂，适用于棉、毛以及化学纤维，而且可以改善纺织品的染色性能、洗涤性能、抗褶皱性、抗静电和抗菌性能。

（4）污水处理方面

壳聚糖在污水处理中的应用主要是作为絮凝剂、络合剂、吸附剂处理造纸废水、工业废水中的重金属离子以及废水中的有机毒物。由于壳聚糖有较多的氨基，可以和水中带负电荷的胶体杂质中和，从而使其沉降，壳聚糖还可通过分子中的羟基和氨基与废水中的金属离子（汞、镉、铜、铬、金、银等）配位，形成稳定的螯合物，从而去除水中的重金属杂质。壳聚糖的絮凝作用较强，无毒，不会造成二次污染，而且可被生物降解，是绿色环保的高分子材料。此外，壳聚糖还可用于净化自来水。将壳聚糖和硫酸铝进行一定量的配比制得的复合净水剂去除造纸污水中的 COD 效果明显好于硫酸铝，去除率高达 82％以上。以壳聚糖为原料，将甲醛作为预交联剂、环氧氯丙烷为交联剂制备了新型微球状壳聚糖树脂，用以吸附 Nd^{3+}，可以克服壳聚糖耐酸性差、吸附能力弱等缺点。制备的戊二醛交联壳聚糖、邻苯二甲醛二丁酯致壳聚糖多孔膜、壳聚糖凝胶珠，利用它们吸附 Cr^{4+}、Cd^{2+}、Pb^{2+}、Ni^{2+}，发现在同等条件下，壳聚糖凝胶珠对 Pb^{2+} 的吸附效果最好，而壳聚糖的多孔膜对 Cd^{2+} 的吸附效果最好。

（5）化妆品方面

壳聚糖具有良好的保湿性、增黏性和成膜性，可添加于理想的护肤产品，保持皮肤的湿润、增强表皮细胞的代谢，促进细胞的年轻化和再生能力，防止皮肤粗糙、生粉刺，而且具有预防皮肤疾病发生的特殊作用。同时，添加了壳聚糖或壳聚糖衍生物的化妆品，可在人体表皮上形成一层天然仿生皮肤，由于其具有良好的通透性，可以充分保持化妆品中的有效成分，且形成的壳聚糖膜在人体表皮上会形成一道天然屏障，可以阻断或减弱紫外线和病菌等对皮肤的侵害。壳聚糖也具有抑菌性能和显著的美白效果，壳聚糖及其衍生物用于化妆品中，可渗透进入皮肤毛囊孔，抑制并杀死毛囊中藏匿的霉菌、细菌等有害微生物，从而消除由于微生物侵害而引起的粉刺、皮炎，同时利用壳聚糖及其衍生物的抑菌作用，可消除由于微生物积累而引起的黑色素和色斑等。壳聚糖本身还可以抑制黑色素形成酶的活性，从而消除由于代谢失调而引起的黑色素。因此添加了壳聚糖的化妆品是一种性能很好的美白化妆品。有学者以壳聚糖为原料，添加保湿因子透明质酸及果酸熊果苷，开发出了美白日霜、晚霜等产品，该产品能提高真皮细胞的再生能力，有效去除皱纹和提亮肤色，充分滋润肌肤，保持皮肤弹性，能阻隔紫外线及其他放射性物质对皮肤的伤害，防止黑色素形成，淡化和消除已经形成的色斑，使肌肤美白。

（6）在农业生产方面

在农业上，壳聚糖主要用于土壤改良剂、植物生长调节剂、植物病虫害诱抗剂、种子包衣、缓释农药和肥料等。目前很多农药都是有机物制剂，在杀灭害虫的同时，还会残留在农作物上，在食物链上发生传递，最终在人体内沉积，对人体危害很大，同时还会对生态环境造成破坏，因此，急需一类对生物体和生态环境都无害的生物农药。农药缓释剂就是在这种背景下诞生的，它可以提高农药的使用率和药效，减少对环境的污染和对人体的危害。例如，把壳聚糖/木质素磺酸钠新型复凝聚体系（CL）用于生物农药缓/控释放的研究，将生物农药阿维菌素（AVM）作为控释对象，制备了 AVM-CL 复凝聚微胶囊，体外释放性能研究发现，AVM 原药经过 4h 累积溶出量就达到 99.1％，而 AVM 从 AVM-CL 微胶囊中的累积释放量达到 50％时，时间可推迟到 15h；累积释放量为 90％时，时间为 40h，这表明该胶囊具有一定的缓释性能。将羧化改性后的壳聚糖用于蚊净香草的繁殖培养上，研究其对外植体分化、对芽诱导、对初代增殖、培养以及对生根的影响。结果发现，附加 4g/L 羧化壳聚糖的植株在培养 20d 后外植体诱导芽的数量最多，且芽苗粗壮，同时诱导率可达 80%；羧化壳聚糖还可以提高激素的利用率，促进根的生长。可见，羧化壳聚糖用于植物培养上具有很大的开发潜力。

二、甲壳素脱乙酰的研究现状

壳聚糖由甲壳素脱乙酰处理获得，甲壳素脱乙酰基的方法主要分为化学法和生物法，目前工业上主要采用化学法。

1. 化学法

化学法主要是采用强碱高温脱乙酰获得。脱乙酰度是衡量壳聚糖品质的因素之一，影响脱乙酰度的因素主要包括：碱的浓度、处理温度和处理时间，两个因素一定时，甲壳素脱乙酰度与其余的一个因素强度成正比，但是与黏度成反比。化学法制备壳聚糖的过程中，反应过程不可控，产品质量与工艺条件有很大关系，产物易降解，此法获得的壳聚糖在一些应用领域，特别是在要求材料的理化性质有高度均一性的领域中没有很高的应用价值。此外，化学法在加工过程中需使用大量的化学试剂，容易造成能源的浪费和环境的污染。

2. 生物法

生物法又分为生物合成法和生物酶法。生物合成法主要是利用微生物发酵产生的专一性酶生物合成壳聚糖，无需经过单独的脱乙酰作用。生物酶法主要是利用微生物或工程菌产生的脱乙酰酶以甲壳素为底物，经过脱乙酰作用制备壳聚糖。生物法虽成本较高，但是不仅可以减少对环境的污染，而且制备的壳聚糖性能独特且质量较高。酶法制备壳聚糖已经成为国内外学者研究的热点。

三、酶法制备壳聚糖

1. 甲壳素脱乙酰酶的发现

甲壳素脱乙酰酶（CDA）是一种催化甲壳素中 N-乙酰基-D-葡糖胺的乙酰氨基水解的专一性酶。CDA 来源广泛，包括部分真菌、细菌、病原体以及昆虫等。最早发现 CDA 的是来自日本北海道大学的 Araki 和 Ito 从接合菌门（Zygomycota）和鲁氏毛霉（*Mucor rouxii*）中发现的，并成功对该酶进行了部分纯化，制备壳聚糖。后来又有人陆续从病原体、细菌等中发现 CDA。近年来，有人又在担子菌门（Basidiomycota）的毛柄金钱菌（*Flammulina velutipes*）、新型隐球菌（*Cryptococcus neoformans*）中发现 CDA 的存在。

2. 甲壳素脱乙酰酶的生产

1998 年美国学者从城市污水中分离到的一种产碱杆菌属细菌可以在胞外大

量分泌 CDA，且无需纯化，与甲壳素共同培养即可产出壳聚糖，它比真菌更易生长，速率更快，但该菌株的作用模式及其对结晶态的甲壳素是否有更高的活力，没有进一步研究。2004 年，国内的学者从海洋泥土中分离出一种产碱属芽孢杆菌，可以分泌 CDA，且对其酶学性质进行了研究。CDA 最快速和高效的产生方式是通过微生物发酵生产。近年来国内外 CDA 产生菌的部分研究现状见表 9-1。

表 9-1　近年来国内外 CDA 产生菌的研究现状

年份	研究者	主要事件
1974	Araki 和 Ito	从接合菌纲的双相型真菌 *Mucor rouxii* AHU 6019 中发现了 CDA
1982	Kauss 等	从植物病原体 *Colletotrichum lindemuthianum* 中提取到 CDA，并进行部分纯化
1994	Gao 等	发现 *Absidia coerulea* IFO 5301 也可以产生 CDA
1995	Alfonso 和 Oscar	从 *Aspergillus nidulans* CECT 2544 的菌株自溶培养基中得到一种 CDA
1998	Srinivasan	一株来自城市污水的产碱杆菌 *Alcaligenes* sp. ATCC 55938 能够产生 CDA
2004	黄惠莉等	从海洋泥土中分离出一种产碱属芽孢杆菌，可以分泌 CDA
2005	蔡俊等	筛选产生 CDA 的真菌
2005	Amorim	对比了毛霉属中不同菌株产 CDA 的差异
2006	蒋霞云等	比较了毛霉、根霉、曲霉和青霉 4 株霉菌在对数生长末期和稳定期末期的胞内和胞外 CDA 活力
2007	Baker 等	从新型隐球菌(*Cryptococcus neoformans*)中分离鉴定出 4 种 CDA，并确定了其中 3 种的产生机制和对真菌细胞壁的作用
2008	Yamada 等	从毛柄金钱菌(*Flammulina velutipes* MH 092086)中分离出 CDA，并确定其基因序列，在毕赤酵母中进行表达
2009	李朝丽等	对构巢曲霉(*Aspergillus nidulans*)产 CDA 进行活力优化
2012	万芳芳等	从湘江河岸边的土壤筛选出层生镰孢菌(*Fusarium proliferatum*)
2012	张菁菁等	从土壤中筛选出一种放线菌中的红球菌属(*Rhodococcus*)菌
2012	Pareek 等	从草酸青霉(*Penicillium oxalicum* SAEM-51)中分离纯化出 CDA
2013	Sun 等	从土壤中分离出一种红串红球菌(*Rhodococcus erythropolis*)，并对其发酵生产工艺进行了优化
2013	Elmekawy 等	研究了一种产碱菌(*Alcaligenes* sp. ATCC55938)所产生 CDA 的催化动力学，以及在甲壳素生物转化中的应用
2013	Neith 等	研究了源于盘长孢状刺盘孢(*Colletotrichum gloeosporioides* strain CF-6)的 CDA 的甲壳素底物特异性
2016	王晓玲等	从湘江河岸土壤中筛选出一株高产甲壳素脱乙酰酶菌株

3. 甲壳素脱乙酰酶的纯化

目前自然界中产生的 CDA 都是糖蛋白，因此，一般用纯化糖蛋白的方法可以纯化 CDA，CDA 粗酶一般用离心或硫酸铵分级沉淀的方法获得。目前，已报道纯化 CDA 纯酶的方法，主要是层析法，纯酶需经过多步层析法获得，例如，Ken 等通过硫酸铵沉淀得到 CDA 粗酶，然后用三步层析法得到 CDA 纯酶，纯化倍数为 944，得率为 4.05%，比活力为 18.4U/mg；Nidhi 等将草酸青霉（*Penicillium oxalicum*）超滤离心后得到粗酶液，然后通过 CM 凝胶色谱柱和 DEAE-纤维色谱柱，两步层析法得到纯 CDA，经过电泳鉴定得到单一条带，纯化倍数为 88.25，得率为 11.06%，比活力为 55.38U/mg。当然对于工程菌分泌的 CDA，则可通过镍柱等一步纯化，即可得到电泳纯 CDA。

4. 甲壳素脱乙酰酶的酶学性质

不同来源的 CDA，其酶学性质（最适反应温度、最适反应 pH、分子量、金属离子影响及底物特异性等）不同。其基本的一些酶学性质见表 9-2。对于大部分 CDA，其最适反应 pH 一般为中性和碱性（pH7～12），也有少部分 CDA 的最适 pH 为酸性（pH4.5～6）；对于 CDA 的反应温度，一般在 50～60℃。CDA 的分子质量大约为 30～150kDa，而且其作用基本不需要特殊金属离子的激活，但是不同的金属离子对不同来源的 CDA 活性有不同的影响。例如 Ca^{2+}、Mn^{2+}、Zn^{2+}、Co^{2+}、Fe^{2+} 和 Cu^{2+} 对鲁氏毛霉来源的 CDA 的活性均有抑制作用，而 Co^{2+} 可以使豆刺盘孢（*Colletotrichum lindemuthianum*）的 CDA 完全失去酶活，Fe^{2+} 则使其失去 40%～70% 的活性，而且乙酸对 CDA 的影响也不同。

表 9-2　甲壳素脱乙酰酶的酶学性质

有机体	最适 pH	最适温度 /℃	分子质量 /kDa
真菌毛霉（*Mucor rouxii*）	4.5	50	70～80
被孢霉属（*Mortierella* sp. DY-52♯）	5.5	60	50～59
炭疽菌（*Colletotrichum lindemuthianum* ATCC 56676）	12	60	32～33
炭疽菌（*Colletotrichum lindemuthianum* DSM 63144）	8.5	50	150
酿酒酵母（*Scopulariopsis brevicaulis*）	8.0	50	43
根酶属（*Rhizopus circinans*）	5.5～6.0	37	75
帚霉菌（*Scopulariopsis brevicaulis*）	7.7	50	55
构巢曲霉（*Aspergillus nidulans*）	7.5	50	27

一般情况下，甲壳素脱乙酰酶有较强的专一性，一般只作用于线性 *N*-乙酰葡糖胺多聚物。不同来源的酶其最适底物的聚合度不一样，例如，从鲁氏毛霉分

离得到的 CDA 对聚合度较长的甲壳寡糖有较高的脱乙酰率，而豆刺盘孢中的 CDA 则对聚合度为四、五、六的甲壳寡糖有较高的脱乙酰率。此外，CDA 对不同底物也有不同的作用效率，Martinou 等对不同的底物进行酶活测定，实验结果表明，CDA 对不溶性的甲壳素的脱乙酰效率并不是很高，反而对经过预处理的甲壳素，则有较高的效率，经过对比发现脱乙酰效率为：羧甲基甲壳素＞甲壳素的脂肪族二元醇＞无定形甲壳素＞结晶甲壳素。原因可能是甲壳素分子刚成型时，分子之间还没有完全键合，这时 CDA 容易接近甲壳素，而起到脱乙酰作用。但是自然界中的甲壳素大部分都是结晶态甲壳素，这也是目前利用 CDA 制备壳聚糖的一大难点。

5. 甲壳素脱乙酰酶的结构和催化机制

CDA 的结构（图 9-3）属糖酯酶家族 4（carbohydrate esterase family 4，CE-4），Blair 等在 2006 年首次对来自豆刺盘孢的 CDA 的结构进行分析，发现其结构域与 CE-4 的其他成员结构类似，他们采用了近似残缺的（β/α）8 折叠的结构，但是它的不同之处在于在 β3 折叠和 α2 螺旋之间有一个拓展的环。Blair 等通过结构数据和生物化学数据分析发现，CDA 是由一个结构域组成的单核金属酶，有数据表示，大多数 CDA 的催化活性依赖于二价金属离子（如 Co^{2+} 和 Zn^{2+}）。

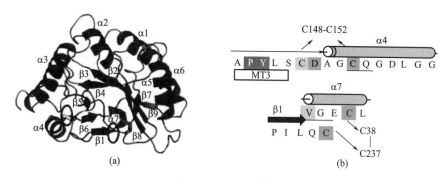

图 9-3　CDA 的结构

已有研究表明，CDA 对底物乙酰氨基的水解是一种多位点进攻模式，可同时脱去多个位点的乙酰基，而且甲壳寡糖链的长度对酶活也有较大的影响，当聚合度少于 3 时，CDA 无酶活，而当以甲壳四糖或甲壳五糖为底物时，乙酰基则可完全脱去。

研究发现 CDA（来源于 *Colletotrachum landemuthaanum*）可以强烈地识别出 4 个底物的乙酰氨基葡萄糖残基，将这 4 个取代位点从非还原端到还原端分别定义为取代位点 −2、−1、0、+1，其中，处于 0 位点的底物乙酰基被完全脱去，其是催化位点的代表。在此基础上，Blair 等进一步的研究发现，CDA 至少使 $(GlcNAc)_2$ 占据 0 与 +1 位点才能保持活性。CDA 对壳聚多糖和甲壳寡糖的作用方式也已经有了较多的研究。Martinou 等以来源于毛霉菌（*Mucor rouxii*）的 CDA 对水溶性壳聚多糖（平均聚合度 30）进行随机脱乙酰反应，脱乙酰度为 32％。使用 ^{1}H-NMR 和 ^{13}C-NMR 光谱检测，发现 CDA 水解乙酰基的反应是多点进攻模式，有 3 个复合作用点，被水解的底物具有至少 3 个脱乙酰作用点，而 CDA 进行一次脱乙酰反应的最大位点数也是 3。

　　来源于 *M. rouxii* 的 CDA 对甲壳寡糖（2～7 个聚合度）作用机制的研究同样表明反应是一种多点进攻模式。脱乙酰后的甲壳寡糖经交替使用两种特别的外切糖苷酶作用，再用 HPLC 测其序列，再以 ^{1}H-NMR 光谱进一步验证。结果发现寡糖链的长度对酶促作用有很大影响。当甲壳寡糖聚合度少于 3 时，CDA 无酶活性；而 N-乙酰壳四糖、N-乙酰壳五糖，CDA 能完全脱除其乙酰基；对于 N-乙酰壳三糖、N-乙酰壳六糖和 N-乙酰壳七糖，虽然它们也能被 CDA 脱去乙酰基，但还原端残基仍保持完整。

　　已有的研究表明，酶的水解是一个多点进攻模式，即同时脱去多个位点上的乙酰基，其过程如下：CDA 先与一条底物链结合，然后从结合位置的非还原端开始，脱下数个乙酰基，接着 CDA 与底物解离，重新与另一条底物结合进行新一轮的脱乙酰反应。然而，来源于植物病原体 *C. lindemuthianum* 的 CDA 以甲壳寡糖为作用底物，采用 HPLC 和 FAB-MS 测定，发现作用方式与来源于 *M. rouxii* 的 CDA 相近，能完全水解 N-乙酰壳四糖的乙酰基，还可以完全水解 N-乙酰壳三糖和 N-乙酰壳二糖的非还原端残基。尤为重要的是，在一定的条件下（3mol/L 乙酸钠），此酶可以催化逆向脱乙酰反应，经 FAB-MS 和 NMR 测定证实，此酶可将壳二糖乙酰化成 2-乙酰氨基-2-脱氧-D-吡喃葡糖-（1→4）-2-氨基-2-脱氧-D-葡萄糖，这是一种较少见的寡糖产品。

6. CDA 基因的克隆表达

　　来源于 *M. rouxii*、酿酒酵母 *S. cerevisiae*、豆刺盘孢 *C. lindemuthianum* 的 CDA 基因均已被克隆和测序，其所表达的酶蛋白氨基酸序列具有高度同源性，而且都有一个保守域与根瘤蛋白（NodB 蛋白），微生物乙酰木聚糖酯酶和木聚糖酶的编码基因中的开放阅读框高度相似。NodB 同源域对于同属 CE-4 的多种脱乙酰酶具有重要作用，其属于基因的表达区，对包括 CDA 在内的脱乙酰酶的专一性和脱乙酰效率有关。国内的蒋云霞等用保守的特异引物进行 PCR 扩增，结合 RACE 技术，对总状毛霉（*Mucor racemosus*）甲壳素脱乙酰酶全长 cDNA 进行了克隆和序列分析，并进行相近物种的比对及三级结构预测，发现总状毛霉的 CDA 基因共编码 448 个氨基酸，在该基因中部还包含一个含 144 个氨基酸的多糖脱乙酰酶结构域，约占 CDA 基因全长的 32％，其与米根霉来源的 CDA 基因的相似度为 75％，所预测三级结构经验证具有 CDA 的脱乙酰功能及多糖脱乙酶结构域。

使用不同方法对不同微生物来源的 CDA 进行克隆表达的结果有较大差异。例如，从 *C. lindemuthianum* UPS9 中分离出 CDA 基因，并使用质粒载体 pPIC9K 在 *P. pastoris* 中进行表达，最后得到分子质量为 25kDa 的去糖基化 CDA，比活力达到 71.67U/mg，但酶的得率仅为 7.2mg/L。选择 pHBM905A 作为克隆载体，也将 *C. lindemuthianum* UPS9 的 CDA 基因在 *P. pastoris* 中进行了克隆表达，最后得到分子质量为 25kDa 的去糖基化 CDA 以及部分糖基化的分子质量为 33kDa 的 CDA，糖基化酶的品质得到了提升，比活力达到了 77.27U/mg，酶的得率得到很大提升，达到 110mg/L。

第三节　酶在甲壳寡糖及壳寡糖制备中的应用

一、甲壳寡糖及壳寡糖的简介及应用

1. 甲壳寡糖及壳寡糖

甲壳素可进一步降解成聚合度较小的甲壳寡糖。甲壳寡糖是指 N-乙酰葡萄糖胺以 β-1,4 键连接的聚合度为 2～10 的低聚糖；而壳寡糖则是由壳聚糖进一步水解得到的聚合度为 2～10 的低聚糖，甲壳寡糖和壳寡糖的区别就在于乙酰基，甲壳寡糖和壳寡糖由于其聚合度较小，因此和甲壳素与壳聚糖相比，有很好的水溶性，不但容易被分散、洗漱，而且有更多生理活性，因此制备甲壳寡糖及壳寡糖是高值化利用甲壳素的有效途径。

2. 甲壳寡糖及壳寡糖的应用

（1）食品方面

甲壳寡糖有爽口的甜味，类似砂糖，但甜度仅为砂糖的 1/3，不仅是人体内消化酶无法消化的糖质，而且是一种良好的双歧杆菌增殖因子，可促进肠道中益生菌的增殖，可作为食品添加剂加入功能性食品、饮料中，改善食品的口感及功能性品质。另外，甲壳寡糖在食品中还有一定的抗菌作用，分子量为 1500 的甲壳寡糖，质量浓度为 1g/L，在 pH6.0 时，其抑菌效果很好，但 pH＞6.0 时，其抑菌率开始减小并有所下降。而分子量为 440000 的壳聚糖，质量浓度为 2.5g/L 时，在 pH5.2 以下，抑菌作用基本上与 1g/L 的甲壳低聚糖相当。原因是低分子量壳聚糖能使 DNA 转录受阻，从而显示出抗菌性影响细菌繁殖。壳寡糖也具有较高的生物活性，无毒、无副作用，可快速被人体吸收，添加到保健食品中可以提高机体的免疫力，活化细胞，能够促进肠道双歧杆菌等有益菌的增殖，并且可以抑制有毒菌的生成。壳寡糖具有很好的防腐性能，而且其防腐性能与其分子量有关，一般地，分子量在 1500 左右的壳寡糖抗菌活性最高，大大高于高分子量的壳聚糖。将壳寡糖加入到酱油中，其抑制酵母菌群生长的作用优于苯甲酸和苯甲酸钠，并且不影响酱油的口感和颜色。由于游离氨基的电离程度与 pH 有关，因此，其抗菌活性也同样与 pH 有关，在酸性条件下更有效。此外，壳寡糖也可作为甜味剂，改善食品口感，在保湿性、耐热性等方面优于砂糖，不易被体内消化液降解，几乎不产生热量，是糖尿病患者、肥胖患者理想的功能性甜味剂，而且在改善食品结构、提高食品保水性能方面也有重要应用。

（2）医药方面

甲壳寡糖具有多方面生理功能以及抗肿瘤效果，特别是甲壳六糖具有很强的生理活性。早在 1985 年，Suzuki 等就用甲壳六糖对小鼠进行抗肿瘤测试，取得了明显效果；1997 年，王中和等又用低分子壳寡糖口服液对临床患者进行辅助治疗，发现白细胞、淋巴细胞的总数保持稳定，T 淋巴细胞的数量显著上升，也说明了低分子壳多糖的抗肿瘤辅助疗效。因此，它可作为早期肿瘤的治疗药物。其作用机理为：N-乙酰-D-糖胺（GlcNAc）或 D-糖胺（GLcN）残基与巨噬细胞表面受体结合后，激活巨噬细胞释放 IL-1，同时引起 T 细胞表面 IL-2 受体表达，而这又加速了 T 细胞成熟而释放 IL-2，IL-2 与受体结合后，进一步加速 T 细胞分化成熟为细胞毒性 T 细胞，从而产生抗肿瘤作用。

甲壳寡糖具有三调、三降、三排、三抑的功能。三调：调节免疫、调节 pH、调节激素分泌；三降：降血脂、降血糖、降血压；三排：排胆固醇、排重金属离子、排毒素；三抑：抑制癌细胞生长、抑制癌细胞转移、抑制癌毒素产生。壳寡糖较甲壳寡糖有较好的降血糖效果，脱乙酰度越大，降血糖效果越好。对于甲壳单糖（GlcNAc），它可作为药物补充剂辅助治疗一些炎症性疾病，例如溃疡性结肠炎、胃肠炎和骨关节炎；甲壳二糖 $[(GlcNAc)_2]$ 可用作抗菌剂和螯合剂；甲壳四糖 $[(GlcNAc)_4]$ 已被用作药物补充剂来检测溶菌酶活性的基质；甲壳六糖 $[(GlcNAc)_6]$ 已被证明在体外显示人嗜中性粒细胞的趋化反应以刺激免疫反应来激活巨噬细胞并促进细胞毒性 T 细胞的分化和成熟以抵抗肿瘤。壳寡糖也有很好的抗肿瘤效果，目前国内已有壳寡糖应用于肿瘤放疗患者检测其对免疫功能影响的报道。

（3）农业方面

甲壳寡糖和壳寡糖是世界上目前最新的一种无毒、天然、高效、广谱的植物生长调节剂，甲壳寡糖和壳寡糖有丰富的 C、N 元素，被微生物降解、利用后，作为植物生长的养分，可全面促进植物的营养生长与生殖生长，提高植物的品质与产量；同时，土壤中施用壳寡糖或其他甲壳素衍生物，可改变土壤微生物区系，可以作为激活甲壳素酶的诱导剂，激活植物的广谱抗性，促进有益微生物的生长而抑制多种微生物病原菌的生长。有研究人员比较了壳寡糖和壳聚糖对 9 种植物病原菌的体外抑菌活性，并对两者抑制辣椒疫霉生命周期的不同阶段进行了观察，结果发现，当加入 100mmol/L 的壳寡糖时就可以诱导释放孢子的破裂，壳寡糖比壳聚糖更能抑制辣椒疫霉的菌丝生长。其作用主要是通过破坏细胞内膜，侵入到菌体细胞内，阻碍 RNA 转录，从而阻碍微生物的繁殖系统实现的，因而可以作为植物生长调节剂和新型生物农药。甲壳四、五、六聚糖含量大于 80%，对多品种水果、蔬菜、粮食等的抗病虫害和促进生长方面有显著作用，可以应用于生物农药产品，部分替代化学农药。用甲壳寡糖溶液对小麦拌种，可以防止地下霉菌对种子的危害，提高抗病能力，抗倒伏能力等。也可诱导植物体内酶，促进植物细胞代谢，增加抗病蛋白质合成，提高植物免疫能力，可增产 10% 以上。这都使甲壳寡糖和壳寡糖极有可能作为一种新型绿色、安全高效、无污染产品在农业生产中发挥重要的作用，对我国的农业可持续发展具有重要意义。

（4）化妆品方面

甲壳寡糖有很好的保湿作用，由于其超细微粒，加速其渗透作用，是一种效果较好的化妆品材料，而且具有很好的抑菌作用，因此，它们可以开发成新型的皮肤护理剂。壳聚糖分子被降解后，晶体结构被破坏，得到的壳寡糖带有更多游离的羟基和氨基等亲水基团，具有更好的溶解性与吸水、保水性。壳寡糖与人体皮肤中存在的透明质酸结构相似，其保湿增湿效果比传统的保湿剂（如透明质酸、甘油、乳酸钠等）更好，并且没有任何刺激性，添加于化妆品中，制得的新型护肤品有更持久的保水性及更好的储存稳定性。在护肤化妆品中添加一定量的壳寡糖，既可以防止化妆品中水分的逸失，使用后又可以调节皮肤表面的水分，增湿保湿，起到调理、保护、滋润皮肤的作用。壳寡糖可在皮肤表面形成一层膜，可阻断或减弱紫外线对皮肤的伤害。壳寡糖具有良好的透气性又不影响皮肤排泄废物和毒素，本身所具有的抑菌作用还会抑制或杀死皮肤表面的有害微生物，防止粉刺的形成。壳寡糖甚至还有刺激皮肤细胞再生的作用。

（5）饲料方面

由于甲壳寡糖和壳寡糖具有上述提高机体免疫力、抑菌、改善肠道菌群平衡等功能，把它们作为饲料添加剂加入饲料中，可制备成多功能性饲料，提高牲畜的产量和质量，近年来，成为动物营养研究的新动向。美国食品及药品管理局已批准甲壳素和壳聚糖用于食品及食品加工，1983 年也批准用于饲料添加剂。有研究表明，壳寡糖金属配合物（COS-M）可用于双壳贝类如扇贝中有害重金属镉的脱除。壳寡糖金属配合物主要是降低了栉孔扇贝肾脏及内脏团中与蛋白、小分子物质结合的重金属 Cd 含量。经 COS-Ca、COS-Mg 和 COS-Ree 三种壳寡糖金属配合物处理 5d，相比阴性对照组栉孔扇贝肾脏中的 Cd 含量分别降低

25.2%、36.1%和37.5%。栉孔扇贝暴露 Cd 经 COS-Ca、COS-Mg 及 COS-Ree 处理,影响了栉孔扇贝体内的抗氧化酶系统过氧化氢酶(CAT)、过氧化物酶(POD)、超氧化物歧化酶(SOD)和谷胱甘肽过氧化物酶(GSH-PX)酶活及丙二醛(MDA)含量,发挥了抗氧化作用,维持了自由基的产生与消除平衡,从生理学方面证实了壳寡糖金属配合物对栉孔扇贝体内 Cd 的清除机理。壳寡糖金属配合物不但可以有效地脱除栉孔扇贝体内 Cd,而且对其他贝类,如紫贻贝(*Mytilus edulis*)、长牡蛎(*Crassostrea gigas*)、缢蛏(*Sinonovacula constricta*)、杂色蛤子(*Venerupis variegata*)、海湾扇贝(*Argopecten irradiams*)等体内的 Cd 也有很好的脱除效果。这也为壳寡糖在作为水产养殖饲料方面提供了新思路。

二、甲壳寡糖及壳寡糖制备的研究现状

甲壳寡糖和壳寡糖的应用广泛,因此,近年来,制备高质量的甲壳寡糖和壳寡糖是国内外研究的热点,也是甲壳素高值化利用的有效途径。目前制备甲壳寡糖和壳寡糖的方法主要分为:化学法、物理法和酶法。

1. 化学法

化学法一般又分为酸法和氧化降解法。

(1)酸法降解

酸法降解一般是用盐酸部分水解甲壳素或壳聚糖,然后浓缩水解液除去盐酸。早在 1958 年,Barker 等用盐酸水解壳聚糖制备壳寡糖,得到了一糖到七糖,但四糖以上较少。到目前为止,在生产中也还有采用酸解法的。酸解法虽然成本低、工艺简单、效率高,但制备过程繁琐,反应条件苛刻,反应产物大部分是单糖,且耗用大量盐酸,寡糖产量低,不仅造成能源的浪费,而且给环境造成较大负担。

(2)氧化降解法

氧化降解法也是目前研究较多的一种制备甲壳寡糖和壳寡糖的化学法,最常用的试剂是 H_2O_2。壳聚糖在不同的 H_2O_2 浓度下,采用不同的反应温度和反应时间,可降解得到平均分子质量从 7000Da 到 50000Da 不等的产物。用 H_2O_2-$NaClO_2$ 还可以得到平均分子质量为 600Da 的水溶性低聚壳聚糖。另外还有酸-亚硝酸盐、过醋酸法等氧化降解法的报道,和强酸降解法相比,氧化降解法具有反应条件温和、副产物较少、目标产物分子量相对集中等优点。

2. 物理法

物理法是通过利用超声波、微波、电磁波辐射、γ 射线和光等的能量来使甲壳素或壳聚糖降解,例如,采用 ^{60}Co 辐射源在不同剂量下对壳聚糖进行照射,

获得了一系列低分子量的壳聚糖。利用放射性射线降解壳聚糖，使分子产生电离或激发物理效应，进而产生化学变化，即可使分子间形成化学键——辐射交联，又可导致分子链断裂——辐射降解。辐射法是无需添加物的固相反应，反应易控无污染，但目前尚处于试验阶段。目前较常用的方法是超声波法和辐射法，但是物理法制备的产物产量低，产物分布不均一，在工业化生产中没有得到广泛的应用。

3. 酶法

酶法制备甲壳寡糖和壳寡糖，一般分为两类：非专一性酶和专一性酶水解。非专一性酶水解是利用溶菌酶、脂肪酶、纤维素酶、果胶酶以及蛋白酶等商业酶降解甲壳素或壳寡糖，但是当水解到一定程度时，加大酶量也难以提高水解程度，而且产物比较复杂，难以分离，用酶量大，成本较高。其中溶菌酶（lysozyme）广泛存在于人的唾液和鸡蛋蛋白中。人唾液中提取的溶菌酶对 β-1,4 糖苷键有较强的裂解能力，它在一定条件下可以有效地降解壳聚糖，并且初始速率很快。若先对壳聚糖的乙酸溶液进行适当的处理，在 37℃ 用溶菌酶进行较长时间的降解，则经分离可得到较高收率的二糖至四糖产物。溶菌酶有 6 个亚基，在催化反应中，活性部位需要有 N-乙酰氨基葡萄糖上 N-乙酰基团的结合。溶菌酶对壳聚糖的水解能力随着脱乙酰度的增加而降低，并且不能催化水解脱乙酰度 95% 以上的壳聚糖。而使用麦胚脂肪酶（lipase）对壳聚糖及其衍生物进行水解时，在微酸性条件下能非常有效地降解壳聚糖及其衍生物，在几分钟内快速降低壳聚糖黏度，降低其分子量。壳聚糖和纤维素都是由 β-葡萄糖以糖苷键连接聚合形成的多糖化合物，由于结构上的相似性，纤维素酶对壳聚糖也有相似的降解作用。有人就用纤维素酶和一些其他酶在一定条件下对不同均分子量壳聚糖溶液的降解作用进行了研究：对于较低黏度的壳聚糖溶液，一些聚糖酶（gycanase）对壳聚糖有显著的降解作用，其中纤维素酶 TV、AP 和果胶酶的黏度降低率（VDP）可达 99%，半纤维素酶的 VDP 为 93%，淀粉酶（amylase）和葡聚糖酶（dextranase）的 VDP 为 70%～80%；对于较高黏度的壳聚糖溶液，在试验所用的 38 种酶中，VDP 在 60%～100% 的有 17 种，VDP 在 20%～60% 的有 12 种，还有 9 种酶只有轻微的降解作用或完全没有降解作用（VDP 为 0～15%）。其中仍以聚糖酶的降解效率最高，木瓜蛋白酶和单宁酶（tannase）也显示了较强的降解能力。

专一性酶水解是利用以甲壳素为底物的甲壳素酶以及以壳聚糖为底物的壳聚糖酶，专一性水解甲壳素和壳聚糖，该方法反应条件温和，反应过程容易控制，产物较纯易分离，使大规模生产甲壳寡糖和壳寡糖成为可能，是一种理想的低聚糖的制备方法。

三、酶法制备壳寡糖

1. 壳聚糖酶的发现

壳聚糖酶（chitosanase，EC 3.2.1.132）是一种能够催化水解壳聚糖的 β-1，4-糖苷键，获得壳寡糖（chitooligosaccharides，COSs）和葡糖胺（GlcN）的特定酶。迄今为止，所有报道的壳聚糖酶几乎均显示内切活性模式，随机将壳聚糖链切割成壳二糖、壳三糖、壳四糖等多种壳寡糖混合物。但也有外切形式的壳聚糖酶报道，1990 年由 Nanjo 等从 *Nocardia orientalis* 发酵液中分离得到的一种诱导性外切壳聚糖酶，可以从壳聚糖或壳寡糖的非还原性末端切割下氨基葡萄糖，最后鉴定为一种外切 β-D-氨基葡萄糖苷酶。2008 年，酶命名委员会创建了该新型的外切 β-D-氨基葡萄糖苷酶（EC 3.2.1.165），称为外切壳聚糖酶。壳聚糖酶首次在 1973 年被发现，后来陆续从细菌、真菌微生物中分离出来，例如，芽孢杆菌属（*Bacillus* sp.）、链霉菌属（*Streptomyces* sp.）以及曲霉属（*Aspergillus* sp.）、木霉属（*Gongronella* sp.）等。另外，在病毒中也发现了壳聚糖酶。壳聚糖酶和甲壳素酶都能降解一系列不同脱乙酰度的壳聚糖，因此它们之间的区别并不十分明显。一般来说，壳聚糖酶适于降解脱乙酰度较高的壳聚糖；而甲壳素酶适于降解脱乙酰度较低的壳聚糖或甲壳素。壳聚糖酶广泛存在于细菌、真菌以及植物体的生长代谢过程中，胞外壳聚糖酶绝大多数来源于细菌和真菌，而胞内壳聚糖酶主要来自于植物细胞中，并参与细胞壁的构建与修饰。壳聚糖酶大多是诱导酶，在菌体正常的生长代谢过程中不合成或仅少量合成，但在诱导物壳聚糖存在的条件下会大量合成。同时也存在部分壳聚糖酶为组成酶，并且与诱导酶一起以多种形式共存。

2. 壳聚糖酶的分类

壳聚糖酶根据其酶切机制分为两类：内切壳聚糖酶和外切壳聚糖酶。根据其切割位置的特异性，壳聚糖酶可分为Ⅰ类、Ⅱ类、Ⅲ类和Ⅳ类壳聚糖酶。Ⅰ类壳聚糖酶可以切割 GlcNAc-GlcN 和 GlcN-GlcN 键；Ⅱ类壳聚糖酶仅切割 GlcN-GlcN 键；Ⅲ类壳聚糖酶可以切割 GlcN-GlcN 和 GlcN-GlcNAc 键；Ⅳ类壳聚糖酶可以切割这三类键。基于其氨基酸序列的保守性，在 CAZy 数据库中，壳聚糖酶可分为六种糖苷水解酶（GH）家族：GH5、GH7、GH8、GH46、GH75 和 GH80。大多数细菌壳聚糖酶属于 GH46，已经在其催化机制和蛋白质结构方面进行了广泛的研究；GH75 家族的壳聚糖酶大部分属于真菌。家族 GH46、GH75 和 GH80 的壳聚糖酶具有更严格的底物特异性，只能作用于壳聚糖；而 GH5、GH7 和 GH8 壳聚糖酶则更倾向于具有其他糖苷水解酶活性，如纤维素。

3. 壳聚糖酶的酶学性质

目前，已经对从不同来源分离和纯化的壳聚糖酶的生物化学性质进行了研究和报道。表 9-3 总结了文献中壳聚糖酶的一些基本性质。

表 9-3　壳聚糖酶的酶学性质

有机体	最适 pH	最适温度 /℃	分子质量 /kDa
芽孢杆菌属（*Bacillus* sp. P16）	5.5	60	45
芽孢杆菌属（*Bacillus* sp. TS）	5	60	47
枯草芽孢杆菌（*Bacillus subtilis* 168）	5～6	40～50	30
青霉菌属（*Penicillium* sp. D-1）	4	48	24.6
曲霉属（*Aspergillus* sp. W-2）	6	55	28
芽孢杆菌属（*Bacillus* sp. MET 1299）	5.5	60	52
蜡状芽孢菌属（*Bacillus cereus* TKU022）	7	50～60	44
蜡状芽孢菌属（*Bacillus cereus* GU-02）	9	37	16

甲壳素酶的分子质量一般在 20～60kDa 之间，而壳聚糖酶的分子质量一般较低，通常为 10～50kDa。不同家族的壳聚糖酶的分子质量也有一定差距，GH8 家族的壳聚糖酶的分子质量通常大于 40kDa。壳聚糖酶的最适反应 pH 一般为酸性条件，通常当反应 pH 大于 6.5 时，壳聚糖酶的活性急剧下降。此外，有研究者还发现了碱性壳聚糖酶，例如，来自蜡状芽孢杆菌 TKU022（*Bacillus cereus* TKU022）和蜡状芽孢杆菌 GU-02（*Bacillus cereus* GU-02）的壳聚糖酶，它们分别在 pH 为 7 和 9 的条件下，展现出最高的活性，而且在 pH 7～10 中保持 80% 的相对活性。不同来源的壳聚糖酶的最适温度也不同，通常在 30～70℃ 之间，由于壳聚糖在室温下的低溶解度和高黏度性质，因此研究热稳定较好的壳聚糖酶有助于提高壳聚糖酶的酶解效率，目前，已有几个关于具有优异热稳定性的壳聚糖酶的报道，例如，从壳聚糖处理的竹笋鞘中纯化出两种热稳定的壳聚糖酶，其最适温度分别为 70℃ 和 60℃。常见的重金属离子，例如 Ag^+、Hg^{2+} 等对壳聚糖酶的活性有一定的抑制作用，而 K^+、Ca^{2+} 等对某些来源的壳聚糖酶有一定的促进作用。一种从 *Aspergillus fumigatus* YJ-407 发酵液中分离得到的甲壳素酶，将其分别在不同的金属离子以及 EDTA 存在下，在室温下保存 30min，得出 Fe^{2+}、Zn^{2+}、Mn^{2+}、Ag^+、Pb^{2+}、Hg^{2+} 均对壳聚糖酶活力有强烈的抑制作用，而 EDTA 对其活力几乎无影响。

目前国内外研究认为甲壳素酶活测定最灵敏的方法是 [3]H-甲壳素和荧光底物标记法。羧甲基取代的可溶性甲壳素与 Remazol Brilliant Violet 5R 共价连接适用于甲壳素降解微生物的筛选及清洁涂层分析测定甲壳素酶的活性。放射活性测定也是一种比较好的方法。壳聚糖酶活性的测定常用方法有 DNS 法、铁氰化钾法。

4. 壳聚糖酶的催化降解性质

在均相反应中，壳聚糖酶对部分 N-乙酰化的壳聚糖和不同 O-取代壳聚糖衍生物的水解作用随着 N-乙酰度的提高，米氏常数 K_m 增加，而最大反应速率 v_{max} 降低；当 N-取代的脂肪族酰基中碳链增长时，K_m 增加，而 v_{max} 影响很小。对其他衍生物的水解作用则 K_m 为：O-羧甲基壳聚糖＞壳聚糖＞O-羟乙基壳聚糖；而 v_{max} 为：壳聚糖＞O-羟乙基壳聚糖＞O-羧甲基壳聚糖。

壳聚糖酶对底物要求严格。壳聚糖酶在酶解过程中的活性是随着 N-乙酰化度而变化的。在非均相反应中，具有一定取代度的 N-乙酰化壳聚糖比壳聚糖更容易被水解，但当脱乙酰度小于 36％时，壳聚糖不溶于水，因而难以被水解。当底物质量分数一定时，随着壳聚糖酶质量分数的增加、黏度的下降，其降解所产生的还原糖量会增加。

有学者根据壳聚糖酶特异性切断部分乙酰化壳聚糖的信息提出以下假设：壳聚糖酶邻近催化位点的两个亚单位之一对 GlcNAc 基团亲和力很小，只能结合 GlcN 基团，然而另一个亚单位比较灵活，能够同时识别 GlcNAc 和 GlcN 基团。因为 $(GlcN)_n$ 以 β-1,4-糖苷键相连而构成不同构型（α 或 β 型），所以与壳聚糖酶作用时，$(GlcN)_n$ 的氨基基团可以在溶液中发生构型转换而与结合位点结合。

5. 壳聚糖酶催化制备壳寡糖

由于壳聚糖酶有较高的比活力和良好的催化效率，因此利用壳聚糖酶生物催化壳聚糖制备具有生物活性的壳寡糖是目前国内外研究的热点。目前，已经利用深层发酵和固态发酵实现了对壳聚糖酶的大规模制备，而且通过控制不同条件对培养基进行优化，产生大量壳聚糖酶。另外，有人成功地对来自芽孢杆菌中的壳聚糖酶克隆表达，且用 1g 壳聚糖酶在几小时之内成功实现对 100kg 壳聚糖的转化，生成聚合度为 2～9 的壳寡糖。

6. 壳聚糖酶降解产物分析

降解产物可通过阳离子交换色谱、薄层层析等方法分离鉴定，酶作用的时间、底物的乙酰化度都会影响降解产物的种类。从 *Bacillus* sp. 7-M 制得的壳聚糖酶只切割 GlcN-GlcN，而从 *Bacillus pumilus* BN-262 制得的壳聚糖酶切割 GlcNAc-GlcN 及 GlcN-GlcN，壳聚糖酶降解部分脱乙酰化壳聚糖都得到杂壳寡糖。用 *Bacillus* sp. R-4 产生的壳聚糖酶降解脱乙酰化度为 80％ 及 100％ 的壳聚糖时发现，对于脱乙酰化度为 100％ 的壳聚糖，酶解 6h 时可生成二糖至六糖，酶解 48h 时得到的主要是二糖、三糖、四糖，且得率较高。

用高效液相色谱分析酶解产物，壳聚糖酶比非专一性水解酶降解壳聚糖产生的还原糖量要高。反应产物中有乙酰氨基葡萄糖和氨基葡萄糖等单糖，几丁二糖、壳二糖等二糖，几丁三糖、壳三糖及杂三糖等三糖。壳聚糖酶作用部分乙酰化壳聚糖的产物经过减压浓缩后，用柱色谱（如 Sephadex）洗脱，将洗脱液浓缩干燥并采用 β-氨基葡萄糖苷酶和 β-乙酰氨基葡萄糖苷酶两种酶作用上述产物，从而鉴定出产物还原端的组成和产物的序列，也可以利用亚硝酸，其可以降解含有氨基葡萄糖残基而不降解含有乙酰氨基葡萄糖残基的壳寡糖，进一步确认产物的组成。

研究发现从 *Streptomyces* sp. N174 菌株产生的壳聚糖酶降解 $(GlcN)_6$ 的产物都是 α 型，所以壳聚糖酶是构型转化酶，*Bacillus pumilun* BN-262 的壳聚糖酶也得到同样的结果。这种特异性依赖催化位点的精细结构，在碳水化合物酶中，催化位点的两个催化羧基在构型保留酶中紧密相连，例如溶菌酶，但是在转化酶中距离很远，对 *Streptomyces* sp. N174 菌株的壳聚糖酶定位突变研究发现，氨基酸 Glu 22 和 Asp 40 可能为催化基团，在该酶的三维结构中两个催化基团的距离较远。对于不同来源的壳聚糖酶在降解壳聚糖时的产物构型特异性也可能不相同，需要对这些壳聚糖酶进行深入研究。

四、酶法制备甲壳寡糖

1. 甲壳素酶的发现

甲壳素酶（chitinase，EC 3.2.1.14）是一种专一性催化水解甲壳素多糖的 β-1,4 糖苷键，获得甲壳寡糖（N-acetyl chitooligosaccharides，NCOSs）的特定酶。1905 年，Benecke 第一次发现一株芽孢杆菌属的细菌（*Bacillus chitinovrous*）能够以甲壳素作为营养物质，随后一些研究者便在细菌、真菌、植物、哺乳动物、昆虫和无脊椎动物等多种生物体中发现了各种几丁质酶，包括芽孢杆菌属（*Bacillus* sp.）、类芽孢杆菌属（*Paenibacillus* sp.）、沙雷氏菌属（*Serratia* sp.）、假单胞菌属（*Pseudomonas* sp.）、链霉菌属（*Streptomyces* sp.）、青霉属（*Penicillium* sp.）、曲霉属（*Aspergillus* sp.）以及菠萝等植物中。此外，来自各种细菌、真菌、植物和动物的几丁质酶基因已经被克隆并且其生物化学性质已经被表征。

2. 甲壳素酶的分类

甲壳素在生物体内被水解成 N-乙酰葡糖胺是由甲壳素水解酶系来完成的。该酶系为复合酶体，主要包含有两种酶，两者相互协同作用：甲壳素酶随机地降解甲壳素，生成甲壳二糖（chitobsose）及少量甲壳三糖（triacetyl-chitotriose）；N-乙酰葡糖胺酶，也称为甲壳二糖酶（chitobiase，EC 3.2.1.10），水解甲壳二糖生成 N-乙酰葡糖胺（NAG）。在 21 属 41 种（变种）植物叶子中，检测出甲壳素酶活性，并同时包括外切酶活和内切酶活；对于不同的植物，两种酶活力比例有所不同，甲壳素酶的内切或外切作用方式主要取决于底物的性质。根据氨基酸序列相似性，甲壳素酶可分为 GH18 和 GH19 两个家族，其中 GH18 家族的甲壳素酶来源于多种生物体，如细菌、真菌、动物、植物等；但是 GH19 家族的甲壳素酶主要在高等植物和一些链霉菌属中发现，如来自 *Streptomyces griseus* 的甲壳素酶 ChiC 以及来自 *Streptomyces coelicolor* A3（2）的甲壳素酶 ChiF 和 ChiG。

近年来，对于不同来源的甲壳素酶的分离、纯化、鉴定作了大量的工作。分离纯化手段主要有凝胶色谱、甲壳素亲和色谱、离子交换色谱、银染色聚乙酰胺凝胶电泳等。Mikke-sen 等从被尾孢菌（*Cercospora beticala*）感染的甜菜叶中，经 FF-sepharoseQ 甲壳素柱和 Mono SHPLC 柱，分离得到 13 种甲壳素酶的同功酶，这些酶相互之间在等电点、分子量等方面差别较大。从已有资料来看，不同来源的甲壳素酶之间分子质量范围从 26～90kDa、pI 范围 3～9、最适 pH 为 4.6～8.5。根据 pI 值的不同，甲壳素酶又可分为酸性甲壳素酶和碱性甲壳素酶。

根据植物中甲壳素酶基因结构分析，Shisnhi 建议将甲壳素酶分为 3 类：Ⅰ类为碱性蛋白，有氨基末端，包含有一个半胱氨酸富集区和高度保留的催化区域，主要存在液泡中。Ⅱ类为酸性蛋白，没有半胱氨酸富集区，但含有同前者相同的催化区域。与此同时，对于大多数的Ⅱ类甲壳素酶，在其催化区域上或附近存在有酪氨酸残基，对酶活有重要影响。Ⅲ类为酸性细胞外蛋白，不具有前两者的特征。Mikkelsen 等发现一种完全不同于前三者的甲壳素酶，该酶为碱性蛋白，具有很短的 N 末端橡胶蛋白状催化区域，并将其归为第Ⅳ类甲壳素酶。

甲壳素酶的作用模式至今依然还很模糊。Hara 等以不同程度 O-甲基化甲壳二糖作为底物，试图阐明甲壳素酶与底物的结合模式，认为还原末端糖 C6 上羟基和非还原末端糖的 C3 和 C4 上羟基对酶解过程影响不大；还原末端糖 C2 上乙酰氨基、C3 上羟基和非还原末端的 C6 上羟基与酶分子发生定向效应。然而，甲壳素酶的天然底物为结晶依然较完整的甲壳素，在性质、结构上都与甲壳二糖存在很大的差别，这样得出的结论显然有些牵强。Takeshi 等利用基因修饰，对甲壳素酶的作用模式进行探讨，认为 C 末端部位是结合部位，对降解甲壳素有重要的作用，失去结合部位的甲壳素酶，对不溶性甲壳素的降解行为显著下降。

为了提高甲壳素酶产量和酶活，利用基因诱导、分子克隆等手段对原菌株进行基因改进，甚至制造转基因植物，已取得较大的进展。黏质沙雷氏菌（*Serratia marcescens*）是研究最为热门的微生物之一，QMB 1466 菌株经 UV 和 EMS 处理后，得到的菌株较原菌株其酶活提高 2～3 倍，并且该酶可水解结晶状甲壳素，产物可得到 NAG。经纯化鉴定，该酶主要包括两部分，其分子质量分别为

52kDa 和 589kDa。

甲壳素酶在水解过程中，由于甲壳素的不可溶性，反应处于非均相体系。如果利用水不溶性载体固定甲壳素酶，无疑会加剧反应体系的多相性，酶解效果显著降低。正是这一点，使甲壳素酶的固定化成为一个难题。最近报道，利用羟丙基甲基纤维素醋酸琥珀酸酯（hrdroxypropyl methylcellose acetate succinate, AS-L）作为载体用于固定甲壳素酶。AS-L 具有的优点是随着 pH 的改变呈可溶性与不可溶性之间的变化。固定化甲壳素酶（CH-AS）在 pH 5.2 以上时是可溶的，pH 4.5 以下时为不可溶。在酶解过程中，CH-AS 处于可溶状态。酶解结束后，将 pH 调整到 4.5 以下，CH-AS 成为沉淀，将沉淀分离就达到产物与酶分离的目的。这种固定化酶可用于半连续化生产，酶活性损失少，产品得率提高 1.4 倍以上。

3. 甲壳素酶的分离纯化

甲壳素酶分离纯化的方法与壳聚糖酶的方法类似。

4. 甲壳素酶的酶学性质

不同来源的甲壳素酶的酶学性质已经研究报道，甲壳素酶的一些基本性质见表 9-4。甲壳素酶的分子质量通常为 20～100kDa，除了微泡菌（*Microbulbifer degradans* 2-40）中分离出的甲壳素酶的分子质量为 140kDa。甲壳素酶一般在酸性条件下酶活较高，而且在酸性条件下较稳定，碱性甲壳素酶也已被表征。例如来自链霉株 CS147 的胞外甲壳素酶和来自链霉株 DA11 的抗真菌甲壳素酶，它们分别在 pH 11 和 pH 8 下具有最高活性，并且这两种酶在 pH 4～12 的广泛范围内稳定。大多数甲壳素酶的最适温度在 45～60℃，并且当温度超过 60℃ 时它们的活性将显著降低。此外，从菠萝中分离出热稳定甲壳素酶，其在 70℃ 时表现出最高的活性，并且在 20～80℃ 之间的温度范围内稳定。

表 9-4　甲壳素酶的酶学性质

有机体	最适 pH	最适温度 /℃	分子质量 /kDa
地衣芽孢杆菌（*Bacillus licheniformis* DSM8785）	6	50	66.8
类芽孢杆菌属（*Paenibacillus barengoltzii*）	5.5	50	70
赤子爱蚯蚓（*Eisenia fetida*）	6.0	60	60
菠萝（Pineapple）	3.0	70	27.8
链霉菌属（*Streptomyces anulatus* CS242）	6.0	50	38
链霉菌属（*Streptomyces* sp. CS147）	11	60	41
链霉菌属（*Streptomyces* sp. DA11）	8.0	50	34
微泡菌（*Microbulbifer degradans* 2-40）	7.5	70	140

5. 甲壳素酶的结构和催化机制

GH18 甲壳素酶的结构域以（β/α）8 折叠为核心，有的酶则有碳水化合物结合域（CBM），根据 CBM 芳香族氨基酸的多少，GH18 家族甲壳素酶对不同形态甲壳素的水解活力也不同，例如，CBM 中芳香族氨基酸保守的甲壳素酶对不溶性甲壳素的催化活性较高，而在一些植物中的 GH18 甲壳素酶中，CBM 中的芳香族氨基酸被其他氨基酸取代，那么其催化活性则对可溶性甲壳素较高，此外，甲壳素酶的作用机制和其结构也有一定相关性。GH19 家族的甲壳素酶以 α 螺旋为主，其反应采用单置换机制，导致异头碳的构型反转。

6. 甲壳素酶制备甲壳寡糖的研究现状

利用甲壳素酶制备甲壳寡糖，虽然成本较高，但可以制备出在各个领域具有潜在应用的高纯度和特定长度的产品。Yang 等人在大肠杆菌中成功实现类芽孢杆菌（*Paenibacillus barengoltzii*）中甲壳素酶基因的克隆，利用胶体甲壳素作为底物，用甲壳素酶（PbChi70）进行水解，水解产率达 61%，得到纯度为 99% 的（GlcNAc）$_2$。Nguyenthi 等通过甲壳素酶 C 和 *N*-乙酰葡糖胺（ScHEX）的协同作用从甲壳素中获得纯度为 90% 的 GlcNAc。

由于 α-甲壳素来源较广泛，所以制备甲壳寡糖的原料一般是 α-甲壳素，但是 α-甲壳素的结构相较于 β-甲壳素结构不容易被破坏，因此酶解 α-甲壳素时需要对其进行前处理。目前前处理的方法一般是使用浓盐酸等化学试剂制备成胶质甲壳素，因此带来环境污染问题是不可避免的，Pichyangkura 等人通过发酵洋葱伯克霍尔德菌（*Burkholderia cepacia* TU09），利用其含有甲壳素粗酶液的发酵液对来自蟹壳中的粉质甲壳素酶解 7d，最终获得产量为 85% 的 GlcNAc。

参考文献

［1］Horton D. The development of carbohydrate chemistry and biology. Carbohydrate Chemistry Biology & Medical Applications, 2008:1-28.

［2］李岩, 谢云涛, 何玉凤, 等. 低聚壳聚糖金属卟啉络合物的制备及抗肿瘤细胞活性研究. 西北师范大学学报: 自然科学版, 2007, 43（2）: 50-52.

［3］许向阳, 周建平, 李玲, 等. *N*-正辛基-*N′*-琥珀酰基壳聚糖的制备及其对 4 种肿瘤细胞的亲和性. 中国新药与临床杂志, 2007, 26（5）: 355-359.

［4］Tews I, Perrakis A, Oppenheim A, et al. Bacterial chitobiase structure provides insight into catalytic mechanism and the basis of Tay-Sachs disease. Nature Structural Biology, 1996, 3（7）: 638-648.

［5］Hara S, Yamamura Y, Fujii Y, et al. Purification and Characterization of Chitinase Produced by *Streptomyces erythraeus*. Journal of Biochemistry, 1989, 105（3）: 484-489.

［6］Araki Y, Ito E. A pathway of chitosan formation in *Mucor rouxii*. Enzymatic deacetylation of chitin. European Journal of Biochemistry, 1975, 56（3）：669-675.

［7］Kauss H, Bauch B. Chitin deacetylase from *Colletotrichum lindemuthianum*. Methods in Enzymology, 1988, 161（1）：518-523.

［8］Gao X D, Katsumoto T, Onodera K. Purification and characterization of chitin deacetylase from *Absidia coerulea*. Journal of Biochemistry, 1995, 117（2）：257-263.

［9］Alfonso C, Nuero O M, Santamaría F, et al. Purification of a heat-stable chitin deacetylase from *Aspergillus nidulans* and its role in cell wall degradation. Current Microbiology, 1995, 30（1）：49-54.

［10］黄惠莉，叶存印，姚云艳. 枯草芽胞杆菌甲壳素脱乙酰酶的筛选及酶学性质. 微生物学通报, 2004, 31（5）：33-37.

［11］蔡俊，杜予民，杨建红，等. 甲壳素脱乙酰酶产生菌的筛选及产酶条件. 武汉大学学报（理学版），2005, 51（4）：485-488.

［12］蒋霞云，周培根，李燕，等. 几种霉菌产甲壳素脱乙酰酶活力比较及部分酶学性质. 上海海洋大学学报, 2006, 15（2）：211-215.

［13］Baker L G, Specht C A, Donlin M J, et al. Chitosan, the deacetylated form of chitin, is necessary for cell wall integrity in *Cryptococcus neoformans*. Eukaryotic Cell, 2007, 6（5）：855-867.

［14］Yamada M, Kurano M, Inatomi S, et al. Isolation and characterization of a gene coding for chitin deacetylase specifically expressed during fruiting body development in the basidiomycete Flammulina velutipes and its expression in the yeast *Pichia pastoris*. Fems Microbiology Letters, 2008, 289（2）：130-137.

［15］李朝丽，郭建生. 甲壳素脱乙酰酶产生菌产酶条件的优化. 生物学杂志, 2009, 26（6）：45-47.

［16］万芳芳. 高产甲壳素脱乙酰酶菌株的筛选及发酵研究. 中南林业科技大学, 2012.

［17］Pareek N, Vivekanand V, Saroj S, et al. Statistical optimization for production of chitin deacetylase from *Rhodococcus erythropolis* HG05. Carbohydrate Polymers, 2014, 102（1）：649-652.

［18］Pacheco N, Trombotto S, David L, et al. Activity of chitin deacetylase from *Colletotrichum gloeosporioides* on chitinous substrates. Carbohydrate Polymers, 2013, 96（1）：227-232.

［19］Hudson S M, EI-Baz A, Hegab H M, et al. Kinetic properties and role of bacterial chitin deacetylase in the bioconversion of chitin to chitosan. Recent Patents on Biotechnology, 2013, 7（3）：234-241.

［20］王晓玲，万芳芳，刘高强. 湘江河岸土壤中高产甲壳素脱乙酰酶菌株的筛选及鉴定. 微生物学通报，2016, 43（5）：1019-1026.

［21］Ken T, Mayumi O K, Hayashi, K. Purification and characterization of extracellular chitin deacetylase from *Colletotrichum Lindemuthianum*. Bioscience Biotechnology and Biochemistry, 1996, 60：1598-1603.

［22］Pareek N, Vivekanand V, Saroj S, et al. Purification and characterization of chitin deacetylase from *Penicillium oxalicum* SAE M -51. Carbohydrate Polymers, 2012, 87（2）：1091-1097.

［23］Cai J, Yang J, Du Y, et al. Purification and characterization of chitin deacetylase from *Scopulariopsis brevicaulis*. Carbohydrate Polymers, 2006, 65（2）：211-217.

［24］Gauthier C, Clerisse F, Dommes J, et al. Characterization and cloning of chitin deacetylases from *Rhizopus circinans*. Protein Expression & Purification, 2008, 59（1）：127-137.

［25］Martinou A, Bouriotis V, Stokke B T, et al. Mode of action of chitin deacetylase from Mucor rouxii on partially N-acetylated chitosans. Carbohydrate Research, 1998, 311 (1-2) : 71-78.

[26] Blair D E, Hekmat O, Schüttelkopf A W, et al. Structure and mechanism of chitin deacetylase from the fungal pathogen Colletotrichum lindemuthianum. Biochemistry, 2006, 45 (31) : 9416.

[27] 王中和, 陆顺娟, 胡海生, 等. 低分子壳多糖对癌症放疗患者免疫功能的影响. 首都医科大学学报, 1997, (1) : 80-82.

[28] Myerowitz R, Piekarz R, Neufeld E F, et al. Human β-hexosaminidase α chain: coding sequence and homology with the β chain. Proceedings of the National Academy of Sciences of the United States of America, 1985, 82 (23) : 7830-7834.

[29] 蒋挺大. 甲壳素. 北京: 中国环境科学出版社, 1996.

[30] Barker S A, Foster A B, Stacey M, et al. Amino-sugars and related compounds. Part IV. Isolation and properties of oligosaccharides obtained by controlled fragmentation of chitin. Journal of the Chemical Society (Resumed), 1958: 2218-2227.

[31] Masaru M, Akira O, Tamo F, et al. Action pattern of aeromonas hydrophila chitinase on partially N-acetylated chitosan. Journal of the Agricultural Chemical Society of Japan, 1990, 54 (4) : 871-877.

[32] Sakai K, Katsumi R, Isobe A, et al. Purification and hydrolytic action of a chitosanase from Nocardia orientalis. Biochimica Et Biophysica Acta, 1991, 1079 (1) : 65-72.

[33] Monaghan RL, Eveleigh DE, Tewari RP, et al. Chitosanase, a novel enzyme. Nature New Biology, 1973, 245 (142) : 78-80.

[34] Jo Y Y, Jo K J, Jin Y L, et al. Characterization and kinetics of 45 kDa chitosanase from Bacillus sp. P16. Bioscience, Biotechnology, and Biochemistry, 2003, 67 (9) : 1875-1882.

[35] Zhou Z, Zhao S, Wang S, et al. Extracellular overexpression of chitosanase from Bacillus sp. TS in Escherichia coli. Applied Biochemistry & Biotechnology, 2015, 175 (7) : 3271-3286.

[36] Kim P I, Kang T H, Chung K J, et al. Purification of a constitutive chitosanase produced by Bacillus sp. MET 1299 with cloning and expression of the gene. Fems Microbiology Letters, 2009, 240 (1) : 31-39.

[37] Su P C, Hsueh W C, Chang W S, et al. Enhancement of chitosanase secretion by Bacillus subtilis for production of chitosan oligosaccharides. Journal of the Taiwan Institute of Chemical Engineers, 2017, 79: 49-54.

[38] Zhu X F, Tan H Q, Zhu C, et al. Cloning and overexpression of a new chitosanase gene from Penicillium sp. D-1. Amb Express, 2012, 2 (1) : 13.

[39] Zhang J, Cao H, Li S, et al. Characterization of a new family 75 chitosanase from Aspergillus sp. W-2. International Journal of Biological Macromolecules, 2015, 81: 362-369.

[40] Liang T W, Hsieh J L, Wang S L. Production and purification of a protease, a chitosanase, and chitin oligosaccharides by Bacillus cereus TKU022 fermentation. Carbohydrate Research, 2012, 362 (2) : 38-46.

[41] Goo B G, Park J K. Characterization of an alkalophilic extracellular chitosanase from Bacillus cereus GU-02. Journal of Bioscience & Bioengineering, 2014, 117 (6) : 684-689.

[42] Yamamoto C. A survey on Bacillus chitinovorus Benecke in Japan. Tohoku Journal of Experimental Medicine, 1953, 58 (3-4) : 235.

[43] Songsiriritthigul C, Lapboonrueng S, Pechsrichuang P, et al. Expression and characterization of

    Bacillus licheniformis chitinase（ChiA），suitable for bioconversion of chitin waste. Bioresource Technology, 2010, 101（11）: 4096-4103.

[44] Yang S Q, Fu X, Yan Q J, et al. Cloning, expression, purification and application of a novel chitinase from a thermophilic marine bacterium *Paenibacillus barengoltzii*. Food Chemistry, 2016, 192（9-10）: 1041-1048.

[45] Ueda M, Shioyama T, Nakadoi K, et al. Cloning and expression of a chitinase gene from *Eisenia fetida*. International Journal of Biological Macromolecules, 2017, 104: 1648-1655.

[46] Onaga S, Chinen K, Ito S, et al. Highly thermostable chitinase from pineapple: cloning, expression, and enzymatic properties. Process Biochemistry, 2011, 46（3）: 695-700.

[47] Mander P, Cho S S, Yun H C, et al. Purification and characterization of chitinase showing antifungal and biodegradation properties obtained from Streptomyces anulatus CS242. Archives of Pharmacal Research, 2016, 39（7）: 878-886.

[48] Pradeep G C, Yoo H Y, Cho S S, et al. An extracellular chitinase from *Streptomyces* sp. CS147 releases N-acetyl-D-glucosamine（GlcNAc）as principal product. Applied Biochemistry & Biotechnology, 2015, 175（1）: 372-386.

[49] Han Y, Yang B J, Zhang F L, et al. Characterization of antifungal chitinase from marine *Streptomyces* sp. DA11 associated with South China Sea sponge *Craniella australiensis*. Marine Biotechnology, 2009, 11（1）: 132-140.

[50] Howard M B, Ekborg N A, Taylor L E, Weiner R M, Utcheson S W. Genomic analysis and initial characterization of the chitinolytic system of *Microbulbifer degradans* strain 2-40. Journal of Bacteriology, 2003, 185（11）: 3352-3360.

[51] 张菁菁. 几丁质脱乙酰酶菌株的选育. 陕西科技大学硕士论文, 2012.

第十章

酶在水产蛋白加工中的应用

由于海洋生物资源具有来源广泛、污染较小、不受宗教习惯因素限制等特点，因此越来越受到食品加工行业的关注。且许多水产品含有丰富的蛋白质和活性物质，可以作为生产各种功能性多肽、蛋白质等的优质原料。

在水产源功能性多肽的加工过程中，酶的应用大大提高了生产效率、原料利用率和附加值，这对于日渐衰退的渔业资源来说是一大福音。应用于水产源功能性多肽生产的酶主要是各种蛋白酶，如中性蛋白酶、菠萝蛋白酶、木瓜蛋白酶等，由于每种酶的最佳作用条件不同，因此研究学者们在应用不同蛋白酶时常要进行各种条件优化，以选取最佳酶种和酶的最佳使用条件。另外，不同蛋白质源经不同蛋白酶酶解得到的蛋白质或者多肽类具有不同的功能及活性。例如用于风味增强的风味肽，具有抗氧化作用的抗氧化肽，具有免疫调节作用的免疫调节肽等。本章内容详细描述了不同的酶在不同水产源多肽的生产过程中的应用。

第一节　酶法制备水产源多肽的方法

大量的研究表明，在蛋白质的多肽链内部普遍存在着功能区，选择合适的蛋白酶可将具有生物活性的肽片段释放出来。到目前为止，生物活性肽的制备主要集中在蛋白质的酶法水解。这种方法由于具有生产条件温和、安全性高、成本低、可行性高及安全性好等特点，因而备受关注。

一、常见的蛋白酶

酶法制备水产源多肽的研究中，蛋白酶是关键。蛋白酶可以根据不同的分类方法进行分类。根据来源可分为动物源蛋白酶、植物源蛋白酶和微生物源蛋白酶；根据作用形式可分为内切酶和外切酶，外切酶只对底物的 C 端或 N 端的肽键有作用，内切酶只能水解大分子蛋白质内部的肽键；按活性中心可将蛋白酶分为丝氨酸蛋白酶、天冬氨酸蛋白酶、半胱氨酸蛋白酶和金属蛋白酶。

目前研究及生产中所用的蛋白酶种类较多，如胰蛋白酶、糜蛋白酶、木瓜蛋白酶、胃蛋白酶、中性蛋白酶、风味蛋白酶、碱性蛋白酶等。由于酶本身的特性，即使对于同一种蛋白质，不同的酶类会产生不同的酶解效果。不同酶的作用位点、活性部位和化学性质相差较大，但它们都能在一定的温度、pH 条件下内切或外切蛋白质，将其水解成多肽、寡肽或氨基酸。

不同的蛋白酶对同一底物的水解效率不同，而且由于不同的蛋白酶酶切作用方式及酶切位点的不同，酶解产物营养成分、组成、肽段的分子量大小和游离氨基酸的组成上存在很大的差异。因此，蛋白酶的选择对于水产蛋白资源酶解利用是非常重要的。

1. 胰蛋白酶

胰蛋白酶（trypsin）是最常见的蛋白水解酶，专一性强，酶切作用位点比较少，仅作用于精氨酸和赖氨酸的羧基与其他氨基酸的氨基之间形成的肽键，酶解产生的片段较大，产生的肽段数目等于多肽链中精氨酸和赖氨酸的总数和加一。最佳作用条件为：50℃、pH 为 7.5～8.5。

2. 糜蛋白酶

糜蛋白酶（chymotypsin）专一性不如胰蛋白酶，作用于苯丙氨酸、酪氨酸、色氨酸等疏水氨基酸的羧基与其他氨基酸的氨基之间形成的肽键。当氨基酸为亮氨酸、甲硫氨酸、组氨酸时水解稍慢。最适作用 pH 为 2～3。

3. 木瓜蛋白酶

木瓜蛋白酶（papain）专一性差，具有广泛特异性。酶解位点与其附近的氨基酸序列关系密切，并且对精氨酸和赖氨酸残基的羧基端肽键敏感。

4. 风味蛋白酶

风味蛋白酶（flavourzyme）中含有多种酶系，具有内切酶和外切酶两者的特点，因此酶解反应更加广泛，无特异性，酶解产物片段较小，速度较快，最适温度 50℃，最适 pH7～8。

如上所述，酶的种类对于酶解产物具有重要的影响，不同的酶切位点产生不同的蛋白水解产物，具有不同的生理活性。如用细菌蛋白酶（Alcalase，Neutrase，Protamex）酶解的酶解产物，分子质量小于 2500Da 的肽段较多，而来自动物（猪、鳕鱼）胰脏的蛋白酶酶解产物中分子量较大的肽段较多，而且以氮回收率为考察指标时，细菌蛋白酶优于从动物组织中提取的蛋白酶。Y. Thiansilakul 等利用风味蛋白酶水解圆鲹获得了具有较好功能特性和较高抗氧化活性的蛋白水解物。Lin 等比较了不同蛋白酶水解鱿鱼皮，发现碱性蛋白酶 Properase

和胃蛋白酶具有较高的自由基清除活性。Kong 等采用 Alcalase 2.4L、风味酶、胰蛋白酶、木瓜蛋白酶、Protease A 和 Peptidase R 水解大豆蛋白，发现酶切位点是影响多肽组成和免疫活性的关键因素，并通过体外实验证明水解产物具有较高的免疫增强活性。

二、水产蛋白源

人们对水产蛋白资源的酶解利用可以追溯到 20 世纪 60 年代，几十年来，研究人员对水产蛋白资源的酶解利用的研究始终保持着浓厚的兴趣。到目前为止，已有大量的水产蛋白资源被应用于酶解利用研究。表 10-1 所列为近十几年来部分被应用于酶解利用的水产蛋白资源及相应的蛋白酶。

表 10-1　近十几年来酶解利用的水产蛋白资源及相应的蛋白酶

水产蛋白资源	利用部位	蛋白酶	产物	研究者
大西洋鳕鱼	内脏	Alcalase 等	鳕鱼肽	Aspmo SI 等
鱼蓝园鲹	—	Alcalase 2.4L	抗氧化肽	赵谋明等
狭鳕鱼	鱼骨	胰蛋白酶等	免疫肽	侯虎
鲻鱼	鱼肉	中性蛋白酶	抗氧化肽	崔帅
沙丁鱼	—	碱性蛋白酶	降血压肽	Matsui 等
罗非鱼	鱼皮	菠萝蛋白酶等	胶原蛋白	陈胜军等
大西洋鲑鱼	鱼排	Protamex	鲑鱼肽	Liaset B 等
翡翠贻贝	贝肉	中性蛋白酶	鲜味肽、免疫肽	洪鹏志等
紫贻贝	贝肉	木瓜蛋白酶	呈鲜味肽	赵阳等
蛤蜊	蛤蜊肉	风味蛋白酶等	抗疲劳肽	史亚萍等
南极磷虾	—	木瓜蛋白酶	抗疲劳肽	徐恺等
螺旋藻	—	胃蛋白酶等	抗皮肤光氧化肽	曾巧辉

从表 10-1 中可知，鱼、虾、贝类、藻类等加工后的副产物都可以酶解进行高值化利用，其中种类丰富的鱼类及其加工过程中产生的副产物是水产蛋白酶解利用的主要对象。通过蛋白酶解的方法对加工过程中产生的副产物进行综合利用研究，制备水产生物活性肽，如降血压肽、抗氧化肽、免疫肽等，可以尽可能多地回收这些渔业加工副产物中的蛋白质，以达到对其充分利用的目的。许多研究表明，水产蛋白质及其酶解产物与酶解前比较具有更高的营养价值和很好的功能特性，可以应用于饲料、食品、化工、医药等各个领域，实现对其资源的高值化利用。

三、单酶水解

在制备海洋源功能性多肽时，可以采用一种或多种蛋白酶。而选择一种蛋白酶进行酶解即为单酶酶解。可选择的酶有碱性蛋白酶、胰蛋白酶、中性蛋白酶、木瓜蛋白酶及胃蛋白酶等。具体采用哪种蛋白酶，需要根据水解度、分子量及所要求的多肽的功能进行筛选。例如，许庆陵等用木瓜蛋白酶酶解鲢鱼制得降血压肽，体外实验表明 ACE（血管紧张素转换酶）抑制率达 80% 以上。刘尊英等用胰蛋白酶酶解紫贻贝，其酶解液对于病原菌 *Botryis cinerea* 的抑菌率达 60% 以上。

除了反应物、反应条件和酶种类等条件对酶解反应有影响之外，酶解物的生理活性还与水解度、分子量等特性有关，因而很多学者以之作为衡量酶解效果的主要指标。一般来说，酶解物的水解度随酶解程度的增加而增加，而分子量随之减小，酶解物活性显著增加。然而酶解达到一定程度之后，产物活性反而随着反应的进行而有所下降。这是因为随着酶解程度的提高，酶解物中有活性的短肽被分解成氨基酸或其活性基团被破坏，从而导致产物活性下降。因此，制备活性肽时需严格控制酶解条件，既要保证蛋白质能够充分酶解，使更多的活性肽段被水解出来，同时又要适当控制酶解程度，获得较高活性的产物。

四、复合酶水解

由于蛋白酶作用的专一性，采用单一酶水解时，只能对几个特定的氨基酸残基进行水解，故水解程度受到限制。应用复合酶解技术，即按一定比例，同时添加两种或两种以上的蛋白酶，并控制酶解条件，使各种酶能够充分发挥各自的优点，从而提高酶解物得率和酶解液中的功能活性。

利用复合酶酶解的一般步骤通常是先进行单一酶解筛选试验，然后进行复合酶解试验。采用二次正交旋转组合设计，以水解度及相关活性为指标，研究酶制剂种类、加酶方式、复合酶比例、总加酶量、酶解时间、pH 值及酶解温度等对制备水产源生物活性多肽的影响。利用复合酶酶解的方法可以更好地筛选特定的肽序列，制备符合目标要求的生物活性肽。

林慧敏等以带鱼下脚料为原料，以水解度及亚铁螯合率为考察指标，采用碱性蛋白酶、木瓜蛋白酶、胰蛋白酶、中性蛋白酶及胃蛋白酶进行单一酶解筛选试验，然后进行复合酶解试验，综合考虑水解度和螯合率因素，最终确定复合酶解带鱼蛋白制备亚铁螯合多肽的最佳工艺条件为：总加酶量 22000U/g，并以碱性蛋白酶与木瓜蛋白酶的酶活力配比 4:6 先后加入；酶解时间为碱性蛋白酶 9h、木瓜蛋白酶 8h；pH 值为碱性蛋白酶 8.0、木瓜蛋白酶 6.0；酶解温度为 45℃。该条件下制备的带鱼蛋白亚铁螯合多肽水解度和螯合率分别为 52.22%、82.31%。赵阳等以肽得率和感官评价为指标，通过单因素试验和响应面优化试验研究紫贻贝海鲜风味肽的双酶同步酶解工艺及自溶工艺，结果表明：采用双酶同步酶解工艺，肽得率提高了 50.2%，且风味明显较好。因此他建议使用双酶同步酶解法制取紫贻贝海鲜风味肽。陈丽娇等利用胰蛋白酶与精制中性蛋白酶，以 3∶1 的比例酶解文蛤肉蛋白，水解液具有较高的氮回收率和风味评价值。

第二节　多肽的分离纯化与结构鉴定

一、多肽的分离纯化

依据多肽的分子量大小、所带电荷及亲水性等性质的差异，可采用不同的分离纯化方法将其分离纯化。

1. 色谱技术

色谱分离技术又称层析分离技术，是一种可有效将复杂混合物中各个组分分离的方法。其原理为不同物质在由固定相和流动相构成的体系中具有不同的分配系数，当两相作相对运动时，这些物质随流动相一起运动，并在两相间进行反复多次的分配，从而使各物质达到分离。

（1）离子交换色谱（IEXC）

离子交换色谱技术主要是根据物质的带电性质和带电数量不同而进行分离的一种分离技术。该法以离子交换树脂作为固定相，树脂上具有固定离子基团及可交换的离子基团。当流动相带着组分电离生成的离子通过固定相时，组分离子与树脂上可交换的离子基团进行可逆变换。根据组分离子对树脂亲和力不同而得到分离。

由于这种技术分辨率高、耐酸碱性好、易于操作，已经成为分离多肽的一种重要方法，最适宜用于多肽早期的分离纯化。例如该技术在大豆多肽的研究中具有广泛的应用。但该技术也受 pH、分子量大小、离子强度以及盐浓度的影响，且存在试验材料昂贵、再生性差、分离速度慢、分离纯化范围小、浓度高无法检测、受环境条件的影响较大等问题。对于不同的多肽提取，所选用的离子交换剂不同，环境条件及洗脱条件也不相同，一旦条件选取不当，分离纯化效果将会很差。

（2）反相高效液相色谱（RP-HPLC）

这是一种由非极性固定相和极性流动相所组成的液相色谱体系。它正好与由极性固定相和弱极性流动相所组成的液相色谱体系（正相色谱）相反。RP-HPLC 典型的固定相是十八烷基键合硅胶，典型的流动相是甲醇和乙腈。RP-HPLC 是当今液相色谱最主要的分离模式，几乎可用于所有能溶于极性或弱极性溶剂中的有机物的分离。

与离子交换色谱相比较，RP-HPLC 是以液体为流动相的色谱技术，具有高灵敏度、高压、高速、柱子可以反复使用等特点，分离效果较好，比较稳定、回收方便，特别适用于分子量低于 50000，尤其是 10000 以下的阴性小分子肽的分离纯化。通常情况下，肽在普通溶液中的扩散系数小，黏度比较大，介质的 pH 值、外界温度、有机溶剂性质等会导致其结构改变，产生变性。但是反相高效液相色谱的溶解能力较大，色谱柱效较高，分离能力强，保留机理清晰，因此对于肽的分离分析，反相高效液相色谱正受到越来越多科研人员的重视。杨化新等通过反相高效液相色谱法，采用 C_{18} 柱检测了重组人生长激素的肽片段，成功得到了人生长激素特征性胰肽图谱。但这种分离纯化技术也存在一定的劣势，如：对柱子要求严格，需要摸索最佳条件等。另外，同其他分离纯化技术相比，最新应用的高速逆流色谱（HSCCC）技术是一种无固体载体的连续液-液色谱技术，可避免使用层析柱的麻烦。

（3）疏水作用色谱（HIC）

HIC 的分离机理与 RP-HPLC 基本相同，但较少使多肽变性，适用于大分子物质的分离纯化。例如利用 HIC 分离激素，产品的结构与活性比用 RP-HPLC 分离得到的产品的活性稳定。Geng 等利用 HIC 柱的低变性特点，将大肠埃希菌表达物经盐酸胍乙啶变性得到人重组干扰素-γ，然后通过 HIC 柱纯化、折叠出高生物活性的产品。不同表皮生长因子（EGF）也可利用 HIC 纯化得到，均保持了良好的生物活性。

（4）金属离子亲和层析（IMAC）

IMAC 是利用金属离子的络合或螯合作用来吸附蛋白质的分离系统。目前已经发现的金属离子如锌离子和铜离子，能够很好地与半胱氨酸的巯基及组氨酸的咪唑基结合。然后通过 IMAC 将这些含有不同数量基团的蛋白质进行分离。王雪峰等人采用从虾壳制备所得壳聚糖作为基质合成金属螯合亲和吸附剂，纯化猪血铜锌超氧化物歧化酶（Cu·Zn-SOD），获得比活为 4756U/mg 的酶蛋白，纯化倍数 61 倍，回收率为 67%。但是 IMAC 不足之处是在操作过程中螯合在亲和载体上的金属离子有可能脱落而混入产品中，将严重影响产品质量。

（5）亲和层析（IAFC）

IAFC 是以抗原抗体中的一方作为配基，亲和吸附另一方的层析方法。与 IMAC 相比较，IAFC 的专一性强、亲和力好、效率高、容量大，分离时不易发生非特异性吸附，因此适用于分离低微量的样品。目前利用抗体抗原模式分离纯化蛋白质的研究较多。邓文涛等利用亲和层析方法重组鲤鱼生长激素。冯小黎等人采用合成的 α-干扰素单克隆抗体高效液相亲和介质纯化由大肠埃希菌表达的基因重组人 α-干扰素，纯化倍数达 79 倍，活性回收率为 94%。但是后来的研究发现这种亲和层析技术载体昂贵，机械强度低，配制困难，容易掺入杂质，所以有待今后改进。

（6）灌注层析（PC）

PC 是近年来新发现的一种层析技术，主要利用分子筛原理与高速流动的层析模式，其特点是含有双孔结构，不仅含有大量的常规层析介质的微孔，而且还含有纵横交错贯穿介质的"大孔"，流动相速度和孔径大小直接影响分离效果。多年的试验结果证明，这种层析技术比 IMAC 和 IAFC 在生产、制备过程中具有投入少、比传统色谱分离速度快、无须超滤、周期短、浓缩分离一步完成、成本低、分离量大、产出高等特性。目前，PC 技术替代传统层析技术为世界著名制药工业及科研机构创造了更多成功的机会。我国在利用 PC 分离生物活性多肽，筛选生物活性先导化合物方面起步较晚，仍有很多工作有待今后研究，其发展前景十分广阔。

2. 电泳法

电泳是指带电颗粒在电场的作用下发生迁移的过程。许多重要的生物分子，如氨基酸、多肽、蛋白质、核苷酸、核酸等都具有可电离基团，它们在某个特定的 pH 值下可以带正电荷或负电荷。在电场的作用下，这些带电分子会向着与其所带电荷极性相反的电极方向移动。电泳技术就是利用在电场的作用下，由于待分离样品中各种分子带电性质以及分子本身大小、形状等性质的差异，使带电分子产生不同的迁移速度，从而对样品进行分离、鉴定或提纯的技术。其设备多种多样，有纸电泳仪、醋酸纤维素薄膜电泳仪、薄层电泳仪、凝胶电泳仪、等电聚焦电泳仪、等速电泳仪、免疫电泳仪、电泳转移仪、双向电泳仪和毛细管电泳仪等。

（1）毛细管区带电泳法（capillary zoneelectrophoresis，CZE）

此法是利用试样组分的荷质比不同对样品进行分离。样品的流出顺序为阳离子、中性粒子、阴离子。黄颖等用两种简单的毛细管区带电泳（CZE）对 3 种肌肽（肌肽、鹅肌肽、高肌肽）进行在线富集，即大体积进样反向压力排除基体富集和大体积进样电渗流排除基体富集。

（2）SDS-PAGE 电泳法

因为 SDS-多肽复合物带大量负电荷，且远大于多肽自身的电荷，所以多肽本身所带电荷对复合物的影响可以忽略不计。因此，SDS-多肽复合物在电场作用下，其电泳速度取决于复合物分子质量的大小，从而按分子质量大小将多肽分离出来。刘丽娜等利用 SDS-PAGE 电泳分离出分子质量分别为 6.5kDa 和 2kDa 左右的花生多肽。Liu 等将胶原蛋白经过一系列处理后，用 SDS-PAGE（经离子活化和 NBT 染色）进行分离，置于考马斯亮蓝染液中，能估计分离所得多肽的大致质量范围。

3. 探针分离多肽

该法将需要分离的纯多肽作为抗原，在生物体中合成抗体（多肽），用固相酶联免疫吸附技术将合成的抗体分离。由于分离的抗体分子量较小，将其与其他的蛋白质（如 BSA）结合，以达到制备探针的最佳分子量。蛋白质-抗体与特定的金属颗粒结合制备特定的分离探针，用这种探针来分离水解混合物中的特定活性多肽，结合到探针上的多肽用特异洗脱液洗脱下来。该法能有效节约分离时间，对功能性食品与医疗食品的发展有重要的意义。C. Fields 等以纯化的 BBI（Bowman-Birk 抑制剂）作为抗原，在生物体中合成出抗 BBI 的抗体（多肽），用固相酶联免疫法分离抗体，将分离抗体与 BSA 结合，然后与特定的氧化铁磁性粒子结合，制备成新颖的多肽分离探针。这种探针能快速分离大豆蛋白水解物中的 BBI，分离效果高于其他传统的分离方法。

二、多肽结构的鉴定方法

对分离纯化所得到的多肽进一步进行活性和结构分析，进而可以确定其构效关系，这对活性肽在很多领域进一步的应用具有很大的促进作用。传统测定蛋白质和多肽序列的方法主要是 Edman 降解和 DNA 转译法。目前，随着质谱、色谱等技术不断成熟，氨基酸组成分析、氨基酸序列分析、解析质谱、IR、UV 光谱、圆二色谱、生物活性鉴定法、放射性同位素标记法及免疫学方法等都已应用于多肽类物质的结果鉴定、分析检测之中。

1. Edman 降解和 DNA 转译法

Edman 降解法用异硫氰酸苯酯（PITC）与待分析多肽的 N 端氨基在碱性条件下反应，生成苯氨基硫代甲酰胺（PTC）的衍生物，然后用酸处理，肽链 N 端被选择性地切断，得到 N 端氨基酸残基的噻唑啉酮苯胺衍生物。接着用有机溶剂将该衍生物萃取出来。在酸的作用下，该衍生物不稳定，会继续反应，形成一个稳定的苯基乙内酰硫脲（PTH）衍生物。余下肽链中的酰胺键不受影响。

通过用 HPLC 或电泳法分析生成的苯乙内酰硫脲（PTH-氨基酸），可以鉴定出是哪一种氨基酸。每反应一次，结果是得到一个去掉 N 端氨基酸残基的多肽，剩下的肽链可以进入下一个循环，继续发生降解。该方法已自动化并设计出相应的自动分析仪。

DNA 转译法是以 mRNA 为模板，合成具有一定氨基酸顺序的蛋白质的过程。由于 mRNA 上的遗传信息是以密码形式存在的，只有合成为蛋白质才能表达出生物性状，因此将蛋白质生物合成比拟为转译或翻译。DNA 转译法用于测定分子较大的蛋白质有效，但在某些情况下也会表现出一些不足，如 N 端有封闭的基团、肽链中存在改性的氨基酸或不常见的氨基酸以及肽链的疏水性很强时都会使 Edman 中断或产生错误。而且对于分子量较小的肽段的分析往往不可取。

2. 质谱法（mass spectrometry，MS）

质谱法即用电场和磁场将运动的离子（带电荷的原子、分子或分子碎片，有分子离子、同位素离子、碎片离子、重排离子、多电荷离子、亚稳离子、负离子和离子-分子相互作用产生的离子）按它们的质荷比分离后进行检测的方法。测出离子准确质量即可确定离子的化合物组成。分析这些离子可获得化合物的分子量、化学结构、裂解规律和由单分子分解形成的某些离子间存在的某种相互关系等信息。所用质谱仪有液相-质谱联用仪、感应耦合等离子体质谱仪、傅里叶变换质谱仪等。

（1）快速原子轰击质谱（FAB-MS）

FAB-MS 是用快原子轰击方式作为离子源的质谱分析法。因为快原子轰击是一种软电离技术，被分析样品无需经过气化而直接电离，所以，快原子轰击质谱法常用于分析极性强、不易气化和热稳定性差的样品。该法避免了传统样品加热气化的缺陷，而且具有用量少、方便快速、适合小分子肽检测的优点。

（2）基质辅助激光解析电离飞行时间质谱技术（MALDI-TOF-MS）

该法是近年来发展起来的一种新型的软电离生物质谱，其无论在理论上还是设计上都十分简单高效。由已知结构蛋白质制备获得的多肽，可通过 MALDI-TOF-MS 以及蛋白质组学技术快速确定其结构。MALDI-TOF-MS 具有操作简单、快速、谱图直观等特点，能够准确测定分子量和结构序列。Ma 等人利用 UPLC-Q-TOF-MS 手段鉴定从乳清蛋白中分离出的抗炎组分活性肽序列为 DYKKY 和 DQWL。

上述所讲各种方法都有其适用性和局限性，在实际使用中主要根据研究目的和效果进行选择和方法联用。

第三节　水产源呈味肽

呈味肽是指从食物中提取或由氨基酸合成得到的对食品风味具有一定贡献的，分子质量低于 5000Da 的寡肽类，包括特征滋味肽和风味前体肽。呈味肽广泛存在于肉、蛋、果蔬等多种天然食品原料中，不仅对食品天然滋味特性有影响，也会在加工过程中与食品中的其他物质相互作用产生更加丰富的滋味。具体呈味特性一方面与氨基酸的组成有关，另一方面氨基酸的序列结构也会对肽链的呈味特性产生不同程度的影响。食品口味的呈现为其中呈味化合物之间的综合平衡表现，而肽类因含有氨基和羧基两性基团而具有缓冲能力，因而能赋予食品以细腻微妙的风味。根据这些肽所呈现的风味特点，通常将其分为鲜味肽、咸味肽、甜味肽、苦味肽。下面将介绍这几种呈味肽的呈味机理和研究进展。

一、鲜味肽

鲜味肽最早出现在 1978 年，由 Yamasaki 等人在牛肉汤中发现并分离出。后来国内外科研工作者分别通过酶解或从天然发酵食品中发现了较多具有呈鲜或增鲜特性的小分子肽。例如 1909 年，日本的池田菊苗从海带中分离出谷氨酸一钠。氨基酸类鲜味剂除谷氨酸钠以外，还有 L-丙氨酸、甘氨酸、天冬氨酸及甲硫氨酸等。一般地，Glu、Asp、Gln、Asn 之间相互结合或与 Thr、Ser、Ala、Gly、Met（Cys）相互结合形成的多元酸钠盐呈鲜味。如 Glu-Glu、Glu-Asp、Glu-Ser、Glu-Thr、Glu-Gln-Gln、Ser-Glu-Gln 等。Tamura 等人 1988 年研究发现采用这三种组分的混合物或用咸味肽 Orn-β-Ala 代替 Lys-Gly，用 Glu-Glu 代替酸味三肽 Asp-Glu-Glu 获得的风味均可与原八肽相当。

鲜味曾被人认为与甜味有关，这主要是因为鲜味的呈味机制与甜味极为近似。要能够被人感受到鲜味，呈味肽必须同时具有带正电的基团、带负电的基团以及亲水性残基分子团，并分别与相对应的感受器结合。同时鲜味物质具有类似 —O—(C)$_n$—O— 的通用结构式（$n=3\sim9$，但 $n=4\sim6$ 时鲜味最强）；鲜味肽分子两端带负电的基团—COOH 可以看做是鲜味肽的定位基，具有一定亲水性的 α-L-NH$_2$、—OH 等则可视作助味基，因此分子两端的负电荷也会对鲜味产生较大影响。有研究表明，鲜味肽中一般包含 Glu 或 Asp 等亲水性氨基酸，其中 Glu 和 Asp 两种氨基酸本身也具有呈鲜特性。Nishimura 等 1988 年总结了从鱼蛋白水解产物中发现的呈鲜味的低聚肽 Glu-Glu、Ser-Glu-Glu、Glu-Ser、Thr-Glu、Glu-Asp、Asp-Glu-Ser 的呈味特性和缓冲肽 Gly-Leu、Pro-Glu、Val-Glu、β-Ala-His 的风味增效作用。

二、咸味肽

咸味主要由各种阳离子产生，阴离子仅起到修饰咸味的作用。尽管食盐 NaCl 是咸味的代表，但不同的阳离子盐会呈现出不同的味觉。

现代医学研究早已证明高血压和心血管疾病与 Na$^+$ 摄取直接相关，因此，减少饮食中钠的摄入量是保障现代人健康的一种重要方式。在这种背景下，各种食盐的替代产物应运而生，其中，咸味肽是最好的替代物之一。

咸味物质的呈味特性主要依靠细胞膜上味觉受体的磷酸基吸附阳离子而产生。其滋味强度受氨基的解离与对应阴阳离子的存在有关，当氨基酸解离出的阳离子通过味觉感受器细胞膜的钠通道进入胞内，刺激细胞产生正电时会产生微小电流，进而释放传导物质，由神经系统传递至大脑味觉感受区域，形成咸味的意识。Seki 等研究了咸味二肽 Orn-β-Ala 的理化性质，发现二肽的咸味与氨基的解离程度以及是否有相对离子有关。一些碱性肽的盐如 Orn-Tau·HCl，Lys-Tau·HCl，Orn-Gly·HCl，Lys-Gly·HCl 等具有咸味和鲜味的双重效果。

目前国内外对于咸味肽的研究包括组分分离、酶水解提高咸味的研究、响应面分析优化咸味肽水解工艺、添加咸味肽对食品保质的影响等。其中，张顺亮采用 Sephadex G-15 和 G-50 凝胶色谱柱分离牛骨酶解产物的咸味组分，并结合感官分析，得到两种极性较强的分子量在 800~2000 之间的多肽组分。王欣等使用中性蛋白酶与木瓜蛋白酶，水解哈氏仿对虾及龙头鱼，可以显著提高水解液的咸度。咸味肽的发现，在糖尿病、高血压患者等需要低钠食品的特殊人群的食品开发上，有着潜在的利用价值。

三、甜味肽

甜味肽的研究相对较早也较为成熟。食品加工中的功能性甜味剂就包括因甜度高且热量低而被广泛应用的二肽类物质，例如二肽衍生物阿斯巴甜（L-天冬氨酰、L-苯丙氨酰甲酯）以及阿力甜（L-天冬氨酰、L-丙氨酰胺）。此外，对甜味剂的研究仍在继续，各国科研工作者将目标放在各种如果蔬等天然食品中，期望从其天然的呈甜风味中发现或开发更多的低聚寡肽。已有报道的甜味肽类有 Brazzien、Miraculin、Thaumatin、Monellin、Mabinlin、Pentadin、Curculin 和甜味赖氨酸二肽（N-Ac-Phe-Lys、N-Ac-Gly-Lys）等。

根据夏伦贝尔的 AH/B 的生甜学说，呈甜物质分子结构中存在一个能形成氢键的基团—AH，同时应存在一个电负性基团—B，且两个基团间距离应在 0.25~0.4nm。为了使呈甜物质与受体相应部位进行匹配，分子结构中还应当有疏水性氨基酸来满足立体化学的要求。研究报道中提到的甜味肽其结构也满足这样的呈味基质，肽链中的—NH_2 能够形成氢键成为基团—AH，—COOH 的电负性恰好可以满足基团—B 的要求。在人的甜味受体 GPCRs 内，也存在类似 AH/B 的结构单元，两个基团之间的距离约为 0.3nm，当甜味肽的 AH/B 结构单元通过氢键与甜味受体的 AH/B 的结构单元结合时，便对味觉神经产生刺激，从而产生了甜的味觉感受。

四、苦味肽

沙伦贝格尔理论认为苦味来自呈味分子的疏水基，一般天然蛋白质由于几何体积大，显然不能接近味觉感受器位置，且蛋白质的疏水基团常藏于分子内部，故不会接触味蕾，不呈苦味，而当蛋白质水解成小分子肽时，会因暴露出疏水性氨基酸残基而呈苦味。肽类的苦味取决于其分子量和疏水性，分子质量大于

6000Da 的大肽无苦味。Ney 总结了苦味肽产生机理，认为苦味肽的苦味是由其所含的疏水性氨基酸引起的，且其强弱与氨基酸的排列顺序有关，如亮氨酸、苯丙氨酸等疏水性基团位于 C 端则呈强苦味。但苦味肽的具体产生机理仍不完善，目前各国仍在研究其机理和探讨如何去除或减弱水解产物中产生的苦味肽的方法，以扩展水解产物的应用范围。

常见的苦味肽有以下几种：Gly-Ile；Gly-Met；Gly-Phe；Gly-Tyr；Ala-Phe；Val-Ala；Val-Val；Val-Leu；Leu-Gly；Leu-Leu；Leu-Tyr；Lys-Gly；Lys-Ala；His-His；Val-Val-Val；Arg-Pro。解铭利用 DA201-C 大孔树脂对鳕鱼肉碱性蛋白酶酶解液进行脱盐后，用 SP Sephadex C-25 阳离子交换层析和反相高效液相色谱等方法对鳕鱼肉酶解液进行分离纯化，最终得到了浓度较高的两种苦味肽。将得到的苦味肽采用液相色谱-飞行时间串联质谱（LC-TOF-MS/MS）技术对多肽结构进行鉴定，确定其氨基酸序列分别为：His-Trp-Pro-Trp-Met-Lys 和 Ala-Val-Val-Leu-Ile-Ile，苦味强度为：9.4 ± 0.8 和 8.9 ± 0.9。

苦味肽具有疏水性，平均疏水性强，且具有碱性氨基酸含量高、端位含有疏水性或碱性氨基酸等特点。苦味肽的脱苦与苦味肽的纯化分离是苦味肽研究的重点。苦味肽的脱苦方法包括利用仪器的化学选择分离法、利用微生物的生物法、利用掩盖剂与蛋白水解物混合的包埋掩盖法，以及利用氨肽酶、羧肽酶的酶法。其中，选择分离法包括萃取、吸附、色谱分离以及沉淀法。

表 10-2 为几种天然氨基酸味感和阈值。

表 10-2　天然氨基酸味感和阈值　　　　　　　　　　　　　g/L

氨基酸	味感			氨基酸	味感		
	阈值	L-型	D-型		阈值	L-型	D-型
胱氨酸	—	—	—	丝氨酸	1.5	微甜	超甜
酪氨酸	—	微苦	甜	缬氨酸	1.5	苦	强甜
天冬氨酸	0.03	酸（鲜）	—	丙氨酸	0.6	甜	强甜
谷氨酸	0.3	鲜（酸）	—	甘氨酸	1.1	甜	甜
色氨酸	0.9	苦	强甜	羟脯氨酸	0.5	微甜	—
苏氨酸	2.6	微甜	强甜	脯氨酸	0.3	甜	—
亮氨酸	3.8	苦	强甜	精氨酸	0.1	微苦	微甜
苯丙氨酸	1.5	微苦	强甜	赖氨酸	0.5	苦	微甜
甲硫氨酸	0.3	苦	甜	谷丙氨酸	2.5	弱微甜	—
异亮氨酸	0.9	苦	甜	天冬酰胺	1.0	弱苦酸	—
组氨酸	0.2	苦	甜				

第四节　水产源生物活性肽

一、抗氧化肽

抗氧化肽（antioxidative peptides）是目前研究较多的一种生物活性肽，具有抑制、延缓脂质氧化，保护人体组织器官免受自由基侵害的作用。

1. 抗氧化性的测定方法

对于蛋白水解物而言，体外测定抗氧化活性的方法比较常见的有 3 类：第一类是通过测定样品抑制脂类物质氧化的能力来评定抗氧化能力。如硫氰酸铁法（FTC）、硫代巴比妥酸法（TBA）及直接测定法等；第二类是用样品对人工生成的自由基的清除能力来反映抗氧化活性。如猝灭 DPPH·、ABTS·$^+$、羟自由基、超氧阴离子、ORAC（oxygen radical absorbance capacity）法、TRAP（total peroxyl radical-trapping antioxidant parameter assay）法和电子自旋共振法（ESR）等；最后一类是基于还原力或者金属离子螯合能力等辅助抗氧化能力的测定方法。主要有还原力法及 FRAP，Cu^{2+}、Fe^{2+} 等金属离子螯合能力等。

2. 抗氧化肽的来源

（1）内源性的抗氧化肽

一些抗氧化肽（如谷胱甘肽、肌肽、鹅肌肽等）天然存在于动植物组织或食品中。谷胱甘肽作为电子供体保护细胞免受自由基的伤害，同时具有较强的还原性，可减少胞内蛋白二硫键的形成，清除体内产生的脂质过氧化物。肌肽则不仅可作为自由基清除剂，同时又具有螯合金属离子的能力，可与金属离子反应生成一种非活性复合物，从而降低金属离子的催化活力，抑制脂质氧化反应。

（2）生物酶解法制备的抗氧化肽

生物蛋白酶降解法是获得生物活性肽的常用方法。且该法具有较大的优势。一方面由于酶解条件较温和，可以很好地保存营养价值，且安全性极高，无有害的副产物产生；另一方面通过控制酶解时间、加酶量、温度条件、pH 等，可以实现可控酶解，增加目的肽段的产生，对于多肽实现工业生产具有非常大的价值。酶解蛋白产生的抗氧化肽主要分为以下几类：海源性抗氧化肽、乳源性抗氧化肽、植物源抗氧化肽、蛋源性抗氧化肽。

（3）化学合成法制备的抗氧化肽

1963 年 Merrifield 创建了多肽的固相合成法。根据合成过程中，酰胺键的氨基保护基的不同，将多肽固相合成法分为两类：Boc 法和 Fmoc 法。Boc 法是经典的多肽固相合成法，但是反应条件较为剧烈并且存在一定的危险性。Fmoc 固相合成法逐步取代了 Boc 法。Fmoc 固相合成法采用 Fmoc 作为氨基的保护基，优点在于 Fmoc 在酸性条件下比较稳定。并且由于 Fmoc 较易与碱性物质发生反应，因此在合成过程中可采用碱性的化合物作脱保护剂。合成过程反应温和、所得多肽产率较高。多肽的固相合成法适用于合成 50 个氨基酸以内的多肽，尤其适用于短肽的合成。

3. 抗氧化机制

（1）疏水性氨基酸

在多不饱和脂肪酸分子中，双键减弱了与之连接的碳原子与氢原子之间的碳氢键，使与两个双键相连的亚甲基上的氢易被自由基抽去，引发脂质过氧化链式反应。该反应导致脂质分子不断消耗，而且脂质过氧化物大量形成。疏水性丙氨酸、缬氨酸、亮氨酸的非极性脂肪烃侧链能够加强抗氧化肽与疏水性多不饱和脂肪酸互作。含疏水性氨基酸肽通过与氧结合或抑制脂质中氢的释放，延缓脂质过氧化链反应，从而保护脂质体系、膜质完整性，起到抗氧化作用。Chen 等从大豆蛋白酶解物中纯化到 6 个抗氧化肽，N 端都含疏水性氨基酸。

（2）抗氧化性氨基酸

许多氨基酸及其衍生物具有抗氧化能力，如半胱氨酸、组氨酸、色氨酸、酪氨酸、亮氨酸等。已知游离金属离子，如 Fe^{2+}、Cu^{2+} 等，可催化 H_2O_2 产生极活泼的·OH。含组氨酸肽能通过螯合这些过渡金属离子起到抗氧化作用。组氨酸上有 α-氨基、羧基和活性侧链基团咪唑基，α-氨基和羧基与金属离子可形成五元环，α-氨基和咪唑基与金属离子可形成六元环，羧基和咪唑基与金属离子可形成七元环。Chen、Kim 和 Park 等都分离到含组氨酸抗氧化肽，并指出其抗氧化活性与螯合金属离子有关。

（3）酸性氨基酸

Saiga 等从猪肌原纤维蛋白酶解物中分离到含有大量酸性氨基酸的抗氧化肽，首次发现酸性肽具抗氧化活性。酸性氨基酸侧链羧基与金属离子互作钝化金属离子的氧化作用，减弱自由基链反应，从而达到抗氧化效果。Dávalos、Rajapakse 和 Je 等都报道了含酸性氨基酸抗氧化肽，并指出其抗氧化活性与酸性氨基酸侧链羧基螯合金属离子有关。

（4）肽构象

氨基酸首尾相连形成共价多肽链，肽构象是其功能活性基础。Chen 等报道与抗氧化肽相比，等浓度氨基酸混合物无活性。Blanca 等从 β-乳球蛋白得到 42 个抗氧化肽，提出肽键或肽构象对混合氨基酸的抗氧化活性既有拮抗作用又有协同效应。Chen 等还提出抗氧化肽构型与活性之间存在相关性，将 PHH 中第二个 L-型组氨酸替换为 D-型组氨酸后，抗氧化活性明显下降。

二、ACE 抑制肽

血管紧张素转化酶（angiotensin I-converting enzyme，ACE）是一种含锌羧肽酶，普遍存在于哺乳动物组织中，对调节血压起着关键作用。ACE 对血压调控表现为：一方面通过促进不具有催化活性血管紧张素I转化为具有促进血管收缩作用的血管紧张素Ⅱ；另一方面通过降解具有舒张血管紧张作用的舒缓肌肽使其失活。

1. ACE 抑制肽的来源

（1）乳蛋白来源的 ACE 抑制肽

目前，从牛奶蛋白质中使用酶法水解提取 ACE 抑制肽是研究最多的。1982～1985 年，Maruyama 等从牛乳酪蛋白胰蛋白酶水解物中分离纯化出具有 ACE 抑制活性的有十二肽、七肽、六肽和五肽。

（2）发酵食品来源的 ACE 抑制肽

发酵乳制品主要是利用乳酸菌发酵，在众多乳酸菌中 *Lactobacillus helveticus* 有较强的蛋白水解活性。1995 年，Nakamura 以 *Lactobacillus helveticus* 和 *Saccharomyces cerovisiae* 菌株发酵制成 Calpis 酸乳，并且通过四步 HLPC 从 Calpis 酸乳中纯化了 VPP 和 IPP 两种 ACE 抑制肽。

（3）鱼蛋白来源的 ACE 抑制肽

从鱼蛋白质中提取 ACE 抑制肽的研究数量是仅次于从牛奶中提取的 ACE 抑制肽。1986 年，Suesuna 和 Osajima 最先报道了沙丁鱼和带鱼的水解物中含有 ACE 抑制肽，分子量为1000～2000。1994 年，Matsufuji 利用碱性蛋白酶水解沙丁鱼获得 11 种 ACE 抑制肽，其中抑制活性最强的肽为 Lys-Tyr（LT）。

（4）植物来源的 ACE 抑制肽

Miyoshi 等从天然 α-玉米蛋白嗜热菌蛋白酶水解物中分离出多种 ACE 抑制肽，N 末端为 Leu 残基的三肽具有较强抑制活性。2000 年，Matsui 研究了麦芽水解物的 ACE 抑制活性，并从中分离出具有 ACE 抑制活性的三肽 IVT，同时 Matsui 发现 IVT 在血浆中可被氨基肽酶降解为另一种具有 ACE 抑制活性的二肽 VT。

（5）其他食品来源的 ACE 抑制肽

1979 年，Oshima 等首次报道了利用细菌胶原酶水解凝胶并从其水解物中分离出 6 种抑制肽，肽中的 N 端有 Gly-Pro 序列，C 端有 Ala-Hyp 序列。1995 年，Hiroyuki 从卵清蛋白中分离出一种八肽，将八肽同 30％蛋黄液乳化和未经乳化的 ACE 抑制肽液等量分别喂养 SHR 鼠，证明乳化后的 ACE 抑制肽液具有较高的降压活性。

2. ACE 抑制肽的制备方法

（1）直接酶解法

酶解法一般通过采用合适的酶水解蛋白质或者多肽的方法，把具有 ACE 抑制活性的片段释放出来，从而达到制备 ACE 抑制肽的目的。酶解法提取的 ACE 抑制肽无副作用，安全性高，在温和条件下水解分裂产生 ACE 抑制肽，水解过程易于控制，且酶法生成的 ACE 抑制肽片段分子量小。

（2）发酵法

发酵法又称间接酶解法，利用微生物体内酶解反应制备 ACE 抑制肽。据研究表明，现如今研究最多的是乳酸菌，发现瑞士乳杆菌具有较强的水解蛋白质的能力。发酵法是一种安全便捷的制备 ACE 抑制肽的方法，现今国内外对发酵法制备 ACE 抑制肽的研究较多，发酵法可以通过改变发酵条件，使底物和酶都达到最佳反应条件以求得到具有最高 ACE 抑制活性的 ACE 抑制肽。

（3）ACE 抑制肽结构与活性关系

ACE 抑制肽活性与其氨基酸组成和氨基酸序列具有重要关系。但关于 ACE 抑制肽构效关系至今尚未完全清楚。安桂香等认为，对于二肽来说，若 N 末端为甘氨酸残基时，C 末端为 Tyr、Trp、Pro，则有较强抑制作用；若 C 末端为甘氨酸残基时，其 N 末端为 Val、Ile、Arg 时则最有效。也有学者认为 ACE 抑制肽 C 末端一般为具有环状结构芳香族氨基酸或 Pro，N 末端一般为长链或具有支链疏水性氨基酸（如 Leu、Ile 和 Val 等）。贾俊强等通过对收集的 270 种 ACE 抑制肽氨基酸组成进行分析，结果表明，ACE 抑制肽 C 端氨基酸主要为 Tyr、Pro、Trp、Phe 和 Leu，N 端氨基酸主要为 Arg、Tyr、Gly、Val、Ala、Ile 和 Leu；与 ACE 抑制肽 N 端氨基酸特征相比，其 C 端氨基酸特征对降血压活性影响更为重要。对 ACE 抑制肽 C 端氨基酸分析，有学者提出血管紧张素转化酶模型，认为 ACE 有 S_1、S_1'、S_2' 三个必须结合部位，S_2、S_3、…、S_n 等多个辅助部位，必须结合部位是 ACE 和竞争性抑制剂主要结合点和定位点。S_2' 对 C 端 Arg 和 Pro 结合力强，对 Glu 则小。Zhao 等认为，ACE 抑制肽 C 端有 Pro 和 Phe 时，活性较好；Mizuno 等从酪蛋白水解产物中得到主要为 X-Pro 和 X-Pro-Pro 高活性 ACE 抑制肽序列。

三、免疫调节肽

广义的免疫调节肽是所有具有免疫调节活性的肽类分子的统称，狭义的免疫调节肽是指具有免疫调节活性的分子量相对较小的小（寡）肽。

免疫调节肽的种类较多，包括动物（人）的"神经-内分泌-免疫"系统中的一些肽类激素和肽类免疫调节分子，从动物（人）组织器官中提取的一些生物活性肽、从微生物体内和植物组织器官中提取的一些生物活性肽、食物蛋白酶解产生的一些小（寡）肽以及通过化学法合成或 DNA 重组产生的一些小（寡）肽等。就目前而言，可通过 4 种途径获取免疫调节肽，包括：①通过理化方法从生物机体组织器官中直接提取；②选择一些适宜的蛋白酶酶解食物蛋白获得；③基于已有研究结果，在已知一些免疫调节肽结构序列的基础上通过化学合成；④应用 DNA 重组技术表达已有的免疫调节肽。

1. 免疫调节肽的来源

（1）机体"神经-内分泌-免疫"

"神经-内分泌-免疫"系统中存在多种具有免疫调节活性的肽类激素，主要包括生长激素释放肽、生长抑素、加压素、促肾上腺素、降钙素相关肽和 P 物质等。这些肽类激素通过影响免疫器官生长发育、淋巴细胞增殖转化、免疫细胞活性与功能以及免疫分子（细胞因子、抗体等）表达、合成或释放，参与机体特异性和非特异性免疫功能的调节，从而在维持机体免疫功能正常以及保证动物（人）健康中具有重要作用。

（2）从动物组织器官中提取的免疫调节肽

除动物（人）机体神经内分泌系统合成分泌的肽类激素外，动物其他组织中也存在一些具有免疫调节活性的肽类物质，如胸腺肽、脾脏转移因子等。

（3）从微生物体内提取的免疫调节肽

从微生物体内提取的免疫调节肽主要包括胞壁肽和胞壁酰二肽、趋化肽、环孢素 A 等。

（4）从植物组织中提取的免疫调节肽

从植物体内提取的免疫调节肽的研究报道较少。万开科等从油菜花粉中提取的一种十二肽可提高猪胸腺细胞 E-玫瑰花环成环率，促进 TNF 抑制肿瘤细胞 L929 和 PHA 激活的人 PBL 增殖；刘俊达等从中国黑麦花粉中提取的一种十二肽可激活小鼠脾淋巴细胞转化，刺激白血病 HL-60 细胞株增殖，促进人 PBL 表达 IL-2。

（5）酶解食物蛋白产生的免疫调节肽

食物蛋白是生物活性肽的重要来源，食物蛋白分子隐藏的具有不同生物学活性的氨基酸序列经适宜的蛋白酶酶解后可被释放出来。到目前为止，已通过蛋白酶酶解食物蛋白获得了多种具有不同生物活性的小（寡）肽，其中一些具有免疫调节活性。

乳蛋白酶解是目前获取免疫调节肽的主要来源。大量研究表明，一些乳蛋白酶解物及其从中分离出的一些小（寡）肽在调节动物（人）机体免疫器官（组织）的生长发育、淋巴细胞的增殖和活性、免疫辅佐细胞的功能和活性、红细胞免疫功能以及免疫分子及其相关分子的分泌释放等方面具有重要作用。

2. 免疫调节肽的序列结构及其调节机能

（1）αs1-酪蛋白源免疫调节肽

不同酶消化体系所产生的富含肽的 αs1-酪蛋白酶解产物对机体免疫功能具有不同的调节效应。Otani 报道 αs1-酪蛋白的胰酶和胰蛋白酶消化产物显著抑制鼠脾脏淋巴细胞和兔派伊尔结细胞的增殖反应，而用胃蛋白酶和糜蛋白酶酶解处理的消化产物并没有这种作用，在体外它能明显地抑制有丝分裂原所诱导的人体外周血单核细胞的增殖作用。相反，从牛乳 αs1-酪蛋白的胰蛋白酶酶解产物中分离得到一种六肽 Thr-Thr-Met-Pro-Leu-Trp（牛 αs1-酪蛋白 197～199 片段），该六肽能够刺激体外培养的免疫细胞产生抗体以及增强吞噬细胞的吞噬功能，而静脉注射这种活性肽可保护小鼠免受肺炎克氏杆菌（*Klebsie-lla pneumoniae*）感染。胰蛋白酶是胰酶中一种重要的蛋白水解酶，胰蛋白酶的底物特异性对免疫刺激肽和免疫抑制肽的形成起着重要作用。

（2）β-酪蛋白源免疫调节肽

与牛 αs1-酪蛋白一样，牛 β-酪蛋白的胰酶和胰蛋白酶消化产物显著抑制有丝分裂原刺激的小鼠脾淋巴细胞和兔派伊尔结细胞的增殖反应，用胃蛋白酶和糜蛋白酶酶解处理的消化产物对体外培养的免疫细胞则没有影响。而从牛 β-酪蛋白的胃蛋白酶和凝乳酶消化产物中分离鉴定出一种免疫活性肽 Tyr-Gln-Gln-Pro-Val-Leu-Gly-Pro-Phe-Pro-Ile-Ile-Val（β-酪蛋白 193～209 片段），该十七肽能够刺激预先致敏的大鼠淋巴结细胞和未致敏的大鼠脾淋巴细胞增殖。进一步研究发现该十七肽能够上调无菌和有菌小鼠骨髓巨噬细胞第二类主要组织相容性抗原（MHC-11）分子的表达，并提高这些巨噬细胞的吞噬作用。

（3）κ-酪蛋白源免疫调节肽

牛 κ-酪蛋白受凝乳酶或胃蛋白酶作用产生一种含糖肽，即 κ-酪蛋白糖肽（κ-caseinoglyco peptide，牛 κ-酪蛋白 106～169 片段），在新生儿肠道中有促进双歧杆菌生长和抑制大肠杆菌的作用，因而有利于婴幼儿的消化道健康和防止腹泻。然而，试验证明，在体外 κ-酪蛋白糖肽能够强烈抑制脂多糖（LPS）和植物凝集素（PHA）诱导的鼠脾淋巴细胞和兔派伊尔结细胞增殖。

四、抗疲劳肽

疲劳是指机体不能将其机能持续在一个特定水平，或器官不能维持其预定的运动强度，是人体脑力或体力活动到一定阶段出现的生理现象。它会引起运动能力下降、工作效率降低等不良影响。由于现代人生活节奏快，容易感到疲劳。因此，有效缓解疲劳的功能食品的研究与开发备受关注和推崇。

抗疲劳肽主要是由 2～10 个氨基酸组成的直链寡肽或小肽，如玉米高 F 值寡肽。也有部分是多于 10 个氨基酸的多肽，如大豆多肽、蚕粉多肽。它们具有缓解体力疲劳、增强肌肉力量、维持或提高机体的运动能力等功效；并且具有生物效价高、安全低毒、营养性高等优点，是一种极具开发潜力的抗疲劳功能食品基料。

1. 水产源抗疲劳肽

海洋动物多种多样，含有大量宝贵的蛋白资源，其数量和种类都远远超过陆地动物，具有巨大的开发和利用空间。目前大多数研究显示，从水产动物的肌肉蛋白质、内脏、皮等蛋白水解液中能分离纯化得到具有抗疲劳作用的生物活性肽。

2. 酶解法制备抗疲劳肽

酶解法是从海洋源蛋白质获得抗疲劳肽的有效方法。在富含蛋白质的原料中加入相应的酶，控制酶解条件使酶发挥最佳活力，从而将蛋白质水解成短链的肽。此法具有效率高、成本低、产品安全性高等特点。而且水解过程容易控制，反应过程对环境没有危害，因此成为当前制备抗疲劳肽的最主要方法。

酶解时常用到的蛋白酶主要有胰蛋白酶、胃蛋白酶、中性蛋白酶、碱性蛋白酶、木瓜蛋白酶、复合蛋白酶等。例如赵玉红等以鲢鱼加工废弃物为原料，通过蛋白酶 Alcalase 的水解作用制备鲢鱼肽，并将其饲喂小白鼠，4 周后与对照组相比，实验组小鼠运动后血乳酸的恢复速率提高 25%，血尿素氮含量明显降低，小鼠的负重游泳时间也明显延长。游丽君等采用木瓜蛋白酶水解泥鳅蛋白制备的泥鳅多肽，可延缓小鼠运动时机体中血糖和肝糖原的消耗并能够降低小鼠血液中乳酸和血清尿素氮的含量，可使小鼠的力竭游泳时间延长 20%～28%。徐恺等将南极磷虾蛋白经木瓜蛋白酶水解后的南极磷虾肽喂食小鼠，结果发现可明显提高小鼠抗疲劳、耐缺氧的能力。

另有研究表明，有时两种酶或多种酶的复配使用可能比单种酶的酶解效果更好。例如 Ren J 等人用复合酶水解草鱼蛋白，通过超滤及色谱系列技术对酶解液进行逐级纯化后，最终用 RP-HPLC-ESI-MS-MS 对具有抗疲劳功能的草鱼蛋白活性肽中功能肽段的氨基酸序列组成进行鉴定，得到目标肽段的氨基酸序列为 Pro-Ser-Lys-Tyr-Glu-Pro-Phe-Val，分子质量为 966Da。吴燕燕等用菠萝酶和 Flavourzyme 复合酶酶解罗非鱼加工废弃物，制得一种高附加值的营养调味料。此外，波纹巴非蛤、海蜇、海参、海龙、扇贝、鲑鱼等中也分离出了具有抗疲劳功能的活性肽。

五、抗菌肽

抗菌肽（antimicrobial peptides，AMPs），又称抗微生物肽或肽抗生素，是生物防御外来病菌时，能够迅速诱导合成的一系列具有抗菌或杀菌活性的多肽类物质。通常为碱性小分子，一般由 10～60 个氨基酸残基组成，分子质量在 3～6kDa 之间，富含带正电荷的氨基酸。N 端亲水，C 端疏水，具有双亲的性质，在生理条件下多数带正电荷。抗菌肽具有广谱杀菌作用，作用机制具有抗生素无法比拟的优越性，除了具有明显的杀伤真菌、病毒和原虫的作用，还能够杀灭已产生耐药性的细菌，并能选择性杀伤肿瘤细胞而不破坏正常细胞。

在生物体内，抗菌肽广泛分布，是机体天然免疫系统组成性或诱导性表达的一类内源肽，构成了机体防御病原体快速而高效的屏障。由于天然抗菌肽不同于抗生素的作用机理，抗菌肽极有可能成为新一代绿色环保抗菌新药物。

1.抗菌肽的作用机制

自抗菌肽发现以来，科学家们已对抗菌肽的作用机制进行了大量的研究。目前已知的是，抗菌肽是通过作用于细菌细胞膜而起作用的。在此基础上，学者们提出了多种抗菌肽与细胞膜作用的模型。即"桶-桶板"结构模型和"地毯"结构模型。

海洋拥有地球上约 80% 的生物资源，近年来国内外学者高度认识到海洋生物中蕴藏着丰富的抗菌活性物质。目前已从海洋动物中分离到多种多样的抗菌肽，其中鱼、虾和蟹等来源的抗菌肽报道较多。从海洋生物中研究开发抗生素的有效替代品将是未来医学、农业、药学等发展的必然方向。

2.酶解法制备的抗菌肽

水产抗菌肽一般可从无脊椎水产动物的机体中提取获得，同时也可通过对水产蛋白的控制酶解制备而得。其一般由数目少于 50 个的氨基酸残基构成，疏水性氨基酸含量约为 50%，分子质量小于 10000Da。

杨燊等采用木瓜蛋白酶和风味酶复合水解南海低值鱼蛋白制备得到多肽复合物，并将其与钙离子进行螯合，结果发现低值鱼蛋白多肽-钙螯合物具有显著的抗枯草芽孢杆菌和金黄色葡萄球菌活性。丁利君等研究发现罗非鱼肉的酶解产物对白色念珠菌、大肠杆菌、荧光假单胞菌等具有一定的抑制作用，同时发现酶解物与钙离子螯合后其抑菌效果明显提高。张建荣等利用胃蛋白酶水解鲶鱼骨蛋白时发现酶解产物对大肠杆菌、藤黄微球菌以及枯草杆菌具有较为明显的抑菌活性。此外，国内有关学者还从贝类蛋白酶解物中分离富集得到对大肠杆菌等具有抑制作用的抗菌肽，其分子质量小于 3000Da。从上述研究结果来看，水产抗菌肽与矿物离子如钙离子螯合后可能更有利于其结合于细菌胞膜并形成跨膜孔道，从而破坏胞膜的完整性，造成内容物的外泄，起到杀菌作用。

六、金属离子螯合肽

金属离子螯合肽是多肽与金属离子以配位共价键结合而成的产物，具有生物效价高、吸收快、营养性强等优点。并具有抗氧化、抗菌、免疫调节、降血脂和降血糖等活性，已日益成为国内外研究的热点。

1. 金属离子螯合肽的功能

研究发现，在多种微生物、动物和植物细胞内普遍存在对金属离子具有亲和能力的多肽或蛋白质。它们可与环境中的金属离子通过化学结合作用形成复合物而降低或消除金属离子对生物细胞的毒性。另外，它与金属离子形成的螯合物能够通过肽的吸收途径转运吸收，避免与氨基酸之间的竞争，促进机体对所需矿物元素的吸收。同时还因为能够与铁离子、铜离子的结合从而阻断自由基的生成，实现其抗氧化活性。

2. 水产蛋白源金属离子螯合肽

我国是水产品生产与消费大国，每年都有大量水产加工副产物（鱼皮、鱼骨、鱼头、鱼鳞、内脏、碎肉等）被废弃，其重量约占水产品总重的 40% ～ 50%。这些副产物中含有大量的优质蛋白，若被丢弃，不仅浪费资源而且污染环境。因此以水产加工副产物为蛋白原料制备水产蛋白源螯合肽，既可提高水产品利用率，还可提高水产加工企业利润率，具有很大的社会和经济效益。目前已有越来越多的水产蛋白源螯合肽被分离鉴定出来，例如从狭鳕鱼皮中分离的亚铁螯合肽，来源于罗非鱼肌肉的钙螯合肽、牡蛎的锌螯合肽及皮氏叫姑鱼鱼排的钙螯合肽等。

3. 酶解法制备金属离子螯合肽

金属螯合肽的初步制备主要是通过物理、化学等方法将蛋白分解成多肽。酶水解法由于具有成本低、易控制、可行性高及安全性好等优点，已成为水产蛋白源螯合肽的主要制备方法。目前，关于酶解法制备金属螯合肽的研究主要集中在酶的筛选及酶解工艺的优化上。Wu 等以太平洋鳕鱼皮为原料，以亚铁螯合率为指标，通过单因素试验筛选出胰蛋白酶为最适蛋白酶，并利用正交试验确定最佳酶解条件为：加酶量 4g/100mL、酶解时间 240min、酶解温度 37℃、pH7.5。酶解产物亚铁螯合率达到（17.5±0.3）%。Charoenphun 等以罗非鱼肌肉为原料，以水解度和钙螯合率为指标，筛选出 Alcalase 2.4L 为最适蛋白酶，最佳酶解条件为：加酶量 2g/100mL、酶解时间 6h、酶解温度 50℃、pH 8，酶解产物钙螯合率达到 65mg/g 蛋白质。Chen 等使用胃蛋白酶对牡蛎蛋白进行酶解，酶解条件为：加酶量 1.5g/100mL、酶解时间 5h、酶解温度 40℃、pH 1.8，酶解产物锌螯合率约为 5.36mg/g 蛋白质。由于原料不同，其氨基酸的构成及蛋白质的结构都会存在一定的差异。而且不同酶的作用位点、活性部位及化学性质差异较大，加上所需螯合的金属离子也不同，得到的螯合肽因结构差异而螯合活性不同，因此在酶解过程中应选择合适的原料和蛋白酶，优化酶解工艺，制得最佳酶解产物。

参考文献

[1] Aspmo S I. Enzymatic hydrolysis of Atlantic cod (*Gadus morhua L.*) viscera. Process Biochemistry, 2005, 40 (5): 1957-1966.

[2] 胡学智，王俊. 蛋白酶生产和应用的进展. 工业微生物，2008 (4): 49-61.

[3] 胡晓，孙恢礼，李来好，等. 我国酶解法制备水产功能性肽的研究进展. 食品工业科技，2012, 33 (24): 410-413.

[4] 王龙，叶克难. 水产蛋白资源的酶解利用研究现状与展望. 食品科学，2006, 27 (12): 807-812.

[5] 侯虎. 鳕鱼免疫活性肽的可控制备及其免疫活性研究. 中国海洋大学博士论文，2011.

[6] 赵谋明，何婷，赵强忠，等. 蓝园鲹抗氧化肽抗氧化稳定性研究. 食品科学，2009, 30 (1): 128-130.

[7] 徐恺，刘云，王亚恩，等. 南极磷虾脱脂蛋白肽抗疲劳和耐缺氧实验研究. 食品科学，2011, 32 (11): 310-313.

[8] 刘尊英，董士远，曾名勇，等. 紫贻贝酶解产物抗菌活性及其工艺优化研究. 食品科技，2007, 32 (2): 145-147.

[9] 陈胜军，李来好，曾名勇，等. 罗非鱼鱼皮胶原蛋白降血压酶解液的制备与活性研究. 食品科学，2005, 8: 229-233.

[10] Liaset B, Nortvedt R, Lied E, et al. Studies on the nitrogen recovery in enzymic hydrolysis of Atlantic salmon (*Salmo salar L.*) frames by Protamex™ protease. Process Biochemistry, 2002, 37 (11): 1263-1269.

[11] 洪鹏志，章超桦，杨文鸽，等. 翡翠贻贝肉酶解动物蛋白营养评价及其生理活性初探. 水产学报，2002, 26 (1): 85-89.

[12] 崔帅. 酶解鲻鱼蛋白制备抗氧化肽的研究. 浙江工商大学硕士论文，2018.

[13] 赵阳，陈海华，刘朝龙，等. 双酶同步酶解工艺和自溶工艺制备紫贻贝海鲜风味肽. 中国食品学报，2014, 14 (9): 56-62.

[14] Thiansilakul Y, Benjakul S, Shahidi F. Compositions, functional properties and antioxidative activity of protein hydrolysates prepared from round scad (*Decapterus maruadsi*). Food Chemistry, 2007, 103 (4): 1385-1394.

[15] Lin L, Li B F. Radical scavenging properties of protein hydrolysates from Jumbo flying squid (*Dosidicus eschrichitii Steenstrup*) skin gelatin. Journal of the Science of Food & Agriculture, 2006, 86 (14): 2290-2295.

[16] Matsui T, Matsufuji H, Seki E, et al. Inhibition of angiotensin I-converting enzyme by *Bacillus licheniformis* alkaline protease hydrolyzates derived from sardine muscle. Biosci Biotechnol Biochem, 1993, 57 (6): 922-925.

[17] Guérard F, Dufossé L, Broise D D L, et al. Enzymatic hydrolysis of proteins from yellowfin tuna (*Thunnus albacares*) wastes using Alcalase. Journal of Molecular Catalysis B Enzymatic, 2001, 11 (4): 1051-1059.

[18] Shahidi F, Han X Q, Synowiecki J. Production and characteristics of protein hydrolysates from capelin (*Mallotus villosus*). Food Chemistry, 1995, 53 (95): 285-293.

[19] Guerard F, Guimas L, Binet A. Production of tuna waste hydrolysates by a commercial neutral protease preparation. Journal of Molecular Catalysis B Enzymatic, 2002, 19 (2): 489-498.

[20] Kristinsson H G, Rasco B A. Kinetics of the hydrolysis of Atlantic salmon (*Salmo salar*) muscle

proteins by alkaline proteases and a visceral serine protease mixture. Process Biochemistry, 2000, 36（1）: 131-139.

[21] Quaglia G B, Orban E. Enzymic solubilisation of proteins of sardine（sardina pilchardus）by commercial proteases. Journal of the Science of Food & Agriculture, 2010, 38（3）: 263-269.

[22] 张亚, 苏品, 廖晓兰, 等. 多肽的分离纯化技术研究进展. 微生物学杂志, 2013, 33（5）: 87-91.

[23] 张玉奎. 现代生物样品分离分析方法. 北京: 科学出版社, 2003.

[24] Fulton S P, Afeyan N B, Gordon N F, et al. Very high speed separations of proteins with a 20 μm reverse-phase sorbent. J Chromalogr, 1991, 547: 452-456.

[25] 杨化新, 张培培, 徐康森. 重组人生长激素胰肽图谱分析. 药物分析, 1994, 14（3）: 10-12.

[26] Geng X, Chang X J. High performance hydrophobic interaction chromatography as a tool for protein refolding. Chromatogr, 1992, 599（1-2）: 185-194.

[27] 王雪峰, 陈美. 以壳聚糖为载体金属螯合亲和层析法纯化猪红细胞 Cu·Zn-SOD. 生物学杂志, 2001, 18（5）: 16.

[28] 邓文涛, 陈松林, 贺路. 草鱼生长激素单抗免疫亲和柱的制备及初步应用. 中国生物化学与分子生物学报, 1997, 13（1）: 63-66.

[29] 黄颖, 段建平, 张建华, 等. 肌肽类生物活性肽的毛细管电泳在线富集技术. 色谱, 2007, 25（3）: 326-331.

[30] 刘丽娜, 段家玉, 何东平, 等. 花生多肽的制备及纯化研究. 食品科学, 2009, 30（4）: 52-56.

[31] Liu A J, Wang L X, Ma Y H, et al. A new nutrient polypeptide-Fe and its antioxidant ability. International Journal of Food Sciences and Nutrition, 2009, 60（S2）: 185-196.

[32] 葛平珍, 周才琼. 食源性活性肽制备与分离纯化的研究进展. 食品工业科技, 2014, 35（4）: 363-368.

[33] Fields C, Mallee P, Muzard J, et al. Isolation of Bowman-Birk-Inhibitor from soybean extracts using novel peptide probesand high gradient magnetic separation. Food Chemistry, 2012, 134（4）: 1831-1838.

[34] 李建杰, 叶磊, 荣瑞芬. 生物活性肽的酶法制备及分离鉴定研究进展. 食品研究与开发, 2012, 33（2）: 195-199.

[35] Ma Y, Liu J, Shi H, et al. Isolation and characterization of anti-inflammatory peptides derived from whey protein. Journal of Dairy Science, 2016, 99（9）: 6902-6912.

[36] 汪雄, 赵燕, 徐明生, 等. 食源性抗炎肽的制备、分离、鉴定及其抗炎机制研究进展. 食品工业科技, 2017, 38（15）: 335-341.

[37] 李建杰, 叶磊, 荣瑞芬. 生物活性肽的酶法制备及分离鉴定研究进展. 食品研究与开发, 2012, 33（2）: 195-199.

[38] 张志翔. 海鲜下脚料提取呈味物质的工艺研究. 湖北工业大学硕士论文, 2011.

[39] 肖如武. 蓝蛤蛋白源鲜味肽的制备及分离研究. 华南理工大学硕士论文, 2010.

[40] 李静, 王瑶, 邓毛程, 等. 罗非鱼下脚料酶解制备呈味肽的研究. 中国调味品, 2013, 38（12）: 51-53.

[41] 乔路, 佟伟刚, 周大勇, 等. 酶法制备鲍鱼脏器呈味肽及呈味氨基酸. 大连工业大学学报, 2011, 30（3）: 168-172.

[42] 李莹, 黄开红, 周剑忠, 等. 水产蛋白酶解制备鲜味肽. 食品科学, 2012, 33（13）: 248-253.

[43] 赵阳, 陈海华, 王雨生, 等. 紫贻贝蛋白酶解过程中呈味物质释放规律和呈味肽结构. 食品与机械, 2015（1）: 18-24.

［44］安灿. 龙头鱼蛋白咸味剂的制备及在曲奇饼干研制中的应用研究. 浙江海洋大学硕士论文, 2017.

［45］洪瑶. 大黄鱼鱼鳞酶解制备胶原蛋白多肽的研究. 中国计量学院硕士论文, 2014.

［46］胡雪潇. 腐乳与虾酱中呈味肽的分离与鉴定. 暨南大学硕士论文, 2016.

［47］Fujimaki M, Arai S, Yamashita M, et al. Taste peptide fractionation from a fish protein hydroly-sate. Agricultural and Biological Chemistry, 1973, 37（12）: 2891-2898.

［48］刘源, 仇春泱, 王锡昌, 等. 养殖暗纹东方鲀肌肉中呈味肽的分离鉴定. 现代食品科技, 2014, 30（8）: 38-44.

［49］张勤. 酶法从鲜猪皮中提取生物活性肽. 西北大学硕士论文, 2005.

［50］吴蕾, 韩香, 甘一如, 等. 胸腺素 α1 的 Fmoc 固相合成法. 化学工业与工程, 2001, 18（6）: 323-330.

［51］李艳红. 鹰嘴豆蛋白酶解物的制备及其抗氧化肽的研究. 无锡: 江南大学博士论文, 2008.

［52］Elias R J, Kellerby S S, Decker E A. Antioxidant activity of proteins and peptides. Critical Reviews in Food Science and Nutrition, 2008, 48: 430-441.

［53］Bishov S J, Henick A S. Antioxidant effect of protein hydrolyzates in a freeze-dried model system. Journal of Food Science, 1972, 37: 873-875.

［54］Bishov S J, Henick A S. Antioxidant effect of protein hydrolyzates in freeze-dried model system. Synergistic actionwith a series of phenolic antioxidants. Journal of Food Science, 1975, 40: 345-348.

［55］Yee J J, Shipe W F, Kinsella J E. Antioxidant effects of soy protein hydrolysates on copper-catalyzed methyl linoleate oxidation. Journal of Food Science, 1980, 45: 1082-1088.

［56］Pena-Ramos E A, Xiong Y L. Whey and soy protein hydrolysates inhibit lipid oxidation in cooked porkpatties. Meat Science, 2003, 64: 259-263.

［57］Pena-Ramos E A, Xiong Y L. Antioxidative activity of whey protein hydrolysates in liposomal system. Journal of Dairy Science, 2001, 84: 2577-2583.

［58］Pena-Ramos E A, Xiong Y L, Arteaga G E. Fractionation and characterization for antioxidant activity of hydrolyzed whey protein. Journal of the Science of Food and Agriculture, 2004, 84: 1908-1918.

［59］Hernandez-Ledesma B, Davalos A, Bartolome B, et al. Preparation of antioxidant enzymatic hydrolysates from α-lactalbumin and β-lactoglobulin. Identification of active peptides by HPLC-MS/ MS. Journal of Agricultural and Food Chemistry, 2005, 53: 588-593.

［60］Suetsuna K, Ukeda H, Ochi H. Isolation and characterization of free radical scavenging activities peptides derived from casein. Journal of Nutritional Biochemistry, 2000, 11: 128-131.

［61］Davalos A, Miguel M, Bartolome B, et al. Antioxidant activity of peptides derived from egg white proteins by enzymatic hydrolysis. Journal of Food Protection, 2004, 67: 1939-1944.

［62］Wade A M, Tucker H N. Antioxidant characteristics of L-histidine. Journal of Nutritional Biochcmistry, 1998, 9: 308-315.

［63］Pihlanto A. Antioxidative peptides derived from milk proteins. International Dairy Journal, 2006, 16: 1306-1314.

［64］Chen H M, Muramoto K, Yamauchi F. Structural analysis of antioxidative peptides from soybean β-conglycinin. Journal of Agricultural and Food Chemistry, 1995, 43: 574-578.

［65］Elias R J, Bridgewater J D, Vachet R W, et al. Antioxidant mechanisms of enzymatic hydrolysates of β-lactoglobulin in food lipid dispersions. Journal of Agricultural and Food Chemistry, 2006, 54（25）: 9565-9572.

［66］Zhang J, Kalonia D S. The Effect of neighboring amino acid residues and solution environment on the oxidative stability of tyrosine in small peptides. AAPS PharmSciTech, 2007, 8（4）: 1-8.

［67］Tang X Y, He Z Y, Dai Y F, et al. Peptide fractionation and free radical scavenging activity of ze-in hydrolysate. Journal of Agricultural and Food Chemistry, 2010, 58（1）: 587-593.

［68］Jung W K, Rajapakse N, Kim S K. Antioxidative activity of a low molecular weight peptide derived from the sauce of fermented blue mussel, Mytilus edulis. European Food Research and Technology, 2005, 220: 535-539.

［69］赵海珍, 等. 天然食品来源的血管紧张素转换酶抑制肽的研究进展. 中国生化药物杂志, 2004, 25（5）: 315-317.

［70］何海伦, 陈秀兰, 孙彩云, 张玉忠. 血管紧张素转化酶抑制肽的研究进展. 中国生物工程杂志, 2004, 24（9）: 7-11.

［71］徐榕榕, 陶冠军, 李进伟, 杨严俊. 高效液相色谱测定血管紧张素转换酶抑制肽的活性. 河南工业大学学报（自然科学版）, 2005, 26（4）: 18-21.

［72］张佳程, 王海燕, 褚庆环. 发酵乳中 ACE 抑制剂的超滤分离. 中国乳品工业, 2004, 32（1）: 32-34.

［73］姜瞻梅, 霍贵成, 吕桂善. 不同食物来源的 ACE 抑制肽的研究现状. 食品研究与开发, 2003, 24（1）: 27-29.

［74］潘道东, 徐德闯, 等. 瑞士乳杆菌 JCM 1004 发酵乳对高血压影响的研究. 营养学报, 2005, 27（3）: 253-255.

［75］Li G H, Le G W, Shi Y H, et al. Angiotensin I-converting enzyme inhibitory peptides derived from food proteins and their physiological and pharmacological effects. Nutrition Research, 2004, 24（7）: 469-486.

［76］Marta M, Amaya A. Antihypertensive peptides derived from egg proteins. Journal of Nutrition, 2006, 136（6）: 1457-1460.

［77］Zhao Y H, Li B F, Liu Z Y, et al. Antihypertensive effect and purification of an ACE inhibitory peptide from sea cucumber gelatin hydrolysate. Process Biochemistry, 2007, 4（212）: 1586-1591.

［78］Mizuno S, Nishimura S, Matsuura K, et al. Release of short and proline-rich antihypertensive peptides from casein hydrolysate with an aspergillus oryzae protease . Journal of Dairy Science, 2004, 87（10）: 3183-3188.

［79］Patricia M K, Megan W, Kristi R, et al. Global burden of hypertension: analysis of worldwide data. Lancet, 2005, 365: 217-223.

［80］Motohiro M, Masahiko S, Mitsutaka K, et al. Improvement in the intestinal absorption of soy protein by enzymatic digestion to oligopeptide in healthy adult men. Food Science and Technology Research, 2007, 13（1）: 45-53.

［81］Lee S H, Qian Z J, Kim S K, et al. A novel angiotensin-I converting enzyme inhibitory peptide from tuna frame protein hydrolysate and its antihypertensive effect in spontaneously hypertensive rats. Food Chemistry, 2010, 118（1）: 96-113.

［82］Kunio S, Chen J R. Identification of antihypertensive peptides from peptic digest of two microalgae, Chlorella vulgaris and Spirulina platensis. Marine Biotechnology, 2001, 3: 305-309.

［83］曹莉，蒋春雷，路长林. β-内啡肽的免疫调节作用. 生理科学进展，1999，30（1）：38-40.

［84］张世红，赵晏. P 物质的免疫调节作用. 生理科学进展，2002，33（3）：235-238.

［85］宋长征. 小分子肽的化学结构及免疫调节作用. 生命的化学，1992，12（1）：3-4.

［86］嘉庆，高立伟. 生长激素释放肽 GHRP 的生物活性研究. 西南工学院报，2001，16（1）：58-61.

［87］Petov R V. Myelopeptides: new immunoregulatory peptides. Allergy And Asthma Proceedings, 1995, 16（4）：177-184.

［88］Zhang L, Khayat A, Cheng H S, et al. The pattern of monocyte recruitment in tumors is modulated by MCP-1 expression and influences the rate of tumor growth. Laboratory Investigation: a Journal of Technical Methods and Pathology, 1997, 76（4）：579-590.

［89］Otani H, Hata I. Inhibition of proliferative responses of mouse spleen lymphocytes and rabbit Payer's patch cells by bovine milk caseins and their digests. Journal of Dairy Research, 1995, 62: 339-348.

［90］Schlimme E, Meisel H. Bioactive peptides derived from milk proteins: Structural, physiological and analytical aspects. Food/Nahrung, 1995, 39: 1-20.

［91］Lahov E, Regelson W. Antibacterial and immunomodulating casein-derived substances from milk: casecidin, isracidin peptides. Food and Chemical Toxcicology, 1996, 34: 131-145.

［92］Hata I, Higashiyama S, Otani H. Identification of a phosphopeptide in bovine α s1-casein digest as a factor influencing proliferation and immunoglobulin product ion in lymphocyte cultures. Journal of Dairy Research, 1998, 65: 569-578.

［93］Elitsur Y, Luk G D. Bet a-casomorphin（BCM）and human colonic lamina propria lymphocyte proliferation . Clinical and Experimental Immunology, 1991, 85: 493-497.

［94］Pagelow I, Werner H. Immunomodulation by some oligopeptides. Methods and Find of Experimental and Clinical Pharmacology, 1986, 8: 91-96.

［95］Muruyama S, Suzuki H. A peptide inhibitor of angiotensin I converting enzyme in the tryptic hydrolysate of casein. Agricultural and Biological Chemistry, 1985, 46: 1393-1394.

［96］Sandre C, Gleizes A, Forestier F, et al. A peptide derived from bovine bet a-casein modulates functional properties of bone marrow-derived macrophages from germfree and human flora-associated mice. Journal of Nutration, 2001, 131: 2936-2942.

［97］Otani H, Watanabe T, Tashiro Y. Effects of bovine β-casein（1-28）and its chemically synthesized partial fragments on proliferative responses and immunoglobulin production in mouse spleen cell cultures. Bioscience, Biotechnology and Biochemistry, 2001, 65: 2489-2495.

［98］Abdul-Matin M, Otani H. Cytotoxic and antibacterial activities of chemically synthesized kappa-casecidin and its partial peptide fragments. Journal of Dairy Research, 2002, 69: 329-334.

第十一章

酶在水产食品分析检测中的应用

随着科学技术不断发展，人们生活水平日益提高，消费者对饮食结构提出更高的要求。水产品因具有高蛋白质、低脂肪、营养丰富、味道鲜美等特点深受消费者青睐。我国作为水产品生产和贸易大国，对水产品安全性十分重视。现用于检测水产品中危害因素的方法大多用大型仪器检测，由于大型仪器价格昂贵、操作繁琐、检测速度较慢等缺点，研制新型检测方法对实现快速检测具有重要意义。酶法检测水产食品中危害因子是一种新兴技术，由于酶特异性高、催化速度快等特点，利用酶检测水产品鲜度、水产品重金属以及水产品中药物残留具有检测速度快、经济实惠、仪器轻便易携带等优点，可用于现场检测。

第一节　酶在水产品鲜度检测中的应用

水产品脂肪含量低、蛋白质含量高，是人们摄取蛋白质的良好来源。但水产品水分含量高且组织较为柔软，内源性蛋白酶活跃，因此水产品自溶速度较快，极易发生腐败变质。水产品鲜度对于水产品安全性、口感及加工适应性有着较大影响，鲜度的高低直接决定了水产品的价值，因此鲜度检测对于提高水产品安全性、保证水产品顺利运输和储藏及加工具有重要意义。

动物水产品死后肌体品质变化可分为三个阶段：僵硬阶段、自溶阶段和腐败阶段。水产品死后虽然生命体停止活动，但细胞还在继续工作。糖原分解产生乳酸，肌体中因不能继续合成 ATP，导致肌肉中存在的 ATP 被水解，这刺激细胞膜上的钙离子-ATP 酶泵打开，细胞内钙离子浓度上升，肌纤维凝结成肌动球蛋白，导致肌肉失去弹性挛缩，水产品呈现僵硬状态。在此阶段，水产品依然保持较好鲜度。僵硬阶段后，在肌肉中内源性蛋白酶或外来腐败菌产生的外源性蛋白酶作用下，肌体糖原、ATP 进一步被分解产生乳酸、次黄嘌呤、氨等。这些产物不断积累，导致硬度下降，肌体进入自溶阶段。在此阶段，肌肉组织失去原有的弹性，组织逐渐变软，改变水产品原有风味且鲜度下降。因水产品表面附着微生物，第三阶段时微生物分解作用活跃，会产生各种破坏水产品鲜度的酶，导致氨基酸分解生成氨和胺类、硫化氢、吲哚、低级脂肪酸等各种具有腐臭特征的产物，当这些产物达到一定量时，水产品进入腐败阶段，鲜度大大降低。

　　基于水产品死后品质变化，现行鲜度检测方法有感官评价、物理检验、化学检验和微生物检验及多种方法组合评价等。随着科学发展，新型检测技术不断产生，酶法检测鲜度是应市场监测需求发展起来的检测方法。酶法检测具有检测特异性高、检测速度快、仪器便于携带等优点，适用于现场检测。

一、比色法检测水产品鲜度

　　鱼死后体内 ATP 经酶水解依次形成 ADP、AMP、肌苷酸（IMP）、肌苷（HxR）、次黄嘌呤（Hx）和尿酸，鱼鲜度随之下降。次黄嘌呤在氧化酶的作用下可生成黄嘌呤，黄嘌呤能使蓝色氧化型染料（2,6-二氯靛酚）还原脱色。通过分光光度计检测单位时间内光密度变化速度，便可求出次黄嘌呤含量，进而判断鱼鲜度情况。

二、生物传感器检测水产品鲜度

1. 生物传感器原理

　　生物传感器是一个独立的、完整的装置，通过利用与换能器保持直接空间接触的生物识别元件（生物化学受体），能够提供特殊的定量和半定量分析信息。生物传感器由两部分构成，分子识别元件（敏感元件）和信号转换器（换能器）。分子识别元件一般由活性物质构成，如酶、抗原、抗体等，也可由模仿生物分子识别功能的化学分子构成。信号转换器即将生物识别事件转换为可以检测的电信号或光信号。生物传感器的工作原理示意图见图 11-1。生物传感器具有较强的特异性及灵敏性，且仪器体积小，携带方便，因此可用于连续在线监测。

2. 生物传感器检测鱼鲜度

　　鱼在死亡 5～10h 后体内的 ATP、ADP、AMP 已经基本消耗尽，市场上销售的鱼一般死亡都已超过 12h，因此鱼是否新鲜主要取决于 IMP、HxR、Hx 和尿酸含量。HxR＋Hx 含量占相关核酸含量的比值定义为 k 值，$k =$（HxR＋Hx）/（IMP＋HxR＋Hx）×100％。

$$IMP+O_2 \xrightarrow{NT} HxR+H_2O_2$$

$$HxR+O_2 \xrightarrow{NP} Hx+H_2O_2$$

$$Hx + 2O_2 \xrightarrow{XO} UA + 2H_2O_2 \text{（UA：尿酸）}$$

将催化上述三种步骤的酶 5′-核苷酸酶（NT）、核苷磷酸化酶（NP）、黄嘌呤氧化酶（XO）进行固定化制得酶膜与氧电极，通过计算氧消耗量导致的电流改变量，判定鱼的新鲜程度。例如，Carsol 等开发了用丝网印刷碳电极固定黄嘌呤氧化酶的电化学传感器来检测鱼的鲜度，当原始样品的浓度为 $1\sim50\mu mol/L$ 时，Hx、HxR、IMP 等含量可以在 30s 内检测出来，变异系数仅在 $2\%\sim3\%$。Thandavan 等人将黄嘌呤氧化酶与四氧化三铁纳米粒子制成复合物修饰在电极表面，在 $0.4\sim2.4\mu mol/L$ 范围内对黄嘌呤进行检测，响应时间仅为 2s，检测限为 $2.5\mu mol/L$，能够对 Channa striatus 样品中的黄嘌呤进行响应。此外，Dietlind 等人将胺氧化酶固定在电极表面，各种胺类（如尸胺、腐胺、酪胺和组胺）等在酶的作用下生成双氧水，可在 0.4V 的恒电位下进行这四种胺类物质的检测，而其他的物质如尿酸、乙基水杨酸和 4-乙酰氨基酚等均不会产生干扰，尤其对新鲜鱼露里的这四种胺类实现了相关分析。

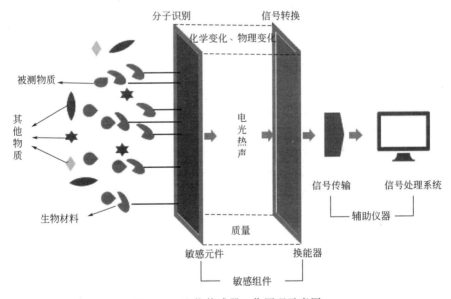

图 11-1　生物传感器工作原理示意图

三、酶联免疫吸附检测水产品鲜度

免疫学检测法是以抗原抗体特异性识别为基础，不损坏抗原或抗体免疫活性为前提建立的检测方法。该方法具有特异性强、敏感度高、抗干扰能力好、费用低廉等特点。

常用于水产品鲜度检测的方法有直接法和间接法。直接法即将酶标记抗体与待检测样本中固相抗原直接作用，加入底物后，显色。间接法是将吸附在固相载体上的已知抗原与待检测样本中的抗体作用，之后加入酶标记抗同种动物抗体的免疫球蛋白，使其与特异抗原抗体复合物中的抗体作用，再加入酶底物后，发生显色反应。采用间接酶联免疫吸附法可对鳗弧菌 E3-11 进行检测，检测水平为 1.5×10^5 个/mL。用副溶血弧菌对新西兰兔进行免疫获得特异性抗血清，以辣根过氧化物酶标记羊抗兔 IgG 为标记第二抗体，对副溶血弧菌进行间接 ELISA 快速检测，其最低检测极限 5×10^4 CFU/cm^3。

第二节　酶在水产品重金属检测中的应用

随着工农业的不断发展，工业"三废"排放量加大，汽车尾气排放严重，石油开采活跃，农药化肥使用量增加，这些都加剧了重金属污染程度。随着地表径流及未经处理的污水排放，水体中重金属含量骤增。重金属不能被生物降解，水生生物通过摄食、吸附及吸收等方式，积累和浓缩重金属，通过食物链逐渐富集，人食用被重金属污染的水产品后重金属会积累在人体内。当重金属在人体内积累到一定程度将导致慢性中毒甚至致死。如铅可以和血液中的红细胞结合，运输到身体各组织器官，当积累量达到一定值时，会损害神经系统，导致智力减退、疲倦、躁动、多动；铅还可抑制钙吸收，损害骨骼，导致骨质疏松等。因此水产品中重金属检测对于保护人类身体健康具有重要作用。

水产品中重金属的传统检测方法主要有原子吸收分光光度法（AAS）、原子荧光分光光度法（AFS）、电感耦合等离子体法原子发射光谱（ICP-AES）、电感耦合等离子体质谱（ICP-MS）、高效液相色谱法（HPLC）、阳极溶出伏安法（ASV）等。这些传统方法检测精准，但仪器昂贵、费时费力，具有一定的局限性。酶技术检测水产品中的重金属虽精确性和灵敏性相对于传统检测技术较低，但其简便快捷、成本低廉，对于现场检测十分合适。现在常用的酶技术检测水产品中重金属主要有酶抑制法、酶反应器、免疫学检测方法等。

重金属在水产品中一般以化合物形式存在，在检测前需将其转化为离子形式，因此需对样品进行前处理。目前用于样品前处理的方法主要有湿法消化、干法灰化、微波消解法和稀酸浸泡法。

一、酶抑制法检测重金属

1. 酶抑制法检测重金属原理

酶作为一种高效天然催化剂，其具有专一性。重金属和酶活性中心的巯基或甲硫基特异性结合后，会改变酶活性中心的结构和性质，导致酶催化活力改变。当对底物进行催化时，会产生一系列变化，如 pH、电导率、吸光度、显色剂颜色等的改变，通过肉眼区分这些现象或将这些变化转换为光信号、电信号等进行检测，便可以得到重金属浓度和酶系统改变的数量关系，从而对重金属进行定性或定量分析。

2. 酶检测原理及应用

现用于重金属检测的酶主要有脲酶、葡萄糖氧化酶、磷酸酯酶、蛋白酶、胆碱酯酶、黄嘌呤氧化酶等。

（1）脲酶检测重金属

脲酶是现在最为常用的检测用酶，其主要来源于豆科植物。脲酶能水解尿素产生 CO_2 和 NH_3，反应式如图 11-2 所示。当重金属存在时，会和脲酶的活性中心结合，抑制脲酶活性，降低其催化效率，从而导致分解产物 NH_3 含量降低。我们可以通过显色剂颜色或 pH 的变化对样品中重金属进行定性或半定量分析。研究发现，Hg^{2+}、Cu^{2+}、Cd^{2+} 和 Ag^+ 对脲酶均有抑制作用，利用 pH 稳态动力学方法检测 Ag^+，检测极限可以达到 $(0.2 \sim 1.0) \times 10^{-7}$ mol/L，Hg^{2+} 检出限可以达到 $10\mu g/L$。脲酶抑制法也可与薄层色谱法联合测定重金属含量，检测限可达 $0.02 \sim 3\mu g/L$。其中检测限较低的是 Hg^{2+}、Cu^{2+} 和 Ag^+，分别为 $0.02\mu g/L$、$0.06\mu g/L$、$0.13\mu g/L$，对氯化甲基汞和乙酸苯汞等有机汞化合物的检测限为 $0.03\mu g/L$。

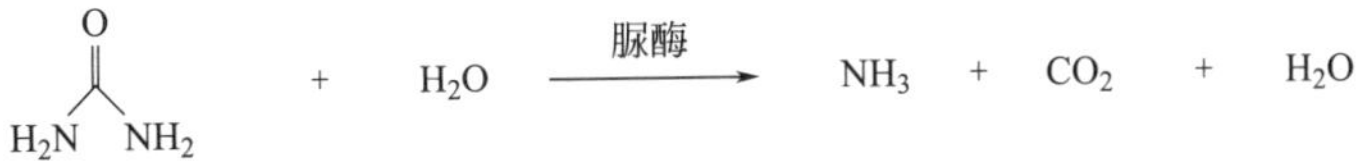

$$\underset{H_2N \quad NH_2}{\overset{O}{\parallel}{C}} \ + \ H_2O \ \xrightarrow{\text{脲酶}} \ NH_3 \ + \ CO_2 \ + \ H_2O$$

图 11-2　尿素水解反应式

目前，基于脲酶抑制原理研究出的重金属快速检测工具品种多样，常用的有脲酶试纸条、脲酶便携式比色皿、脲酶热量计。脲酶试纸条由两层组成，表层是固定了脲酶的醋酸纤维素膜，底层为浸润尿素的 pH 试纸，通过显色反应可对样品中的 Hg^{2+} 进行测定。脲酶便携式比色皿是一种装有游离脲酶的比色皿，在比色皿的内表面覆盖氨或铵离子的敏感层，将缓冲液、酶和样品放入比色皿中，加入尿素之后，酶催化尿素水解生成的氨（或铵离子），会使敏感层发生颜色变化，然后用铵离子敏感电极或氨气敏感电极测定脲酶抑制率，即可转化为重金属离子浓度。脲酶热量计是根据酶促反应中反应热的变化和重金属离子影响酶活性及反应动力学原理设计的一种热量计，通过用测得的反应热变化转化为酶促反应的初速率之比来表示重金属离子对脲酶的抑制率，从而成功地对 Cd^{2+}、As^{3+}、Zn^{2+} 和 Pb^{2+} 等重金属进行定量分析。

（2）蛋白酶检测重金属

考马斯亮蓝游离状态为褐色，当它与蛋白质结合后会呈现蓝色。蛋白酶可以水解蛋白质中肽键。当重金属存在时，蛋白酶活性被抑制，蛋白质不能被水解，考马斯亮蓝与蛋白质结合显蓝色。当样品中不存在重金属时，蛋白酶可以水解蛋白质，故不能与考马斯亮蓝发生显色反应，呈现红色。现用于检测的蛋白酶有菠萝蛋白酶、丝氨酸蛋白酶和木瓜蛋白酶。研究表明，Hg^{2+}对菠萝蛋白酶具有抑制作用，其IC_{50}值为$3.53mg/L$，检测限为$0.25mg/L$。Hg^{2+}、Zn^{2+}可以抑制丝氨酸蛋白酶活性，二者的IC_{50}值分别为$5.78ml/L$、$16.38mg/L$，最低检测限分别为$0.06mg/L$、$1.06mg/L$。但Pd^{2+}、Ag^+、Cu^{2+}、Cd^{2+}浓度超过$20mg/L$时才能被检测到，因此丝氨酸蛋白酶对于这四种重金属不够敏感。木瓜蛋白酶对多种金属都较为敏感，Cd^{2+}的最低检测限为$0.1mg/L$，Cu^{2+}的最低检测限仅有$0.004mg/L$，此外Hg^{2+}、Ag^{2+}、Pb^{2+}、Zn^{2+}可抑制木瓜蛋白酶活性，其IC_{50}值分别为$0.39mg/L$、$0.40mg/L$、$2.16mg/L$、$2.11mg/L$。因木瓜蛋白酶具有受温度影响小、最适pH较为广泛、抗干扰能力强以及反应速度快等优点，现蛋白酶检测大多使用木瓜蛋白酶。

（3）葡萄糖氧化酶检测重金属

葡萄糖氧化酶（glucose oxidase，GOD）是一种需氧的脱氢酶，其含有两个黄素腺嘌呤二核苷酸分子。葡萄糖能被葡萄糖氧化酶催化分解产生葡萄糖酸和H_2O_2，反应如图11-3所示。因H_2O_2具有氧化性，当反应体系中存在靛蓝胭脂红或2,4-二氯苯酚指示剂时，H_2O_2可氧化指示剂使其褪色。但当样品中含有重金属时，重金属会和葡萄糖氧化酶活性中心紧密结合，导致酶失去活力，葡萄糖氧化酶催化活力下降，产生的H_2O_2量也将会降低，通过吸光值变化即可判断葡萄糖氧化酶活性受抑制程度，从而判断样品中重金属含量。研究发现Pb^{2+}、Cu^{2+}、Ag^+金属离子对以靛蓝胭脂红为染料的葡萄糖氧化酶催化反应中具有不同程度的抑制作用，其最低检出限分别为$0.53\mu mol/L$、$0.21\mu mol/L$、$0.18\mu mol/L$。当反应体系中添加2,4-二氯苯酚指示剂时，Cd^{2+}、Sn^{2+}检出限分别为$1.3\mu g/mL$、$0.4\mu g/mL$。

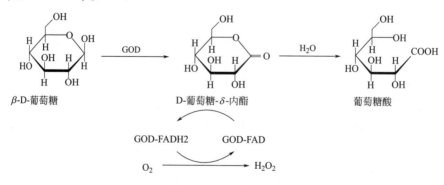

图11-3　葡萄糖氧化酶催化反应示意图

3. 酶生物传感器法检测重金属

酶生物传感器是使用特定酶作为分子识别元件进行检测，其工作原理如图 11-1。现研究使用的酶有脲酶、葡萄糖氧化酶、氨基乙酰丙酸脱羧酶、碱性磷酸酯酶、脱氧核糖酶等。

（1）脲酶生物传感器检测重金属

由于脲酶具有来源广泛、价格低廉、灵敏度高等特点，成为酶生物传感器分子识别元件的重要研究对象。现脲酶生物传感器的制作方法种类繁多，能对多种重金属进行检测。

脲酶分解尿素产生 NH_3，导致溶液 pH 改变，当样品中有重金属存在时，会抑制脲酶活性，生成物 NH_3 量降低，pH 改变变缓，通过酶促反应过程中电位变化差异，便可对样品中重金属含量进行检测。基于此原理，通过共价偶联，将脲酶固定于载体尼龙网上，再将固定化酶覆盖在 pH 复合电极上，采用电位法可实现对重金属的检测。该检测器对于 Hg^{2+}、Cu^{2+}、Cd^{2+} 等重金属离子的检测限分别为 $9\mu g/L$、$8\mu g/L$、$30\mu g/L$。检测器经 $0.1mmol/L$ 的 EDTA 活化后，传感器活性恢复，可实现多次重复利用。该方法制备的传感器具有良好的稳定性和重复性，且精密度较高，可用于水产品中重金属检测。

除此方法外，还可将脲酶包埋在 pH 敏感铱氧化电极表面的 PVC 膜上构建成传感器，当重金属存在时，会与脲酶活性中心结合，改变反应系统电势。酶初始反应速率与反应系统电势下降初始速率成正比，通过信号转化器将反应系统电势下降初始速率转化为重金属对酶的抑制率，来检测样品中 Hg^{2+} 和其他重金属离子。此生物传感器 Hg^{2+} 的检测范围为 $0.05\sim1.0\mu mol/L$。

（2）葡萄糖氧化酶生物传感器检测重金属

葡萄糖氧化酶生物传感器分为两种，一种是三电极型，另一种是光电型。三电极型葡萄糖氧化酶生物传感器（图 11-4）采用三电极体系，通过循环伏安法进行扫描，获得不同时间电流的响应值，扣除初始葡萄糖空白液的电流值，便可获得样品中重金属离子浓度的电流响应值。

三电极体系为普鲁士蓝修饰的葡萄糖氧化酶电极为工作电极（WE），饱和甘汞电极为参比电极（RE），自制铂片电极为对电极（CE），底液为 $0.067mol/L$ 的磷酸盐缓冲溶液。在对样品进行测量时，首先将三电极装置放置在葡萄糖缓冲液中，在一定工作电压下，当背景电流处于一个稳定值时，将三电极装置转移至被测样品中，分别记录不同时间的电流响应值，减去初始背景响应值，便可获得被测重金属离子浓度的电极电流响应值。使用该传感器获得 Cu^{2+} 和 Hg^{2+} 线性响应范围分别为 $5\sim40\mu mol/L$ 和 $2.5\sim22.5\mu mol/L$。

Hg^{2+} 对葡萄糖氧化酶有抑制作用，且抑制强度与 Hg^{2+} 浓度成正比。葡萄

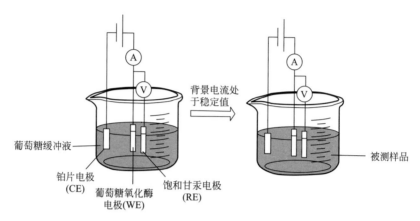

葡萄糖缓冲液

铂片电极
(CE)
葡萄糖氧化酶
电极(WE)

饱和甘汞电极
(RE)

背景电流处
于稳定值

被测样品

图 11-4 三电极型葡萄糖氧化酶生物传感器示意图

糖氧化酶催化葡萄糖形成过氧化氢，辣根过氧化物酶与过氧化氢反应形成氧化态的辣根过氧化物酶，同时氧化态的辣根过氧化物酶可以将底物邻联甲苯胺氧化成蓝色物质，即葡萄糖氧化酶-辣根过氧化物-葡萄糖-邻联苯甲胺偶联反应体系生成蓝色物质，生成的蓝色物质多少及颜色强度随 Hg^{2+} 的浓度大小呈规律性变化，通过这一原理，研制出了光电型葡萄糖氧化酶传感器。该传感器操作简便，对 Hg^{2+} 的检测限为 $0.1\mu mol/L$，检测时间 $5\sim 8min$。

（3）脱氧核糖酶生物传感器检测重金属

脱氧核糖酶的水解稳定性是蛋白酶的 1000 倍，大多数的脱氧核糖酶都能反复地变性、复性而不丧失酶活性，且对金属离子显示了高度识别的特异性。有研究将其应用在 Pb^{2+} 荧光传感器中。

Pb^{2+} DNAzyme 是发现最早的一种可以切割 RNA 的脱氧核酶，这种切割作用对 Pb^{2+} 显示了强烈依赖性。其酶链由催化中心区域和两侧的底物识别结构域构成。底物识别序列可以与底物链发生特异性的结合作用，形成双链结构。在底物内部需要存在一个核糖核酸碱基（即 RNA 碱基），在 Pb^{2+} 存在的情况下，底物链可以在该核糖核酸碱基处发生断裂。将底物链与酶链用两个胞嘧啶碱基进行连接，连接为一条寡核苷酸链，并在其 $5'$-端和 $3'$-端分别标记以荧光基团和猝灭基团（图 11-5）。在该寡核苷酸链形成的分子内二倍体结构当中，荧光基团与猝灭基团紧密接触，从而保证了高的荧光猝灭效率，极大地降低了检测体系的背景信号，提高了信噪比。该传感器可以对 Pb^{2+} 的加入作出快速响应，在 30s 内检测体系的荧光信号即可达到稳定，从而可以实现 Pb^{2+} 的快速检测。利用该方法进行 Pb^{2+} 的定量检测，检测限可以达到 $3.1nmol/L$。

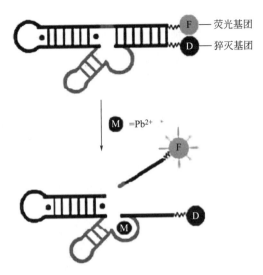

图 11-5　单链 DNAzyme 的 Pb^{2+} 荧光传感器工作原理

4. 酶反应器检测重金属

除酶生物传感器外，酶反应器也用作连续自动检测痕量重金属。现常用的酶反应器是将流动注射分析（FIA）与传感器相结合。如将葡萄糖氧化酶和过氧化氢酶共固定在可控微孔玻璃珠 CPG 上，再将带有 FIA 系统的可进行连续测温的传感器偶联在微孔玻璃珠上，通过温度改变来追踪酶活性变化，从而测定重金属浓度，原理如图 11-6 所示。用该反应器检测 Hg^{2+}，因 Hg^{2+} 可抑制酶活，降低酶促反应速率，对应于 100% 的酶活性给出一个温度变化，通过热敏传感器监测反应过程温度变化，最终获得 Hg^{2+} 检出范围为 $5\sim80\mu g/L$，且该方法测定迅速，每个样品仅需 $2\sim6min$。

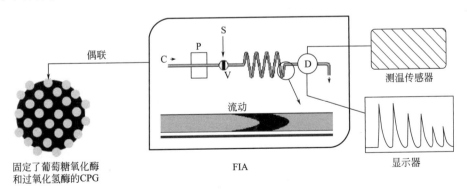

图 11-6　FIA-CPG 葡萄糖氧化酶反应器

C—载流；P—恒流泵；S—样品；V—注样阀；D—流通式检测器

5. 适配体分析法检测重金属

适配体分析法主要是基于各种适配体对金属离子特异性结合的原理进行的。如利用富含鸟嘌呤的凝血酶适配体检测 Pb^{2+}，当适配体与 Pb^{2+} 结合生成 G-quadruplex，连接在适配体上的 6-羧基-4-甲基-罗丹明发生荧光偏振，可对低至 1.0mmol/L 的 Pb^{2+} 进行检测。

二、免疫学检测法检测重金属

免疫学检测重金属方法包括单克隆免疫检测和多克隆免疫检测，前者包括一步法竞争性免疫检测、间接竞争性 ELISA 和 KinExA 免疫检测，后者主要包括荧光偏振免疫检测（FPIA）。免疫学方法其核心在于制备用于测定的抗体。表 11-1 列出的是近年国内外关于重金属特异性抗体制备的报道。由表 11-1 可知，目前重金属抗体制备时主要方法是将重金属离子与螯合剂（如 IEDTA 或 ITCBE、DTPA 等）制成螯合物，并与载体蛋白偶联，利用免疫动物制备单（多）克隆抗体，并以此为基础建立各种免疫学分析方法。免疫学检测因具有检测灵敏度高、选择性强、检测速度快等特点，被广泛用于检测领域。

表 11-1　近年国内外重金属特异性抗体制备相关研究总结

重金属	时间	抗原合成方法	抗体	检测应用
Cd	2005	IEDTA 螯合物与 KLH 偶联	单抗 IgG1	ELISA
	2009	ITCBE 螯合物与 BSA/KLH/OVA 等偶联	单抗和多抗	ELISA
	2010	ITCBE 螯合物与 KLH 偶联	单抗 IgG1	ELISA
	2011	ITCBE 螯合物与 KLH 偶联	单抗	无
Pb	2009	DTPA 螯合物与 BSA 偶联	单抗	ELISA
	2011	DTPA 螯合物与 KLH 偶联	单抗	无
	2012	ITCBE 螯合物与 BSA 偶联	多抗	ELISA
	2014	ITCBE 螯合物与 BSA 偶联	卵黄抗体 IgY	ELISA
Cu	2009	EDTA 螯合物与 BSA 偶联	单抗	ELISA
	2011	DTPA 螯合物与 BSA/OVA 偶联	单抗 IgG1	ELISA
	2012	ITCBE 螯合物与 BSA/OVA 偶联	单抗 IgG1	ELISA
Cr	2011	IEDTA 螯合物与 BSA 偶联	单抗	ELISA
	2014	ITCBE 螯合物与 BSA 偶联	单抗 IgG1 等	ELISA
Hg	2007	ITCBE 螯合物与 KLH 偶联	单抗 IgM	ELISA
	2010	DTPA 螯合物与 KLH 偶联	单抗 IgG1	无
	2012	ITCBE 螯合物与 KLH 偶联	多抗	ELISA
	2012	MNA 与蛋白偶联后与甲基汞连接	单抗	ELISA
	2015	ITCBE 螯合物与 KLH 偶联	单抗	ELISA

重金属	时间	抗原合成方法	抗体	检测应用
Zn	2009	DTPA 螯合物与 KLH 偶联	单抗 IgG3	无
	2011	DTPA 螯合物与 KLH/BSA 偶联	单抗 IgM	无

1. 一步法竞争性免疫检测

样品中加入过量重金属螯合剂形成重金属-螯合剂复合物，将样品复合物和酶标记的重金属-螯合剂同时加入到对重金属具有特异性的酶标板里，二者会竞争酶标板微孔中抗体的单克隆结合位点，向酶标板中加入底物便可实现显示，原理如图 11-7 所示。通过与已经制作好的标准曲线对照，便可计算出样品中重金属离子浓度。该方法简便快捷、特异性好，且无需添加二抗，成本较低。

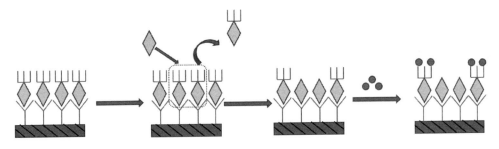

图 11-7　一步法竞争性免疫检测原理

▨▨▨—酶标板；Ⲩ—特异性抗体；◆—重金属-螯合剂；♱—重金属-螯合剂-荧光；●●—底物

2. 间接竞争性 ELISA

间接竞争 ELISA 检测法原理是待测样品和过量重金属螯合剂形成重金属-螯合剂复合物，和酶标板上具有一定浓度的重金属螯合剂形成重金属-螯合剂复合物竞争被包被的单抗的抗原结合位点，加入酶标二抗和底物显色，通过与标准曲线对比即可获得样品中重金属离子浓度。该方法是免疫学检测法中使用较早的方法，发展也已较为完善，是现在较为常用的方法。

3. KinExA 免疫检测

KinExA 免疫检测法是在间接 ELISA 检测方法的基础上发展起来的，其受计算机控制，可快速分离自由抗体、自由抗原、抗原-抗体复合物，是一种流式荧光计。KinExA 含有毛细管流、观察单元以及多微孔筛三个组成元件，被测液体在负压条件下通过多微孔筛。多微孔筛是由大小统一的珠子填充而成，且其表面包被抗原。KinExA 对样品进行检测，首先也是用过量螯合剂螯合样品中重金属,再向可溶性重金属-螯合剂复合物中加入抗体,使二者达到平衡状态。将制好的混合溶液快速流经小珠,具有抗原结合位点的抗体会被小珠上的抗原捕获,利用缓冲液洗脱后加入酶标二抗和底物显色,通过和标准曲线对照便可获得样品中重金属离子浓度,原理如图 11-8 所示。KinExA 检测方法灵敏度极高,是间接ELISA 检测法的 10~1000 倍,具有良好的发展前景。用 KinExA TM 3000 免疫传感器检测铀,其检测范围可达 1.4~24μg/kg。

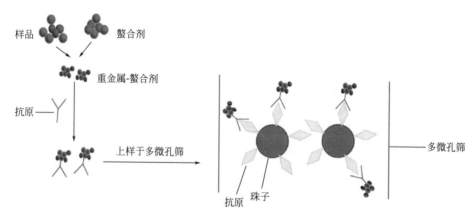

图 11-8　KinExA 免疫检测原理

4. 荧光偏振重金属免疫检测 (FPIA)

FPIA 检测原理如图 11-9 所示。首先向样品中加入过量螯合剂螯合样品中重金属离子形成可溶性重金属-螯合剂复合物。将该复合物加入含有固定浓度的重金属-螯合剂-荧光复合物酶标板上,其可和金属-螯合剂-荧光复合物竞争单克隆抗体的抗原结合位点,通过荧光偏振分析仪进行检测,获得的数据与标准曲线对照便可获得样品中重金属离子浓度。

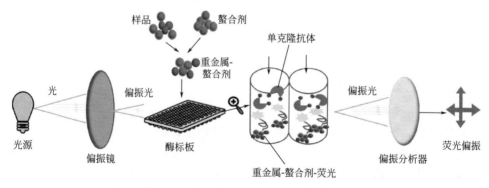

图 11-9　荧光偏振重金属免疫检测原理

第三节　酶在水产品药物残留检测中的应用

我国水产种类丰富，水产养殖行业兴盛，但在养殖过程中为提高水产品的产量和质量往往需要使用兽药。市场上兽药种类繁多，除消毒剂、防腐剂，还有杀虫类、驱虫类、抗生素类、磺胺类、呋喃类和喹诺酮类抗菌药等，个别情况下还会使用某些激素类的兽药。在实际养殖中经常会出现违规使用或过量使用兽药的现象，导致水产品中残留对人体有害的兽药，对人类健康造成威胁。此外兽药残留还会污染水体，进而影响我国水产养殖行业的发展。水产品中兽药的使用与残留越来越受到广泛的关注，已经颁布实施与水产品质量安全相关的法律法规如《渔业法》《农产品质量安全法》《动物防疫法》《兽药管理条例》《水产养殖质量安全管理规定》等为水产品质量安全提供了有力保障，除此之外，还需要准确的分析手段为法律法规的实施提供技术支撑。目前国内外现有的水产品中药物残留的前处理技术主要有 QuEChERS 方法、分子印迹技术和固相萃取法，分析检测技术主要包括高效液相色谱法、高效液相色谱-质谱联用技术和免疫分析技术等。以下将对酶法检测药物残留进行介绍。

一、水产品中磺胺类药物检测

1.磺胺类药物简介

磺胺类药物主要来源于磺酰胺基，当磺酰胺基上的氢被不同杂环取代后有不同的抑菌效果，但发挥抑菌作用的是对位上游离的氨基。磺胺类药物分子结构通式如图 11-10 所示。当游离氨基被取代后磺胺类药物就失去了抑菌活性，若只是对氨基进行修饰，被人体食用后人

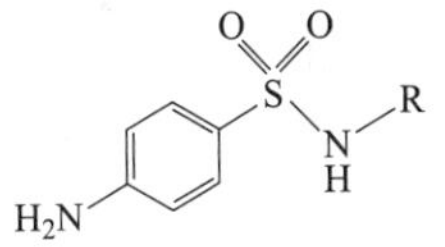

图 11-10　磺胺类药物分子结构通式

体内的酶对其进行去修饰则会恢复其抗菌活性，这就会对人体造成伤害。由于磺胺类药物价格低廉、使用方便，且具有广泛的抑菌活性而被大量使用。其在水产品上主要用于治疗细菌性疾病或预防细菌病的发生。

磺胺类药物在使用过程中不合理或过量使用会造成水体污染及水产品药物残留，通过食物链会在人体内蓄积，由于磺胺类药物在生物体内会有长时间的作用以及代谢时间，因此细菌耐药性和变异菌株极易发生出现。此外磺胺类药物进入人体后还可以透过血脑屏障和胎盘屏障，作用于中枢系统并影响胎儿发育。人体内磺胺类药物代谢主要有三种方式，最主要的代谢方式是乙酰化，磺胺类药物经乙酰化后毒性会增高，在中性或酸性条件下还会形成结晶尿损伤肾脏。因此严格

检测水产品中磺胺类药物具有重要意义。

2. 酶联免疫法检测磺胺类药物

酶联免疫法检测磺胺类药物原理是将抗原或抗体包被在固定相上且保有免疫学活性，酶标记的抗体或抗原保留免疫学活性且保留酶活性。样品检测时，受检标本和固定相上抗原或抗体发生特异性反应，经洗涤后加入酶标抗体或抗原与固定相上抗原或抗体特异性结合。再加入底物进行显色反应，通过颜色的深浅便可进行定量或定性分析。

用磺胺类药物对新西兰白兔进行免疫获得抗体，辣根过氧化物酶标记羊抗兔IgG 为酶标抗体，对样品进行检测，将颜色深浅与标准曲线进行对照，便可获得样品中磺胺类药物含量。

3. 胶体金标记技术检测磺胺类药物

胶体金标记技术是一种新型的免疫标记技术，该技术最早出现于 20 世纪 80 年代，是由 Faulk 和 Taylor 发明并由后人改良后发展的以胶体金作为标记物的最敏感的免疫学技术之一。该方法无需专业人员操作，携带方便，能对现场大批量样品进行快速检查，应用范围广泛。

胶体金是由氯金酸（$HAuCl_4$）在还原剂如白磷、抗坏血酸、枸橼酸钠、鞣酸等作用下，聚合成一定大小的金颗粒，并由于静电作用成为一种稳定的胶体状态，形成带负电的疏水胶溶液，故称胶体金。胶体金在弱碱环境下带负电荷，可与蛋白质分子的正电荷基团形成牢固的结合，由于这种结合是静电结合，所以不影响蛋白质的生物特性。

（1）胶体金标记技术检测原理

胶体金检测时以硝酸纤维素膜等微孔滤膜作为载体，在其上某一区域固定配体（抗原或抗体），将经胶体金标记的另一配体吸附在玻璃纤维上，再固定于硝酸纤维素膜某一特定位置。待硝酸纤维素膜干燥后将其一端浸入到样品中，在毛细的作用下，样品会沿着膜向上移动，若样品中含有待检测的药物，则胶体金标记处会发生高度特异性免疫反应，所形成的免疫复合物会继续移动至包被区，发生第二次高度特异性免疫反应，形成的复合物不能再继续移动而是停留在包被区，当复合物大量聚集时呈现红色斑点，便可进行定性或半定量分析。基于此原理，可将胶体金制成试纸条，试纸条上设置两条线，一条为检测线，另一条为对照线。在对样品进行检测时，若对照线和检测线颜色一样深或对照线浅于检测线，结果为阴性，即磺胺类药物的残留量低于检测限量（我国要求的磺胺类药物检测限量为 100ng/kg）；若对照线深于检测线，则结果为阳性，即磺胺药物的残留量在检测范围内；若检测线无颜色，则样品也为阳性，但磺胺药物的残留量则高于检测限量；若检测线出现红色条带或检测线以及对照线都无红色，则试纸条无效。

（2）胶体金技术检测磺胺类药物

对磺胺类药物检测中，采用柠檬酸三钠还原法制备粒径为 20nm 的胶体金，将对磺胺类药物具有广谱特异性的多克隆抗体-胶体金复合物喷涂在玻璃纤维上，并将人工合成的包被抗原（SAs-OVA）、羊抗兔二抗固定在硝酸纤维素薄膜上作为检测线和对照线，待测样品中的磺胺类药物与包被抗原竞争结合胶体金标记的抗磺胺类药物的多克隆抗体，通过观察检测线颜色的深浅判断样品中磺胺类药物浓度。该方法检测鲫鱼时视觉检测限为 0.01mg/kg。

二、水产品中硝基呋喃类药物的检测

1. 硝基呋喃类药物简介

硝基呋喃类药物可对细菌体内的氧化还原酶系统进行干扰，扰乱细菌代谢体系，从而实现抗菌作用。此类药物主要包括呋喃唑酮、呋喃它酮、呋喃西林、呋喃妥因，其中呋喃西林的毒性最大，呋喃唑酮的毒性最小，为呋喃西林的 1/10 左右，以呋喃西林对动物体的毒性作用最常见。

呋喃类药物具有广泛的抗菌活性，且其抗菌能力不受血液、粪便、脓汁和组织分解产物影响，外用对组织刺激性小，细菌对本类药物亦较少产生耐药性。但其无需附加外源性激活系统就可以引起细菌的突变，因此该类药物是直接致癌剂。使用高剂量喂养水产会诱导鱼肝脏发生癌变。硝基呋喃类药物在人体内代谢迅速，部分代谢产物可以和细胞膜蛋白结合，结合产物稳定。普通加工方法很难使蛋白结合态呋喃唑酮残留物降解，当处于弱酸环境中时，呋喃类药物便可释放出来。因此当人食用含有硝基呋喃类抗生素残留的水产品时，在胃酸的作用下，呋喃类药物会释放出来，对人体产生毒害作用。

2. 免疫分析法检测硝基呋喃类药物

因硝基呋喃类药物在体内代谢迅速，因此现在使用的免疫分析法大多对其代谢产物进行检测。使用呋喃酮代谢产物 3-氨基-2-恶唑烷酮（AOZ）的衍生物获得高特异性多克隆抗体，通过 ELISA 对样品中硝基呋喃类药物进行检测，其 IC_{50} 值为 $0.065\mu g/L$，后用该方法建立了虾组织中 AOZ 的 ELISA 检测方法，检测限达到 $0.1\mu g/kg$。使用间接 ELISA 法检测呋喃唑酮，将呋喃唑酮与牛血清白蛋白（BSA）、人血清白蛋白（HAS）连接，分别作为免疫原及包被原，该方法测定呋喃唑酮的最适范围为 $10\sim100\mu g/L$，最小检测限为 $1\mu g/L$，且与其他药物未显示免疫交叉反应性。

三、水产品中孔雀石绿残留的检测

1. 孔雀石绿简介

孔雀石绿（malachite green，MG）又名碱性绿、苯胺绿、孔雀绿和品绿等，是一种翠绿色的三苯甲烷类染料，化学名称为四甲基代二氨基三苯甲烷，主要以草酸盐和盐酸盐形式存在，结构见图 11-11。连接三个苯基的碳上含有一个双键，结构不稳定，极易溶于水和乙醇，其水溶液呈蓝绿色，与浓硫酸反应后呈黄色，其稀释液颜色为暗橙色。

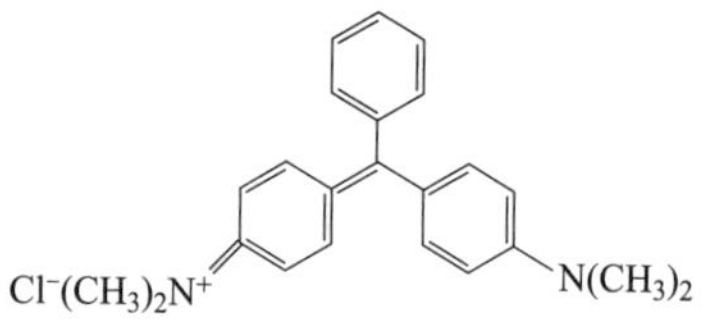

图 11-11 孔雀石绿的结构式

孔雀石绿是三苯甲烷类工业染料，早在 1933 年就作为杀菌剂、防腐剂而被广泛用于预防与治疗水产动物养殖中的水霉病、鳃霉病和小瓜虫病等。但是，孔雀石绿及其代谢物隐性孔雀石绿具有潜在"三致"作用，会对人健康与环境造成危害，因此，美国、加拿大、欧盟等国家和地区都已经明确禁止在水产养殖中使用孔雀石绿。我国于 2002 年将孔雀石绿列入《食品动物禁用的兽药及其化合物清单》中，并且于 2005 年制定了孔雀石绿的使用标准，要求孔雀石绿在水产品中的检出值不得超过 $1\mu g/kg$，这一标准比欧盟 $2\mu g/kg$ 的标准还要严格。然而，由于孔雀石绿杀菌、防腐效果好且价格低廉，所以一些生产者受利益驱动在水产品养殖、运输及贮存中违规使用的情况依然存在。

2. 酶法检测水产品中孔雀石绿

基于酶联免疫技术、胶体金免疫层析技术原理，现已研发出孔雀石绿酶联免疫试剂盒及孔雀石绿快速检测卡系列产品。孔雀石绿酶联免疫试剂盒基于酶联免疫技术，样本中抗原与酶标板上固定的抗原特异性竞争抗体，通过加入酶标记物，催化底物显色，根据显色程度来判断样本中孔雀石绿的含量，检出限可达到 $0.5\mu g/kg$，准确度高、灵敏性强，可快速准确实现水产品中孔雀石绿残留的定性、定量检测。孔雀石绿快速检测卡基于胶体金免疫层析技术，以胶体金为显色媒介，利用抗原抗体特异性结合的原理，根据检测卡显色情况来判断样本中是否残留孔雀石绿，实现定性或半定量检测。经验证，孔雀石绿检测卡在鱼肉、虾肉等水产品中的检出限为 $2.0\mu g/kg$，具有方便快速灵敏等特点，适合用于大批量样本现场筛查，能够有效为国内水产品质量安全提供技术参考与服务。

四、水产品中氯霉素的检测

1. 氯霉素简介

氯霉素（chloramphenicol，CAP）是 1947 年首次从委内瑞拉链霉菌菌属中提取出来的，1948 年结构确定以后成为第一个可以人工合成的抗生素。氯霉素化学名称为 D-苏阿型-1-对硝基苯基-2-二氯乙酰胺基-1,3-丙二醇，简称氯胺丙醇，分子式为 $C_{11}H_{12}O_5N_2Cl_2$，分子量为 322.01，化学结构式如图 11-12 所示。

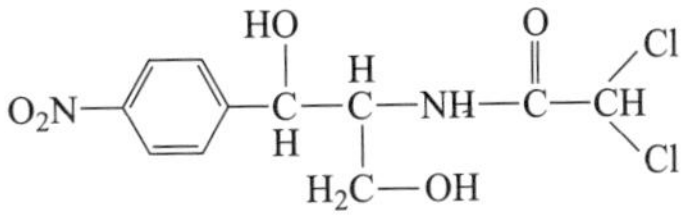

氯霉素是一种广谱性抗生素，其通过与核糖体 50S 亚单位结合抑制细菌蛋白质合成，从而达到抑菌作用。研究发现，氯霉素对革兰氏阳性菌和革兰氏阴性菌以及立克次体、衣原体

图 11-12　氯霉素的结构式

都有良好的抑制作用。随着养殖业的不断发展，氯霉素被广泛使用，但由于养殖人员不遵守有关药期规定及未正确使用药物，导致水产品中氯霉素残留，通过食物链在人体蓄积，当达到一定浓度后，氯霉素会抑制骨髓功能，使身体不能制造红细胞、白细胞和血小板，引起人类的再生障碍性贫血、粒状白细胞缺乏症、新生儿及早产儿的灰色综合征等疾病，低浓度的药物残留还会诱发致病菌的耐药性，因此动物食品中的氯霉素残留对人类的健康构成了巨大威胁。发达国家对于氯霉素的检出限越来越严格，欧盟原来规定检出限为 $10\mu g/kg$，后改为 $1\mu g/kg$，后又降低到 $0.1\mu g/kg$。研制快速灵敏的检测方法检测氯霉素成为新的技术壁垒。

2. ELISA 检测水产品中氯霉素

氯霉素作为半抗原，不能刺激机体产生抗体。通过将氯霉素和大分子载体物质（蛋白质）结合便可以制备具有免疫原性的人工抗原。用此抗原刺激机体便可让机体产生抗氯霉素的抗体。德国公司 R-Biopharm 研制的能够对氯霉素进行定量分析的试剂盒，其微孔包被针对兔 IgG（氯霉素抗体）的羊抗体。检测样品时，向微孔中加入样品溶液、氯霉素抗体、氯霉素酶标记物，样品中如若有氯霉素存在，则会和氯霉素酶标记物竞争结合氯霉素抗体，氯霉素抗体又会和微孔中固定的羊抗体结合，通过洗涤将没有结合氯霉素抗体的游离氯霉素酶标记物除去。加入酶基质（过氧化脲）和发色剂（四甲基苯胺）孵育，发生特异性结合的氯霉素酶标记物将无色发色剂转化成蓝色，通过吸光值检测便可计算出样品中氯霉素浓度。该方法操作简单，灵敏性高，检测下限可达到 $0.05\mu g/kg$，且实验重复性好。

五、水产品中泰乐霉素的检测

1. 泰乐霉素简介

泰乐霉素是一种大环内酯类抗生素（图 11-13），能够抑制细菌中蛋白质的合成，因此具有抗菌活性。其对革兰氏阳性菌和部分革兰氏阴性菌、霉形体等均有抑制作用，尤其是对支原体及螺旋体也具有很强的抑制作用，同时，泰乐霉素还能促进个体生长，被广泛应用于畜牧业和水产养殖中。但随着研究的不断深入，发现泰乐霉素会对人体造成危害。1999 年以来，欧盟禁止将泰乐菌素作为促生长剂添加到动物饲料中，同时规定动物组织中泰乐霉素的最高残留量为200.00μg/kg。我国山东省畜牧办公室制定了《山东省禁用限用兽药名录》，将泰乐霉素列入禁用化学药物名单中，NY 5071—2002《无公害食品渔业药物使用准则》中将泰乐霉素列为禁用渔药。

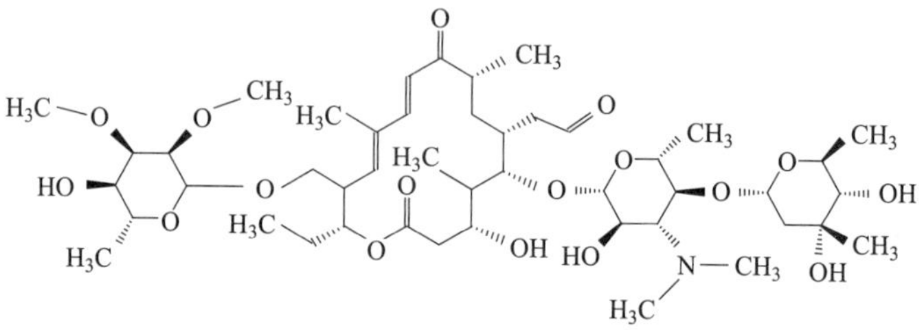

图 11-13　泰乐霉素的结构图

2. ELISA 检测水产品中泰乐霉素

用羰基二咪唑将半抗原泰乐菌素分别与牛血清白蛋白（BSA）和卵清蛋白（OVA）偶联，制备泰乐菌素免疫抗原 Tylosin-BSA 和检测抗原 Tylosin-OVA，用紫外光谱扫描检 Tylosin-BSA 偶联物，辣根过氧化物酶标记 Tylosin-OVA 偶联物，通过 ELISA 检测样品中的泰乐霉素。该方法灵敏度达 50ng/mL。

六、水产品中喹诺酮类药物的检测

1. 喹诺酮类药物简介

喹诺酮类药物（FQs）是一类人工合成药物，属于广谱抗菌药，具有广谱、高效、低毒等特点，其结构式如图 11-14 所示。其主要用于动物疾病的防治和饲料中动物生长促进剂，但药物滥用现象较为严重，导致药物残留，威胁人类健康。世界各国十分重视FQs 类抗菌药残留问题，对常用的 FQs 药物制定了

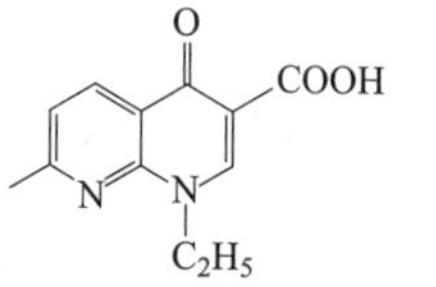

图 11-14　喹诺酮类分子结构

相应的残留限量标准，如欧盟规定动物肌肉等组织中恩诺沙星等的最大残留量为0.01～1.9mg/kg；美国禁止在水产养殖业中使用 FQs。因此，加强对 FQs 类药物的残留监控并建立一种快速高效的检测方法对加强水产品质量安全的监测具有重要的意义。

2. ELISA 检测水产品中喹诺酮类药物

采用间接竞争 ELISA 方法检测样品中的喹诺酮类药物。在微孔条上预包被上偶联抗原，利用抗原与抗体的特异性免疫化学反应的原理来进行。样本中的喹诺酮类药物和微孔条上预包被偶联抗原竞争抗喹诺酮类药物抗体，加入酶

标记物后，用 TMB 底物显色，样品中的喹诺酮类药物含量与样品的吸光度值呈反比，与标准曲线比较即可得出喹诺酮类药物含量。该方法的检出限为 $0.0087\mu g/kg$，检测范围为 $0.107\sim177.896ng/mL$。该方法不仅简化了实验步骤，而样品前处理和检测过程均缩短了检测时间，降低了检测成本，更加省时、方便、快捷。

七、水产品中喹乙醇的检测

1. 喹乙醇简介

喹乙醇（olaquindox，OLA）是由德国 Byaer 公司研制开发的一种抗菌促生长剂，曾广泛应用于水产养殖业，一度被称为"水产瘦肉精"，分子式为 $C_{12}H_{13}N_3O_4$，结构式如图 11-15 所示。

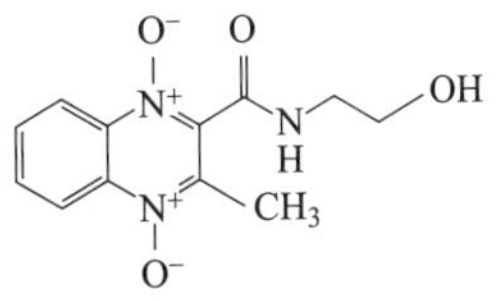

图 11-15　喹乙醇结构式

随着研究的深入，喹乙醇的毒性进一步被明确，不规范用药会有明显的遗传毒性和蓄积毒性，因此国内外先后制定了严格的使用规范和残留限量标准。如日本规定在动物组织和内脏中的最大残留限量为 $300\mu g/kg$；美国和欧盟禁止使用喹乙醇；我国农业部在 2001 年发布的第 168 号公告《饲料药物添加剂使用规范》中规定饲料中的添加量不得高于 $50mg/kg$，同时规定禁止在鱼、禽及体重超过 $35kg$ 猪的养殖过程中使用。然而喹乙醇价格便宜，抗菌促生长效果好，违规添加和超量添加的现象仍时有发生，因此，加强喹乙醇的检测监督，特别是加强喹乙醇检测技术的研究极为必要。

2. ELISA 检测水产品中喹乙醇

采用间接竞争 ELISA 方法检测样品中的喹乙醇。在微孔条上预包被上偶联抗原，利用抗原与抗体的特异性免疫化学反应的原理来进行。样本中的喹乙醇和微孔条上预包被偶联抗原竞争抗喹乙醇抗体，加入酶标记物后，用 TMB 底物显色，样品中的喹乙醇含量与样品的吸光度值呈反比，与标准曲线比较即可得出喹乙醇含量。

3. 胶体金免疫层析法检测水产品中喹乙醇

将已制备纯化过的喹乙醇多克隆抗体与胶体金结合产生的金标抗体喷涂在玻璃纤维垫上，并将包被抗原和二抗分别结合在硝酸纤维素膜上，组装成免疫层析快速检测试纸条，将制备的试纸条用于检测样品。胶体金试纸条结构如图 11-16 所示。试纸条可以在 10min 内完成检测，肉眼观察的最低检测限 $0.05\mu g/L$，与其结构类似物卡巴氧、乙酰甲喹、3-甲基-喹噁啉-2-羟酸的反应交叉性小，该试纸条假阳性率低于 5%，假阴性率为零，在干燥常温条件下保存 6 个月仍然有效。

该方法操作简单，检测时间短，携带方便，用于快速检测和现场筛查，更容易在基层推广。

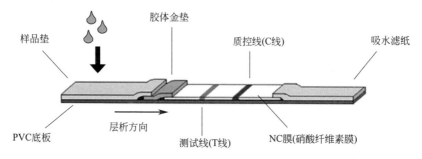

图 11-16　胶体金试纸条结构

4. 荧光微球免疫层析法检测水产品中喹乙醇

将新型标记物荧光微球与喹乙醇单克隆抗体偶联，以该复合物为检测试剂制备荧光微球免疫层析试纸条，在肉眼检测的同时，将该装置与荧光微球定量侧向层析读数仪联合使用，可进行喹乙醇含量的定量快速检测。该试纸条特异性强、准确性高、保存期长，定量检测只需 18min 左右，肉眼检测需 38min 左右，与相同抗原和抗体制备的胶体金试纸条相比，该方法可大大提高灵敏度。荧光微球免疫层析结构如图 11-17 所示。

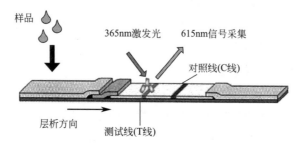

图 11-17　荧光微球免疫层析结构

参考文献

[1] 陈小娥, 夏文水. 酶技术在水产加工业中的应用. 食品与发酵工业, 2002, 28（1）: 60-63.

[2] 霍如林, 朱爱荣, 张林, 等. 胶体金免疫层析法快速检测动物组织中残留的喹乙醇. 食品工业科技, 2014, 35（21）: 297-300.

[3] 杨鸢劼, 陈辉. 酶联免疫吸附法快速检测鳗弧菌. 上海交通大学学报: 农业科学版, 2005, 23（1）: 69-72.

[4] 张星传, 王康仙. 鱼类鲜度酶试纸测定法. 水产科技情报, 1984（5）: 9-12.

[5] 谢俊平, 卢新. 酶抑制法快速检测食品中重金属研究进展. 食品研究与开发, 2010, 31(8): 220-224.

[6] 熊开胜, 张海防, 谢建庭. 一种使用菠萝蛋白酶检测重金属汞的方法, CN 104374724 A, 2015.

[7] 孙璐, 迟德富, 宇佳, 等. 基于抑制葡萄糖氧化酶活性快速检测重金属离子的研究. 湖南师范大学自然科学学报, 2014, 37(4): 46-50.

[8] 寇冬梅. 快速检测重金属离子的酶膜生物传感器及其应用研究. 西南大学硕士论文, 2008.

[9] 车晓青, 郭明. 重金属残留的酶联免疫吸附检测技术研究进展. 福建分析测试, 2009, 18(4): 61-66.

[10] 刘功良, 王菊芳, 李志勇, 等. 重金属离子的免疫检测研究进展. 生物工程学报, 2006, 22(6): 877-881.

[11] 孙晓杰, 王苏玥, 卢立娜, 等. 水产养殖投入品中药物残留检测方法研究及现状分析. 食品安全质量检测学报, 2016, 7(5): 1984-1990.

[12] 郑志高, 江红星, 吕芳, 等. 磺胺类药物的多残留酶联免疫法检测. 检验检疫学刊, 2006, 16(1): 19-22.

[13] 韩静, 刘恩梅, 王帅, 等. 胶体金免疫层析法检测食品中的磺胺类药物残留. 现代食品科技, 2011, 27(5): 603-606.

[14] 王习达, 陈辉, 左健忠, 等. 水产品中硝基呋喃类药物残留的检测与控制. 现代农业科技, 2007, (18): 152-153.

[15] 熊雅婷, 刘薇. 水产品中孔雀石绿残留检测技术研究进展. 食品安全导刊, 2017, 7: 32-33.

[16] 叶雪珠, 王小骊, 赵燕申, 等. 水产品中氯霉素含量的快速检测与分析. 食品科技, 2003, 8: 84-85.

[17] 张园, 赵春晖, 李英, 等. 水产品中泰乐霉素残留检测技术研究进展. 北京农业, 2012, 36.

[18] 孙远明, 陈颖, 邓启良, 等. 食品安全快速检测与预警. 北京: 化学工业出版社, 2016.

[19] Thandavan K, Gandhi S, Sethuraman S, et al. Development of electrochemical biosensor with nano-interface for xanthine sensing-a novel approach for fish freshness estimation. Food Chemistry, 2013, 139(1-4): 963-969.

[20] 李慧, 孔德明. 脱氧核酶在重金属离子检测中的应用. 化学进展, 2013, 25(12): 2119-2130.

[21] 杨金易, 张燕, 曾道平, 等. 基于 QuEChERS 前处理技术的水产品中喹诺酮类药物多残留 ELISA 检测方法的建立. 食品工业科技, 2015, 36(1): 292-298.

[22] 邬溪芮, 张珍珍. 喹乙醇的危害及其检测方法. 兽医导刊, 2017, 9: 52-53.

[23] 李道稳, 邬良贤, 李斌, 等. 喹乙醇残留检测研究进展. 中国饲料, 2016, 22: 25-28.

第十二章

水产加工专用酶的研究进展和应用前景

　　海洋生态系统不仅在物质循环、能量流动、生态平衡及环境净化等方面发挥着重要角色，而且是海洋药物、保健品和生物材料的重要来源，正日益为国内外海洋研究工作者所重视。随着对海洋生物研究的不断深入，研究人员从海洋中发现了大量具有特殊生理活性的天然化合物，如抗生素、多糖、氨基酸、不饱和脂肪酸、生物毒素、酶、酶抑制剂、维生素、色素以及具有抗病毒、抗肿瘤活性的物质，用以研究药物和开发功能食品。但是，它目前仍是一个尚未开发的生物活性化合物库，在开发新型功能性食品方面具有相当大的潜力。为了增加功能性海洋成分的可用性和化学多样性，采用生物技术，特别是酶技术来挖掘和生产新型化合物具有广阔的市场前景。

　　此外，近年来随着人们生活品质的不断提高、社会和科技的进步，低值水产品直接食用的价值越来越低，已无法满足消费者对食品营养价值和感官品质等方面的要求。将一些低值水产品加工成高附加值的产品显得越来越重要，而传统的水产品加工过程具有副产物量高、利用率低、经济效益差等缺点。加工过程中产生的大量虾头、虾蟹壳及鱼骨、鱼鳞下脚料等不能被充分利用，大部分作为废弃物处理，不仅造成资源的严重浪费，而且污染环境。利用酶技术则可以弥补传统水产品加工的这些缺陷，提升产品品质，延长保鲜期限，既可以提高生产率，降低成本；又能更好地保留其营养成分，提高营养价值，为水产品加工业开辟新的途径。

　　长久以来，酶已经作为添加剂广泛地应用于食品加工行业。在早期阶段，食品工业中酶的商业化应用有限，仅限于在适当条件下通过内源性蛋白酶的作用生产发酵食品。如今，酶法已成为现代食品工业中生产大宗化产品的重要组成部分。水产品作为一种大众型消费品，种类繁多，口味鲜美，具有低脂肪、高蛋白质、高营养价值等优点，能够提供大部分人类所需的优质蛋白质，满足人体营养需求，备受消费者青睐。水产品加工及其综合利用是渔业生产的延续，目前，酶技术已广泛应用于提升产品品质和营养价值，提高水产品资源的利用率及优化渔业产业结构中。

本章将重点讨论水产加工专用酶的研究进展和应用前景，包括蛋白酶、脂肪酶和多糖降解酶等。

第一节　酶在水产品加工中的研究进展

一、海洋活性物质组成

丰富的海洋资源是生产高附加值化合物的重要来源，不仅味道鲜美，营养价值较高，而且具有多种生物活性，具有抗氧化、抗炎、杀菌、抗肿瘤、抑制血管生成、促进伤口愈合、提高人体免疫功能、改善骨质疏松症以及神经保护作用等功效。功能性成分主要包括：ω-3鱼油、几丁质、壳聚糖、鱼蛋白水解物、藻类多糖、类胡萝卜素、胶原蛋白、牛磺酸、脂肪酸和其他生物活性化合物（图 12-1）。

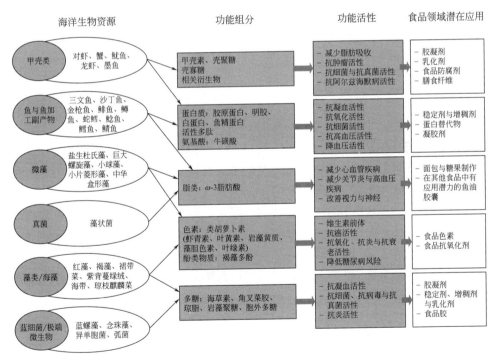

图 12-1　海洋功能成分的来源、分类以及潜在的应用价值

1. 甲壳类

虾蟹是人们餐桌上的美食，一般情况下，当人们食用完之后就将它们的外壳

作为垃圾处理掉了，不仅造成了资源的浪费，而且会造成环境污染。其实，虾蟹壳中富含大量的甲壳素，又叫甲壳质、几丁质，它是一种天然有机高分子化合物，属于直链氨基多糖聚合物，不溶于碱以及其他有机溶剂，也不溶于水。海洋生物资源中，甲壳素是仅次于纤维素的第二丰富的天然聚合物，年产量丰富，天然可再生，目前已成为国际科研界的研究热点之一。为使甲壳素更易于溶解并加以利用，首先可对其进行脱乙酰基处理，当脱乙酰度超过55%后则称为壳聚糖。壳聚糖的相容性、安全性和可生物降解性等特性使其具有优良的生理活性，如抑制细菌活性、控制胆固醇和高血压、吸附和排泄重金属及免疫效果等，被广泛应用于医药、食品、化工、化妆品、水处理和金属提取及回收等诸多领域。同时，壳聚糖被作为增稠剂和被膜剂列入国家食品添加剂使用标准GB2760。

壳聚糖再经过进一步的降解，可得到壳寡糖，又称低聚壳聚糖、氨基寡糖，其聚合度一般在2~20，分子质量≤3200Da。壳寡糖是甲壳素、壳聚糖的升级产品，具有壳聚糖不可比拟的优越性。它具有溶解度较高、可全溶于水、易于被生物体吸收利用、生物活性高等诸多独特的特性，同时具有纯天然、无辐射、无污染、无添加等特点，是自然界中唯一带正电荷阳离子的碱性氨基低聚糖，可以调节肠道微生态、改善肠道组织形态、增强免疫功能、促进消化功能、消除体内毒素，甚至可以抑制肿瘤细胞的生长，并参与其他重要的生理功能。国家卫生计生委在2014年发布了《关于批准壳寡糖等6种新食品原料的公告（2014年第6号）》，壳寡糖被纳入了新食品原料目录，可以在普通食品企业中使用。

2. 鱼类/鱼类下脚料

鱼类全身是宝，但是在鱼类水产品的加工过程中，会产生大量的鱼内脏、鱼头、鱼尾、鱼鳍、鱼皮、鱼鳞、鱼骨、鱼碎肉等，其重量约占原料鱼的40%~60%。这些下脚料目前并没有很好地利用起来，除了一部分加工成动物饲料或制成鱼糜、鱼粉外，大部分被直接丢弃，既浪费了大量资源，又给环境造成负担。这些下脚料中富含多种生物活性成分，如蛋白质、脂肪、钙磷等矿物质以及风味物质等。鱼骨是丰富的天然钙源，可以促进人体生长发育；鱼头及其粘连的鱼肉中含有大量的优质蛋白，富含人体所需的必须氨基酸、牛磺酸等，是优质的生物活性肽来源；鱼皮和鱼鳞则富含胶原蛋白；鱼的内脏可以用来提取鱼油，其中含有大量的不饱和脂肪酸，包括 ω-3、ω-6、ω-7、ω-9 脂肪酸（包括 α-亚麻酸、EPA、DHA），具有降低胆固醇、降血压、预防心脏病等功效。

3. 海藻类

海藻是一大类多样的、简单的生物（通常是自养型），从单细胞到多细胞形式，具有丰富的种类多样性，可以分为大型藻类和微藻两种类型。大型藻类占据沿岸带，其中包括红藻、褐藻和绿藻；而微藻则在底栖和沿岸栖息地以及整个海洋水域中作为浮游植物被发现，浮游植物包括诸如硅藻、甲藻、绿色和黄褐色鞭毛虫以及蓝绿藻等生物。海藻是海洋环境中最重要的生物质生产者之一，特别是海藻中的可食用藻类，它们在其周围产生各种各样的化学活性代谢物，以帮助保护自己免受其他沉降生物的侵害，是多种生物活性化合物的天然来源，可以用作功能成分。褐藻中的褐藻糖具有抗肿瘤、调节免疫功能及抗凝血等作用；褐藻酸是褐藻细胞壁的主要成分，其抗癌活性和其中的甘露糖醛酸及古洛糖醛酸成分有关。红藻的角叉藻聚糖是硫酸盐化半乳糖的聚合物，此类多糖也有增强免疫力及抗癌的活性。另外有许多海藻，如甘紫菜、网翼藻、裙带菜及浒苔等，含有丰富的维生素 C。一些食用海藻如紫菜、石莼等含有较多的蛋白质，可提供二十多种人体必需的氨基酸，如牛磺酸、甲硫氨酸及其衍生物等。另外还有许多具有不同生物活性的代谢物，如食物纤维、类胡萝卜素和多种不饱和脂肪酸等都已经从这些藻类中分离出来。

4. 微生物类

海洋是生命的摇篮，约占地球表面的 71%，是微生物资源研究与开发的巨大宝库。海洋生态环境复杂，高盐度、高压力、低温和特殊的光照条件等赋予了海洋微生物种类的特异性及代谢途径的多样性，从而产生结构独特、具有一定生物活性的次级代谢产物。海洋微生物是生物活性物质的重要来源，因此，海洋活性物质的开发已成为研究重点。研究人员从海洋微生物体内以及代谢产物中发现了大量结构特异、新颖的生物活性物质，包括抗生素、生物毒素、酶抑制剂、酶、多糖、氨基酸、不饱和脂肪酸、色素（类胡萝卜素、红色素、蓝色素等）和维生素等，研究证实，这些活性物质具有抗肿瘤、抗氧化、抗凝血、免疫调节、成骨再生及促进血管生成等作用，在化工、医药、食品以及生命科学等研究领域具有广阔的应用前景。

二、水产加工专用酶的研究进展

我国海域辽阔，海洋水产资源丰富，是世界第一水产大国，水产品加工已经成为食品行业重要的市场。但是目前我国的水产品加工大多采用传统的加工方法，比如干制、烟熏、腌制、糟制和天然发酵等，虽然操作简单、加工成本低，但是存在利用率不高、产品附加值低、经济效益差等问题，只适于对水产品进行初级加工。酶技术具有无毒无害、安全性好、催化效率高等优点，将酶技术应用于水产品加工，可明显改善传统工艺的不足，能有效利用水产品资源，提升产品品质，实现水产品的精深加工，满足消费者对食品安全和食品营养的要求。因此酶技术已经成为水产加工领域的关键工具，目前有包括蛋白酶、脂肪酶和多糖降解酶等多类酶用于水产品的加工。

1. 蛋白酶

目前国内外对蛋白酶在水产品加工中的应用研究主要集中在利用其水解作用，适度水解低值水产品及加工副产物，从中获取生物活性肽，如抗菌肽、降血压肽、抗氧化肽、免疫活性肽和矿物离子结合肽等。赵利等人以克氏原螯虾副产物为原料，利用碱性蛋白酶提取其中的蛋白肽，发现其具有较强的还原能力。刘建伟等人以鲢鱼皮为原料，采用中性蛋白酶和木瓜蛋白酶混合酶解法制备抗氧化肽，结果表明，加酶量和酶解温度对产物的抗氧化活性有显著影响。杨贤庆等利用响应面分析法对酶法水解鸢乌贼蛋白制备抗氧化肽的工艺条件进行优化，确定木瓜蛋白酶为水解鸢乌贼蛋白制备抗氧化肽的最佳用酶。贺江等以草鱼鱼鳞为原料，采用胃蛋白酶对其胶原蛋白进行提取，并进一步进行抗氧化活性肽和降血压活性肽的制备，具有很好的效果。邵宏宏等用胃蛋白酶降解安康鱼皮提取胶原蛋白肽，证实其具有明显的自由基清除活性。史文军等研究以木瓜蛋白酶酶解青蛤边下脚料制备抗氧化肽，水解率为 31.56%，酶解产物的 DPPH 自由基清除率为 74.62%，羟自由基清除率为 59.29%，超氧阴离子自由基清除率为 27.84%。闫鸣艳等利用菠萝蛋白酶酶解刺参内脏蛋白，其酶解液具有很好的抗氧化活性。刘媛等利用中性蛋白酶酶解扇贝贝肉，其酶解液对 DPPH 自由基和超氧阴离子自由基的清除率分别达到了 91.90% 和 79.72%。杨伊然等以蓝圆鲹为原料，发现采用胰蛋白酶和木瓜蛋白酶得到的酶解物可具备较好的矿物离子螯合能力与抗氧化能力。蔡康鹏等人采用胃蛋白酶酶解菲律宾蛤仔，研究证实其获得的酶解多肽对 A549 细胞增殖具有显著的抑制作用。吴静等人以鸢乌贼胴体为原料，采用木瓜蛋白酶进行酶解。结果表明，鸢乌贼酶解产物具有一定的耐热性，在酸性偏中性的环境中能较好地保持其抗氧化活性。此外，酶解产物还具有较强的乳化性、起泡性、吸水吸油能力等功能特性。Ngo 等考察了 6 种不同的蛋白酶在最适条件下水解鳕鱼鱼皮明胶的效果，其中胃蛋白酶酶解产物血管紧张素转化酶抑制率最高，分离纯化后得到具有 ACE 抑制活性的胶原蛋白寡肽。万婧倞等人利用中性蛋白酶酶解海洋鱼鳞蛋白，可以制备 1～6kDa 大小的蛋白多肽，适合食品和化妆品行业的需求。邵俊杰等研究了不同的蛋白酶酶解河蚬蛋白，发现采用风味蛋白酶可以获得含有较高游离氨基酸的水解液；选用木瓜蛋白酶或碱性蛋白酶则可以获得较高含量的功能性短肽。

除了制备生物活性肽以外，蛋白酶还可用于其他活性物质，如多糖、不饱和脂肪酸等的制备。陈思等人以鲣鱼骨为原料，选择复合蛋白酶（木瓜蛋白酶和胰蛋白酶）进行鱼骨硫酸软骨素的提取，提取率达 2.86%，纯度为 90.0%。陈胜军等人研究杂交鲍内脏，筛选出胰蛋白酶是提取鲍鱼内脏多糖的适宜酶制剂，提取率为 6.97%。周小双等采用枯草杆菌中性蛋白酶和胰蛋白酶双酶酶解合浦珠母贝全脏器，制得糖胺聚糖粗品得率为 0.518%，糖胺聚糖含量为 10.9%。谈俊晓等人通过采用复合酶（碱性蛋白酶和木瓜蛋白酶）酶解的方法，对南极磷虾进行酶解处理后，有效提高了南极磷虾虾青素的提取效率。吴兵兵等人以裂壶藻藻粉作为原料，筛选出中性蛋白酶和碱性蛋白酶作为水酶法提取裂壶藻油的适宜酶制剂，裂壶藻的清油得率为 90.22%。荣辉等人以裂壶藻干藻粉为原料，采用两步酶解法提取油脂。确定碱性蛋白酶的最适作用条件，裂壶藻清油得率可以达到 91.37%±0.14%。其中不饱和脂肪酸含量为 47.43%。应用该方法提取裂壶藻油清油得率高，乳化程度低，乳油产量低，具有较高的工业推广应用价值。

还有一些研究人员利用蛋白酶制备鱼露，不仅可以缩短发酵时间，还可以在一定程度上降低鱼露盐分，提高鱼露品质。史亚萍等人研究了利用复合蛋白酶酶解蛤蜊制备液体调味品，所获酶解液中氨基酸态氮含量约为 32mg/g。陈美玲等人以阿根廷鱿鱼为研究对象，采用风味蛋白酶、中性蛋白酶和木瓜蛋白酶的复合酶（添加比例为 2∶2∶1）酶解法结合美拉德反应制备海鲜调味剂，得到具有鱿鱼特征香味的海鲜调味品。王虹等人以沙丁鱼和对虾为实验原料，利用复合蛋白酶制备具有独特风味的短肽，水解率高达 46.16%。陈娜等利用木瓜蛋白酶作用于虾下脚料得到了虾味浓郁、良好色泽并且可作为功能食品添加成分的调味料。刘光明等将海蟹下脚料经蛋白酶酶解作用后制得低过敏原性、氨基酸含量丰富、鲜味浓郁的海蟹调味料。江津津等研究发现鱼露发酵初期加入中性蛋白酶的实验组总氮含量为对照传统发酵工艺实验组的 2.58 倍，氨基态氮含量为对照组的 1.65 倍。晁岱秀等利用碱性蛋白酶、木瓜蛋白酶和风味蛋白酶酶解罗非鱼鱼排和鲲鱼制取鱼露，实验表明木瓜蛋白酶与风味蛋白酶复合水解组鱼露样品中总可溶性氮含量最高，是传统鱼露组的 2 倍，风味成分组成与传统组也有较大差别。黄紫燕等研究表明，通过前期高盐酶解、中期加曲自然发酵和后期高盐保温的分段式鱼露发酵工艺，可以显著提高鱼露的可溶性氮、氨基酸态氮和游离氨基酸的含量。靳挺等也用木瓜蛋白酶和风味蛋白酶水解龙头鱼，制备出风味纯正、自然的海鲜调味料。陈超等则通过酶解贝类加工废弃物制得了复合海鲜调味料，不仅风味极佳，而且富含游离氨基酸态氮，提高了调味料的营养价值。

此外，蛋白酶还可用于去皮、脱鳞、制备不带鱼肉的鱼骨制品以及去除苦味、腥味等，同时还可作为新型鱼糜抗冻剂。陈青等利用 0.09% 的木瓜蛋白酶对东海海参进行脱皮处理，既能去除粗糙厚实的表皮，又保持了其营养成分和优良的口感。吕飞等则将木瓜蛋白酶应用于鱼皮去鳞，结果表明，0.6% 的木瓜蛋白酶酶溶液在 20℃ 下搅拌 20min 能有效去除鱼鳞，且操作简便。李娟利用碱性蛋白酶将鱼骨上残存的碎肉酶解，过滤即能制得不带鱼肉的鱼骨。石红等用枯草杆菌蛋白酶去除残存在鱼骨间的鱼肉，不仅脱肉效果好，还能降低鱼骨的腥味。

束玉珍等人利用风味蛋白酶酶解鲐鱼鱼肉，将不同水解度的酶解产物添加至带鱼鱼糜中，结果表明，随水解程度增加，酶解产物抗蛋白冷冻效果增强。

2. 脂肪酶

目前，脂肪酶在鱼类加工领域的应用主要集中在进行脱脂处理。随着海洋资源的开发，中上层鱼类已成为渔业的首要目标，这些鱼类资源丰富，潜力巨大。然而，这些物种的脂肪含量很高，不利于后续的加工和贮藏，因此需要进行脱脂处理。在脱脂过程中脂肪酶只水解脂肪的酯键，对制品的其他方面不会造成影响。陈胜军等人采用碱性脂肪酶对鲻鱼碎肉和鱼片进行了脱脂实验，确定了酶解脱脂的最适条件，减轻了鲻鱼的腥味并改善了品质，为开发利用鲻鱼创新产品形式提供了理论基础。朱小静等人采用脂肪酶 B4000 和 P1000 在室温条件下对鲜鲈鱼鱼片进行脱脂处理，可有效脱除鲜鲈鱼片 50% 的脂肪，有利于后续产品的加工贮藏和保持产品品质。刘小羽等人将碱性脂肪酶用于带鱼鱼糜的脱脂实验，确定最适工艺，可以实现脱脂率 72.89%，蛋白质损失率为 26.4%。Liu 等采用碱性脂肪酶对毛虾干进行脱脂研究，确定最佳酶解条件，脱脂率达到 49%。梁鹏等用碱性脂肪酶对鲶鱼鱼皮酶法脱脂工艺进行优化，脱脂率达 65.31%。

此外，脂肪酶还可用于从水产品副产物以及 ω-3-多不饱和脂肪酸（ω-PUFA）和富含鱼油的产品中富集二十碳五烯酸（EPA）和二十二碳六烯酸（DHA）甘油酯型产品。朱东奇等人利用重组米根霉脂肪酶催化鳗鱼油部分水解富集其中的 DHA，DHA 的回收率可以达到 65.6%。潘志杰等人以精炼鱼油为原料，利用脂肪酶催化鱼油与乙醇进行部分醇解反应，得到了富含 EPA 和 DHA 的甘油酯型产品。郑建永等人利用米曲霉脂肪酶催化甘油酯型鱼油和乙酯型鱼油的酯酯交换反应制备高含量 EPA/DHA 甘油酯，其含量可达到 39.72%。郭正霞等利用国产固定化假丝酵母脂肪酶催化甘油酯型鱼油和乙酯型鱼油酯酯交换，制备高 PUFA 含量的甘油酯型鱼油，DHA 和 EPA 含量分别为 13.10% 和 33.40%。刘向前等人研究利用树脂对脂肪酶进行固定化，用于催化富含 EPA 和 DHA 的脂肪酸乙酯与甘油进行酯交换反应合成甘油酯，产物中甘油三酯的含量可以达到 70% 以上。刘国艳等人以小黄鱼内脏精炼鱼油为原料，通过脂肪酶选择性水解法富集 EPA 和 DHA 甘油酯，总含量提高了 1.74 倍。宋诗军等人以酶促醇解精炼鱼油得到的混合甘油酯和浓缩鱼油乙酯为原料，利用固定化脂肪酶催化的酯交换反应合成甘油三酯型 EPA 和 DHA 产品，其含量分别可以达到 40.4% 和 28.6%。

3. 多糖降解酶

多糖降解酶是一类能够催化多糖分子内糖苷键断裂，使聚合度不断降低，最终产生寡糖的水解酶。近年来，随着海洋药物和海洋保健产品的蓬勃发展，海洋化合物尤其是海洋多糖的研究越来越受到关注。利用多糖降解酶对海洋生物多糖进行降解，是实现海洋资源高值化的关键技术之一，得到的低聚糖组分具有多种新型生物活性，在医药、化妆品、食品工业及农业等方面具有重要的应用价值。

（1）几丁质酶

几丁质经水解后得到的几丁寡糖具有多种生理功能，如改善肠道微生物菌群，促进肠道有益微生物的生长，降低血液胆固醇含量，提高机体免疫功能等。为了提高几丁质的降解效率，研究人员一直致力于寻找高效的几丁质降解菌和活性更高的几丁质酶。Yang 等人将内切几丁质酶 PbChi70 克隆到大肠杆菌中制备 $(GlcNAc)_2$，产率为 61%，纯度为 99%。Nguyen-Thi 和 Doucet 通过几丁质酶 C 和 N-乙酰氨基葡萄糖苷酶 ScHEX 的协同作用，从几丁质中制备 GlcNAc，产率为 90%。此外，考虑到从虾蟹壳制备几丁质时需要使用化学试剂进行预处理，从而会产生一些环境问题，因此有研究者尝试直接用几丁质酶水解甲壳质粉末以生产几丁寡糖。Pichyangkura 等人用来自洋葱伯克霍尔德菌（*Burkholderia cepacia*）TU09 的粗酶分别从蟹壳 α-几丁质粉末和鱿鱼骨 β-几丁质粉末中制备出 GlcNAc，产率大于 85%。Gao 等人对超微粉碎小龙虾壳并与酶解相结合的处理方法进行了研究，该研究将 100 g 小龙虾壳酶解 36 h 后得到 15.2 g 氨基葡萄糖，这与单一方法处理相比得率得到提高。Proespraiwong 等人使用基因工程重组几丁质酶酶解黑虎虾虾壳，提供了一种高效环保的壳寡糖制备方法，为环境清洁型的龙虾壳寡糖工业化生产打下基础。Wang 等人以鱿鱼骨作为唯一碳/氮源培养的 *Serratia* sp. TKU020 的上清液中分离出几丁质酶（CHT），壳聚糖酶（CHS）和蛋白酶（PRO），得到 GlcNAc 和 $(GlcNAc)_2$，发酵 4d 后，最大产量分别为 1.3mg/mL 和 2.7mg/mL。

（2）壳聚糖酶

壳寡糖是一类水溶性氨基糖化合物，目前是天然存在的唯一带正电荷的碱性低聚糖，具有极好的生物活性，因此被认为是第六种生命元素。已有研究证明壳寡糖具有独特的生物活性和功能，易被人体吸收利用，具有杀菌、抗肿瘤、调节人体免疫功能等功效；另外在糖尿病的防治、降血糖血脂、改善骨质疏松症以及神经保护作用等方面的功效也已有相关的文献报道。因此，人们越来越关注将壳聚糖转化为壳寡糖。Liu 等人来自芽孢杆菌菌株的壳聚糖酶在大肠杆菌中表达，其酶活性达到约 140U/mL，1g 酶可将 100kg 壳聚糖在数小时内转化为壳寡糖，产物组分包括壳二糖至壳九糖。在另一项研究中，Chen 等人成功将一个具有良好热稳定性的 GH75 家族壳聚糖酶在毕赤酵母中进行表达，3g 重组酶可在 24h 内将 200kg 壳聚糖降解成壳寡糖。在壳聚糖酶介导的壳寡糖的生产中，如何控制好酶促反应以产生更大的寡聚体仍然是一个难题，如果将壳聚糖酶固定化再加以利用，既便于储存，又可用于连续生产，可在一定程度上解决该问题。已有研究者分别将壳聚糖酶固定在琼脂、聚丙烯腈纳米纤维膜、纳米颗粒及硅胶上用于生产壳二糖到壳六糖。此外，刘淑英等人还尝试将壳聚糖酶应用于对虾虾酱的制备中，结果表明，采用壳聚糖酶复合中性蛋白酶制备的对虾虾酱香气浓郁且风味协调，咸味适中，口感细腻，具有很好的市场推广价值。

（3）褐藻胶裂解酶

多年的研究和实践证明，褐藻多糖经酶解后所产生的具有不饱和双键的寡糖产物具有抗菌、抗癌、抗肿瘤及促进植物生长等多种生物活性，在多种工业、医学及农业领域具有广泛的应用前景，成为人们关注的焦点。Lee 等人利用来自海洋细菌嗜麦芽寡养单胞菌（*Stenotrophomas maltophilia*）KJ-2的褐藻胶裂解酶得到不饱和的二糖、三糖和四糖。另一个来自黄杆菌属（*Flavobacterium* sp.）S20 的重组褐藻胶裂解酶 Alg2A 在高浓度（10g/100mL）的藻酸钠中糖化 60h 后产生 152mmol/L 的还原糖。此外，该酶降解褐藻胶的终产物是五糖、六糖和七糖，是大规模制备藻酸盐低聚糖的良好工具。Kim 等人则报道了一个来自 *Saccharophagus degradans* 的重组褐藻胶裂解酶 Alg7D，其终产物为聚合度 2～5 的寡糖。另外，Liu 等人将来自弧菌属（*Vibrio* sp.）QY101 的褐藻胶裂解酶在解脂耶氏酵母中表达并对藻酸盐进行降解，得到不同长度的寡糖。

（4）琼胶酶

经琼胶酶降解产生的琼胶寡糖水溶性好，易于被人体吸收，还具有多种特殊功能，如较强的抗癌、抗氧化、抗炎、抗龋齿及抗淀粉老化等特性，可作为功能性食品和药品的原料或添加剂，是一种极具开发潜力的低聚糖，琼胶酶是近年来海洋生物资源开发利用的热点。Yun 等人将琼脂糖经过三步转化为 L-AHG，首先，琼脂糖通过乙酸水解为琼寡糖，然后来自 *Saccharophagus degradans* 2-40 的 β-琼胶酶 Aga50D 继续将其降解为新琼二糖，再用来自 *Saccharophagus degradans* 2-40 的新琼二糖水解酶 *Sd*NABH 降解，最终得到 L-AHG 和半乳糖，纯度为 95.6%。Liu 等人则创建了一个两步酶法制备 L-AHG 的工艺。通过来自 *Agarivorans* sp. OGA07 的 β-琼胶酶 AgOG118A 和来自 *Agarivorans gilvus* WH0801 的新琼二糖水解酶 AgaWH117 连续降解琼脂糖，得到 L-AHG，产率为 4.85%，纯度为 95%。在琼胶酶的研究中，大多数学者关注的是酶的特性，而不是琼胶寡糖的制备，关于琼寡糖系列的酶法制备研究则更少，目前仅有两个 α-琼胶酶报道。因此，亟须开发并建立高效稳定的由琼胶酶制备琼胶寡糖的生产工艺。

（5）卡拉胶酶

卡拉胶，又称麒麟菜胶、石花菜胶、鹿角菜胶，是从某些海洋红藻的细胞壁中提取的一种水溶性多糖。卡拉胶由硫酸基化的或非硫酸基化的半乳糖和3,6-脱

水半乳糖通过 α-1,3 糖苷键和 β-1,4 键交替连接而成，在 1,3 连接的 D-半乳糖单位 C4 上带有 1 个硫酸基，根据其中硫酸酯结合数量和位置的不同，可以分为 κ-、ι- 和 λ-卡拉胶。卡拉胶可作为凝固剂、黏合剂、稳定剂和乳化剂等用于食品和食品相关行业，还被广泛用于制药和化妆品行业。卡拉胶酶可以切割 β-1,4 糖苷键生成卡拉胶低聚糖，主要来源于海洋动物和海洋微生物。根据卡拉胶酶对降解底物的特异性，可以将其分为三类，即 κ-、ι- 和 λ-卡拉胶酶，它们分属于不同的 GH 家族。κ-卡拉胶酶（EC 3.2.1.83）属于 GH16 家族，是研究最广泛的卡拉胶酶；ι-卡拉胶酶（EC 3.2.1.157）属于 GH82 家族，这两种酶均切割内部 β-1,4 糖苷键并产生一系列偶数寡糖（聚合度为 2 和/或 4）。另一种 λ-卡拉胶酶（EC 3.2.1.162）则以更随机的方式切割内部糖苷键，生成更高聚合度的卡拉寡糖，目前关于该酶的研究比较少，尚未归类于任一 GH 家族。

与卡拉胶相比，经降解后得到的卡拉胶低聚糖分子量小，溶解性好，易吸收，其稳定性和安全性均得到改善，同时显示出多种生理活性，如抗病毒、抗肿瘤、抗凝等。具有较高硫酸酯取代度的 ι- 和 λ-卡拉胶寡糖的活性受到更多关注，并逐渐成为食品、医药和其他领域的热点，目前已有很多关于卡拉胶酶制备卡拉胶寡糖的文献报道。Liu 等人从中国黄海采集的腐烂海藻中分离出一株产 κ-卡拉胶酶的菌株 *Pseudoalteromonas porphyrae* LL1，纯化后的酶可以将 κ-卡拉胶降解为四糖。Zhao 等人又将该 κ-卡拉胶酶在短芽孢杆菌中进行表达，酶活达到 51.5U/mL，将其用于卡拉胶的降解，得到一系列偶数卡拉胶寡糖。Hatada 等人将一个来自深海细菌 *Microbulbifer thermotolerans* JAMB-A94^T 的 ι-卡拉胶酶基因在枯草芽孢杆菌中表达，其降解卡拉胶的产物中四糖比例可以达到 75% 以上。在另一项研究中报道了一个来自 *Vibrio sp. strain* NJ-2 的 κ-卡拉胶酶能够将底物解聚成聚合度为 2~8 的寡聚糖。此外，Duan 等人报道了一种使用纤维素和重组 κ-卡拉胶酶直接从麒麟菜制备卡拉胶寡糖的高效方法，产物聚合度分布在 4~14，得率达到 38%。

第二节　应用前景及展望

近年来，伴随着海洋基因组学和海洋酶工程的快速发展，海洋酶技术已成为开发和研究海洋生物资源的重要工具，在绿色化学和生态友好过程中进行水产品加工，生产海洋活性物质具有巨大潜力。但是目前开发的大多数酶存在酶活低、稳定性差以及对环境敏感等问题，限制了其在水产品加工业中的应用。因此为了确保酶催化技术的持续发展，开发可以满足工业生产的需要的新型水产加工专用酶，科研人员可以从以下几个方面着手。

一、挖掘和开发新型酶库资源

作为工业生物催化领域主要创始人之一的 Yamada 曾经说过，即使当工业生产方法已经发展得很完善，人们仍然需要继续寻找新的更好的生物催化剂来提高生产能力，对于酶资源的不断挖掘和开发是一项永不过时且意义重大的工作。因此可以通过富集培养、基因组数据库挖掘及宏基因组技术等方法发掘新型水产品加工用酶。

二、蛋白质工程技术改造现有酶资源

尽管现代的生物催化技术发展越来越快，许多酶已经在工业生产中有出色的表现，但是仍然有许多天然酶因为其酶活低、稳定性差及其他一些因素限制了它们在实际生产中的应用，因此可以通过蛋白质工程的手段对其性质进行改造。传统的蛋白质工程手段大多是采用定向进化，通过引入随机突变位点或 DNA 重排等操作来改造目标蛋白，现在随着计算机技术和生物信息学技术的飞速发展，计算机模拟被越来越多地应用到蛋白质工程中，从而衍生出半理性设计、理性设计等多种新的蛋白质工程手段，可以更高效地对目标酶进行改造。

海洋生物的巨大多样性是天然化合物和酶的宝贵来源，具有极高的工业应用潜力，但是很大一部分海洋资源尚未被开发利用。另一方面，我国水产资源长期处于过度捕捞状态，经济型水产资源逐渐衰退，虽然水产品产量逐年升高，但产品质量低，加工技术落后，精深加工较少，产生的副产物多，造成资源浪费和环境污染。因此加强酶技术在水产品加工中的应用，一方面可以有效地改变传统水产加工业的弊端，绿色环保，副产物少，产品质量可控；另一方面可以充分开发海洋资源，利用低值水产品及加工副产物生产高附加值产品，提高产品技术含量和市场竞争力，满足消费者对食品营养价值和感官品质等方面的要求。

参考文献

[1] 张娅楠，赵利，袁美兰，等. 水产品加工中蛋白酶的应用进展. 食品安全质量检测学报，2014, 11: 3705-3710.

[2] 金火喜，张治国，郜海燕. 生物技术在水产品养殖、加工和保鲜中的应用. 生物技术进展，2013, 6: 389-392.

[3] 王鑫钰，曾小群，潘道东，等. 现代高新技术在水产品加工中的应用. 食品工业科技，2014, 35 (18): 391-394.

[4] Thompson C C, Kruger R H, Thompson F L. Unlocking marine biotechnology in the developing world. Trends in Biotechnology, 2017, 35 (12): 1119-1121.

[5] Vo T S, Ngo D H, Ta Q V, et al. Marine organisms as a therapeutic source against herpes simplex virus infection. European Journal of Pharmaceutical Sciences, 2011, 44（1）: 11-20.

[6] Homaei A, Lavajoo F, Sariri R. Development of marine biotechnology as a resource for novel proteases and their role in modern biotechnology. International Journal of Biological Macromolecules, 2016, 88: 542-552.

[7] 彭靖. 甲壳素生物质研究的现状与对策. 化学工业, 2017, 35（6）: 16-18.

[8] 吕大强, 于波, 张祖刚. 鱼类加工下脚料的综合利用. 化工设计通讯, 2016, 42（3）: 222.

[9] 周泽华, 徐莹. 利用海洋生物资源制作发酵食品的现状与设想. 南通航运职业技术学院学报, 2018, 17（1）: 39-41.

[10] 袁美兰, 赵利, 刘华, 等. 鱼头鱼骨的综合利用研究进展. 现代农业科技, 2015, 18: 284-286.

[11] 蔡路昀, 张滋慧, 李秀霞, 等. 鱼类下脚料在工业中应用的研究进展. 食品工业科技, 2017, 38（8）: 314-321.

[12] 李俊峰, 韩晓红, 段效辉. 海洋微生物活性物质研究进展. 生物资源, 2014, 36（4）: 12-16.

[13] 王晓霞, 赵祥颖, 刘建军. 海洋微生物胞外多糖及其生物活性研究. 山东食品发酵, 2015, 1: 3-6.

[14] 柏凤月, 倪孟祥. 海洋微生物来源的抗菌活性物质研究进展. 化学与生物工程, 2016, 5: 15-19.

[15] 史翠娟, 闫培生, 赵瑞希, 等. 海洋微生物酶研究进展. 生物技术进展, 2015, 3: 185-190.

[16] 牟海津, 孔青, 张晓华, 等. 海洋微生物工程. 青岛: 中国海洋大学出版社, 2016.

[17] 秦丽芳, 刘德明. 甲壳素与壳聚糖的应用. 山西化工, 2017, 37（5）: 76-78.

[18] 张军. 鱼类下脚料中鱼油的提取工艺研究. 农产品加工（创新版）, 2010, 10: 66-69.

[19] 郭燕茹, 司慧. 神奇的甲壳素. 食品与生活, 2017, 10.

[20] 俞丽娜, 邵兴锋. 蛋白酶在水产品加工中的应用研究进展. 生物技术进展, 2014, 1: 17-21.

[21] 邵俊杰, 朱昱璇, 黄鸿兵, 等. 不同蛋白酶酶解河蚬蛋白的比较. 江苏农业学报, 2017, 33（4）: 921-926.

[22] 陈思, 张小军, 严忠雍, 等. 鲣鱼骨硫酸软骨素提取工艺研究. 安徽农业科学, 2016, 44（24）: 69-71.

[23] 赵利, 李婷, 汪清, 等. 克氏原螯虾蛋白肽的制备及其抗氧化性的研究. 中国调味品, 2017, 42（6）: 22-28.

[24] 杨伊然, 胡晓, 杨贤庆, 等. 蓝圆鲹蛋白酶解物的螯合矿物离子活性研究. 食品科学, 2017, 38（3）: 88-93.

[25] 蔡康鹏, 吴靖娜, 蔡水淋, 等. 利用酶法制备菲律宾蛤仔抗肿瘤肽的研究. 渔业现代化, 2016, 43（5）: 47-52.

[26] 吴兵兵, 荣辉, 杨贤庆, 等. 两步酶法提取裂壶藻油的工艺优化. 食品工业科技, 2017, 24: 84-88.

[27] 陈胜军, 刘先进, 杨贤庆, 等. 酶法提取鲍鱼内脏多糖工艺的优化. 南方农业学报, 2018, 7: 1389-1395.

[28] 史文军, 万夕和, 王李宝, 等. 酶解青蛤边下脚料制备抗氧化肽的研究. 食品工业, 2016, 7: 43-47.

[29] 闫鸣艳, 秦松. 酶解刺参内脏蛋白制备抗氧化肽的研究. 食品工业科技, 2013, 34（19）: 115-119.

[30] 刘媛, 王健, 牟建楼, 等. 扇贝贝肉抗氧化肽制备及体外抗氧化实验研究. 食品工业科技, 2014, 35（8）: 206-209.

[31] 刘建伟, 梁文文, 熊善柏, 等. 响应面法优化鲢鱼皮抗氧化肽的混合酶解工艺. 食品工业, 2018, 3: 157-161.

[32] 杨贤庆, 吴静, 胡晓, 等. 响应面法优化酶解鸢乌贼制备抗氧化肽的工艺研究. 食品工业科技, 2016,

37（11）：242-248.

[33] 贺江，赵自龙，彭磊，等. 草鱼鱼鳞胶原蛋白提取及活性肽制备研究. 食品研究与开发，2017，38（5）：52-55.

[34] 杨敏，吴兆明，李晶晶，等. 鱼皮胶原蛋白寡肽的生物活性及应用研究进展. 食品科学，2018，39（5）：304-310.

[35] 吴静，胡晓，杨贤庆，等. 鸢乌贼酶解产物的抗氧化稳定性与功能特性. 南方水产科学，2016，12（5）：105-111.

[36] Ngo D H, Vo T S, Ryu B M, et al. Angiotensin-I-converting enzyme（ACE）inhibitory peptides from Pacific cod skin gelatin using ultrafiltration membranes. Process Biochemistry, 2016, 51（10）：1622-1628.

[37] 万婧㥁，王青华，唐旭，等. 中性蛋白酶酶解海洋鱼鳞蛋白的工艺条件. 湖南饲料，2018，1：29-32.

[38] 周小双，王锦旭，杨贤庆，等. 响应面法优化合浦珠母贝糖胺聚糖提取工艺. 食品与发酵工业，2016，42（1）：238-243.

[39] 谈俊晓，赵永强，李来好，等. 响应面优化南极磷虾虾青素的复合酶法提取工艺研究. 大连海洋大学学报，2018，4：514-521.

[40] 荣辉，吴兵兵，杨贤庆，等. 响应面优化水酶法提取裂壶藻油的工艺. 中国油脂，2018，43（2）：98-103.

[41] 史亚萍，刘新，张绵松，等. 利用蛤蜊酶解物制备液体调味品加工工艺的研究. 食品工业，2015，6：96-101.

[42] 陈美龄，封玲，李钰琪，等. 复合酶解及美拉德反应制备鱿鱼调味品. 食品安全质量检测学报，2018，8：1918-1925.

[43] 王虹，刘鑫，李佳妮，等. 蛋白鲜味肽调味品生产工艺初探. 中国食物与营养，2017，23（11）：33-37.

[44] 程晓芳，袁丹丹，张余慧，等. 蛋白酶在食品工业中的应用研究进展. 食品研究与开发，2018，7：221-224.

[45] 刘光明，曹敏杰，袁静静，等. 酶水解海蟹加工下脚料制备调味品原料. 中国食品学报，2009，9（6）：83-88.

[46] 陈娜，陈可可，费建枫，等. 虾加工下脚料浓缩蛋白粉制备工艺研究. 食品研究与开发，2014，35（3）：35-38.

[47] 江津津，曾庆孝，朱志伟，等. 中性蛋白酶对鳀制鱼露风味形成的影响. 现代食品科技，2009，25（2）：141-143.

[48] 晁岱秀，朱志伟，曾庆孝，等. 罗非鱼和鳀鱼酶解鱼露后熟阶段理化变化研究. 食品与发酵工业，2009，35（9）：62-67.

[49] 黄紫燕，晁岱秀，朱志伟，等. 鱼露快速发酵工艺的研究. 现代食品科技，2010，26（11）：1207-1211.

[50] 靳挺，武玉学，徐东. 龙头鱼海鲜调味料的制备研究. 中国食品学报，2010，10（1）：127-132.

[51] 陈超，魏玉西，刘慧慧，等. 贝类加工废弃物复合海鲜调味料的制备工艺. 食品科学，2010，31（18）：433-436.

[52] 陈青，徐志斌，励建荣. 东海海参木瓜蛋白酶法脱皮工艺研究. 中国食品学报，2010，10（4）：81-87.

[53] 吕飞，沈军樑，金炉俊，等. 鱼皮酶法去鳞技术的研究. 浙江农业科学，2013，1（7）：872-874.

[54] 李娟. 鱼骨休闲食品研制. 江南大学硕士论文，2008.

[55] 石红，郝淑贤，邓国艳，等. 利用鱼类加工废弃鱼骨制备鱼骨粉的研究. 食品科学，2008，29（9）：295-298.

[56] 束玉珍, 杨文鸽, 徐大伦, 等. 鲐鱼肉酶解物对带鱼鱼糜蛋白冷冻变性的影响. 中国食品学报, 2014, 14 (1): 68-73.

[57] 申卫家, 郦金龙, 黎金鑫, 等. 微生物脂肪酶的研究进展及其在食品工业中的应用. 粮食与油脂, 2017, 30 (4): 5-7.

[58] 杨媛, 张剑. 微生物脂肪酶的性质及应用研究. 中国洗涤用品工业, 2017, 4: 47-54.

[59] 陈胜军, 李来好, 杨贤庆, 等. 脂肪酶在鲻鱼脱脂中的应用. 食品科学, 2007, 28 (2): 153-155.

[60] 朱小静, 吴燕燕, 李来好, 等. 脂肪酶 B4000 和 P1000 对鲜鲈鱼鱼片的脱脂工艺优化. 食品工业科技, 2016, 37 (20): 174-178.

[61] 刘小羽, 林慧敏, 邓尚贵, 等. 带鱼鱼糜脱脂工艺的研究. 食品工业, 2017, 5: 19-23.

[62] Liu J, Zhao P, Liu L, et al. Decrease of lipid oxidation for dried shrimp (Acetes chinensis) preservation using alkaline lipase hydrolysis technology. Journal of Aquatic Food Product Technology, 2016, 25 (2): 169-176.

[63] 梁鹏, 赵卉双, 安然, 等. 碱性蛋白酶对鲶鱼鱼皮脱脂效果的影响. 食品科技, 2015, 6: 147-150.

[64] 杨博, 杨继国, 吕扬效, 等. 脂肪酶催化鱼油醇解富集 EPA 和 DHA 的研究. 中国油脂, 2005, 30 (08): 65-68.

[65] 朱东奇, 李道明, 王卫飞, 等. 重组米根霉脂肪酶的酶学性质及其催化水解鳀鱼油富集 DHA 的研究. 粮油食品科技, 2016, 24 (6): 21-25.

[66] 郑建永, 张石自, 王升帆, 等. 米曲霉脂肪酶催化鱼油酯酯交换制备高含量 EPA/DHA 甘油酯的研究. 中国油脂, 2017, 42 (7): 111-114.

[67] 郭正霞, 孙兆敏, 张芹, 等. 酶法催化乙酯甘油酯酯交换制备富含 EPA 和 DHA 的甘油酯. 食品工业科技, 2012, 33 (20): 176-180.

[68] 刘向前, 李道明, 王卫飞, 等. Lipozyme~CALB L 固定化及催化合成 EPA/DHA 甘油酯的研究. 中国油脂, 2016, 41 (11): 21-26.

[69] 刘国艳, 张田田, 王金星, 等. 酶法富集小黄鱼内脏鱼油中 EPA 和 DHA 甘油酯. 食品科学, 2014, 35 (24): 91-95.

[70] 文霞, 周少璐, 杨秀茳, 等. 海洋微生物多糖降解酶的研究进展. 生物技术通报, 2016, 32 (11): 38-46.

[71] Gurpilhares D D B, Moreira T R, Bueno J D L, et al. Algae's sulfated polysaccharides modifications: Potential use of microbial enzymes. Process Biochemistry, 2016, 51 (8): 989-998.

[72] Shang Q, Jiang H, Cai C, et al. Gut microbiota fermentation of marine polysaccharides and its effects on intestinal ecology: An overview. Carbohydrate Polymers, 2018, 179: 173-185.

[73] Jung W J, Park R D. Bioproduction of Chitooligosaccharides: Present and Perspectives. Marine Drugs, 2014, 12 (11): 5328-5356.

[74] Gao C, Zhang A, Chen K, et al. Characterization of extracellular chitinase from Chitinibacter sp. GC72 and its application in GlcNAc production from crayfish shell enzymatic degradation. Biochemical Engineering Journal, 2015, 97: 59-64.

[75] Proespraiwong P, Tassanakajon A, Rimphanitchayakit V. Chitinases from the black tiger shrimp Penaeus monodon: Phylogenetics, expression and activities. Comparative Biochemistry And Physiology. Part B, Biochemistry And Molecular Biology, 2010, 156 (2): 86-96.

[76] Yang S, Fu X, Yan Q, et al. Cloning, expression, purification and application of a novel chitinase from a thermophilic marine bacterium Paenibacillus barengoltzii. Food Chemistry, 2016,

192（9-10）：1041-1048.

[77] Nguyen-Thi N, Doucet N. Combining chitinase C and N-acetylhexosaminidase from *Streptomyces coelicolor* A3（2）provides an efficient way to synthesize N-acetylglucosamine from crystalline chitin. Journal of Biotechnology, 2016, 220: 25-32.

[78] Pichyangkura R, Kudan S, Kuttiyawong K, et al. Quantitative production of 2-acetamido-2-deoxy-D-glucose from crystalline chitin by bacterial chitinases. Carbohydrate Research, 2002, 337（6）：557-559.

[79] Wang SL, Jenyi L, Liang T W, et al. Conversion of squid pen by using *Serratia* sp. TKU020 fermentation for the production of enzymes, antioxidants, and N-acetyl chitooligosaccharides. Process Biochemistry, 2009, 44（8）：854-861.

[80] Shinya S, Fukamizo T. Interaction between chitosan and its related enzymes: A review. International Journal of Biological Macromolecules, 2017, 104: 1422-1435.

[81] Younes I, Rinaudo M. Chitin and chitosan preparation from marine sources. Structure, properties and applications. Marine Drugs, 2015, 13（3）：1133-1174.

[82] Heggset E B, Dybvik A I, Hoell I A, et al. Degradation of chitosans with a family 46 chitosanase from *Streptomyces coelicolor* A3（2）. Biomacromolecules, 2010, 11（9）：2487-2497.

[83] Weikert T, Niehues A, Cordlandwehr S, et al. Reassessment of chitosanase substrate specificities and classification. Nature Communications, 2017, 8（1）：1698.

[84] Cantarel B L, Coutinho P M, Rancurel C, et al. The Carbohydrate-Active EnZymes database（CAZy）: an expert resource for Glycogenomics. Nucleic Acids Research, 2009, 37（Database issue）: D233.

[85] Dang Y, Li S, Wang W, et al. The effects of chitosan oligosaccharide on the activation of murine spleen CD11c dendritic cells via Toll-like receptor 4. Carbohydrate Polymers, 2011, 83（3）：1075-1081.

[86] Balan V, Verestiuc L. Strategies to improve chitosan hemocompatibility: A review. European Polymer Journal, 2014, 53（1）：171-188.

[87] Ma Y, Huang Q, Lv M, et al. Chitosan-Zn chelate increases antioxidant enzyme activity and improves immune function in weaned piglets. Biological Trace Element Research, 2014, 158（1）：45-50.

[88] Pechsrichuang P, Lorentzen S B, Aam B B, et al. Bioconversion of chitosan into chito-oligosaccharides（CHOS）using family 46 chitosanase from *Bacillus subtilis*（BsCsn46A）. Carbohydrate Polymers, 2018, 18: 420-428.

[89] Šimůnek J, Koppová I, Filip L, et al. The antimicrobial action of low-molar-mass chitosan, chitosan derivatives and chitooligosaccharides on bifidobacteria. Folia Microbiologica, 2010, 55（4）：379-382.

[90] Wu S J, Pan S K, Wang H B, et al. Preparation of chitooligosaccharides from cicada slough and their antibacterial activity. International Journal of Biological Macromolecules, 2013, 62（11）：348-351.

[91] Zhao D, Wang J, Tan L, et al. Synthesis of N-furoyl chitosan and chito-oligosaccharides and evaluation of their antioxidant activity in vitro. International Journal of Biological Macromolecules, 2013, 59（4）：391-395.

[92] 刘淑英，任秀娟，于海洋，等. 酶法制备对虾虾酱的研究. 中国调味品，2016，41（11）：105-109.

[93] Liu Y L, Jiang S, Ke Z M, et al. Recombinant expression of a chitosanase and its application in chitosan oligosaccharide production. Carbohydrate Research, 2009, 344（6）: 815-819.

[94] Chen X, Zhai C, Kang L, et al. High-level expression and characterization of a highly thermostable chitosanase from *Aspergillus fumigatus* in *Pichia pastoris*. Biotechnology Letters, 2012, 34（4）: 689-694.

[95] Ming M, Kuroiwa T, Ichikawa S, et al. Production of chitosan oligosaccharides by chitosanase directly immobilized on an agar gel-coated multidisk impeller. Biochemical Engineering Journal, 2006, 28（3）: 289-294.

[96] Kuroiwa T, Noguchi Y, Nakajima M, et al. Production of chitosan oligosaccharides using chitosanase immobilized on amylose-coated magnetic nanoparticles. Process Biochemistry, 2008, 43（1）: 62-69.

[97] Sinha S, Dhakate S R, Kumar P, et al. Electrospun polyacrylonitrile nanofibrous membranes for chitosanase immobilization and its application in selective production of chitooligosaccharides. Bioresource Technology, 2012, 115（2）: 152-157.

[98] Zheng L Y, Xiao Y L. *Penicillium* sp. ZD-Z1 chitosanase immobilized on DEAE cellulose by cross-linking reaction. Korean Journal of Chemical Engineering, 2004, 21（1）: 201-205.

[99] Peng C, Wang Q, Lu D, et al. A novel bifunctional endolytic alginate lyase with variable alginate-degrading modes and versatile monosaccharide-producing properties. Frontiers in Microbiology, 2018, 9: 167.

[100] Ertesvåg H. Alginate-modifying enzymes: biological roles and biotechnological uses. Frontiers in Microbiology, 2015, 6: 523.

[101] Lee K Y, Mooney D J. Alginate: properties and biomedical applications. Progress in Polymer Science, 2012, 37（1）: 106-126.

[102] Pawar S N, Edgar K J. Alginate derivatization: a review of chemistry, properties and applications. Biomaterials, 2012, 33（11）: 3279-3305.

[103] Zhu B, Yin H. Alginate lyase: Review of major sources and classification, properties, structure-function analysis and applications. Bioengineered, 2015, 6（3）: 125-131.

[104] Subaryono P R, Suhartono M T, et al. Alginate lyases: sources, mechanism of activity and potencial application. Squalen BMFPB, 2013, 8: 105-116.

[105] Wang Y, Song Q, Zhang X H. Marine microbiological enzymes: studies with multiple strategies and prospects. Marine Drugs, 2016, 14（10）: 171.

[106] Alkawash M A, Soothill J S, Schiller N L. Alginate lyase enhances antibiotic killing of mucoid *Pseudomonas aeruginosa* in biofilms. Apmis, 2010, 114（2）: 131-138.

[107] Su I L, Choi S H, Lee E Y. Molecular cloning, purification, and characterization of a novel poly MG-specific alginate lyase responsible for alginate MG block degradation in *Stenotrophomas maltophilia* KJ-2. Applied Microbiology & Biotechnology, 2012, 95（6）: 1643-1653.

[108] Huang L, Zhou J, Xiao L, et al. Characterization of a new alginate lyase from newly isolated *Flavobacterium* sp. S20. Journal of Industrial Microbiology & Biotechnology, 2013, 40（1）: 113-122.

［109］Kim H T, Ko H J, Kim N, et al. Characterization of a recombinant endo-type alginate lyase (Alg7D) from *Saccharophagus degradans*. Biotechnology Letters, 2012, 34 (6): 1087-1092.

［110］Fu X T, Kim S M. Agarase: review of major sources, categories, purification method, enzyme characteristics and applications. Marine Drugs, 2010, 8 (1): 200-218.

［111］Yun E J, Lee S, Kim J H, et al. Enzymatic production of 3, 6-anhydro-L-galactose from agarose and its purification and in vitro skin whitening and anti-inflammatory activities. Applied Microbiology & Biotechnology, 2013, 97 (7): 2961-2970.

［112］Liu N, Yang M, Mao X, et al. Molecular cloning and expression of a new α-neoagarobiose hydrolase from *Agarivorans gilvus* WH0801 and enzymatic production of 3, 6-anhydro-l-galactose. Biotechnology and Appllied Biochemistry, 2016, 63: 230-237.

［113］Ghanbarzadeh M, Golmoradizadeh A, Homaei A. Carrageenans and carrageenases: versatile polysaccharides and promising marine enzymes. Phytochemistry Reviews, 2018, 17 (4): 1-37.

［114］Chauhan P S, Saxena A. Bacterial carrageenases: an overview of production and biotechnological applications. Biotech, 2016, 6 (2): 146.

［115］Xiao Q, Zhu Y, Li J, et al. Fermentation optimization and enzyme characterization of a new ι-Carrageenase from *Pseudoalteromonas carrageenovora*, ASY5. Electronic Journal of Biotechnology, 2018, 32: 26-32.

［116］Li J, Hu Q, Seswitazilda D. Purification and characterization of a thermostable λ-carrageenase from a hot spring bacterium, *Bacillus* sp.. Biotechnology Letters, 2014, 36: 1669-1674.

［117］Li L, Ni R, Yang S, et al. Carrageenan and its applications in drug delivery. Carbohydrate Polymers, 2014, 103 (1): 1-11.

［118］Necas J, Bartosikova L. Carrageenan: a review. Veterinární Medicína, 2013, 58: 187-205.

［119］Zhao Y, Chi Z, Xu Y, et al. κ-carrageenan oligosaccharides. Process Biochemistry, 2018, 64: 83-94.

［120］Liu G L, Li Y, Chi Z, et al. Purification and characterization of κ-carrageenase from the marine bacterium *Pseudoalteromonas porphyrae*, for hydrolysis of κ-carrageenan. Process Biochemistry, 2011, 46 (1): 265-271.

［121］Hatada Y, Mizuno M, Li Z, et al. Hyper-production and characterization of the ι-carrageenase useful for ι-carrageenan oligosaccharide production from a deep-sea bacterium, *Microbulbifer thermotolerans*, JAMB-A94 T, and insight into the unusual catalytic mechanism. Marine Biotechnology, 2011, 13 (3): 411-422.

［122］Zhu B, Ning L. Purification and characterization of a new κ-carrageenase from the marine bacterium *Vibrio* sp. NJ-2. Journal of Microbiology & Biotechnology, 2015, 26 (2): 255-262.

［123］Duan F, Yu Y, Liu Z, et al. An effective method for the preparation of carrageenan oligosaccharides directly from *Eucheuma cottonii*, using cellulase and recombinant κ-carrageenase. Algal Research, 2016, 15: 93-99.

［124］Jaiganesh R, Sampath K N S. Marine bacterial sources of bioactive compounds. Advances in Food & Nutrition Research, 2012, 65 (65): 389-408.

［125］Zotchev S B. Marine actinomycetes as an emerging resource for the drug development pipelines. Journal of Biotechnology, 2012, 158 (4): 168-175.

[126] Groisillier A，Herve C，Jeudy A，et al. MARINE-EXPRESS： taking advantage of high through-put cloning and expression strategies for the post-genomic analysis of marine organ-isms. Microbial Cell Factories，2010，9: 45.

[127] Shin M H，Lee d Y，Wohlgemuth G，et al. Global metabolite profiling of agarose degradation by *Saccharophagus degradans* 2-40. New Biotechnology，2010，27（2）：156-168.